含能材料译丛

装备科技译著出版基金

绿色含能材料

Green Energetic Materials

[瑞典] Tore Brinck　著

罗运军　李国平　李霄羽　译

U0193956

国防工业出版社

·北京·

著作权合同登记 图字:军-2015-160 号

图书在版编目(CIP)数据

绿色含能材料/(瑞典)托·布林克(Tore Brinck)著;罗运军,李国平,李霄羽译. —北京:国防工业出版社,2017.2
书名原文:Green Energetic Materials
ISBN 978-7-118-11107-1

Ⅰ.①绿⋯ Ⅱ.①托⋯ ②罗⋯ ③李⋯ ④李⋯ Ⅲ.①化工材料 Ⅳ.①TQ04

中国版本图书馆 CIP 数据核字(2016)第 288336 号

Translation from the English language edition:
Green Energetic Materials by Tore Brinck
Copyright © 2014 by Wiley & Sons Limited
All rights reserved.

All Rights Reserved. Authorised translation from the English language edition published by John Wiley & Sons Limited. Responsibility for the accuracy of the translation rests solely with National Defense Industry Press and is not the responsibility of John Wiley & Sons Limited. No part of this book may be reproduced in any form without the written permission of the original copyright holder, John Wiley & Sons Limited.

本书简译中文版由 Wiley & Sons Limited 授权国防工业出版社独家发行。
版权所有,侵权必究。

※

国防工业出版社出版发行

(北京市海淀区紫竹院南路 23 号 邮政编码 100048)
三河市众誉天成印务有限公司印刷
新华书店经售

*

开本 710×1000 1/16 印张 16¼ 字数 312 千字
2017 年 2 月第 1 版第 1 次印刷 印数 1—3000 册 定价 85.00 元

(本书如有印装错误,我社负责调换)

国防书店:(010)88540777   发行邮购:(010)88540776
发行传真:(010)88540755   发行业务:(010)88540717

译 者 序

随着人类社会工业化进程的不断推进,以健康、节能、环保及生态安全为核心的"绿色"发展理念日益受到重视。作为武器装备运载和毁伤能源的火炸药,近年来国内外军工领域不仅重视其功效性,而且强调其非功效性,越来越关注其在全寿命周期内生产和使用各环节的洁净、环保、安全等问题。火炸药产品在战争中使用消耗量大,其生产及使用过程属于对人员健康及环境有重要影响的特种化工领域,容易对环境和人员健康产生重大的影响。因此,20 世纪 90 年代以来,美、日、法、英以及俄罗斯等国依据绿色化学的 12 项原则,积极开展了绿色火炸药技术的研究,并将不敏感且对环境友好的绿色高性能火炸药的研究置于含能材料优先发展的地位。为使含能材料达到环境友好的要求,我国也开始将绿色含能材料列为重点发展的方向,研究人员积极开展新型绿色含能材料的合成、制备与应用,降低其对环境的污染和人员健康的损害。

本书是 Wiley 出版公司 2014 年出版的一本关于绿色含能材料的最新学术专著,主编 Tore Brinck 是瑞典皇家理工学院的著名教授,化学系主任,主要从事的研究领域是用计算化学特别是量子化学去分析和预测分子的结构和性能,其中开发新型高能量密度材料(HEDM)作为绿色推进剂的组分是他从事的主要研究课题之一,同时为了确保该专著的权威性,他邀请了在该领域具有较高学术造诣的学者分别撰写各个章节。译者相信,本书将会成为含能材料科技工作者很有价值的参考书。

本书共 10 章。第 1 章主要介绍了绿色含能材料的概念及其与绿色化学的关系;第 2 章论述了包括三硝基胺、富氧和氮元素的含能阴离子、五唑阴离子及其氧化衍生物和四面体的 N_4 等的绿色含能材料的理论设计及性能预测;第 3 章讨论了绿色含能材料的感度以及相关机理;第 4 章主要阐述了绿色烟火药剂的研究进展;第 5 章阐述了绿色起爆炸药;第 6 章主要介绍了含能四唑氮氧化物的概念、合成方法和性能;第 7 章主要论述了含二硝酰胺盐的绿色推进剂,包括二硝酰胺盐的分解性能、ADN 和 KDN 的化学性能、稳定性及推进剂中的应用情况等,并阐述了二硝酰铵盐目前存在的问题及发展趋势;第 8 章主要介绍了绿色推进剂用的黏合剂、含能增塑剂的种类和性能以及新型绿色黏合剂体系的设计与展望等;第 9 章为含能材料的环境友好生产技术;第 10 章主要论述了用电化学方法在合成含能材料和废水处理的现状和发展趋势。

本书第 1 章、第 10 章由罗运军译,第 2 章～第 4 章由李国平译,第 5 章～第 9 章由李霄羽译,全书由罗运军校对。

值此书中文译本出版之际,我们在此首先要感谢"装备科技译著出版基金"评审委员会的专家们,感谢他们热心的指导和中肯的建议;其次要感谢国防工业出版社的编辑们,感谢他们为出版此书所付出的辛勤努力及与译者和谐的沟通与合作;最后,要感谢博士研究生马松、孙启利、吴刚、尹徇、李雅津、金碧鑫等,感谢他们在译文和整理过程给与的帮助。

由于译者、校者水平有限,加上绿色含能材料作为一个新的领域所涉及的概念新、知识面广,译文中不妥甚至错误之处在所难免,恳请读者不吝指正。

译者

2016 年 12 月

原书前言

众所周知,普通含能材料在生产和使用过程中会释放出大量物质,这些物质在自然界中缓慢积累,会对人类健康和自然环境产生很大的影响。因此,一些重要的化合物已被限制或禁止使用,并且在不久的将来会有更多的物质被限制使用。可持续利用的环境友好型材料也因此成为研究工作的重点。本书致力于阐述绿色含能材料领域的研究现状,同时介绍了新型含能材料开发的整个过程,包括从最初的理论设计到最优的合成工艺。此外,本书概括了所有不同类型的绿色含能材料,如推进剂、炸药和烟火剂等在民用和军事领域的应用。为确保编写的质量及关联性,我邀请了相关领域的权威专家和学者来共同完成本书的撰写。

本书可以为学校、工厂和研究所中从事含能材料研究的科研人员提供参考,也可以作为含能材料领域的研究生教材。

本书的第 1 章主要介绍了绿色含能材料的概念及其在绿色化学中的定义。重点讨论了含能材料在生产和使用方面与其他化学物质之间的差异。论述了应用于民用太空旅游方面的绿色推进剂的发展情况,并将其作为例子来探讨含能材料从设计到应用所遇到的各种问题。

在第 2 章中,Martin Rahm 和我讨论了用量子化学方法来设计具有特定性能的绿色含能材料。我们发现虽然这些方法对设计具有某种特性的化合物很有效,但真正的挑战在于确定新型含能材料的合成路线并实现规模化生产。第 3 章主要讨论了绿色含能材料的爆轰感度。Peter Politzer 和 Jane Murray 描述了绿色含能材料爆轰感度的分子理论,并结合分子和晶体特征来设计具有低意外爆炸风险的化合物。

烟火剂的应用范围很广,为了满足某些特殊用途,传统的烟火剂中含有较多的有毒物质,绿色烟火剂在这方面有明显优势,故其发展备受关注。在第 4 章中,Jesse Sabatini 综述了不含高氯酸盐、有毒重金属及有害有机物的烟火剂的相关研究成果。在第 5 章中,Karl Oyler 综述了起爆药在类似方面的进展,其中最主要的挑战是寻找叠氮化铅和斯蒂芬酸铅的替代品。在第 6 章中,Thomas Klapötke 和 Jörg Stierstorfer 阐述了当前在开发更环保更绿色的第二代炸药方面的进展,主要描述了四唑 N-氧化物的合成和性能,这种绿色物质在替代军用炸药如 RDX 等方面展示出了诱人的前景。

接下来的两章主要阐述了绿色推进剂的发展情况。在第 7 章中,Martin Rahm

和我讨论了 ADN 的最新研究进展。ADN 是由苏联在 20 世纪 70 年代首次合成,被认为是复合固体推进剂中替代 AP 的一种最具有前景的绿色氧化剂。然而将其应用于推进剂中也面临着一些困难,主要表现为稳定性和相容性。理论与光谱分析等最新研究表明,这些困难背后的化学原理性问题已经得到解决,设计稳定的 ADN 推进剂的技术也取得了突破性的进展。在第 8 章中,Carina Eldsater 和 Eva Malmstrom 讨论了绿色固体推进剂和均相固体推进剂中粘合剂材料的发展情况,他们认为绿色推进剂中除了可以用 ADN 外,还可以用其他绿色氧化剂。这一章主要强调要设计出一个实用的推进剂配方,需要考虑和优化多种因素。

第 9 章中,David Chavez 综述了近年来合成含能材料过程采用的连续生产技术的改进情况。根据绿色化学准则,仅最终产品是环境友好或绿色的是远远不够的,还需要整个加工过程是环境友好的并且能够充分利用自然资源。然而,目前在降低废物、减少有机溶剂的使用、引入节能材料的合成技术等方面仍面临许多挑战。电化学合成法正是这样一类合成方法,在第 10 章中进行了详细的讨论。在第 10 章中,Lynne Wallace 描述了采用电化学方法对含能材料使用和生产过程中产生的废水进行处理等情况。

在此,我非常感谢为本书付出了辛勤劳动的作者们。我希望读者能像我一样怀着感激之情读完每一章,希望能从本书中找到有用的资料,有助于你在绿色含能材料领域取得重要成就。

Tore Brinck
于瑞典

目　　录

第 1 章

绿色含能材料简介

Tore Brinck

（应用物理化学，化学科学与工程学院，KTH 皇家理工学院，瑞典）

1.1 引言

第一类含能材料起源于古代中国。大约在公元前 200 年，中国的炼金术士已经开始进行硝石和硫磺混合物的加热试验。在 7 世纪时，将硝石和硫磺与木炭结合制造出了一类爆炸性材料，这类材料相当于今天的黑火药。它最初被用作烟火剂，但很快在一系列军事应用中变得越来越重要。直到 17 世纪，火药才开始应用在采矿和土木工程领域。在 1799 年爱德华·查尔斯·霍华德分离出雷酸汞（Ⅱ）之前，火药一直作为所有含能材料的基础物质使用。1846 年硝化棉（NC）和 1847 年硝化甘油（NG）的发现导致了含能材料第一次革命性的飞跃。硝化棉主要用作火药（发射药、推进剂），硝化甘油则主要用作炸药。与早期的黑火药相比，这两种化合物的性能更好。1866 年，雷德·诺贝尔研制出了最早的炸药配方，即 75% 的 NG、25% 的硅藻土和少量的碳酸钠。与纯硝化甘油相比，其感度大幅度降低，处理和运输相对安全。诺贝尔随后将硝化甘油和硝化棉混合得到了凝胶状的炸药。这种材料的性能明显优于最初的炸药，并且安全性得到了提高。这些例子表明，提高能量和安全性是炸药发展的两个主要目标，历来都是驱动含能材料发展的两大动力。但需要强调的是，含能材料的性能在很大程度上取决于其所应用的领域，即作为推进剂、炸药、烟火剂使用时，对其性能的要求是不同的。例如，在烟火剂领域，性能主要与光强度、气体生成量或烟的产生有关。

从 20 世纪末开始，人们已经越来越认识到，含能材料在生产或使用时，会释放对人类健康或环境有害的物质，因此某些化合物被立法限制甚至禁止使用。故含能材料的发展被赋予了新的目标。如今，几乎所有研究的重点都是设计出被称为"绿色"的新材料。本书旨在总结绿色含能材料领域的最新研究进展，并向读者介绍一些用于该领域研究的工具。然而，在开始之前，如何定义"绿色"，尤其在满足性能最优化及操作安全性的前提下，"绿色"是非常有意义的。

1.2　绿色化学和含能材料

"绿色化学"的概念是在 20 世纪 90 年代由美国环境保护局（EPA）首次提出，并简要公布在其网站上[1]：

发展一种创新性化学技术，使得在设计、生产和应用化学品时，能减少或避免危险物质的使用或产生。

此后，通过欧美国家的不懈努力，绿色化学得到了飞速发展，并且作为一种促进新化学物质可持续性设计和制造的方法，已在化工行业得到广泛应用。绿色化学的基本思想依据是 1998 年阿纳斯塔斯（Anastas）和华纳（Warner）定义的绿色化学十二原则[2]：

（1）防止污染优于污染治理。防止废物的产生而不是产生后再来处理。

（2）原子经济性。应该设计这样的合成方法，使反应过程中所有的物料能最大限度地进入到终极产物中。

（3）化学合成低毒性。设计可行性的方法，使得合成中只使用或产生很少甚至不涉及对人体或环境有毒的物质。

（4）产物的安全性。设计化学反应的生成物不仅具有所需要的性能，还应具有最小的毒性。

（5）溶剂和助剂的安全性。尽量不用辅助物质（如溶剂、萃取剂等），当必须使用时，尽可能是无害的。

（6）设计的能量高效性。尽可能降低化学过程所需能量，还应该考虑其环境和经济效益。合成过程尽可能在常温、常压下进行。

（7）原料的可回收性。如果技术上、经济上是可行的，原料应能回收而不是消耗。

（8）减少衍生物。应尽可能避免或减少不必要的衍生反应（如使用基团屏蔽、保护/去保护、暂时改变物理/化学性质等过程），因为这些步骤需要额外的反应物，同时还会产生废弃物。

（9）催化作用。催化剂（选择性越专一越好）比符合化学计量数的反应物更占优势。

（10）可降解性。设计生产的物质发挥完作用后，应该降解为无害物质，而不长期存留在环境中。

（11）在线分析，阻断污染。需要不断发展分析手段，以便实时分析、实现在线监测，提前控制有害物质的生成。

（12）预防事故，提高本质安全性。在化学反应中，选择使用或生成的物质应将发生气体释放、爆炸、着火等化学事故的几率降至最低。

绿色化学原则广泛用于指导生产工艺的设计,因为许多化学品对人类健康和环境影响最大的环节就是生产过程。含能材料则有很大区别,它一般无法回收利用,只能进行简单的废物处理;它们会分解,分解或者燃烧的产物会直接进入到环境中。因此,考虑含能材料的使用过程以及最终产物对健康和环境的影响尤为重要。鉴于此,绿色化学原则可以应用于含能材料的设计和生产中。但要坚持这些原则还是比较难的,比如第 2、5、8 和 9 条。毕竟大多数含能材料的能量高,且结构复杂。高能和复杂的化学结构常常需要使用活泼试剂、特殊溶剂或极端的反应条件,并使用保护性基团及其他衍生物。然而,大多数药物的结构复杂程度与含能材料相同或者更复杂,令人振奋的是绿色化学原则已在制药工业中成功应用[3,4]。由本书第 9 章可以清楚地看出,应用绿色化学原则来设计含能材料的生产工艺,目前已取得了很大的进展。有些研究成果已处于可持续生产的前沿,比如利用生物酶和连续生产方式。电化学方法在含能材料领域的应用也越来越重要,尤其在合成和化学废料处理方面,电化学方法是一种非常高效的方法。在类似的过程中,使用水作为溶剂也是其另一个优点。

绿色化学原则不能直接用于衡量化工工艺或生产过程中的可持续性,但可以尝试用 E 因子来弥补这一不足。E 因子可以量化实际生产过程和产物的绿色化程度[5-7]。它的定义是生产过程中产生的废物与目标产物的质量比值,即 $m_{waste}/m_{product}$。废物是指实际生产过程中形成的除目标产物以外的所有物质,包括气体和水。通常,即使它不能明确反映出废物的成分和毒性,但对于目标产物相同的不同生产过程而言,E 因子是一个很好的衡量标准,优于直接比较产品本身。即使 E 因子是一个比较粗略的参数,但从环境角度评价不同的生产过程时,这种方法非常快捷并具有参考意义。如果对一种产品进行整体环境影响的评估时,全寿命周期评估(LSA)应该是一种更好的方法。LSA 是指目标产物从原材料取得,经生产、使用直至废弃的整个过程[5,8]。还有的尝试是将 LSA 和全寿命周期成本分析结合,对产品成本进行整体评估。文献[9]用这种方法比较了一种有毒单元推进剂(有机肼)和一类绿色推进剂的全寿命周期成本。分析表明,即使绿色推进剂的实际生产成本较高,但取代有毒推进剂仍能使成本大大降低。从直接成本来看,以绿色替代品取代旧材料通常是有效益的。在化工生产过程中,遵循绿色化学原则在经济上也是划算的。

实际上,降低成本是推动绿色产品和生产技术应用的主要动力之一,此外还有民众觉醒和政府立法带来的社会压力。在欧洲,化学品的使用受欧盟 REACH 法规(化学品注册、评估、许可和限制)的约束[10]。REACH 法规从 2007 年开始采用,并将在之后长达 11 年的时间里逐步完善。"REACH 法规的目的,是通过更早、更好地鉴定出化学物质的属性,来提高对人类健康和环境的保护"。REACH 法规显著扩大了化学品生产商和进口商的责任范围,要求他们搜集各自化学物质的性能数据,提供其安全操作和使用的信息。法规进一步呼吁当发现合适的替代品时,要及时取代危险化学品。这对含能材料工业也有潜在的影响,尽早发现要被淘汰的含能材料和开发绿色替代品显得越来越重要。

目前为止,我们还没有涉及的是当设计绿色含能材料时,绿色化学原则是否应该优先于性能和安全的要求。第12条原则部分考虑了操作处理的安全性。然而,对于含能材料而言,发生事故的潜在后果通常极其严重,故安全操作必须最优先考虑。性能的优先性更为复杂,它在某些程度上取决于具体的应用领域。显然,产品的性能影响其原子经济性,例如,如果新材料的性能只能达到旧材料的一半,完成相同的任务就必须使用两倍的新材料。然而,对某些实际应用而言,性能下降会带来很大的危害。在太空探索火箭上,推进剂的质量很容易占到其总质量的90%,而有效载荷只占百分之几。即使能量(如比冲)稍稍降低,也会极大地降低有效载荷。因此,高能量对于能量的高效利用是必不可少的,也经常是完成任务所必需的。尤其对于含能材料而言,高能量更为重要。

经过这些讨论,我们可以试着给出绿色含能材料的定义:

绿色含能材料是一种以绿色化学为设计和生产原则,以保持要替代的含能材料的性能水平和操作安全性为最低要求的材料。

需要记住的是,并不总是能够设计完全满足这个定义的材料,如果迫切需要取代旧材料,有时候可以用并不是完全绿色的材料,只要相对绿色即可。很多情况下,这种方法可以显著改善现状。

1.3 民用太空旅游用绿色推进剂

在社会许多领域,涉及含能材料的使用时,都会面临环境的挑战。接下来,我们以民用太空领域为例,讨论一些过去和现在发展和应用绿色推进剂技术的情况。本书无意对行业做全部的调查,主要是阐述绿色材料从最初的发展到最终应用面临的一些挑战。

1.3.1 替代高氯酸铵的绿色氧化剂

高氯酸铵(AP,NH_4ClO_4)是固体推进剂中最常用的氧化剂,其应用包括民用烟火剂、武器装备、宇宙飞船的大型助推发动机及重型发射器等。AP的环境问题是氯含量高,燃烧后会转变成氯化氢(HCl)。例如,很容易估算,欧洲重型发射器Ariane5每次发射时,当AP充分燃烧时所产生的氯化氢相当于270t浓盐酸[11,12]。故大量使用AP会向大气中释放大量的氯化氢,从而导致酸雨和臭氧损耗。如果燃烧不完全或未处理的材料发生泄漏,则会使高氯酸盐直接排入环境,带来更大的环境危害。已经证实,在美国至少有35个州的饮用水被高氯酸盐污染,目前已成为社会关注的焦点[13]。高氯酸盐摄入量过高会导致甲状腺疾病。EPA在2009年发布了饮用水中AP含量最高限制为15ppb的健康公告,并在2011年宣布,他们会出台相关的法规[15,16]。

硝仿肼(HNF,**结构式 1.1**)是固体推进剂中极具潜力的绿色氧化剂。早在 1951 年 HNF 就已经被发现[17],但将其作为 AP 替代物的研究则始于 20 世纪 80 年代后期,当时欧洲航空局(ESA)开始意识到 AP 燃烧时会释放出酸性气体,是一个潜在的环境问题。ESA 制定了一项大型研究计划,即开发用于民用太空领域的绿色固体推进剂。这项计划首先要建立一个年产 300kg HNF 的工厂[17]。HNF 并非完全绿色,因为用于生产 HNF 的反应物之一

结构式 1.1

是联氨,联氨是一种剧毒且致癌的化学物质。但是,HNF 不含氯元素,燃烧产物洁净,不会释放酸性气体。虽然 HNF 与普通的粘合剂体系存在十分严重的相容性问题,但与含能粘合剂聚叠氮缩水甘油醚(GAP)却具有良好的相容性,以此为基础可开发基于 HNF、Al 和 GAP 的推进剂[18]。据报道,这种推进剂的比冲比以端羟基聚丁二烯(HTPB)为粘合剂的 AP – Al 基标准推进剂配方高 2% ~7%[19]。据估算,这样的提高会使发射器系统的有效载荷成本降低 5% ~50%。尽管效果喜人,并已经投入了大量资金,但 ESA 多半已经失去了开发 HNF 基推进剂的兴趣,研究几乎完全中断,近期内也没有工业化生产的迹象。我们推测其中的原因,可能与 HNF 的热稳定性和感度有关。另外,HNF 和 GAP 的生产成本都很高,外加新发动机系统及相关基础设施的研发需要大量费用,从而导致 HNF 基推进剂太昂贵而不能大规模地应用。

二硝酰胺铵(ADN,结构式 1.2)是另一种作为 AP 潜在替代物而受到关注的绿色氧化剂。ADN 于 1971 年在莫斯科首次合成出来,有人认为冷战期间它曾被用于苏联洲际导弹的推进剂中[11]。报道称,这种推进剂的主要优点是低特征信号(ADN 完全燃烧的结果),可以防止导弹被雷达探测到。20 世纪 80 年代

结构式 1.2

后期,ADN 再次被美国科学家合成,并成为世界范围内争相研究的热点。它与 HNF 一样,不含氯元素。没有燃料存在时,纯 ADN 燃烧生成的热力学产物为氮气、水和氧气。目前,SPNE 的 Eurenco 工厂已在瑞典的卡尔斯库加(Karlskoga)用一种相对绿色的途径规模化生产 ADN。

ADN 的吸湿性很强。虽然纯 ADN 相对稳定,但和 HNF 一样,ADN 与许多常用的粘合剂、固化剂不相容,尤其是异氰酸酯固化剂(详见第 8 章)[17,20]。ADN 的反应活性令人难以理解,存在一些反常的固态分解现象[17,20]。但如第 7 章所述,ADN 的很多问题正在逐步解决,一些与 ADN 具有良好的相容性的粘合剂体系近来也见诸报道(见第 8 章)[11,21]。虽然固态 ADN 推进剂在实用之前还有相当多的工作要做,但目前的结果还是很有希望的。理论计算表明,优化后的 ADN 推进剂性能非常好,与 AP – Al 标准推进剂相比,比冲可提高 5% ~7%(见第 2 章)。

尽管 ADN 基固体推进剂可能成为一项成熟的推进剂技术,但我们还没看到任

何近期将 ADN 应用于更大规模推进系统的提议。2008 年,美国航空航天局(NASA)与瑞典国防研究局(FOI)签署了一项协议,题为"ADN 作为大型航空发射器氧化剂的初步评估"[22]。有消息称他们正考虑将 ADN 用作下一代 ARES 助推器的能源,但在一次非正式的声明中 NASA 否认了这一传言,并解释说,最终应用前还需要对 ADN 做进一步的评估和研究[23]。目前私人投资者和 NASA 对 ADN 基推进系统兴趣冷淡的原因尚不明确,但可能与投资额过大以及这项工程的高风险有关。它不仅包括推进剂的研发,还包括发动机系统及相应的基础设施的建设,因此,从项目开始到实现首次发射需要许多年。另外,由于每次发射时所用的推进剂数量巨大,故推进剂的低成本生产也显得格外重要。

1.3.2 替代肼的绿色液体推进剂

显而易见,小型发动机系统用推进剂更容易吸引投资,原因是成本和风险较低。该领域已经发现了一种肼基推进剂的替代品,主要用于卫星定位发动机。肼的毒性高,有致癌性,在使用过程中必须做好严格的安全防护。20 世纪 90 年代后期,FOI 已经将 ADN 用于单元推进剂配方中,因为它在极性溶剂中具有良好的溶解性[11]。这就促使瑞典国家宇航局开始尝试投资开发液态 ADN 推进剂。该项目由 FOI 和瑞典空间研究中心(SSC)合作进行。研究发现,ADN、甲醇和水的组合(AMW)特别有望取代肼[11]。SSC 的子公司 ECAPS 继续研发了 AMW 推进剂和相应的火箭发动机。最终设计的 1N 推进系统的比冲比肼基推进剂高了 5%[24]。而改进的推进剂 LMP – 103S 密度提高了 24%,使得密度比冲更高。这种推进系统在 2010 年进行了首次试飞,当时在 PRISMA 技术示范中进行了卫星编队飞行和集中测试[25]。

现在 ECAPS 称得上是绿色推进剂技术市场的领军公司,LMP – 103S 已在全球范围内销售。ECAPS 的 ADN 基推进剂技术作为一类典型的绿色推进剂,是从最初的设计到最终实行商业化要经过漫长过程的例证之一。在这种情况下,关注一下时间跨度会发现一个很有趣的现象,从 1997 年最初的研究项目到 2012 年市场销售,整整 15 年。这和药物设计的研发时间很接近,一种药物从发现到进入市场销售也往往需要 15 年。通常认为,在所有技术性工业中,制药业的研发时间是最长的。由于我们只有 LMP – 103S 一个例子,故对绿色推进剂而言,研发时间的意义很难估计。但是,人们都希望 ECAPS 已经破冰,使这种新型推进剂能很快商业化。目前,还有几种理想的研究对象已经展现出良好的前景。FOI 也有自己的 ADN 基液体推进剂,据报道其密度比冲比 ECAPS 的推进剂高得多。而由美国空军分部开发的绿色推进剂性能可能会更好,它是硝酸羟胺(HAN,结构式 1.3)的离子液体配方,预计 2015 年将在 GPIM 任务中的一颗卫星上进行测试[27]。

$^+H_3N—OH$

HAN

结构式 1.3

这种情况下,研究诸如 LMP – 103S 的 ADN 基推进剂的绿色化程度很有意义。首先应该注意到,ADN 的毒性比肼低得多,这一点可由实验鼠的口服 LD_{50} 值证明,两者的数值分别是 $823mg/kg^{[11]}$ 和 59mg/kg。实际上,由于肼的致癌性及较高的蒸汽压,两者对健康危害的差别更大。有人认为 ADN 的毒性实际来自甲醇[24]。因此,LMP – 103S 推进剂要求的安全防护和大多数有机溶剂相似,而肼的防护则需要使用高级的防护服。LMP – 103S 的所有成分都是可生物降解的,因此是环境友好的[24]。这种推进剂的冲击和摩擦感度低,已经证明可以用商业飞机运输。这样看来,LMP – 103S 已经满足了绿色化学原则中的许多项。

从绿色角度评估 ADN 的生产过程也很有意义。ADN 目前由卡尔斯库加的 SPNE Eurenco 工厂生产。从 21 世纪开始,ADN 生产过程的优化也取得了很大进展,包括提高生产能力、减少杂质含量、化学试剂可以循环使用、化学废料大大减少等。一些研究结果已经发表,将在本书第 9 章详细讨论[28,29]。

2004 年,在一则公司简讯中这样描述了优化后的生产流程[30]:二硝酰胺是由氨基磺酸盐经混酸硝化合成得到的。之后通过添加脒基脲,二硝酰胺以 GUDN(脒基脲二硝酰胺)的形式从水溶液中沉淀下来,失效的硝酸利用标准工序再生。在接下来的步骤中,GUDN 通过两步分开的离子交换反应转变成 ADN。第一步,GUDN 和硝酸钾反应生成二硝酰胺钾(KDN);第二步,KDN 与硫酸铵发生离子交换反应转变为 ADN。ADN 从溶液中结晶析出,硫酸钾作为废料排出,所有步骤中使用的溶剂都可以循环利用。

生产 ADN 的过程似乎是一个很好的例子,说明了采用绿色化学和工程来进行含能材料生产的优势。

现在我们可以得出如下结论:如果考虑推进剂的全寿命周期,利用 ADN 基推进剂,如 LMP – 103S,取代肼基推进剂,在可持续性方面也是巨大的进步。这一点已被全寿命周期成本的分析证实,分析表明 LMP – 103S 的操作成本比肼基推进剂减少 66%[9]。最大的改进在于环境成本和安全成本,前者与设备的运转和维护有关,后者与人体的健康和安全防护有关。因此,这个例子清楚地说明,即使从直接成本来看绿色含能材料的应用也是有优势的。

1.3.3　电推进剂

另一种通向绿色推进剂的主要途径,与电推进器的最新发展和应用有关。它的基本思路是利用电能而不是化学能来加速推进器。电推进器分为三类:电热式、静电式和电磁式。第一种和普通的推进器最相似,其首先用电能来加热推进剂,然后推进剂的能量再转化为动能。后两种方法中需要将推进剂电离,产生的离子在电磁场中加速。最常用的推进剂是氙气,因为它的电离能相对较低,而原子质量较高。与普通推进器相比,电推进器的特点是具有较高的比冲,故与正常的推进剂相比,所消耗的推进剂量要少得多。其缺点是推力比较小,这意味着完成特定的运载任务需要花更长的时间。电推进器通常用作定位推进器,或将卫星从地球同步转移轨道(GTO)送到地球静止轨道(GEO),或者代替肼基推进剂或者替代由甲基肼与四氧化氮组成的有毒双组元推进剂等传统的化学推进剂完成任务。

电推进和太阳能结合时非常具有优势。比如,可以使用太阳能电池板产生能量,从而将一颗卫星(从 GTO 轨道)转移到 GEO 轨道,不然这些能量也是没有用的。ESA 在 2003 年 9 月的 SMART – 1 探月任务中证明了太阳能驱动电推进器的可行性。此卫星由 SSC 制造,重 370kg,使用太阳能驱动电推进器,在从 GTO 轨道到绕月轨道的整个传送过程中,卫星一直使用同样的推进器系统,直到 2006 年 9 月最终撞向月球表面。在任务的最后阶段,推进器已运行 5000h,总共只用了 82kg 的氙气推进剂。这个利用太阳能驱动电推进器的例子令人印象十分深刻。传统化学推进器体系则需要重很多的推进系统,导致任务的总成本要高得多。从环保角度看,电推进器的优势相当明显。

从传统意义上讲,氙气不能作为含能材料,但在更广泛的定义下,也可以认为是一种绿色含能材料,或至少是一种绿色推进剂。氙气通常是空气分离成氧气和氮气时的副产物,化学性质很不活泼,无毒。其缺点是在自然界中的丰度低,价格较高,且随着氙气使用量增加,特别是在照明设备方面,所以它的价格不断上升。最近的研究表明,更多传统的含能材料,比如 ADN[32],也可能用作电推进剂。除了能降低推进剂成本外,还有其他优点,尤其是能减轻重量,因为这样的话电推进器和化学推进器系统就可以共用同一个燃料系统。

1.4 结论

我们可以有把握地说,含能材料仅以提高性能和安全性为目标的时代已经过去。人们越来越需要重视新材料在全寿命周期内对健康和环境的潜在影响。在这方面,绿色化学原则可以为新产品的设计和生产提供巨大支持。这种途径不仅可提高产品的可持续性,而且能降低成本。全寿命周期评估是此过程中一个很实用的工具。从绿色化学原则中我们可以得出绿色含能材料的定义。

我们对过去和现在开发绿色推进剂应用于民用太空旅游的一些尝试进行了分析。有限的分析表明,一种推进剂从最初的配方设计,到它最终实现在发动机系统中的应用,整个发展历程是一个很漫长的过程,期间充满了失败的风险。最终的成本和成功几率,在很大程度上取决于发动机系统的大小和类型。开发绿色固体推进剂,取代重型发射体系中使用的 AP 基推进剂,这样的探索还没达到实用的程度;另一方面,取代肼或肼衍生物的小型液体发动机的绿色推进剂技术取得了重大进展,近年来 ADN 基绿色推进剂的发展和应用就是很好的例子。这种推进剂已在卫星编队飞行中进行了测试,并已经投放到市场销售。电推进器是正在发展的另一种绿色推进技术,这项技术的巨大潜力在 2003 年的 SMART – 1 探月任务中得到了证实。

最后,我们需要指出的是,将绿色推进剂技术引入到民用太空旅游的进程相对较慢,但这并不能完全代表绿色含能材料在其他领域的进展。尽管充满挑战,绿色烟火剂领域已取得了极其显著的进步。目前,这种发展主要由军事需求牵引,但是新材料正越来越多地应用于民用烟火剂中。在含能材料的其他领域也能看到类似的进步,不过速度快慢不同。总之,含能材料的未来不仅是光明的,而且是绿色的。

参 考 文 献

[1] US Environmental Protection Agency, (last updated September 13, 2013), http://www.epa.gov/p2/pubs/partnerships.htm (last accessed in September, 2013).

[2] Anastas, P.T. and Warner, J.C. (1998) *Green Chemistry: Theory and Practice*, Oxford University Press, Oxford.

[3] Dunn, P.J. (2012) The importance of green chemistry in process research and development. *Chemical Society Reviews*, **41** (4), 1452–1461.

[4] Bandichhor, R., Bhattacharya, A., Diorazio, L. *et al.* (2013) Green chemistry articles of interest to the pharmaceutical industry. *Organic Process Research & Development*, **17** (4), 615–626.

[5] Rothenberg, G. (2008) *Catalysis: Concept and Green Applications*, Wiley-VCH Verlag GmbH & Co., Weinheim, Germany.

[6] Sheldon, R.A. (1994) Consider the environmental quotient. *Chemtech;(US)*, **24** (3) 38–47

[7] Sheldon, R.A. (1997) Catalysis: The key to waste minimization. *Journal of Chemical Technology and Biotechnology (Oxford, Oxfordshire: 1986)*, **24** (3), 381–388.

[8] Lankey, R.L. and Anastas, P.T. (2002) Life-cycle approaches for assessing green chemistry technologies. *Industrial & Engineering Chemistry Research*, **41** (18), 4498–4502.

[9] Johnson, C.C. and Duffey, M.R. (2013) Environmental life cycle criteria for propellant selection decision-making. *International Journal of Space Technology Management and Innovation (IJSTMI)*, **2** (1), 16–29.

[10] European Commission, REACH - Environment - European Commission, (last updated September 12, 2013) http://ec.europa.eu/environment/chemicals/reach/reach_en.htm, (last accessed in September, 2013).

[11] Larsson, A. and Wingborg, N. (2011) Green propellants based on ammonium dinitramide (ADN), in *Advances in Spacecraft Technologies* (ed. J. Hall), InTech, Available from http://cdn.intechweb.org/pdfs/13473.pdf.

[12] Arianespace (2013) http://www.arianespace.com/launch-services-ariane5/ariane-5-intro.asp (last accessed in July 2013).

[13] Schor, E. (2010) As EPA Moves to Regulate Perchlorate, Groups Await Pentagon Response, *The New York Times*http://www.nytimes.com/gwire/2010/10/04/04greenwire-as-epa-moves-to-regulate-perchlorate-groups-aw-43754.html (last accessed July 6, 2013).

[14] Sellers, K., Weeks, K., Alsop, W., and Clough and, H.M. (2007) *Perchlorate Environmental Problems and Solutions*, CRC Press – Taylor & Francis Group, Boca Raton, FL, US.

[15] US Environmental Protection Agency (January, 2009) Revised Assessment Guidance for Perchlorates: http://www.epa.gov/fedfac/documents/perchlorate_memo_01-08-09.pdf (last accessed in July 2013).

[16] US Environmental Protection Agency (February 2011) Fact Sheet: Final Regulatory Determination for Perchlorate - US Environmental Protection Agency http://water.epa.gov/drink/contaminants/unregulated/upload/FactSheet_PerchlorateDetermination.pdf (last accessed in July 8, 2013).

[17] Agrawal, J.P. (2010) *High Energy Materials - Propellants, Explosives, Pyrotechnics*, Wiley-VCH Verlag GmbH & Co., Weinheim, Germany.

[18] Gadiot, G.M.H.J.L., Mul, J.M., Meulenbrugge, J.J. *et al.* (1993) New solid propellants based on energetic binders and HNF. *Acta Astronautica*, **29** (10), 771–779.

[19] APP Aerospace Propulsion Products B.V., HNF (2006–2012) http://www.appbv.nl/index.asp?grp_id=3&sub_id=23 (last accessed in July 6, 2013).

[20] Rahm, M. (2010) Green Propellants, PhD thesis, Physical Chemistry, KTH The Royal Institute of Technology, Stockholm, Sweden.

[21] Rahm, M., Malmstrom, E., and Eldsater, C. (2011) Design of an ammonium dinitramide compatible polymer matrix. *Journal of Applied Polymer Science*, **122** (1), 1–11.

[22] A–Initial evaluation of ADN as oxidizer in solid propellants for large spacelauncher boosters, NASA Presolicitation December 2008, http://www.fbo.gov/?s=opportunity&mode=form&id=6e876911f91a4be2cc6bfc8314b39242&tab=core&_cview=1 (last accessed in 2013).

[23] Flightglobal/Blogs, December 2008, NASA denies imminent Ares I first-stage oxidiser change, http://www.flightglobal.com/blogs/hyperbola/2008/12/nasa-denies-ares-i-crew-launch.html (last accessed in 2013).

[24] Anflo, K. and Möllerberg, R. (2009) Flight demonstration of new thruster and green propellant technology on the PRISMA satellite. *Acta Astronautica*, **65** (9–10), 1238–1249.

[25] D'Amico, S., Ardaens, J.S., and Larsson, R. (2012) Spaceborne autonomous formation-flying experiment on the PRISMA mission. *Journal of Guidance Control and Dynamics*, **35** (3), 834–850.

[26] Masse, R., Overly, J., Allen, M., and Spore, R. (2012) A New State-of-The-Art in AF-M315E Thruster Technologies 48th AIAA/ASME/SAE/ASEE, Joint Propulsion Conference and Exhibits, American Institute of Aeronautics and Astronautics.

[27] Green Propellant Infusion Mission (GPIM), (last updated November 6, 2012) http://www.nasa.gov/mission_pages/tdm/green/gpim_overview.html (last accessed in 2013).

[28] Skifs, H., Stenmark, H., and Thormahlen, P. (2012) Development and scale-up of a new process for production of high purity ADN, International Conference of ICT, 43rd (Energetic Materials) 6/1-6/4, Karlsruhe, Germany.

[29] Stenmark, H., Skifs, H., and Voerde, C. (2010) Environmental improvements in the dinitramide production process, International Conference of ICT, 41st (Energetic Materials: for High Performance, Insensitive Munitions and Zero Pollution) 1/1-1/5, Karlsruhe, Germany.

[30] EURENCO Group SNPE (October, 2004) Dinitramide News, http://www.eurenco.com/en/high_explosives/newsletters/Dinitramide_oct_2004.pdf_ (last accessed in 2013).

[31] Estublier, D., Soccoccia, G., and delAmo, J.G. (2007) Electronic propulsion on SMART-1 - A technology milestone. *ESA BULL-EUR Space*, **129**, 40–46.

[32] Kleimark, J., Delanoë, R., Demairé, A., and Brinck, T. (2013) Ionization of ammonium dinitramide: decomposition pathways and ionization products, Theoretical Chemistry Accounts, **132** (12), 1412.

第2章

绿色含能材料的理论设计：
稳定性预估，检测，合成与性能

Tore Brinck[1], Martin Rahm[2]

(1. 应用物理化学，化学科学与工程学院，KTH 皇家理工学院，瑞典；
2. Loker 碳氢化合物研究所和化学系，南加州大学，美国)

2.1　引言

本书的主要目的是阐述发展绿色含能材料的必要性。但是，要实现真正的绿色，必须在多个层面上改善材料的性能。例如，一种潜在的能替代当今固体推进剂成分的物质，不仅在燃烧过程中要尽量减少有毒废物的产生，而且应该具有比现有物质更好的能量水平或者至少持平。因为能量的降低会使有效载荷减少，为了推动相同的有效载荷，推进剂的消耗量就要增加，从而给环境带来不良影响。当然还有很多其他的问题也需要考虑。设计一种新型含能材料的过程是非常复杂的，并且在其合成与处理过程中会存在较大的安全隐患，因此如果不借助模型和理论进行合理设计，将会使绿色含能材料的发展道路变得缓慢。为此，含能材料领域已经用传统的计算化学方法以及特殊的量子化学方法来设计具有优良性能的新型含能材料，并已取得了突破性进展。然而，必须强调的是，如果在设计过程中没有足够的化学知识和直觉，没有经验丰富的合成化学家的努力，这些化合物永远也不可能被合成出来。

本章主要阐述如何利用计算化学技术来发展一种新的推进剂组分。在设计含能材料时，不仅要考虑技术，还有其他方面需要考量，这与已经实际使用的炸药、烟火药等含能材料的设计思路极为相似。

大多数的推进剂都是由氧化剂与一种或多种燃料成分组成的。例如，典型的固体推进剂是由高氯酸铵和铝粉以及粘合剂端羟基聚丁二烯组成的。推进剂中大多数普通氧化剂自身的能量较低，因此火箭发动机实际上是通过燃料特别是金属燃料的燃烧释放能量。燃烧温度主要取决于金属的含量,金属的含量越高,燃烧温度就越高,但是,作为火箭发动机喷管和喉衬的核心材料会在温度达到约 2500K 时失效[1]。一些高含铝推进剂的燃烧温度高达 3600K,故在设计发动机时需要使用再生冷却、气膜冷却和抗烧蚀保护等先进技术[1,2]。因此,要进一步提高推进剂的性能,不能只依赖于发动机的设计和提高金属燃料的含量,因为燃烧温度超过5000K 的推进剂是无法实际应用的。如果想要通过降低金属材料的含量来降低燃烧温度却仍保持很高的能量,这就需要合成一些本身能量水平很高的新型氧化剂,例如含有高化学键能的氧化剂。这类化合物不需要外加其他燃料就能够完全燃烧,因而能够满足发动机廉价和轻量化的性能需求。我们将致力于合成一些零氧平衡的化合物。

含氮量高、具有正氧或零氧平衡且不含卤素的化合物是绿色高能推进剂的理想候选组分。富氮化合物就是一类典型的代表,这是因为稳定性极强的 N – N 三键分解成较弱的氮氮单键或双键时会释放出大量的能量。N – N 三键、双键和单键的平均键能分别为 226kcal/mol、98kcal/mol 和 39kcal/mol,与能量相近的 C – C 三键、双键和单键(它们的平均键能分别是 230kcal/mol、146kcal/mol 和 83kcal/mol)相比,N – N 三键更稳定。

由于含有大量 N – N 单键的化合物具有很高的内聚能,因此,它们的动力学稳定性通常较差。一些基础理论清楚地解释了热力学和动力学稳定性之间的相互关系,如 Bell – Evans – Polanyi 原则[3]。简单地说,就是分解的活化能不能低于分子中最弱的键能。一种常用的办法是利用分子键的共振离域来获得部分双键特性,从而增强弱的 N – N 和 N – O 单键。通常的手段包括氮氧原子的 sp^2 杂化共振,以及具有 $4n + 2\pi$ – 电子结构的稳定芳环[4],共振稳定化是平面分子的特性。从稳定性角度来分析还有一个有趣现象,由于平面分子和离子会在片状结构中结晶,这种结构能够有效降低撞击感度。

另一种具有足够动力学稳定性又具有高能量水平(低的热力学稳定性)的候选设计是采用笼形结构,因为除了利用单键(如 N – N 单键)的高能量水平外,还可以通过应变能来改善热力学稳定性。尽管笼形结构看似是一些很弱的键,但是其动力学稳定性相对较高。分解能垒高的主要原因是其不会只断裂其中一个键而生成热力学比较稳定的中间产物。实际上,主要的分解过程要么是每一步中都会有多个键同时发生断裂,要么会通过能量较高的中间过渡态传递。两种传递方式的能垒都很高。这应当成为鉴别具有高动力学稳定性的含能化合物的重要依据,即:那些无法通过单个简单的化学转化分解形成稳定中间体的分子,它们的动力学稳定性可能比由单个化学键预估的高很多。我们会在下面的讨论中列举一些相关的例子。

很显然,设计绿色含能材料的关键是性能和稳定性的预测。传统来讲,正是在这一领域,计算化学起着极为重要的作用,通过量子化学的方法很容易获得形成气态分子的热熵。然而,大多数含能材料的使用状态是固体或液体,所以现有的方法已经发展到能够对相变能和凝聚相密度进行计算。首先可以通过量子化学计算含能材料的分解途径以及气相状态下的能垒,从而预估其动力学稳定性。虽然凝聚相中相邻分子间的相互影响很复杂,但在这方面的研究已取得重大突破。然而,想要获得一种新型的功能含能材料,存在的最大瓶颈在于设计其合成路线。所以,我们相信计算化学会在这一领域发挥更大的作用。通过对那些用于评估稳定性和分解路线的物质进行类似的分析,可以设计出一条潜在的合成路线。最后,我们发现,在研究具有高度对称、且分子量低的高含能分子时,测试与表征是关键性问题。对不同的光谱性能进行理论预测将对这部分研究有很大帮助。

2.2　计算方法

Kohn – Sham 的密度泛函理论(KS – DFT)是分子几何优化和振动频率计算的标准量子化学方法。它通常用于探测势能面和表征过渡态。广泛使用的 B3LYP 交换—关联函数适用于含能分子及其反应。一般来说,B3LYP 预测几何构型的准确性比预测能量高。但是,在富含硝基的体系中,用 B3LYP 方法得出的构型和能量都是错的,而利用最近由 Truhlar 及其同事提出的 M06 – 2X 函数进行计算的准确性更高一些[5]。一般认为,当两个功能团同时影响几何构型时,需要在高精度能量水平下进行计算。包含弥散和极化函数的双 zeta 基组,例如 6 – 31 + G(d, p),被认为是适用于含能分子构型优化的函数。

为了达到能量计算所需的精度,通常需采用后哈特里—福克(Hartree – Fock)法。特别是一些方法如 CBS – QB3[6,7] 和 G3MP2[8],综合运用了基于小基组的耦合簇理论[CCSD(T)] 和 MP2 能量水平的基组外推法,更适用于中小尺寸含能化合物分子的计算。新体系的生成焓(ΔH_f^0)不是由原子分解能量计算的,而是由理想状态下的假想气相反应热来衡量的。对于较大的分子,可能有必要采取 DFT 方法。我们注意到,Rice 及其同事的基于 B3LYP 的原子等量参数化法可在中等计算成本下得到含能分子准确的 ΔH_f^0[9,10]。然而,对于一些新的化合物,其结构偏离了理论参考值,当需要计算其活化能时,建议使用一些现代的更准确的函数,如 Grimme 等人的 M06 – 2X 和 B2 – PLYP 双杂化泛函[11]。

为了研究分解反应和分析合成途径,在液体环境中通常需要考虑邻近分子的相互影响。溶剂化模型使用连续介质来描述液态,如极化连续介质模型(PCM)[12] 和类导体屏蔽模型(COSMO)[13],对校正几何构型和计算能量具有惊人的准确性。然而,当在计算有邻近分子参与的、有能垒的化学反应时,有必要考虑环境分子的影响。

大多数含能化合物为液态或固态,因此需要通过升华焓(ΔH_{vap})或凝固焓(ΔH_{sub})的计算预估值对其气相的计算生成焓进行校正。参数化的方法是利用从量子化学计算得到的参数,在合理的计算工作量下得到可靠的计算预估值。这些方法通常是基于表面静电势的统计分析以及描述分子大小(如表面积和分子体积)的参数。该方法最初由 Brinck,Murray 和 Politzer 提出[14-16]。后来,Politzer 等[17,18]和 Rice 等[9,10]将其应用于在分子(非离子型)化合物的预测。但需要指出的是,这些方法仅对那些与用于获得参数的物质相类似的物质进行预测时有效。并且,Politzer 等最新开发的参数[18]比 Rice 等的参数适用范围更广[9,10]。还有一些可以依据静电势和分子大小来预测晶体分子的晶格焓的方法。近期,Rice 和同事分析了利用这些方法来预测含能离子盐的固相生成热的准确性[19]。

除了生成热外,通过计算液体和固体的密度来预测推进剂和炸药的性能也是非常必要的,这些都可以通过量子化学计算[20-22]的分子体积来预估。尽管这些方法能准确地计算出火箭发动机的性能,但晶体结构信息却极难预测,这也是当前计算化学发展的重要分支之一。所面临的挑战在于,一种化合物的晶体结构通常会有数以百万计的可能结构,而其中成百上千的结构存在于能量间隔为几 kcal/mol 的全局极小值中。Herman Ammon 一直是含能材料领域杰出的开拓者[23]。他的研究方法包括最初的大尺度包装模拟,以及随后的通过力场调整的结构优化,目前已经应用于中医药研究中。最近几年的研究已经证明,周期性 DFT 计算方法可优化最低能量结构,能更准确地预测晶体结构。这种方法是由 Neumann 和 Perrin 首次提出的[24],Rice 及其同事将其发展到含能材料领域[25-27],并进行了完善。所得到的结构对于感度评估等是十分有用的,并为固态分解途径的计算分析开辟了新途径。目前,由于多态的问题,预测自由能的精度还不能满足势能分析的需要,因为多晶及晶相之间的转变温度也很难预测。

量子化学可以预测出新化合物的光谱特性。振动光谱(如红外光谱和拉曼光谱)往往可以通过标准密度泛函理论(DFT)进行预测。计算过程通常是在简谐近似的前提下进行的,不考虑非谐振性,因此,比较所计算频率与实验结果时,须在同一尺度下进行。溶剂化效应通常对频率影响非常小,故气相的计算结果足以用于预测液体的光谱性质。UV – Vis 光谱可以通过含时密度泛函理论(TD – DFT)计算,该方法已被编写进量化计算的主程序代码。然而,交换 – 关联(exchang – correlation)函数的选取对过渡态能量的影响较大,尤其在分析电荷转移带时,推荐使用长程色散校正函数,如 CAM – B3LYP[28]或 ωB97X[29]。为了获得更高的精度,可以采用运动方程(EOM)或(LR)耦合簇线性计算法[30]。但更精准的方法,如 EOM – CCSD 和 LR – CC3,都只适用于较小体系。与此相反,LR – CC2 即使应用于较大系统,操作也比较简单,且在大多数情况下计算精度能够满足要求。溶剂化效应有时也能引起光谱带发生较大移动。引起这些移动的分子间相互作用通常是非常复杂的,因此,尽管 TD – DFT 计算中考虑到了连续介质的影响,所预测的光谱峰的移动方向很多时候仍是错误的。

另外,NMR 光谱也可以通过量子化学方法来预测。对一些主要含氮和氧的含能化合物来说,将实测 NMR 光谱与计算光谱进行比对对于鉴定含能化合物的结构是很必要的,因为图谱中往往只有几个峰,并且自旋耦合模式很少能够用于表征。高水平后哈特里—福克方法,特别是耦合簇方法常被推荐用于鉴别一些更特别的化合物。然而,在实践中采用的方法仍然是 DFT 方法,主要由于溶剂化效应通常对波谱的移动有很大影响,并且通过连续介质模型对溶剂的修正还未以标准的量子化学代码写进耦合簇方法中。

一旦获得了生成热和密度,就可以通过热力学计算对具有不同应用潜力的新化合物的性能进行预测。NASA CEA 程序一直是计算推进系统的性能如复杂推进剂的比冲(I_{sp})[31,32]等数据的标准程序。目前还有很多基于相同原理但更新的程序。值得注意的是最新开发的 RPA 程序,它的用户界面友好,功能强大,而且是免费的[33]。用于预测爆炸性能的程序很少,且其中的大部分都需要付费。CEA 程序是利用 Chapman - Jouguet 分析法预测爆炸性能的,可以免费使用,但它的输入很麻烦,且需要估计热容量。用于计算 CHON 化合物的 Kamlet 和 Jacob 简化方法,目前通过修订和扩展已经可以用于含卤素化合物的计算,这种方法可以用于估算含能材料的爆炸性能[34-36]。它操作简单,无须扩展编程。

2.3　绿色推进剂的组分

本书将讨论一系列可能满足绿色化学基本标准的含能化合物。所有这些化合物的性能都经过量子化学计算进行了表征,大部分具有应用于推进剂的良好前景。其中有两类物质的实验测试与理论计算相符,但均未实现规模化合成。

2.3.1　三硝酰胺

三硝酰胺的英文名为 Trinitramide 或 trinitroamine(TNA,N(NO$_2$)$_3$,1),最先由 Rahm 等人在 2010 年发现,是经过计算分析后成功合成的[37]。它是经过实验验证的 9 种氮氧化物之一,并且是迄今为止合成规模最大的。最早关于 TNA 的理论研究论文发表于 1987 年[38],但在随后的 20 世纪 90 年代却鲜有报道,直至 2010 年才又有研究报道[39,40]。究其原因,可能是 TNA 这种分子的化学键很难通过标准 DFT 方法[37]进行描述。常用的 B3LYP 方法预测其 N - N 键的解离能(BDE)仅为 20kcal/mol;这个值说明 TNA 不太稳定,难以推广应用。最初,我们对该物质的兴趣源于它可能会对二硝酰胺酸的分解起作用。然而,当我们用量子化学中的黄金法则,即 CBS - QB3 体系中的 CCSD(T)方法来研究该物质时,我们惊讶地看到,它的解离能超过 28kcal/mol[37]。这个结果促使我们去深入分析 TNA 的动力学稳定性,图 2.1 为目前对这种分子气相分解能的最佳理论预估结果[37](Brinck T,Rahm M,2013 年未公开发表的结果)。与 2011 年的研究结果相比[37],当用耦合簇法(CCSD)取代 B3LYP 法时,可通过几何优化对一些能量进行修正。除了 N - N 键的均裂外,还存在第二种分解途径,即 – NO₂基团的转移形成更高能级的中间体4。在气相中该反应路径的活化能接近 29kcal/mol,在 20℃时的分解半衰期约为 15 年,这应当足以让我们对 TNA 及其应用产生兴趣。

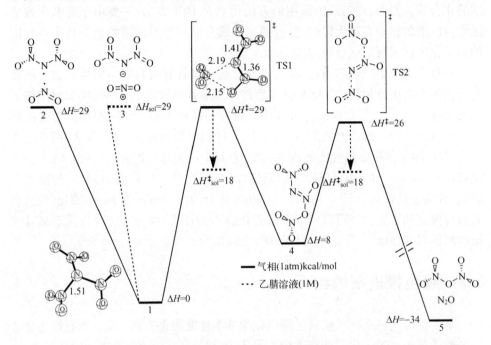

图 2.1　在 CBS – QB3 能量水平计算的 TNA 分解和生成的势能面(单位 kcal/mol)(1)[37]。
TNA 的能量和几何构型及其起始分解步骤都已根据 CCSD/6 – 311G(d)中的几何优化
进行了修正(Brinck T, Rahm M,2013,未公开发表)。虚线代表在乙腈中的情况。
(文献[37]授权转载)

　　 – NO₂基团转移的活化能受溶剂化效应的影响较大。尽管表征结果证明这种转变是 – NO₂自由基在气相中的转移,但随着溶剂极性的增加,会逐渐表现为 – NO₂阳离子转移。这将导致活化能显著降低,如在中等极性溶剂 THF(四氢呋喃)中,预估这种能垒会减小 5 ~ 8kcal/mol[37]。在极性较大的溶剂中这种影响会更大,估计在乙腈中能垒的减小会超过 10kcal/mol(Brinck T,Rahm M,2013 年未公开发表的结果)。

2.3.1.1　合成和检测

　　基于量子化学分析,我们决定尝试采用两种路线来合成 TNA,见方程(2.1)和方程(2.2)[37]。

$$N(NO_2)_2^- \xrightarrow{-e^-} N(NO_2)_2 \xrightarrow{NO_2} N(NO_2)_3 \qquad (2.1)$$

$$N(NO_2)_2^- \xrightarrow{NO_2^+} N(NO_2)_3 \qquad (2.2)$$

前期的理论分析[41]表明,二硝酰胺自由基($N(NO_2)_2$)是非常稳定的,可以作为 TNA 合成过程中的中间体。二硝酰胺阴离子的电离能接近 4.4eV,故在低温、四氧化二氮存在的条件下,通过二硝酰胺的电化学氧化反应可以很容易得到 TNA。第二条路线是二硝酰胺阴离子(($DN,N(NO_2)_2^-$)通过 NO_2^+ 游离态直接硝化而成。用计算分析来评估这个方法的选择性是很困难的;尽管氧的静电势比中心氮原子低,但由于有更大的热力学驱动力,故相比于与氧原子键合的中间体,其更容易形成 TNA。

虽然存在潜在的选择性问题,我们最初还是决定采用第二条路线来合成 TNA,即尝试使用 NO_2BF_4 作为硝化剂,乙腈为溶剂,直接硝化 $KN(NO_2)_2$ 和 $NH_4N(NO_2)_2$。通过 $^{14}N-NMR$ 和原位红外光谱法对 TNA 进行检测,并与由量子化学计算法[37]预测的光谱进行对比。核磁共振光谱结果显示,在 -65ppm 处的硝基甲烷的峰归属于 TNA 中的 $-NO_2$ 基团。这个值与理论计算的 62.3ppm 相差 2.7ppm。与 $N(NO_2)_2^-$ 类似,中心氮原子的信号由于四极松弛引起谱线增宽,不能在低温下观察到。原子核处的电场梯度的计算结果也表明了上述效应是合理的。随着温度逐渐升高至室温,检测到 TNA 可分解生成 HNO_3、N_2O_4 和 N_2O,与理论预测结果一致。红外光谱也证实合成出了该物质,因为红外光谱中出现了所有理论预测的红外特征峰。此外,随着温度的增加,分解产物增加。

很显然,如果不借助于量子化学计算,很难对 TNA 的检测和验证下结论。特别是,如果不和理论数据进行对比,NMR 光谱提供的信息非常少,并且对 IR 光谱的解析也是非常困难的。在非常苛刻的反应条件下和相对极性的介质中,TNA 会快速分解,不能分离。我们认为,根据方程(2.1),通过适当优化电化学方法,可以获得一个比较温和的制备方法,并能分离出 TNA。

2.3.1.2　性质和性能

TNA 的理论热力学性质和物理性能列于表 2.1。以一系列基元反应为参考,通过高能量水平的量子化学计算所得的气相生成热是非常高的。汽化焓(ΔH_{vap} = 7.3kcal/mol),是由 Politzer 等人通过计算分子表面积和静电势分布[18]确定的。Rice 等人也给出了一个非常接近的值,为 7.6kcal/mol[9]。相比之下,Politzer 等预测的 ΔH_{sub}(10.3kcal/mol)比较合理;Rice 等预测的 ΔH_{sub} 值(6.6kcal/mol)比 ΔH_{vap} 低。Ammon 等(Ammon H I,2011 年,私人通信)利用周期性 DFT 法对晶体结构进行了初步优化,得到的预测值(9.4kcal/mol)更接近 Politzer 等的数据(Brinck T,Rahm M,2013 年,未公开发表的结果)。通过与具有相似蒸发焓和升华焓的化合物进行比较,我们预测其熔点为 10℃。例如,与 TNA 结构相似的三硝酰甲烷,汽化焓和升华焓分别为 7.8kcal/mol 和 10.3kcal/mol,熔点为 15℃[42,43]。尽管熔点预测值还只是一个近似值,但可以得出如下结论:TNA 在常温下最有可能以液体的形式存在。我们预测 TNA 的密度大约为 2.0g/cm³,主要是基于预测的晶体结构,以及由 0.001 的等电子云密度图[37]确定的分子体积等几个参数。

表 2.1 TNA 的理论性质(1)

分子量(M_W)	152.02g/mol
生成热($\Delta H_f^0(g)$)①	54.8 ± 1kcal/mol
升华热(ΔH_{sub})②	10.3(9.4)kcal/mol
气化热(ΔH_{vap})②	7.3kcal/mol
熔点(mp)②	10℃
固体密度(25℃)①	2.0g/cm³
氧平衡	63.15%
① 由文献[37]计算； ② Brinck T 和 Rahm M,2013 年未发表的工作	

TNA 的主要问题是其有限的动力学稳定性。在室温下,气态 TNA 的理论半衰期是 15 年。然而,液态 TNA 类似处于一个中等极性的溶剂环境中,这会使半衰期降低到几天或几个月。因此,我们预测 TNA 必须在 0℃ 以下,以固体形式使用。在 −10℃ 的温度下,固体 TNA 的半衰期预计为数年。保持在这种条件下,TNA 将会成为优良的推进剂用氧化剂。TNA 的优势在于同时具有高能量和正氧平衡。表 2.2 列出了一系列以 TNA 为原料的推进剂性能(Brinck T,Rahm M,2013 年,未公开发表的结果)。最好的选择是将 TNA 用于液 − 固杂化推进剂配方中。但值得注意的是,在肼[$N_2H_4(1)$]作为燃料的推进剂中,TNA 提供的 I_{sp} 比液态氧[$O_2(1)$]稍低,比四氧化二氮[$N_2O_4(1)$]略高。但 TNA 比 $O_2(1)$ 的密度高,从而其密度比冲 I_d 比后者高出近 30%。其与 $N_2O_4(1)$ 的密度相差较小,但所得到的密度比冲(I_d)仍比后者高出近 20%。使用液态氢[$H_2(1)$]作为燃料的推进剂也会出现类似的规律。也就是说,TNA 的 I_{sp} 比 $O_2(1)$ 低,但 I_d 比 $O_2(1)$ 和 $N_2O_4(1)$ 都高。TNA 也可以代替固体推进剂中的高氯酸铵[AP,$NH_4ClO_4(s)$],当推进剂用氢化铝[$AlH_3(s)$]作为燃料时,以 TNA 替换 AP 后,I_{sp} 和 I_d 都略有增加。

表 2.2 TNA 基推进剂与由氧化剂及燃料组成推进剂的理论性能比较

氧化剂(O)	燃料(F)	当在最大 I_{sp} 时 O:F 比	标准比冲 I_{sp} /s	密度比冲 I_d (kg,s/L)	燃烧温度 T_c /K
$O_2(1)$	$N_2H_4(1)$	48:52	313	333	3392
$N_2O_4(1)$	$N_2H_4(1)$	57:43	293	356	3250
TNA(s)	$N_2H_4(1)$	59:41	300	427	3375
$O_2(1)$	$H_2(1)$	80:20	390	107	2947
$N_2O_4(1)$	$H_2(1)$	85:15	342	122	2762
TNA(s)	$H_2(1)$	86:14	350	141	2891
$NH_4ClO_4(s)$	$AlH_3(s)$	58:42	293	505	3637
TNA(s)	$AlH_3(s)$	57:43	302	526	4156

注:用 RPA 编辑的 1.2.8 软件计算得到的结果[33]。计算时,假定燃烧室压力为 7MPa、喷管压力接近大气压(0.1MPa)(Brinck T,Rahm M,2013 年,未发表)。所用的 ΔH_f^0 是通过 RPA 软件计算得到的。TNA 的 ΔH_f^0 是 44.8kcal/mol。在计算密度比冲时所用的密度(g/cm³)分别为:$\rho(TNA) = 2.0,\rho(O_2) = 1.141,\rho(N_2O_4) = 1.443,\rho(N_2H_4) = 1.005,\rho(H_2) = 0.0678,\rho(AlH_3) = 1.486,\rho(NH_4ClO_4) = 1.95$

2.3.2　富氧和富氮的含能阴离子

盐基含能材料具有不同于非离子物质的优点,例如有更好的热稳定性、较高的熔点和较低的蒸气压。特别是离子型氧化剂是固体推进剂的重要组分。其中,二硝酰胺铵[ADN,$NH_4N(NO_2)_2$]是一类非常有应用潜力的绿色含能材料,具体内容将在本书第 7 章介绍。然而,如前所述,ADN 的稳定性和相容性还存在一些问题,因此设计一些新型氧化剂引起了人们的兴趣。解决的途径之一是寻找抗衡离子来取代铵离子,从而增加二硝酰胺基推进剂的稳定性。这一途径取得的研究进展将在 ADN 一章中讨论。本节我们重点关注一些富氮和富氧的含能负离子的设计和表征。

2.3.2.1　二硝酰胺阴离子

对于绿色推进剂,二硝酰胺阴离子(TNO,$N(NO)_2^-$,6)是一种有趣的候选材料。几个相互独立的实验中[44-47],在气相中通过质谱法已经确定了它的存在,但关于其动力学和热力学稳定性的实验预测却差别较大。已经证明 TNO 的势能面是极其复杂的,且其最有可能的分解机理是通过自旋禁阻跃迁解离成 N_2O 和 NO^-,分解路线如图 2.2 所示[48]。

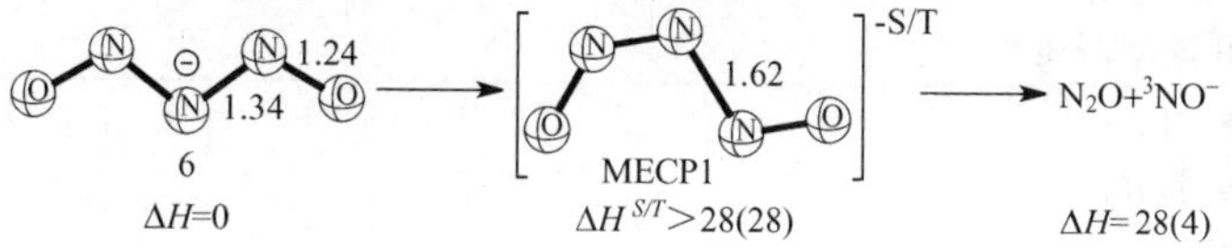

图 2.2　TNO(6)的最低能量分解途径[48]。由 B3LYP/6 – 31 + G(d)能量水平优化的几何构型包括最低能量交叉点(MECP1)。能量是根据 CCSD(T)计算得到的。括号中焓变是参考 THF 溶液的得到的。键长的量纲为 Å

通过计算,在气相中这种解离是吸热的,热焓为 28kcal/mol,但在溶液中却是放热的,热焓为 4kcal/mol。在 B3LYP 能量水平下采用密度泛函理论可得到沿解离通道的单线态和三线态的最低能量交叉点(MECP)。用 DFT 和耦合簇理论得到的能量计算结果表明,MECP 比气相极限解离能高出几个 kcal/mol。因此,估计有效的气相分解活化焓至少为 28kcal/mol。由于 MECP 存在于解离过程的早期,溶剂化效应对 MECP 分解的阻碍较小,故 28kcal/mol 也是在溶液中合适的估算值。此外,据预测,自旋禁阻跃迁的大小比自旋容许跃迁要小 1~4 个数量级。这相当于在室温下绝热反应能垒提高 1.4~5kcal/mol。应当指出的是,要更准确地表征最低能量交叉点和计算跃迁几率,需要采用更多的方法,如 CAS – SCF 或优选 MR – CI。然而,对其动力学稳定性的预估足以表明 TNO 的动力学稳定性至少与五唑离子相近,这让我们对其在推进剂中的应用产生了兴趣。

实验测得的绝热电离能为 3.1eV,与我们的计算值(表 2.3)非常一致。这表明，TNO 应该可以与标准的阳离子形成稳定的盐，如 NH_4^+ 等。计算结果表明，TNO 的吸收光谱在 271nm 有很强的吸收峰，该跃迁可作为 UV – Vis 光谱中重要的指纹特征峰来识别 TNO。但不幸的是，实验[46] 以及计算结果[48] 表明，其激发态是解离性的，在波长为 271nm 光照下会发生光解，生成 NO、N_2 和 O^- 等产物。因此，TNO 的盐可能是一种光敏性物质，这将成为它在作为推进剂组分使用时一个难以克服的缺点。

表 2.3　含能阴离子 DN、TNO 和 NOAT 以及对应的胺盐的理论性能

化 合 物	DN	TNO(6)	NOAT(7)
ΔH_i^0（阴离子，g）/（kcal/mol）①	− 31.2	13.0	32.9②
ΔH_f^0/（kcal/mol）①,③	− 36.2(− 35.4)④	2.9	32.6②
IP_{ad}/eV①	4.4	3.1	3.3②
A_{max}/nm①,③	279(0.11)	271(0.40)	–
密度/（g/cm³）①,③	1.8	1.6	1.7①
氧平衡/%③	25.8	0.0	0.0
单元推进剂的（I_{sp}）/s⑥	203(2062)	269(3015)	284(3242)
氧化剂 – Al 推进剂g（I_{sp}）/s⑥	267(4114)	283(3780)	292(3818)
推进剂中氧化剂含量/%⑦	75	79	83

① 由文献[48]计算；
② 由文献[49]得到；
③ 相对应的胺盐；
④ 在文献[50]中得到的实验值；
⑤ 垂直激振能和括号中的值为振子强度；文献[33]采用 RPA 编辑的 1.2.8 软件计算出所有性能；
⑥ 计算时，假定燃烧室的压力 7MPa，喷管压力接近大气压(0.1MPa)；
⑦ 通过优化得到 I_{sp} 的推进剂组分（氧化剂和铝粉）

可以采用不同的路线来合成 TNO。与气相合成法类似，N_2O 的还原态在溶液中与 NO 反应可生成 TNO。

$$N_2O^- + NO \rightarrow 6 \tag{2.3}$$

此反应在 THF 溶剂中进行，是一个热熔为 25kcal/mol 的放热反应[48]。存在的主要问题是 N_2O 的还原性和 N_2O^- 自身的不稳定性，后者易分解生成 O^- 和 N_2。另一种合成 TNO 的方法是 NO^- 和 N_2O[48] 反应，这可能也是一个放热反应（在 THF 中的热熔 $\Delta H = -4$kcal/mol）。

$$N_2O + NO^- \rightarrow 6 \tag{2.4}$$

TNO 铵盐（ATNO）的 $\Delta H_f^0(s)$ 的计算值为 2.9kcal/mol，该值明显高于 ADN 的 − 35.4kcal/mol。分析还表明，ATNO 和 Al 组合形成的推进剂配方的能量比 ADN 的要高很多（表 2.3）。当 ATNO 与 Al 按照最佳配比（Al 含量为 21%，氧化剂含量

为 75%)复配时,I_{sp} 比优化的 ADN - Al 推进剂高 6% ,相比于 73:23 的 AP - Al 推进剂的能量提高 14% 。由于 ATNO 具有很好的氧平衡,该化合物可以作为性能较好的单元推进剂。纯 ATNO 的理论 I_{sp} 与 ADN - Al 体系推进剂几乎相同。从环保的角度来看,这也有利于减少推进剂中铝粉的含量,意义重大。总之,TNO 在推进剂应用中有许多诱人的优点,但是,也有一些不足,如稳定性等,特别是对光的敏感性。另外,还有待开发其他合成路线。

2.3.2.2　1 - 硝基 - 2 - 氧代 - 3 - 氨基 - 三氮烯类阴离子

1 - 硝基 - 2 - 氧代 - 3 - 氨基 - 三氮烯类阴离子(NOAT,7)是另一种很有潜力的绿色推进剂候选组分。NOAT 的化学式为 $N_5O_3H_3$,经过一系列的计算表明,它是一种极具潜力的绿色氧化剂[4,51]。类似于 TNO,NOAT 的铵盐(ANOAT)具有很好的氧平衡。而且,NOAT 具有更高的分解能,这是它的优点。通过计算[49]已经获得了大量 NOAT 潜在的分解机理。最新的结果表明,初始分解步骤为 H_2N - N(O)N 键的协同解离,形成异乙氮烯和高能量构象($ONNNO_2$)⁻,如图 2.3 所示(Brinck T,Rahm M,2013 年,未公开发表的结果)。

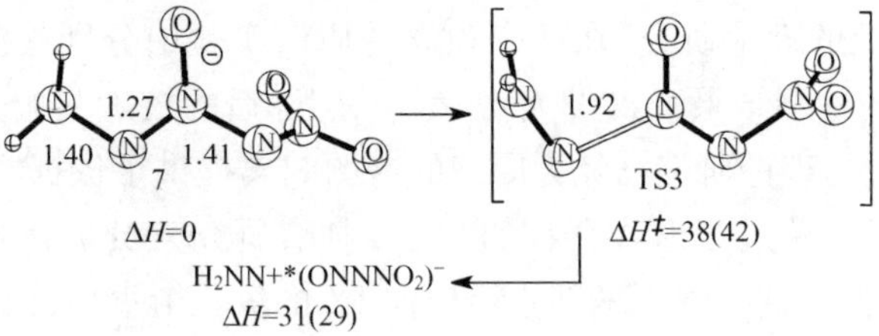

图 2.3　NOAT(6)的最低能量分解途径中的第一步反应。* 代表高能量的异构体。能量是在 CBS - QB3 能量水平上得到的,而几何构型是在 M06 - 2X/6 - 31 + G(d,p) 能量水平上获得的。括号中焓变是参考 THF 溶液的得到的。键长的量纲为 Å

这一分解反应在气相和 THF 中的活化离解焓分别是 38kcal/mol 和 42kcal/mol。此外,在上述两种介质中该反应均为吸热反应,热焓分别为 31kcal/mol 和 29kcal/mol。因此表现出很高的动力学稳定性,不可能通过简单的一步反应分解生成稳定的其他产物。相反,在最初的反应步骤可能会得到高能量物质,不可避免地会提高活化能垒。这是在设计具有高动力学稳定性的含能材料时应该注意的问题。

通过吸收光谱或荧光光谱法鉴定 NOAT 似乎并不可行,因为我们还没有发现它们在可见光或近紫外区内有可用于识别、且强度较大的跃迁[49]。也正是由于它们在这些波长区间无活性吸收,因此该化合物具有对光不敏感的优点。此外,由于其大小和非对称性结构,可以采用其他光谱方法鉴定和表征该物质,如 NMR、红外和拉曼光谱。需特别指出的是,振动光谱中包括大量的信息,与理论光谱吻合度高。

NOAT 的铵盐(ANOAT)具有非常高的 $\Delta H_{\mathrm{f}}^{0}(\mathrm{s})$,当应用于固体推进剂时,其能量预测值是我们所研究的铵盐中最高的,见表 2.3[49]。由于其完美的氧平衡(0%),它可以作为很好的单元推进剂;实际上,其预测的 I_{sp} 比最佳的 ADN – Al 共混物体系高6%。与 ATNO 相比,作为单元推进剂时其能量高出6%,但与铝形成复合推进剂时只高出2% ~3%。重要的是,ANOAT 具有更高的动力学稳定性,且不会见光分解。目前存在的主要的问题是如何合成这种化合物,因为目前很难设计出大规模合成该化合物的路线。

2.3.3 五唑离子及其氧衍生物

长期以来,氮簇化合物作为极具潜力的高能量密度化合物(HEDM)引起了研究人员的极大兴趣。其中,具有独特性能的五唑阴离子(PZ,cyc – N_5^-,8)是关注最多的品种之一。Ugi 和 Huuisgen 在 20 世纪 50 年代合成并研究了五唑氩(ArN$_5$)[52,53]。他们还首次以该化合物为原料尝试去分离 PZ[54]。1999 年合成的直链 N_5^+ 阳离子重新引起了人们对氮簇化合物尤其是 PZ 的兴趣[55]。2002 年和 2003 年,经过广泛的理论研究,在两个独立的质谱实验中分别检测到了 PZ[56,57]。其中,在溶液中的检测结果于 2003 年发表[58],但随后的核磁共振分析存在很多问题[59]。虽然最近的理论研究已经为原来的谱图归属提供了依据[60],但可以看出,PZ 最有可能是以一种过渡形式存在的[61]。因此,研究人员仍在继续寻求其合适的合成路线及分离方法。最近的热点已转向 PZ 的氧化衍生物,如含氧五唑(OPZ,9)和 1,3 – 氧代五唑(DPZ,10)。预计它们在推进剂应用中的表现会更好,具有更高的动力学稳定性,并且能更容易通过光谱技术检测和表征[48,49]。

2.3.3.1 动力学稳定性

通过大量的理论研究,已经确定了 PZ 的主要分解机理。它通过一个协同解离反应生成分子氮和叠氮阴离子,见图 2.4。我们已计算出其活化焓为 28kcal/mol,这与其他的理论研究[48]相吻合。初始状态的溶剂化作用比过渡状态的稍好,使得在 THF 中所测得的能垒大约提高了 1kcal/mol。该反应在气相中的放热量为 9kcal/mol,但由于叠氮阴离子的强溶剂化作用,使其在 THF 溶剂中的放热量增加至 14kcal/mol。

OPZ 的势能面比 PZ 要复杂得多,并有许多可能的分解途径[48]。然而,我们的分析表明,占主导地位的分解途径和速控步骤为协同解离生成分子氮和活性较强的中间体(N_3O)$^-$ 的过程。(N_3O)$^-$ 也将随之分解成 N_2 和 NO^-,如图 2.4 所示。反应的第一步是吸热的,在气相和 THF 溶液中的分解热分别为 8kcal/mol 和 2kcal/mol。但由于氮气的释放,OPZ 在两种介质中的反应均释放能量。与 PZ 相比,OPZ 的初始步骤为吸热反应,导致其在气相及 THF 中的活化焓会升高 2kcal/mol。这再次证明了它有很高的动力学稳定性,因而不可能通过简单的一步反应让

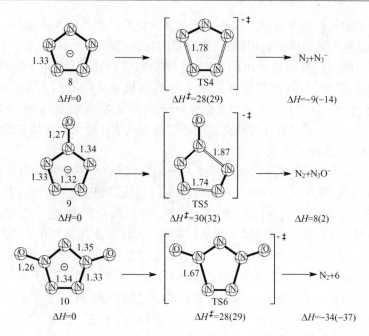

图 2.4　PZ(8),OPZ(9) 和 DPZ(10)的最低能量分解途径中的第一分解步骤。
其中,能量是在 CBS - QB3 能量水平获得的[48,49]。括号中的数值是指
在 THF 溶液中的焓。键长的量纲为 Å

其分解为稳定的其他产物。通过分析 DPZ 的分解机理,其初始分解反应也是放热反应,生成的产物为 N_2 和 TNO,且 DPZ 在气相和溶液中的理论活化焓与 PZ 几乎是相同的[49],进一步证实的确存在这一规律。有趣的是,在 PZ、OPZ 和 DPZ 这三种物质中断裂的 NN 键的键长基本相同(图 2.4),因此,不能从基态几何结构预测出 OPZ 具有更大的分解势能。并且我们注意到,由于五唑离子的动态稳定性,DPZ 的活化熵较低,故其指前因子比 PZ 大,因此 DPZ 应该比 PZ 略微稳定[49]。

2.3.3.2　光谱检测

PZ 的高对称性使得该分子很难通过光谱的方法进行检测和表征。其红外光谱仅有一个弱峰。Bartlett 使用精确 CCSD 法对其拉曼光谱进行了计算,发现虽然有三个频带峰,但只有波数在 $1222cm^{-1}$ 处的一个伸缩振动峰的强度能够进行检测和表征[62]。NMR 谱中,无论是 ^{14}N 或 ^{15}N,也只有一个单峰。此峰的频率很难通过理论方法正确地预测,并且对溶剂十分敏感[60]。如前所述,在 Bartlett 合成 PZ 的过程中,使用 NMR 来检测 PZ 已经引起了争议。我们还没有在紫外 - 可见光谱区发现 PZ 具有任何可识别的跃迁,使得其检测变得更为复杂。Frenking 及其同事的研究表明,PZ 与 Fe(II)键合可以形成稳定的二茂铁化合物,即 $Fe(\eta^5 - N_5)_2$[63],该化合物在紫外 - 可见区有明显的吸收峰(Brinck T, Carqvist P,未发表的结果)。

在含氧衍生物(如 OPZ 和 DPZ)的合成过程中,它们的检测和表征相对容易。

这两类物质的振动光谱可以为表征提供丰富的信息。此外，^{14}N – 或 ^{15}N – NMR 也可为识别这两类物质提供有用信息，主要是因为它们有三种独特的氮，可以得到不同的光谱。故通过与计算得出的 NMR 化学位移进行比较，有助于结构的鉴定。最后，我们注意到，这两类物质在近紫外区有比较强的吸收，在 CC2/aug – cc – pVTZ 能量水平上的计算表明，OPZ 和 DPZ 的最大吸收波长分别为 240nm 和 284nm[48,49]。我们还没有深入研究这些跃迁是否会使这些化合物具有光敏性。

2.3.3.3 合成

相比于大多数其他氮原子簇，芳基五唑是合成 PZ 的一类非常有用的起始原料。20 世纪 50 年代后期，Huigi 和他的同事已经认识到这一点，他们曾多次尝试合成 PZ[53,54]。即使采用现代光谱方法，检测 PZ 仍然存在困难，但想到能用他们的方法得到目标产物，这也是非常诱人的事情。Butler 及其同事在 –40℃，用硝酸铈铵（CAN）的甲醇 – 水溶液对 1 – 甲氧基取代的芳基五唑进行 N – 二甲基亚硝胺化得到苯并醌[58,61]。他们认为通过该反应得到的五唑（HN_5），可以稳定存在于 PZ 和 Zn^{2+} 的络合物溶液中。这一实验的结果已经得到验证，更多细节建议有兴趣的读者可以参考相关文献[59,60]。由此可以看出，在任何情况下，如果不对 PZ 进行修饰，就无法对其进行有效分离。通过量子化学理论，我们分别研究了另外两种合成途径（图 2.5）。第一种途径受到了卤代苯氨基化反应的启发。在 –33℃ 的液氨里，卤代苯与过量的氨基钠或氨基钾反应可生成苯胺，这是一个经典的反应。

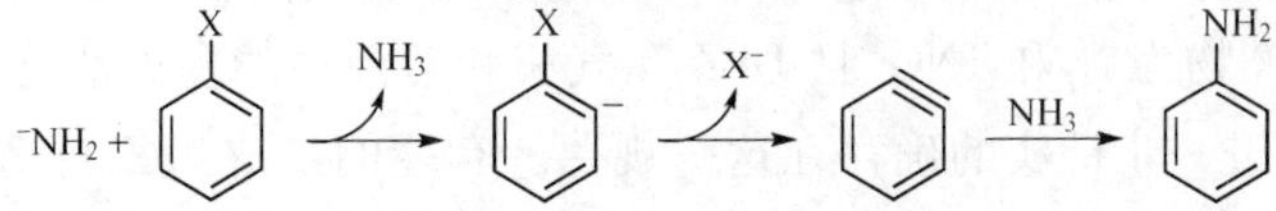

图 2.5 典型的氨基化反应

我们的假设是前两个反应步骤适用于芳基五唑生成自由 PZ[64]。为了验证该假设，我们平行研究了几个原始反应。不同反应步骤的溶液标准吉布斯自由能列于表 2.4。对于卤代苯而言，至少从定性的角度来看，其理论数据与实际反应中观察到的变化趋势是一致的。在第一步反应中，苯基五唑的去质子化能力比卤代苯稍强。而第二步反应仅在 Br 和 Cl 存在时才会发生，在 F 存在时不能反应。这也被能量计算数据所佐证，因为含 Br 或 Cl 化合物的能垒比较低，而氟衍生物的能垒较高。苯基五唑的能垒虽然比对氟苯低，但仍然太高以致不能发生反应。受Butler 及其同事[58]工作的启发，我们研究了 Zn^{2+} 与 N_5 环络合的效果，发现解离能垒降低了 6kcal/mol。但所得到的活化能仍略微偏高，因此有关金属离子的络合作用还有待进一步研究。故通过适当优化该反应的反应条件并加入合适的金属离子可能能合成出 PZ。然而，假如目标是合成一种含能盐，如五唑铵（APZ），则利用金属离子参与该反应可能是一条死胡同。

表2.4 卤代苯与苯基五唑在液氨中进行氨基化反应中
前两步反应标准自由能的计算值[64]

芳 基 五 唑	去质子化过程		生成苯炔的过程
X	ΔG_{sol}^{0} ①	ΔG_{sol}^{0}	ΔG_{sol}^{0} ①
Br	15.7	7.9	2.9
Cl	16.6	7.8	5.4
F	16.6	7.1	29.0
环 N_5	16.4	4.7	25.3(19.2)②

① 标准活化自由能;
② 苯基五唑与 Zn^{2+} 的配合物

我们详细研究的另一种方法是基于芳基五唑的电化学还原法。2003 年,我们与 Ostmark 团队合作,采用激光解吸电离质谱法检测到了 PZ[57]。作为该研究的一部分,我们研究了由原料对甲氧基取代的芳基五唑形成 PZ 的分子机理。分析认为,最可能的途径是还原芳基五唑直接离解生成 p - 二甲基氨基苯基自由基和 PZ。该途径与芳基五唑解离生成相应叠氮化物和 N_2 的能垒非常相近。事实上,如果该机理适合在气相中生成 PZ,那么在溶液中采用电化学合成应该更有前景。我们知道,随着溶剂极性的增加,芳基五唑的动力学稳定性增加[65],这与 PZ 的理论预测是一致的。另一方面,增加溶剂极性也可能会使还原芳基五唑的解离能垒降低。中性和还原芳基五唑的相关反应如图 2.6 所示。

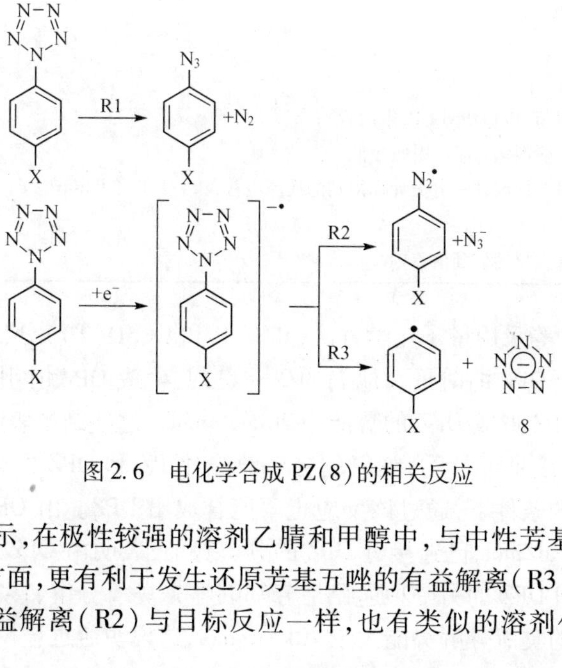

图 2.6 电化学合成 PZ(8)的相关反应

如表 2.5 所示,在极性较强的溶剂乙腈和甲醇中,与中性芳基五唑分解(R1)相比,在动力学方面,更有利于发生还原芳基五唑的有益解离(R3)。不幸的是,还原芳基五唑的无益解离(R2)与目标反应一样,也有类似的溶剂化效应。研究发现,两个活化能垒之间的差异随取代基共振供电子能力的增加而增加,因此,当还原芳基五唑与强给电子取代基结合时,将会使无益解离的比例高于有益解离。尤其是当苯基五唑与对甲氧基取代的芳基五唑相比时,这种效果尤为明显。对甲氧基取代的芳基五唑看起来是一个很好的折中反应物,原因是它可通过不同的分解途径进行活化。更好的方法是首先在非常低的温度下,减少相对不稳定的苯基五唑的含量,然后缓慢加热溶液,形成所需产物。溶剂的极性和其他因素也都是潜在的需要优化的条件。我们认为,理论分析与质谱实验的结果有机结合,具有良好的前景,可促使大家用这样的方法合成 PZ。这里还计算了芳基五唑在乙腈中的还原电势以供感兴趣的读者参考。所采用的计算方法是已经成功预测了取代芳烃的还原电势的方法,精确度约为 $0.2\mathrm{eV}$[66,67]。

表 2.5　芳基五唑通过电化学还原生成五唑阴离子时标准活化自由能以及芳基五唑的还原电势的计算值

X	R1		R2		R3		Red
	$\Delta G_{\mathrm{g}}^{0}$①②	$\Delta G_{\mathrm{sol}}^{0}$②③	$\Delta G_{\mathrm{g}}^{0}$①④	$\Delta G_{\mathrm{sol}}^{0}$④③	$\Delta G_{\mathrm{g}}^{0}$①④	$\Delta G_{\mathrm{sol}}^{0}$④⑤	$E^{\mathrm{red}}/\mathrm{V}$⑥
Cl	16.4	19.5(19.6)⑦	23.2	21.5	23.4	21.7	-1.66
H	16.5	19.5(19.8)⑦	23.3	21.5	23.4	21.5	-1.74
OCH₃	[17.7]⑧	[20.8]⑧	23.0	19.6	22.8	20.3	-2.08
N(CH₃)₂	18.3	21.3(20.7)⑦	23.2	18.7	24.0	20.9	-2.02
O⁻	20.8	22.0(21.0)⑦	17.0	17.5	17.0	18.4	-2.38

① 气相中的值(1atm);
② 参考文献[65];
③ 甲醇溶液(1M);
④ 参考文献(Brinck T 和 Carlqvist P,未出版);
⑤ 乙腈溶液(1M),溶剂化效应与甲醇相似;
⑥ 在乙腈溶剂相对于标准甘汞电极计算得到的还原电势(Brinck T 和 Carlqvist P,未出版);
⑦ 实验数据[53];
⑧ 依据对羟基苯基五唑的值预估得到

最近,Frison 等采用量子化学方法(B3LYP 和 CCSD(T))分析了由 PZ[68]臭氧分解制备 OPZ 和 DPZ 的前景。他们的研究发现,生成 OPZ 时引发步骤的势能为 20kcal/mol,由 OPZ 形成 DPZ 的势能为 26kcal/mol。这些结果表明,只要合成出纯 PZ,合成 OPZ 应该是可行的;臭氧的分解势能比 PZ 和 OPZ 的分解势能都低,因此,即使在合适的条件下,通过该反应也不能合成出 DPZ。由 OPZ 生成 DPZ 的反应放热量为 37kcal/mol,已经接近 DPZ 的分解势能,表明由 OPZ 制备 DPZ 更加困难。制备 OPZ 和 DPZ 的另一种途径是芳基五唑先臭氧分解,接着 C－N 键断裂。然而,苯基五唑的臭氧分解势能大于 40kcal/mol,这说明通过该反应根本不可能制备出目标产物。

2.3.3.4　性能

PZ 的 $\Delta H_f^0(g)$ 理论估算值为 58kcal/mol[48]。这个值明显高于比 N_2 中三键键能低得多的芳香 N–N 键的键能。在 PZ 上增加一个和两个氧原子可以分别形成 OPZ 和 DPZ,$\Delta H_f^0(g)$ 分别减小了 5kcal/mol 和 4kcal/mol[48,49]。但其对应铵盐的 $\Delta H_f^0(s)$ 差异较小,如表 2.6 所示。预测用五唑铵(APZ)作为单元推进剂时,由于氧平衡为负,性能相对较差。如果添加一些富氧抗衡离子或添加剂,PZ 将发挥出更好的性能。另一种方法是将 APZ 与 ADN 等绿色氧化剂混合使用,例如 ADN 和 APZ 以 50∶50 混合,其能量将与 ADN–Al 推进剂相当,且燃烧温度更低。该 AOPZ 盐可以达到与单元推进剂相近的能量水平,并当 ADN 添加量高达 40% 时,I_{sp} 能够进一步提高。ADPZ 具有零氧平衡,不论是作为单元推进剂,还是与含量高达 20% 的 Al 结合使用,均具有很好的能量水平。总的来说,其能量比 ATNO 高,但还达不到 ANOAT 的水平。

表 2.6　PZ、氧化衍生物(OPZ 和 DPZ)和相对应的铵盐的理论性能

化　合　物	PZ	OPZ	DPZ
ΔH_i^0(阴离子,g)/(kcal/mol)①	58.2①	53.1①	49.3②
ΔH_f^0/(kcal/mol)①③	47.9①	45.6①	44.3②
I_{ad}/eV①	2.1④	3.8①	3.7②
A_{max}/nm	—	240(0.2)①	284(0.16)②
密度/(g/cm³)①③	1.5①	1.6①	1.7②
氧平衡/%③	−36.4	−15.3	0.0
单元推进剂的 I_{sp}/s⑥	200(1576)	250(2675)	273(3205)
氧化剂–Al 推进剂⑦I_{sp}/s⑥	257(2909)	263(3022)	285(3845)
推进剂中氧化剂与燃料之比⑦	58∶42(ADN∶APZ)	36∶64(ADN∶AOPZ)	82∶18(ADPZ∶Al)

① 由文献[48]计算;

② 由文献[49]得到;

③ 相对应的铵盐;

④ 来源于文献[69];

⑤ 垂直激振能和括号中的值为振子强度;

⑥ 文献[33]采用 RPA 编辑的 1.2.8 软件计算出所有性能,假定燃烧室的压力 7MPa 和喷管压力接近大气压(0.1MPa),括号里的值为燃烧温度;

⑦ 通过优化得到最大 I_{sp} 的推进剂组分(氧化剂和铝粉)之比

与 AOPZ 相比,尽管 ADPZ 有更好的预估性能,但我们认为 ADPZ 在未来推进剂中应用的可能性并不大;而 AOPZ 具有较高的动力学稳定性,并有很好的批量制备前景,且能量性能优异,足以使其成为未来推进剂的组分。

2.3.4 N₄四面体

氮的同素异构体可作为制备新型 HEDMs 的潜在原料,引起了研究者的广泛兴趣。该类材料不仅具有高能的特点而且绿色环保,因为 N_2 是它们能量释放反应的唯一产物。然而,尽管进行了广泛的理论和实验工作,但 N_2 仍是在室温下能被分离的氮的唯一存在形式。线性和环状 N_3,以及 N_4 的开链形式,都已通过实验检测到,但它们太不稳定,直接应用价值并不高[70-72]。N_5^- 的合成及随后检测到的 N_5[55-57],引起了大家对 N_8 和 N_{10} 分子盐的兴趣。Bartlett 及其同事得出了 $N_5^+ N_5^-$ 不存在的结论,但 $N_5^+ N_5^-$ 很可能具有一定的动力学稳定性[73]。Dixon 等根据 Haber – Bosch 机理[69]也对 N_{10} 盐的稳定性提出了质疑。他们的研究表明,由于开链和环状 N_5 自由基的解离性质,N_5 盐会自发解离成 N_3 自由基和 N_2。通过对其他形式 N_8 和 N_{10} 的研究,发现其动力学稳定性都较低[74]。四氮化合物($N_4(T_d)$,11)可能是能够用于合成 HEDM 最有前景的氮同素异构体。

2.3.4.1 势能面

N_4 的势能面一直是理论研究的热点[75]。这在理论层面非常敏感,它的许多特点只能用高水平的多构型 ab initio 方法描述。N_4 有两种动力学稳定的形式:$N_4(T_d)$ 和环状形式($N_4(D_{2h})$,12),这两种形式差不多具有相同的能量,如图 2.7 所示。后者分解成两个 N_2 时具有较低的离解能,我们基于 MR – CI 和 CCSD(T)方法估算出其离解能大约为 7kcal/mol[76]。因此,该异构体只能在非常低的温度下存在。相比之下,$N_4(T_d)$ 由于其反交叉位的结构,其分解过程会出现一个能级较高的过渡态。这样的过程不能用简单的参考方法来描述,据我们所知,这一势能的最佳估算值大约是 62kcal/mol,它是在 CAS – SCF 优化几何构型的基础上通过 MR – CI 方法计算得到的[77]。该解离过程是一个剧烈的放热反应,在 0K 时通过 W1 理论已经非常准确地估算出其离解能为 – 182.2kcal/mol[78]。因此,如果根据物理化学原理,即当一个化合物通过简单的放热反应就可以分解生成稳定的产物,则它的动力学稳定性较低,$N_4(T_d)$ 的情况似乎与之矛盾。然而,也有特例,这是由于某些分子在分解过程中需要改变电子构型。

$N_4(T_d)$ 的第二种分解途径包括在引发步骤中与 $N_4(D_{2h})$ 的互变[76]。在这种情况下,能垒来源于反交叉位,我们估算它与直接离解成两个 N_2 的反应势能相当或更高。长期以来,人们认为 $N_4(T_d)$ 的动力学稳定性受控于自旋禁戒跃迁分解,该分解产生一个基态 N_2 和一个三重态 $N_2[N_2(^3\Sigma_u^+)]$。预示最小交叉点的能量仅比基于 CI – SD 能量水平所确定的基态结构的能量高出 28kcal/mol[80]。然而,我们的研究表明,这种结构在更高水平的理论上是无效的。此外,该结构是快速解离的,即该分子达到交叉点之前,必须通过单峰面的过渡状态。我们通过状态平均 CAS – SCF 计算方法找到了最小能量交叉点,基于 CAS – SCF 和 CCSD(T)单点预

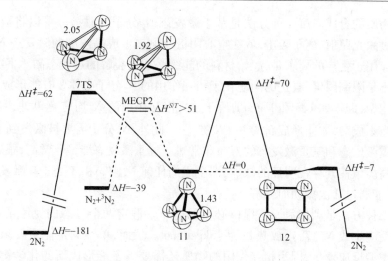

图 2.7 N_4 表面能上固定点的活化能(kcal/mol)。所涉及的自旋禁戒跃迁离
解途径包括越过一个单 - 叁键最低交叉能级点 MECP2。活化能是由 CCSD(T)、
MR - C1 和 CAS - SCF 软件计算的[75,77 - 79]。键长的量纲为 Å。文献[75]授权转载

估法,自旋禁戒跃迁势能至少为 51kcal/mol[75]。这个值足以证实 N_4(T_d)的动力学
稳定性是极高的。从多方面来看,N_4(T_d)似乎是非常理想的含能分子,它结合了
高稳定性、优异的能量性能和绿色的燃烧性能。目前只剩两个"小"问题:检测和
合成。

2.3.4.2 光谱检测

由于 N_4(T_d)分子的对称性,如果采用与检测五唑离子类似的方法,其检测会
较复杂。红外光谱中仅有一个强度较弱的吸收峰。如果采用同位素标记,这个吸
收峰仍然可以用来鉴别。拉曼光谱可以提供较多的信息,包括三个比较强的峰。
红外或拉曼的鉴别受益于 Lee 和 Martin 在 CCSD(T)水平上对四次力场的准确计
算[78]。Pereira 和 Bartlett 等发现,由谐波近似原理得到的 N_4(T_d)分子的红外和拉
曼光谱,它们的峰强度处于同一水平[62]。拉曼光谱法是相对灵敏的技术,N_4(T_d)
在液体和固体氮标样中的检测极限为 10^2 ppm[81]。我们已经通过 EOM - CCSD 和
QR - CCSD 计算确定了单光子和双光子的吸收光谱[75,82]。第一激发态的垂直激
发能为 9.65eV,而振子强度为零。第一容许跃迁在 10.65eV(116nm)处具有一个
相当大的振子强度。这种状态也可通过双光子吸收实现。如果该分子能通过双光
子吸收激发,然后通过荧光进行检测,这将是一种很好的检测方式。然而,当激发
会产生多个强度的荧光,且荧光波长很难预测时,这种方式的优势也就不明显了。

2.3.4.3 合成

虽然 N_4(T_d)的检测存在一些困难,但真正的问题还是合成。该分子的能量非
常高,以致于几乎不可能由基态分子合成。在理论上有两种类型的合成方法可以

用于该物质的合成。第一种方法是基于激发态 N_2 分子的碰撞。可以将液态或固态氮通过激光照射、离子轰击，或在空心阴极放电来生成高浓度的激发态 N_2 分子。将此反应用于生产的要求是，起始材料的能级必须比裂解的过渡态高。事实上，这个要求不是限制因素，真正的问题在于相互作用的 N_2 分子必须要有能形成 $N_4(T_d)$ 的电子构型，即正如 Lee 和 Dateo 所争论的，相互作用的 N_2 均应有单键，剩余的 P 电子应当不成对，才能形成新的 N－N 键[83]。此外，N_2 分子需要被激发到五重态，因为单重激发态和三重激发态的寿命非常短。五重激发态能量非常高，很难生成。它们的高能量使其存在明显的缺点，即生成的任何 $N_4(T_d)$ 由于处于高激发振动状态，都可能通过几次振动而分解。

　　第二种方法是利用氮原子提供必要的能量。假定两个基态的氮原子和 N_2 之间可以反应生成 $N_4(T_d)$，放热量为 46kcal/mol。然而，单纯满足能量要求还不能使这种类型反应发生，因为相互作用的物质还需要具备能形成新的化学键的电子构型。我们的研究已经表明，有可能通过基态 N_2 和在 ^2D 状态的氮原子经过两步反应制备 $N_4(T_d)$[79]。

　　第一步反应为叠氮基($N_3(C_{2v})$,13)环状异构体的形成。Wasilewski 基于具有较小的活性空间的 MR－CISD 计算[84]首先证实了这种异构体是稳定的。后来，我们在高理论水平（即采用在 CAS(15,12)/cc－pVTZ 几何构型上的 MR－CISD(Q)/cc－pVTZ 计算方法）上对势能面进行了详细研究[79]。从异构体到基态 N_3 自由基，放热量为 31kcal/mol，但必须克服 32kcal/mol 的活化能垒。N_3 自由基离解生成 N_2 和 $N(^2D)$ 时，吸热量为 26kcal/mol，需要克服 32kcal/mol 的活化能垒。这些结果表明，如果在室温下该物质在不发生碰撞时，寿命也是很长的。然而，它们的自由基特性使其双分子间的反应非常活跃。$N_3(C_{2v})$ 也可以由 N_2 和 $N(^2D)$ 直接反应生成，即离解的逆反应。这些能相互反应的物质需要具备足够的内在能量来克服能垒障碍并且发生有效碰撞，即碰撞后能形成对称性较好的双键。但由于存在多个竞争反应，特别是在几乎无势垒过程中基态 N_3 的形成，都会导致形成 $N_3(C_{2v})$ 的几率降低[79]。

　　2003 年 Hansen 和 Wodtke 最先证实了 $N_3(C_{2v})$ 的存在[71]。他们研究了叠氮氯(ClN_3)在 235nm 左右无碰撞条件下的光解反应，并证明形成了两种 N_3 的异构体，即直链和环状的 N_3。基于选态 $Cl(^2P_J)$ 推导出的动能分布图，确定了这两种异构体之间的能量差为 $1.35 \pm 0.1eV$。这与我们先前的计算值 1.34eV（30.8kcal/mol）几乎完全一致，进一步证实了 $N_3(C_{2v})$ 的确是高能异构体。Hansen 和 Wodtke 的实验不仅证实了 $N_3(C_{2v})$ 的存在，而且还提供了另一种合成该物质的潜在方法[85]。

　　合成 $N_4(T_d)$ 的第二步反应是 $N(^2D)$ 和 $N_3(C_{2v})$ 之间的反应。在 CAS(12,12) 水平下对势能面进行扫描，然后通过选定点的 MR－CISD(Q) 计算，表明 $N(^2D)$ 会与 $N_3(C_{2v})$ 的分子平面发生垂直结合，通过几乎无势垒的过程生成 $N_4(T_d)$[79]。然而,这个反应通道相当狭窄,且存在生成两个 N_2 分子的竞争反应。

这两个反应步骤均需要氮原子达到 ^2D 状态。$N(^2D)$ 可以通过三重态 $N_2[N_2(^3\sum_u^+)]$ 的 $N(^4S)$ 淬灭形成[79]。例如,可以通过氮气在低温保护的条件下进行。因此,可以根据如图 2.8 所示的合成路线,小规模制备 $N_4(T_d)$。然而,即使实验证明这些路线是成功的,也很难通过这条路线规模化制备 N_4。

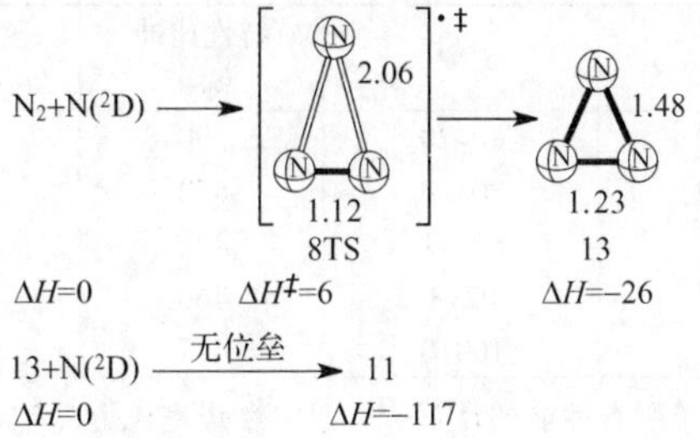

图 2.8　N_2 和处于 ^2D 状态的激发 N 原子反应生成 $N_4(T_d)$ 的两步法的合成机理。图中的焓(kcal/mol)是基于 CAS－SCF 构型通过 MR－CISD(Q)能量水平计算的[79]。化学键长的量纲为 Å

2.3.4.4　热力学稳定性和性能

如前所述,在 0K 时 $N_4(T_d)$ 解离成两个 N_2 分子的能量高达 182kcal/mol。这相当于在 298K 时的 $\Delta H_f^0(g)$ 为 181kcal/mol。小尺寸和分子的低极性均表明,在标准条件下 N_4 应该是气态。我们尝试通过周期性 DFT 计算方法中 PBE0 功能和 Gaussian 函数来预测 $N_4(T_d)$ 的晶体结构(Brinck T,Rahm M,2013 年,未公开发表的结果)。在预测晶体过程中假定了类似白磷的晶包结构,并用 Grimme 的 D－电势来校正相关－交换函数中处理不当的色散力[86]。在此计算结果的基础上,估算其升华焓为 8.0kcal/mol,晶体密度为 1.76g/cm³。可能由于在结构优化过程中,没有对基组叠加误差(BSSE)进行校正,密度的估算值会偏高。根据 0.001 电子密度轮廓的分子体积密度的定义,估算其密度为 1.63g/cm³。在计算升华焓时已经对 BSSE 进行了修正,但结果之高仍令人惊讶,表明 $N_4(T_d)$ 在室温下为液体。相比于其他能量水平高的推进剂组分,例如必须在低温条件下存储和使用的液氧和氢,这无疑是非常有利的。

预测 $N_4(T_d)(S)$① 作为单元推进剂时,其 I_{sp} 比 O_2：H_2 配比为 80：20 的常规推进剂高 3.5%,见表 2.7。然而,$N_4(T_d)$ 极高的分解放热致使其燃烧温度非常高,接近 7500K。如果加入一些质量轻的分子或原子,能提高推进剂的能量水平,例如通过加入 20% 的 H_2,可使其燃烧温度降至 2660K,同时 I_{sp} 增加 14%。根据 I_{sp} 优化的最佳配方,当加入 11% 的 $H_2(1)$ 时,燃烧温度仍然适中(3700K),I_{sp} 比 O_2+H_2 高

① 根据有效估算的升华焓和密度,所计算的 $N_4(T_d)$ 的性能主要是在固态条件下的。然而,如果是液态,性能相应会有略有改变,主要表现为 I_{sp} 会略微提高而 I_d 会略微降低。

20%以上。其密度比冲 I_d 超过标准推进剂的 2 倍。需要关注的另一个有趣现象是,离开喷管的气体是纯 N_2 和 H_2 的混合物;其他成分(主要是氢原子和氨)的总体摩尔分数在 100ppm 以下。

表 2.7　以 $N_4(T_d)(s)$ 和 $H_2(l)$ 为基础的推进剂的理论性能,
及与 $O_2(l)$ 与 $H_2(l)$ 标准推进剂性能的比较[①②]

化合物(C)	添加剂(A)	C:A	特性比冲 I_{sp}/s	密度比冲 $I_d/(kg,s/L)$	燃烧温度 $/T_c/K$
$O_2(l)$	$H_2(l)$	80:20	390	107	2947
$N_4(T_d)(s)$	$H_2(l)$	80:20	458	134	2659
$N_4(T_d)(s)$	$H_2(l)$	89:11	474	221	3700
$N_4(T_d)(s)$	$H_2(l)$	92:8	460	267	4099
$N_4(T_d)(s)$	—	100:0	404	686	7475

注:① RPA 编程 1.2.8 用于所有性能的计算[33],假定燃烧室压力 7MPa,喷管为大气压(0.1MPa);② 在RPA软件中所采用 $N_4(T_d)(s)$ 的 ΔH_f^0 为172kcal/mol,用于计算的化合物密度(g/cm^3):$\rho(O_2)$ = 1.141,$\rho(H_2)$ = 0.0678,$\rho(N_4)$ = 1.7

从多个方面来看,将 $N_4(T_d)$ 和 H_2 适当结合,似乎能得到一类理想的绿色推进剂,能量水平高,且燃烧产物非常干净。此外,$N_4(T_d)$ 的高稳定性将使该化合物安全性好,且操作简单。另一个优点是所预测的凝聚态特性,令人惊奇的是 $N_4(T_d)$ 在室温下是一种液体。这将会使火箭发动机更轻,有利于进一步增加有效载荷并改善性能。可惜的是,在可预见的未来,规模化生产 $N_4(T_d)$ 是很难实现的。

2.4　结论

本章我们试图证明现代量子化学方法是合理设计具有特定性能的含能材料的一个有力工具。传统上,这些方法主要用于热力学数据的预测,以及新化合物分解途径和动力学稳定性的分析。然而,如本章所述,光谱预测和合成途径的分析对于新型含能材料的合成和表征都是非常重要的。也正是在这些领域中,计算分析在未来改进研究方面具有很大的潜力。

我们给出了通过理论手段表征化合物的几个例子,这些化合物都具有应用于绿色推进剂的理想性能。迄今为止,这些化合物中有三种在实验中观察到,且其中的两种是在大量的计算研究后才检测出来的。例如三硝酰胺(TNA),其制备和检测正是理论分析的直接结果。目前尚未实现该化合物的有效分离和规模化制备。可能需要更加重视合成路线的设计,需要理论化学家与合成化学家之间更紧密的合作,才能提高成功率。

所研究的化合物中,两类物质由于具有一些独特的性能而备受关注。第一类化合物是 1 - 硝基 - 2 - 氧代 - 3 - 氨基 - 三氮烯(ANOAT)的铵盐。这种化合物具有较高的动力学稳定性,作为单元推进剂使用时具有优异的性能。然而,到目前为止,我们还不能够确定任何可行的合成路线。第二类化合物是四氮化合物 $[N_4(T_d)]$,其在许多方面更有前景。预测 $N_4(T_d)$ 和 $H_2(1)$ 组成的推进剂配方能量相当高,而且其燃烧气体仅为 N_2 和 H_2。$N_4(T_d)$ 的动力学稳定性很高,且根据最新的计算表明,$N_4(T_d)$ 在标准条件下为液体。$N_4(T_d)$ 可由 N_2 和激发态的氮原子通过两步法制备,且已经可以利用该方法进行小规模的实验制备。但目前还很难设计出规模化制备 $N_4(T_d)$ 的方法。

参 考 文 献

[1] Davenas, A. (1993) *Solid Rocket Propulsion Technology*, Pergamon Press, New York.

[2] Naumann, K.W. (2010) New Trends and Developments in Rocket Motor Propulsion Technology. Int. Annu. Conf. ICT. 41st (Energetic Materials), **9**, 1.

[3] Jensen, F. (1999) *Introduction to Computational Chemistry*, John Wiley & Sons, New York.

[4] Rahm, M. (2010) Green Propellants, PhD thesis, Physical Chemistry, KTH The Royal Institute of Technology, Stockholm, Sweden.

[5] Zhao, Y. and Truhlar, D. (2008) The M06 suite of density functionals for main group thermochemistry, thermochemical kinetics, noncovalent interactions, excited states, and transition elements: two new functionals and systematic testing of four M06-class functionals and 12 other functionals. *Theoretical Chemistry Accounts*, **120** (1–3), 215–241.

[6] Montgomery, J.A., Frisch, M.J., Ochterski, J.W. and Petersson, G.A. (1999) A complete basis set model chemistry. VI. Use of density functional geometries and frequencies. *Journal of Chemical Physics*, **110** (6), 2822–2827.

[7] Montgomery, J.A., Frisch, M.J., Ochterski, J.W. and Petersson, G.A. (2000) A complete basis set model chemistry. VII. Use of the minimum population localization method. *Journal of Chemical Physics*, **112** (15), 6532–6542.

[8] Curtiss, L.A., Redfern, P.C., Raghavachari, K. *et al.* (1999) Gaussian-3 theory using reduced Moller-Plesset order. *Journal of Chemical Physics*, **110** (10), 4703–4709.

[9] Rice, B.M., Pai, S.V. and Hare, J. (1999) Predicting heats of formation of energetic materials using quantum mechanical calculations. *Combustion and Flame*, **118** (3), 445–458.

[10] Byrd, E.F.C. and Rice, B.M. (2006) Improved prediction of heats of formation of energetic materials using quantum mechanical calculations. *Journal of Physical Chemistry A*, **110** (3), 1005–1013.

[11] Grimme, S. (2006) Semiempirical hybrid density functional with perturbative second-order correlation. *Journal of Chemical Physics*, **124** (3), 034108.

[12] Cances, E., Mennucci, B. and Tomasi, J. (1997) A new integral equation formalism for the polarizable continuum model: Theoretical background and applications to isotropic and anisotropic dielectrics. *Journal of Chemical Physics*, **107** (8), 3032–3041.

[13] Klamt, A. and Schuurmann, G. (1993) COSMO - A new approach to dielectric screening in solvents with explicit expressions for the screening energy and its gradient. *Journal of the Chemical Society, Perkin Transactions 2* (5), 799–805.

[14] Brinck, T., Murray, J.S. and Politzer, P. (1992) Quantitative-determination of the total local polarity (charge separation) in molecules. *Molecular Physics*, **76** (3), 609–617.

[15] Murray, J.S., Lane, P., Brinck, T. *et al.* (1993) Relationships of critical constants and boiling points to computed molecular-surface properties. *The Journal of Physical Chemistry*, **97** (37), 9369–9373.

[16] Murray, J.S., Brinck, T. and Politzer, P. (1996) Relationships of molecular surface electrostatic potentials to some macroscopic properties. *Chemical Physics*, **204** (2–3), 289–299.

[17] Politzer, P., Murray, J.S., Grice, M.E. *et al.* (1997) Calculation of heats of sublimation and solid phase heats of formation. *Molecular Physics*, **91** (5), 923–928.

[18] Politzer, P., Ma, Y.G., Lane, P. and Concha, M.C. (2005) Computational prediction of standard gas, liquid, and solid-phase heats of formation and heats of vaporization and sublimation. *International Journal of Quantum Chemistry*, **105** (4), 341–347.

[19] Byrd, E.F.C. and Rice, B.M. (2009) A comparison of methods to predict solid phase heats of formation of molecular energetic salts. *Journal of Physical Chemistry A*, **113** (1), 345–352.

[20] Politzer, P., Martinez, J., Murray, J.S. *et al.* (2009) An electrostatic interaction correction for improved crystal density prediction. *Molecular Physics*, **107** (19), 2095–2101.

[21] Politzer, P., Martinez, J., Murray, J.S. and Concha, M.C. (2010) An electrostatic correction for improved crystal density predictions of energetic ionic compounds. *Molecular Physics*, **108** (10), 1391–1396.

[22] Rice, B.M., Hare, J.J. and Byrd, E.F.C. (2007) Accurate predictions of crystal densities using quantum mechanical molecular volumes. *Journal of Physical Chemistry A*, **111** (42), 10874–10879.

[23] Holden, J.R., Du, Z.Y. and Ammon, H.I. (1993) Prediction of possible crystal-structures for C-containing, H-containing, N-containing, O-containing and F-containing organic-compounds. *Journal of Computational Chemistry*, **14** (4), 422–437.

[24] Neumann, M.A. and Perrin, M.A. (2005) Energy ranking of molecular crystals using density functional theory calculations and an empirical van der Waals correction. *Journal of Physical Chemistry A*, **109** (32), 15531–15541.

[25] Balu, R., Byrd, E.F.C. and Rice, B.M. (2011) Assessment of dispersion corrected atom centered pseudopotentials: application to energetic molecular crystals. *The Journal of Physical Chemistry. B*, **115** (5), 803–810.

[26] Podeszwa, R., Rice, B.M. and Szalewicz, K. (2008) Predicting structure of molecular crystals from first principles. *Physical Review Letters*, **101** (11), 115503.

[27] Sorescu, D.C. and Rice, B.M. (2010) Theoretical predictions of energetic molecular crystals at ambient and hydrostatic compression conditions using dispersion corrections to conventional density functionals (DFT-D). *The Journal of Physical Chemistry C*, **114** (14), 6734–6748.

[28] Yanai, T., Tew, D.P. and Handy, N.C. (2004) A new hybrid exchange-correlation functional using the Coulomb-attenuating method(CAM-B3LYP). *Chemical Physics Letters*, **393** (1–3), 51–57.

[29] Chai, J.D. and Head-Gordon, M. (2008) Long-range corrected hybrid density functionals with damped atom-atom dispersion corrections. *Physical Chemistry Chemical Physics*, **10** (44), 6615–6620.

[30] Dreuw, A. and Head-Gordon, M. (2005) Single-reference ab initio methods for the calculation of excited states of large molecules. *Chemical Reviews*, **105** (11), 4009–4037.

[31] Gordon, S. and McBride, B.J. (1994) Computer Program for Calculation of Complex Chemical Equilibrium Compositions and Applications. I. Analysis, NASA.

[32] McBride, B.J. and Gordon, S. (1996) Computer Program for Calculation of Complex Chemical Equilibrium Compositions and Applications. II. Users Manual and Program Description, NASA.

[33] Ponomarenko, A. (2013) RPA: Tool for Rocket Propulsion Analysis, RPA Lite v1.2.8, www.propulsion-analysis.com, (last accessed in July 2013).

[34] Kamlet, M.J. and Jacobs, S.J. (1968) Chemistry of detonations I. A simple method for calculating detonation properties of C-H-N-O explosives. *Journal of Chemical Physics*, **48** (1), 23–35.

[35] Kamlet, M.J. and Hurwitz, H. (1968) Chemistry of detonations. IV. Evaluation of a simple predictional method for detonation velocities of C-H-N-O explosives. *Journal of Chemical Physics*, **48** (8), 3685–3692.

[36] Keshavarz, M.H. and Pouretedal, H.R. (2004) An empirical method for predicting detonation pressure of CHNOFCl explosives. *Thermochimica Acta*, **414**, 203–208.

[37] Rahm, M., Dvinskikh, S.V., Furo, I. and Brinck, T. (2011) Experimental detection of trinitramide, $N(NO_2)_3$. *Angewandte Chemie-International Edition in English*, **50** (5), 1145–1148.

[38] Miroshnichenko, E.A. *et al.* (1987) The thermochemistry of methyldinitramine and the enthalpies of formation of methylnitramine radical. *Doklady Akademii Nauk SSSR*, **295** (2), 419–423.

[39] Montgomery, J.A. and Michels, H.H. (1993) Structure and stability of trinitramide. *The Journal of Physical Chemistry*, **97** (26), 6774–6775.

[40] Chen, Z. and Hamilton, T.P. (1999) Ab initio calculation of the heats of formation of nitrosamides: Comparison with nitramides. *Journal of Physical Chemistry A*, **103** (50), 11026–11033.

[41] Rahm, M. and Brinck, T. (2010) On the Anomalous Decomposition and Reactivity of Ammonium and Potassium Dinitramide. *Journal of Physical Chemistry A*, **114** (8), 2845–2854.

[42] Chickos, J.S. and Acree, W.E. (2002) Enthalpies of sublimation of organic and organometallic compounds. 1910-2001. *Journal of Physical and Chemical Reference Data*, **31** (2), 537–698.

[43] Chickos, J.S. and Acree, W.E. (2003) Enthalpies of vaporization of organic and organometallic compounds, 1880–2002. *Journal of Physical and Chemical Reference Data*, **32** (2), 519–878.

[44] Hiraoka, K., Fujimaki, S., Aruga, K. and Yamabe, S. (1994) Gas-phase clustering reactions of O_2^-, NO^-, And O^- With N_2O^- isomeric structures for $(NO^-N_2O^-)$. *The Journal of Physical Chemistry*, **98** (34), 8295–8301.

[45] Moruzzi, J.L. and Dakin, J.T. (1968) Negative-ion–molecule reactions in N_2O. *Journal of Chemical Physics*, **49**, 5000–5006.

[46] Resat, M.S., Zengin, V., Garner, M.C. and Continetti, R.E. (1998) Dissociative photodetachment dynamics of isomeric forms of $N_3O_2^-$. *Journal of Physical Chemistry A*, **102** (10), 1719–1724.

[47] Torchia, J.W., Sullivan, K.O. and Sunderlin, L.S. (1999) Thermochemistry of N_3O_2-. *Journal of Physical Chemistry A*, **103** (50), 11109–11114.

[48] Rahm, M. and Brinck, T. (2010) Kinetic stability and propellant performance of green energetic materials. *Chemistry - A European Journal*, **16** (22), 6590–6600.

[49] Rahm, M., Trinchero, A. and Brinck, T. (2010) Envisioning new high energy density materials: stability, detection and performance. Int. Annu. Conf. ICT 41st (Energetic Materials), **9**, 1.

[50] Venkatachalam, S., Santhosh, G. and Ninan, K.N. (2004) An overview on the synthetic routes and properties of ammonium dinitramide (ADN) and other dinitramide salts. *Propellants, Explosives and Pyrotechnics*, **29** (3), 178–187.

[51] Trinchero, A. (2010) Quantum Chemical Study of the Stability of Novel Energetic Materials, MSc thesis, Physical Chemistry, KTH The Royal Institute of Technology, Stockholm.

[52] Huisgen, R., Ugi, I. and Pentazole, I. (1957) Die Lösung Eines Klassischen Problems der Organischen Stickstoffchemie. *Chemische Berichte*, **90** (12), 2914–2927.

[53] Ugi, I. and Huisgen, R. (1958) Pentazole, II. Die Zerfallsgeschwindigkeit der Aryl-pentazole. *Chemische Berichte*, **91** (3), 531–537.

[54] Ugi, I. (1961) GDCh-Ortsverband Aachen am 9. January 1961. *Angewandte Chemie*, **73**, 172.

[55] Christe, K.O., Wilson, W.W., Sheehy, J.A. and Boatz, J.A. (1999) N_5^+: A novel homoleptic polynitrogen ion as a high energy density material. *Angewandte Chemie-International Edition in English*, **38** (13–14), 2004–2009.

[56] Vij, A., Pavlovich, J.G., Wilson, W.W. *et al.* (2002) Experimental detection of the pentaaza-cyclopentadienide (pentazolate) anion, *cyclo*-N_5^-. *Angewandte Chemie-International Edition in English*, **41** (16), 3051–3054.

[57] Östmark, H., Wallin, S., Brinck, T. *et al.* (2003) Detection of pentazolate anion (cyclo-N-5(-)) from laser ionization and decomposition of solid *p*-dimethylaminophenylpentazole. *Chemical Physics Letters*, **379** (5–6), 539–546.

[58] Butler, R.N., Stephens, J.C. and Burke, L.A. (2003) First generation of pentazole (HN_5, pentazolic acid), the final azole, and a zinc pentazolate salt in solution: A new N-dearylation of 1-(*p*-methoxyphenyl) pyrazoles, a 2-(p-methoxyphenyl) tetrazole and application of the methodology to 1-(*p*-methoxyphenyl) pentazole. *Chemical Communications*, (8), 1016–1017.

[59] Schroer, T., Haiges, R., Schneider, S. and Christe, K.O. (2005) The race for the first generation of the pentazolate anion in solution is far from over. *Chemical Communications*, (12), 1607–1609.

[60] Perera, S.A., Gregusova, A. and Bartlett, R.J. (2009) First calculations of ^{15}N-^{15}N J values and new calculations of chemical shifts for high nitrogen systems: a comment on the long search for HN5 and its pentazole anion. *Journal of Physical Chemistry A*, **113** (13), 3197–3201.

[61] Butler, R.N., Hanniffy, J.M., Stephens, J.C. and Burke, L.A. (2008) A ceric ammonium nitrate N-dearylation of N-p-anisylazoles applied to pyrazole, triazole, tetrazole, and pentazole rings: Release of parent azoles. Generation of unstable pentazole, HN_5/N_5^-, in solution. *The Journal of Organic Chemistry*, **73** (4), 1354–1364.

[62] Perera, S.A. and Bartlett, R.J. (1999) Coupled-cluster calculations of Raman intensities and their application to N_4 and N_5^-. *Chemical Physics Letters*, **314** (3–4), 381–387.

[63] Lein, M., Frunzke, J., Timoshkin, A. and Frenking, G. (2001) Iron bispentazole Fe(η^5-N_5)$_2$, a theoretically predicted high-energy compound: Structure, bonding analysis, metal-ligand bond strength and a comparison with the isoelectronic ferrocene. *Chemistry - A European Journal*, **7** (19), 4155–4163.

[64] Carlqvist, P., Ostmark, H. and Brinck, T. (2004) Computational study of the amination of halobenzenes and phenylpentazole. A viable route to isolate the pentazolate anion? *The Journal of Organic Chemistry*, **69** (9), 3222–3225.

[65] Carlqvist, P., Ostmark, H. and Brinck, T. (2004) The stability of arylpentazoles. *Journal of Physical Chemistry A*, **108** (36), 7463–7467.

[66] Brinck, T., Carlqvist, P., Holm, A.H. and Daasbjerg, K. (2002) Solvation of sulfur-centered cations and anions in acetonitrile. *Journal of Physical Chemistry A*, **106** (37), 8827–8833.

[67] Holm, A.H., Yusta, L., Carlqvist, P. *et al.* (2003) Thermochemistry of arylselanyl radicals and the pertinent ions in acetonitrile. *Journal of the American Chemical Society*, **125** (8), 2148–2157.

[68] Frison, G., Jacob, G. and Ohanessian, G. (2013) Guiding the synthesis of pentazole derivatives and their mono- and di-oxides with quantum modeling. *New Journal of Chemistry*, **37** (3), 611–618.

[69] Dixon, D.A., Feller, D., Christe, K.O. *et al.* (2004) Enthalpies of formation of gas-phase N_3, N_3^-, N_5^+, and N_5^- from ab initio molecular orbital theory, stability predictions for $N_5^+N_3^-$ and $N_5^+N_5^-$, and experimental evidence for the instability of $N_5^+N_3^-$. *Journal of the American Chemical Society*, **126** (3), 834–843.

[70] Cacace, F., dePetris, G. and Troiani, A. (2002) Experimental detection of tetranitrogen. *Science*, **295** (5554), 480–481.

[71] Hansen, N. and Wodtke, A.M. (2003) Velocity map ion imaging of chlorine azide photolysis: Evidence for photolytic production of *cyclic*-N_3. *Journal of Physical Chemistry A*, **107** (49), 10608–10614.

[72] Trush, B.A. (1956) The detection of free radicals in the high intensity photolysis of hydrogen azide. *Proceedings of the Royal Society of London A*, **235**, 143.

[73] Fau, S., Wilson, K.J. and Bartlett, R.J. (2002) On the stability of $N_5^+N_5^-$. *Journal of Physical Chemistry A*, **106** (18), 4639–4644.

[74] Samartzis, P.C. and Wodtke, A.M. (2006) All-nitrogen chemistry: how far are we from N-60? *International Reviews in Physical Chemistry*, **25** (4), 527–552.

[75] Brinck, T., Bittererova, M. and Ostmark, H. (2003) Electronic structure calculations as a tool in the quest for experimental verification of N_4, in *Energetic Materials Part 1: Initiation, Decomposition and Combustion, Theoretical and Computational Chemistry 12* (ed. P. Politzer), Elsevier B.V., Amsterdam, The Netherlands, pp. 421–437.

[76] Bittererova, M., Ostmark, H. and Brinck, T. (2001) Ab initio study of the ground state and the first excited state of the rectangular (D_{2h}) N_4 molecule. *Chemical Physics Letters*, **347** (1–3), 220–228.

[77] Dunn, K.M. and Morokuma, K. (1995) Transition-state for the dissociation of tetrahedral N_4.

Journal of Chemical Physics, **102** (12), 4904–4908.

[78] Lee, T.J. and Martin, J.M.L. (2002) An accurate quartic force field, fundamental frequencies, and binding energy for the high energy density material T_dN_4. *Chemical Physics Letters*, **357** (3–4), 319–325.

[79] Bittererova, M., Ostmark, H. and Brinck, T. (2002) A theoretical study of the azide (N_3) doublet states. A new route to tetraazatetrahedrane (N_4): $N+N_3 \rightarrow N_4$. *Journal of Chemical Physics*, **116** (22), 9740–9748.

[80] Yarkony, D.R. (1992) Theoretical-studies of spin-forbidden radiationless decay in polyatomic systems - insights from recently developed computational methods. *Journal of the American Chemical Society*, **114** (13), 5406–5411.

[81] Ostmark, H., Launila, O., Wallin, S. and Tryman, R. (2001) On the possibility of detecting tetraazatetrahedrane (N_4) in liquid or solid nitrogen by Fourier transform Raman spectroscopy. *Journal of Raman Spectroscopy*, **32** (3), 195–199.

[82] Bittererova, M., Brinck, T. and Ostmark, H. (2001) Theoretical study of the singlet electronically excited states of N_4. *Chemical Physics Letters*, **340** (5–6), 597–603.

[83] Lee, T.J. and Dateo, C.E. (2001) Towards the synthesis of the high energy density material T_dN_4: excited electronic states. *Chemical Physics Letters*, **345** (3–4), 295–302.

[84] Wasilewski, J. (1996) Stationary points on the lowest doublet and quartet hypersurfaces of the N_3 radical: A comparison of molecular orbital and density functional approaches. *Journal of Chemical Physics*, **105** (24), 10969–10982.

[85] Samartzis, P.C. and Wodtke, A.M. (2007) Casting a new light on azide photochemistry: photolytic production of *cyclic*-N_3. *Physical Chemistry Chemical Physics*, **9** (24), 3054–3066.

[86] Grimme, S. (2006) Semiempirical GGA-type density functional constructed with a long-range dispersion correction. *Journal of Computational Chemistry*, **27** (15), 1787–1799.

第3章

关于起爆感度的几点看法

Peter Politzer, Jane S. Murray

（化学学院，新奥尔良大学，美国）

3.1　含能材料与绿色化学

在设计和评价有潜力的炸药时，有两个很重要的参数：爆轰性能与感度。其中，后者是指化合物在受到诸如冲击、震动、摩擦等意外刺激时，发生爆炸的难易程度。保持最低感度的同时尽可能增加爆轰性能是人们一直以来追求的目标，现在所面临的挑战是，当提高某一性能时往往会弱化另一性能，我们必须在其中找到最佳的平衡点。

近年来，关于含能材料引入了另一个需要考虑的因素，即"绿色化学"的概念[1-6]。然而，对这个术语有着不同的定义与解释[7]，总地来说，是强调降低与化学过程及化学产品相关的危害。Anastas 和 Warner 已经制定了绿色化学的 12 项原则[8]。从单纯的经济角度来看，任何一个好的工业化学家与化学工程师都会认为这些原则在很大程度上是可取的，例如避免浪费，减少能源需求以及副产物，尽可能简化合成过程，使用催化剂，并尽可能避免危险反应物与产物等。

与本章关系密切的原则是"化学反应中使用及生成的物质，应尽量将发生化学事故（释放，爆炸，火灾）的可能性降到最小"[7,8]。因此，努力开发不敏感炸药是与绿色化学中这一原则相符的。

强调"绿色性"与设计爆炸性能改善型的化合物也是相协调的。例如，绿色要求提高氮含量，减少碳含量，因为碳的爆炸产物是 CO_2，而 CO_2 是一类非环境友好型物质。氮的爆炸产物是 N_2，目前被认为是相当环保的。用氮替换碳可以提高化合物的晶体密度和生成热，这两项数值的提高都有助于提高爆轰性能[9,10]。密度提高的原因是由于氮原子比较小，且比 C－H 重；相比于 C－N 键和 C－H 键，在高氮分子中 N－N 键生成热较高，说明 N－N 键更弱，分子稳定性较低。所以，这种化合物可以将"绿色"与提高爆轰性能有机地结合起来。另一方面，降低稳定性会导致感度增加。

在这一章中,我们重点关注感度,将会讨论那些与感度有关的因素,这有助于我们设计一系列感度较低的新型含能化合物。当然,我们也必须考虑这些因素对爆轰性能的影响,二者需要平衡。

3.2　感度:背景知识

碰撞、震动、摩擦、电火花、热等多种刺激都可以引起含能材料发生意外爆炸。但对某种指定的含能材料而言,可能会对其中的某些刺激更敏感。Storm 等已经找到了给定的震动与撞击感度之间的联系[12],但并不适用于所有情况[14]。

起爆的难易程度(感度)由分子特点、晶体结构、化合物的状态、环境等因素共同决定[14-17]。太多的变量使得对感度的重复测量变得很困难,实现的关键当然就是要尽可能地保持变量一致[13-15]。

本章我们将主要研究撞击感度。撞击感度通常用高度表征,即 h_{50}。h_{50} 是指质量为 m 的落锤落下撞击到化合物,使化合物爆炸概率为 50% 时所对应的落锤下落高度[12,18]。撞击感度可以表示为下落高度 h_{50}(单位为 cm),也可以表示为撞击能量 mgh_{50}(g 表示重力加速度)。起爆所需的下落高度和撞击能量越大,化合物的感度越低。例如,2.5kg 的落锤,下落高度是 100cm 时,产生的撞击能量为 24.5J。

起爆过程通常涉及热点的形成。热点是晶格中一些小的区域[19-24],在撞击、震动等外界的刺激下,一部分能量集中进入这些小区域中。如果在晶格振动中有足够的热点能量,会引起合适的分子振动模式,从而发生键的断裂和/或者其他过程,导致自发的放热化学分解反应[25-27],开始释放能量以及气态产物,同时还可能会产生在化合物中以超声速传播的高压冲击波(爆轰)[18,27,28]。

热点与晶格缺陷(孔洞,空隙,错位)有关[20-23,29]。对此,有一种观点认为是缺陷诱导晶格形变,通过引入外部能量可以缓解这一情况,从而导致缺陷相邻的位置出现不对称,这就是热点[21,29]。

热点能的注入会使得某些类型的键容易发生断裂,它们的断裂会"引发"进一步的分解,该分解是放热的,并且是自发进行的。有些人提出,在芳香族硝基化合物、脂肪族硝基化合物、杂环硝基化合物中的"引发"键是 $C-NO_2$,而在硝胺、硝酸酯和叠氮化合物中则分别是 $N-NO_2$、$O-NO_2$ 和 $N-N_2$[16,29,24,30]。然而,这些键的断裂绝不是引发爆炸的唯一方式,其他情况还有待进一步研究。

以上这些简要的介绍仅仅是起爆过程这一复杂问题的皮毛,如果需要更深入的研究,请参阅以下文献,如 Armstrong 等[21,129]、Tarver 等[22]、Dlott 等[25,27]、McNesby 和 Coffey[26]、Holmes 等[31]、Coffey 等[32,33]的工作。

3.3　感度的相关性

多年以来,为了将感度与某些特定分子或晶体性质(通常会指定某类化合物,如芳香族硝基化合物)联系起来,人们已经进行了大量的尝试。这些尝试往往会受到质疑,就像之前提过的,因为影响感度的因素太多[16,27]。然而,还是有人建立了实测感度与分子及晶体特性之间的关系,包括 C – NO$_2$ 和 N – NO$_2$ 的键能与键长[34-36]、NMR 化学位移[30]、静电势[37,38]、键的极性[39]、电子能级[40]、原子电荷[41]、分子偶极[42]、带隙[43-45]、熔化热[30]、化学计量[14,15]等。关于这些工作还有几篇相关的综述[16,24,30,42,46]。

这些关系很可能成为极具价值的预测工具,它们的实际意义不应该被低估。然而,并非一定要明确区别影响感度的因素,正如 Brill 和 James 所指出的[16],他们更看重的是现象而不是因果关系(我们更愿意用"关系"而不是"相关性",因为后者可能意味着一定程度的统计验证和因果关系,这在感度的范畴中是不可能实现的)。

如果特定化合物起爆的关键步骤是某一特定的引发键的断裂,那么它的感度应该与该键的键长有关。例如,C – NO$_2$ 键的特点是会在键合区的上下积聚正电势,这个特点最早是在芳香族硝基化合物中发现的[47,48],随后又在脂肪族硝基化合物[49]和杂环硝基化合物[50]中得到了证实。进一步的研究发现测得的芳香族硝基化合物和杂环硝基化合物的撞击感度与各自的正电势堆积有关[37,50-52]。这些并不是能必然预测到的,它的依据在哪里? 对此似乎可以解释为 C – NO$_2$ 键键合区正电势的大小与键能成反比[49,50](在后面的章节中将详细讨论)。因此,对于起爆机理为 C – NO$_2$ 键断裂的芳香族硝基化合物和杂环硝基化合物而言,C – NO$_2$ 键键合区的静电势是与其相对感度密切相关的。

必须强调的是,起爆过程涉及的机理并不仅是预期的引发键的断裂,如 C – NO$_2$、N – NO$_2$ 等,还有很多其他的可能,就像 Brill 和 James 在讨论芳香族硝基化合物时描述的那样[16]。一般来说,硝基可以与相邻基团发生多种反应[16,53],比如硝化/酸化互变异构[54-56]和呋咱/氧化呋咱结构[57,58],也可能发生硝基/亚硝基异构[16,59]、1,2,3 – 三唑可能会释放 N$_2$[60,61]等。因此,感度有时在一定程度上会与特定键的键能有关,这种情况并不是普遍存在的。

热点能首先转移到低能级("门口")的分子振动模式中,然后再转移到高的能级中("上涌"),这一观点提供了一个新的预测相对感度的途径。Fried 和 Ruggiero[62]、McNesby 和 Coffey[26]运用实验数据预测化合物中小基团的能量转换率,并且发现它们与测得的撞击感度有着很好的相关性,相似的结果也在一系列单独的"门口"模式中获得[63]。

一般认为,任何感度的相关性最多只能反映出相对趋势。这其中还有许多复杂的问题。例如,晶体的撞击感度会因晶格方向的不同而有所区别[64],几种引爆的机理可能同时发生[16,65]。键的分离能在气相(典型的计算值)和固相中明显不同,例如 HMX(1,3,5,7 - 四硝基 - 1,3,5,7 - 四氮杂环辛烷)中的 N - NO₂键的键能,经计算,在气相中为 38.1kcal/mol,晶体中为 43.7 kcal/mol,表面为 37.4 kcal/mol,空位为 36.5 kcal/mol[68]。

3.4　感度:一些关联因子

在本节中,我们将会试图分析分子和晶体特性等与感度的相关关系。从中可以看出,为什么说认识这些相关性是一个挑战。

3.4.1　氨基取代基

有经验表明,氨基 NH₂的引入会降低感度。例如,表3.1 给出了连续氨基对三硝基苯和二硝基氯苯等感度的影响。对表中的数据有以下几种可能的解释。

表 3.1　撞击感度的试验数据,表明了氨基的降感效应

化　合　物	落锤高度 h_{50}/cm①	撞击能量/J
1,3,5 - 三硝基苯(TNB)	71	17
2 - 氨基 - 1,3,5 - 三硝基苯	141	34.5
2,4 - 双氨基 - 1,3,5 - 三硝基苯(DATB)	320	78.4
2,4,6 - 三氨基 - 1,3,5 - 三硝基苯(TATB)	490	120
4,6 - 二硝基苯唑呋喃	76	19
7 - 氨基 - 4,6 - 二硝基苯唑呋喃	100	24.5
5,7 - 二氨基 - 4,6 - 二硝基苯唑呋喃	120	29.4
1,1 - 二氨基 - 2,2 - 二硝基乙烯(FOX - 7)	126	30.9
① 参考文献[69]		

(1)氨基的供电子性会提高 C - NO₂键的键能[70],如图 3.1 所示。如果这些键作为起爆的引发键(也不一定都是这样)时,增加键能就有可能降低感度。

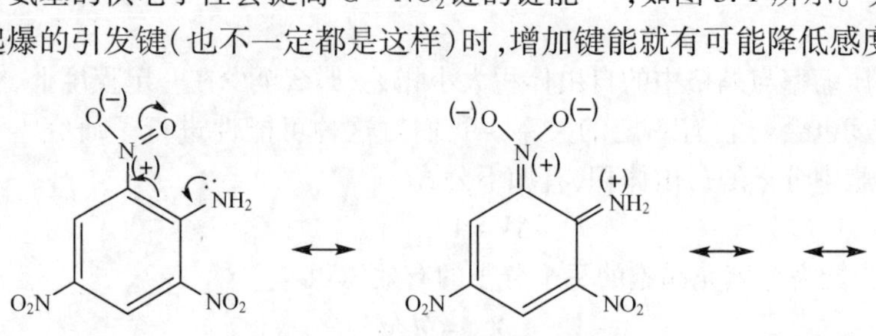

图 3.1　氨基电荷转移示意图

(2)分子内或分子间氢键会使体系变得更稳定。

（3）分子间氢键构成的网络可能会提高热导率,便于热点能的扩散与消除[22]。

（4）氢键可能会使得晶体排列更紧密,从而减少了晶格中的自由体积,有时也会降低撞击感度[71],这一点还需要进一步研究。

氨基降低化合物感度的原因可能是以上一种或几种甚至全部,也有可能还有其他原因。但是不管是什么原因,氨基确实能降低感度。但是,应该指出,氨基带来稳定性的同时也会减少生成热。例如,从 1,3,5 - 三硝基苯转变为单氨基衍生物再到三氨基衍生物,生成热会从 - 10.4 kcal/mol 减少到 - 20.1 kcal/mol 再到 - 28.06 kcal/mol[18]。这可能导致爆炸过程中释放的热量减少,同时还会降低爆炸速度与压力[9,10]。另一方面,氢键会增加晶体密度,从而可能会提高与密度相关的爆炸速度与压力[9,10]。

3.4.2 层状(石墨状)晶格

平行的平面层之间更容易发生滑落或相互之间的滑移,从而减少冲击或碰撞时产生的剪切应变。而剪切应变会产生热点,更易引发爆炸[72,73]。这一因素已经用来解释为什么有的化合物具有相似的分子结构,但却具有不同的感度[72-74]。具有分子间氢键的平面分子会提高出现层状晶格的可能性。然而,1,1 - 二氨基 - 2,2 - 二硝基乙烯(FOX - 7)满足这两个条件,虽然它的感度确实不高(表 3.1),但却比 TATB 的感度高很多。至少部分是因为 FOX - 7 的晶格是锯齿状,而 TATB 的晶格是平面状[73]。但平面分子在晶格中能更好地堆积,能提高晶体密度,从而提高爆轰性能[9,10]。

3.4.3 晶格中的自由体积

当固体含能材料受到冲击或碰撞时,它会迅速压缩并伴随着局部升温(形成热点)[21,27]。这表明压缩率与感度之间存在关联。Dick 发现 PETN(季戊四醇四硝酸酯)的冲击感度会因结晶方向的不同而不同[64];其中,感度越高的方向,压缩率也越高[75]。

由于压缩率与晶格中的自由体积大小相关,那么至少在一定程度上,撞击感度和冲击感度也会与它有一定的关系。我们对这种可能性进行了研究[71]。用 ΔV 来表示晶胞中分子的自由体积,有如下公式

$$\Delta V = V_{\text{eff}} - V_{\text{int}} \tag{3.1}$$

式中:V_{eff} 为能完全填充晶胞的每个分子的有效体积。

$$V_{\text{eff}} = M/d \tag{3.2}$$

式中:M 为指分子量;d 为晶体密度;V_{int} 为分子中内部气相的摩尔体积。该体积是由分子电子密度为 0.003au(电子/bohr³)的电势圈所形成的封闭空间。以这种方式定义的 V_{int} 能很好地再现由 38 种含能化合物的晶体堆积系数所得出的平

均值[76]。

首先利用实测的晶体密度通过式(3.2)计算出 V_{eff}，然后结合计算的 V_{int}，我们计算了一系列不同化学类型的含能化合物的 ΔV[72]，发现 ΔV(自由体积)越大的化合物有着越低的 h_{50}(更高的撞击感度)。这与压缩率和感度之间的关系一致，从而证明晶体中的自由体积(如表面、空隙、空缺等)会促进化学键的断裂[68]。

通过对一系列硝胺构成的化合物的研究，我们发现了一个有趣的现象：虽然它们的感度都有随着 ΔV 的增加而增加的趋势，但这种关联相对来说较弱。几乎所有的硝胺都相当敏感，这的确是硝胺的典型特征[12]。由此看来，ΔV 对硝胺感度的影响只起到次要作用。对此的另一种解释是大部分硝胺的引爆仍取决于一些常规因素[77]——可能是弱 $N-NO_2$ 键作为引发键，这将在下节中进一步讨论。

总的来说，自由体积与撞击感度之间的确存在一定的关联，但这种关联还比较粗糙，即随着晶格中自由体积的增加，化合物的撞击感度会提高。当然，自由体积不是影响感度的唯一因素。

3.4.4　弱引发键

如果在引爆中心发生特定的键——引发键的断裂，那么随着键变弱，感度会增加。通常认为可能的引发键有四种类型，即 $C-NO_2$、$N-NO_2$、$O-NO_2$、$N-N_2$[16,19,24,30]。后三种键很弱，它们的断裂能通常在 40kcal/mol 左右[11](为了让读者更好地理解这个数字的概念，我们可以看这样一个例子，非常活泼的 F_2 分子的断裂能为 37.923kcal/mol)。因此，硝胺、硝酸酯和有机叠氮化物通常很敏感，也就不足为奇了。Storm 等在对测得的大量撞击感度数据进行整理时发现[12]：61 种硝胺中，有 49 种的 $h_{50} < 40cm$(撞击能 $< 9.8J$)，6/7 的硝酸酯的 $h_{50} \leqslant 21cm$(撞击能 $\leqslant 5.1J$)。有机叠氮化物以感度极高而著称，这一点可参考 Klapötke 等的研究结果[78]。

相反，$C-NO_2$ 键的断裂能为 60～70kcal/mol[11](在相同的碳或氮含量下，假如存在一个以上的 NO_2，$C-NO_2$ 和 $N-NO_2$ 键的断裂能都会明显降低[11,77])。$C-NO$ 键要比 $C-NO_2$ 键弱，键能约为 30～50kcal/mol。

最近几年，人们的研究兴趣在于将氧以 NO_2 与 ONO_2 基团以外的其他方式引入到含能分子中，其中包含了以 N 的氧化物的形式引入，如引入 $N \rightarrow O$ 配位共价键[79-83]。如果 $N \rightarrow O$ 键作为某些化合物的引发键，它可能与 $C-NO_2$ 键一样，甚至更强，键能约为 60～80kcal/mol[11]。但是，我们不应该只将感度同任何一种因素单独联系起来。

3.4.5　分子静电势

到目前为止，本章已经讨论了特定的分子结构与晶体特性在某种程度上对感度的影响。本节采纳了更广泛的建议，重点讨论分子的整体特性及其与环境的相互作用。

这一性能就是静电势 $V(r)$，是分子的电子和原子核在周围空间任意点 r 处所产生的。$V(r)$ 的计算公式如下：

$$V(r) = \sum_A \frac{Z_A}{|R_A - r|} - \int \frac{\rho(r')\,\mathrm{d}r'}{|r' - r|} \tag{3.3}$$

式中：Z_A 为原子核 A 的电荷，位于 R_A；$\rho(r)$ 为分子的电子密度。$V(r)$ 的符号主要取决于某一处占主导地位的是原子核的正电性还是电子的负电性。

静电势是可观察到的真实物理性能，可以利用衍射实验获得[84,85]，也可以通过计算得到。它经常用来解释和预测反应行为[85-93]，实际上它更具普遍和本质的意义[92-94]。就像电子密度，静电势对所有的分子性能而言都是基本决定性因素[95]。例如，原子与分子能可以依据它们核心的静电势精确表达出来[93,96]。

在目前的讨论中，我们将采用普通的观点对待在分子表面所计算的 $V(r)$，正如 Bader 所建议的[97]，采用 0.001au（电子/bohr³）分子电荷密度等值线。这种表面 $V(r)$ 记为 $V_S(r)$，$V_S(r)$ 也可以由某些统计计算值表征：①局部的最大正值与最大负值，$V_{S,max}$ 和 $V_{S,min}$（有可能有几个）；②表面正负电势的平均值；③正电与负电的方差；④平均误差。由 Politzer 和 Murray 整理的一系列研究结果表明[91]：由非共价键相互作用决定的多种凝聚相物理性质与上述的一个或几个参数有关，这些性质包括升华热与蒸发热、溶解度、溶剂化性能、分配系数、黏性、扩散常数、沸点、临界常数等。需要特别指出的是，虽然这些是凝聚相的性能，但也可以用于对单个分子（如气相）的性能通过经验函数进行预估。表面电势可以很好地描述固体、液体、溶液中非共价键的相互作用。

有一个可以预估含 C、H、N、O 的含能固体物质密度的简单方法。Qiu 等[98]以及随后 Rice 等的研究结果表明[99]，简单地通过分子质量除以包含 0.001au 分子电荷密度等值线处的体积就可得到合理的结果。这种方法具有惊人的普适性，因为它只考虑单个分子，不考虑分子间的相互作用。但在某些情况下，这种方法也会出现明显的误差。已经证实，通过引入基于分子表面 $V(r)$ 正负电势的静电相互作用可以显著减少这种误差[100,101]。

通常，对于有机分子而言，最高正表面电势可能与酸性氢以及Ⅳ-Ⅶ族原子的 σ 空穴[102]和 π 空穴[103]有关。例如，某些羰基化合物，分子中的碳氢化合物带弱的正电，负电势通常是由孤对电子、π 电子和直链中的 C—C 键提供[87,92-94]。例如，图 3.2 给出了对氯苯酚的 $V_S(r)$ 图。其中氢都具有正电势，羟基上的氢具有最高正电势 $V_{S,max}$，氯的 σ 空穴仅有很弱的正电势。负电势由氧和氯的孤对电子以及环中的 π 电子提供。

典型含能分子的表面电势分布更不均匀，存在着明显电荷分离。在它们的外部通常有强吸电子基团，例如硝基、含氮化合物等，这会减少分子中心部位的电子密度，使其带有很强的正电并具有多变性，$V_{S,max}$ 通常出现在特定的键上，例如 C—

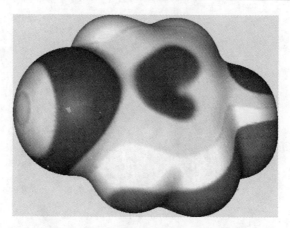

图 3.2　对氯苯酚在分子表面 0.001au 分子电荷密度等值线处的计算静电势

（B3PW91/6 – 31G**）。左边为氯，右边为羟基。颜色范围：红色超过 15kcal/mol；

黄色介于 15 ~ 0kcal/mol；绿色为 0 ~ – 10kcal/mol；蓝色比 – 10kcal/mol 更低。羟基氢的

最高正电势（$V_{S,max}$）为 59.0kcal/mol，而其他氢的最高正电势（$V_{S,max}$）为 15 ~ 18kcal/mol。

含氯部分的 C – Cl 键的延伸处具有正电 σ 空穴，其 $V_{S,max}$ = 2.6 kcal/mol。氧的

$V_{S,min}$ 为 – 21.4kcal/mol，氯的 $V_{S,min}$ 为 – 15.4kcal/mol，芳香环上下的 $V_{S,min}$ 为 – 12.1kcal/mol

NO_2 与 $N – NO_2$。负电势大部分分布在分子的外部，接近硝基上的氧/或氮掺杂物质的孤对电子，这个特点可在图 3.3 中 1,3,5 – 三硝基苯（TNB）的电子云图中看到，整个分子表面的中心带正电，局部的 $V_{S,max}$ 在 C – NO_2 键上和环（以及环状氢）上。典型的苯环大 π 键的负电势完全消失了。

定性分析 1,3 – 二氨基 – 2,4,6 – 三硝基苯（DATB）也可以得到类似的结果，如图 3.4 所示。中心部位有很强的正电势并且变化很大，负电势仅在由硝氧基构成的外部。因为有两个给电子的氨基，中心的正电势比 TNB 稍弱。更多的含能分子表面电势的例子请参考 Murray 等[24,37,77] 以及 Rice 和 Hare[69] 的文献。

显然，许多含能分子在中心位置处的正电势与外围负电势的交界处表现出异常的不平衡性和分离性（相比大多数典型的有机化合物），且正电势占主导地位，最大值出现在特定的键上。这些不平衡性是否与感度之间存在某种关联呢？根据 Pauling 提出的"电中性原则"的假设，即"物质的电子结构使得每一个原子本质上是电中性的"，这意味着静电势会尽可能统一并趋于电中性[104,105]。偏离电中性会促使其不稳定，强烈的电荷不平衡/分离至少表明含能材料的表面电势与它们的稳定性有关，也可能与感度有关。

在给定的化合物类型中，例如芳香族硝基化合物，分子内部 $V(r)$ 的正电性增强，可变性增加时，感度通常也会增加。这可以通过对 DATB（图 3.4）与 TNB（图 3.3）的 $V_S(r)$ 进行比较看出，后者的撞击感度远大于前者。在更早的工作中，通过类似的定量对比，已经确定了其与感度的关联[24,69,77,106 – 108]。

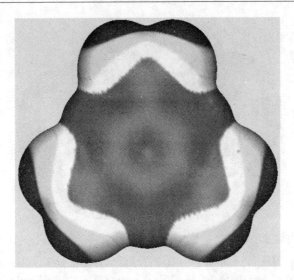

图 3.3　1,3,5 - 三硝基苯在分子表面 0.001au 分子电荷密度等值线处的计算静电势
（B3PW91/6 - 31G**）。颜色范围:红色超过 15kcal/mol;黄色介于 15 ~ 0kcal/mol;绿色 0 ~
- 10kcal/mol;蓝色比 - 10kcal/mol 更小。C - NO₂ 键上面和下面的最高正电势 $V_{S,max}$ 为
31.8kcal/mol,环状中心上面和下面的最高正电势 $V_{S,max}$ 为 29.2 kcal/mol,而羟
基氢的最高正电势 $V_{S,max}$ 为 27.1kcal/mol。氧的最小负电势 $V_{S,min}$ 为 - 19.5kcal/mol

　　已经证明可以更加定量化地预估化合物的感度。芳香族硝基化合物与硝基杂环化合物的撞击感度分别与其在 C - NO₂ 键上面和下面的电势最高值 $V_{S,max}$ 有关[37,50],这种关联随后被延伸到与分子表面的电荷不平衡/分离有关,即可用 $V_S(r)$ 的最大值、方差、平均值等来描述[38],这也适合于硝胺化合物。应该指出,对具有扩展三维结构的分子,它们的表面静电势不会完全反映其内部的电荷不平衡性和分离性,例如在非常敏感的化合物 PETN(季戊四醇四硝酸酯)中,它的 $V_S(r)$ 并没有预期的与其高感度(h_{50} = 12 ~ 16cm,冲击能为 3 ~ 4J[69])对应的正电势。

　　含能化合物分子所特有的电荷不平衡性与分离性是由于外部的强吸电子基团(硝基、氮掺杂基团)造成的。强吸电子基团使分子中心的电子密度降低,并使一些键变弱。有研究指出,C - NO₂ 键的强度和这些键相关的 $V_{S,max}$ 表现出相反的变化趋势[49,50,77]。

　　从表 3.2 中可以看出,这一规律不仅适用于 C - NO₂ 键,也适用于 N - NO₂ 键。表 3.2 的数据表明:①在一个分子中,随着硝基数量的增加,$V_{S,max}$ 也增加;②$V_{S,max}$ 的增加伴随着 C - NO₂ 键和/或 N - NO₂ 键的减弱。当同一碳原子有第二个硝基时,C - NO₂ 键的解离焓会显著降低,N - NO₂ 键也是如此。例如,计算表明,三硝酰胺[109]中 N - NO₂ 的解离焓计算值为 26 kcal/mol[110]和 28.2 kcal/mol[109],远低于 N 上只连有一个 NO₂ 时 N - NO₂ 键的解离焓,后者约为 40 kcal/mol[11](表 3.2)。

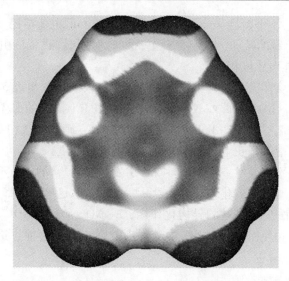

图 3.4　1,3 – 二氨基 – 2,4,6 – 三硝基苯在分子表面 0.001au 分子电荷密度等值线处的
　　　　计算静电势(B3PW91/6 – 31G**)。颜色范围:红色超过 15kcal/mol;黄色介于 15 ~
　　　　0kcal/mol;绿色 0 ~ – 10kcal/mol;蓝色比 – 10kcal/mol 更小。氨基氢的最高正电势
　　　　$V_{S,max}$ 为 38 – 40kcal/mol,环状中心上面和下面的最高正电势 $V_{S,max}$ 为
　　　　23 ~ 24kcal/mol。氧的最小负电势 $V_{S,min}$ 为 – 22 ~ – 26kcal/mol

表 3.2　C – NO$_2$ 键和 N – NO$_2$ 键的 $V_{S,max}$ 计算值和气体解离焓 ΔH[①]

化 合 物	C – NO$_2$ 键		N – NO$_2$ 键	
	$V_{S,max}$[②]	$\Delta H(298K)$[③]	$V_{S,max}$[②]	$\Delta H(298K)$[③]
CH$_3$NO$_2$	23. 2	56. 9		
CH$_2$(NO$_2$)$_2$	43. 8	43. 3		
CH(NO$_2$)$_3$	56. 4	37. 5		
硝基苯	11. 5	68. 9		
1,3 – 二硝基苯	22. 3	66. 2		
1,3,5 – 三硝基苯	31. 8	63. 9		
1 – 硝基氮杂环丁二烯			2. 1	45. 8
3 – 硝基氮杂环丁二烯,	24. 6	56. 3		
1,3 – 二硝基氮杂环丁二烯	31. 8	53. 2	10. 5	41. 7
1,3,3 – 三硝基氮杂环丁二烯	43. 0,44. 1	39. 8	17. 3	39. 9
1 – 硝基 – 1,3 – 二氮杂环丁烷			5. 4	40. 9
1,3 – 二硝基 – 1,3 – 二氮杂环丁烷			16. 9	37. 8
H$_2$N – (CH$_2$)$_2$ – NH – NO$_2$			6. 0	46. 7
O$_2$N – HN – (CH$_2$)$_2$ – NH – NO$_2$			13. 6	44. 2

① 数据来自文献[77]。C – NO$_2$ 的 $V_{S,max}$ 为键上面的。N – NO$_2$ 的 $V_{S,max}$ 接近氨基氮附近。
② 计算程序:B3PW91/6 – 31G(d,p)/B3PW91/6 – 31 + + G(3d,2p)。单位 kcal/mol。
③ 计算程序:B3PW91/6 – 31 + + G(3d,2p)。单位 kcal/mol

因此,电荷的不平衡性与分离性反映了分子中心的电荷损耗,同时伴随着 C - NO$_2$ 键和 N - NO$_2$ 键的减弱。一定程度上,这些键是起爆过程的引发键,电荷不平衡性/分离性可能与感度相关。

氨基取代基会阻碍电子损耗,这可以通过比较表 3.2 与表 3.3 的数据得到。它可能会加强 C - NO$_2$ 键和/或 N - NO$_2$ 键,正如图 3.1 描述的那样,这也就解释了为什么它们能降低感度。在 1,1 - 二氨基 - 2,2 - 二硝基乙烯(FOX - 7)中,氨基产生了从胺基末端的强正电到硝基的负电的静电势梯度。

当起爆过程不涉及 C - NO$_2$ 和 N - NO 引发键时,异常的电荷不平衡性/分离性可能反映其他重要键的弱化,或者可能反映其他因素,这些因素都会导致出现其他引爆机理,比如硝基/亚硝基的异构化作用,C - NO$_2$ → C - ONO[59,65],其中包含了硝基的氧与碳的相互作用,C - NO$_2$ 中碳周围的强正电势会促进这个作用(图 3.3 和图 3.4)。

3.5　结论

设计一类新型的含能化合物,使其在具有最大爆轰性能的同时尽可能降低感度,需要通过持续的努力才能实现这一对矛盾的目标。有人提出,不应该使用硝胺,因为它相当敏感,这可能是由于 N - NO$_2$ 键很弱。然而事实是,目前的两类性能卓越的化合物 HMX 和 CL - 20,它们都是硝胺。

可以将本章的一些结论归纳如下:

(1)氢键的优点是可降低感度并提高晶体密度,但有可能会降低生成热。

(2)平面分子,特别是含有氢键的平面分子,可能会促进层状(石墨状)晶格结构的形成,并通过剪切应变降低感度,同时提高晶体密度。

(3)高的密度是很有价值的,不仅是因为它对爆炸性能有影响,而且它还能显著减少晶格中敏感的自由空间。

(4)应继续探索作为弱引发键的取代基,例如,氨氧化物。特别是目前研究的热点——高氮量化合物,它既能提高能量、又符合绿色化学原则,有证据表明氨氧化物可以稳定多氮高能化合物[82,111]。

(5)应考虑降低含能分子中的电荷不平衡性/分离性的途径,例如,选择恰当的取代基。

最后,应继续深入研究识别与感度相关的分子结构与晶体特性。

致谢:

非常感谢海军研究局项目的资助,项目编号 N00014 - 12 - 1 - 0535,项目负责人为 Clifford Bedford 博士。

参 考 文 献

[1] Klapötke, T.M. and Holl, G. (2001) The greening of explosives and propellants using high energy nitrogen chemistry. *Green Chemistry*, **3**, G75–G77.

[2] Giles, J. (2004) Collateral damage. *Nature*, **427**, 580–581.

[3] Ding, Y.H. and Inagaki, X. (2005) Silanes/oxygen/water: green high-energy-density materials. *European Journal of Inorganic Chemistry*, 3131–3134.

[4] Talawar, M.B., Sivabalan, R., Mukundan, T. *et al.* (2009) Experimentally compatible next generation green energetic materials (GEMs). *Journal of Hazardous Materials*, **161**, 589–607.

[5] Rahm, M. and Brinck, T. (2010) Kinetic stability and propellant performances of green energetic materials. *Chemistry - A European Journal*, **16**, 6590–6600.

[6] Klapötke, T.M. (2012) *Chemistry of High-Energy Materials*, de Gruyter, Berlin.

[7] Linthorst, J.A. (2010) An overview: origins and development of green chemistry. *Foundations of Chemical*, **12**, 55–68.

[8] Anastas, P.T. and Warner, J.C. (1998) *Green Chemistry: Theory and Practice*, Oxford University Press, New York.

[9] Kamlet, M.J. and Jacobs, S.J. (1968) Chemistry of detonation. I. A simple method for calculating detonation properties of C,H,N,O explosives. *Journal of Chemical Physics*, **48**, 23–35.

[10] Politzer, P. and Murray, J.S. (2011) Some perspectives on estimating detonation properties of C, H,N,O compounds. *Central European Journal of Energetic Materials*, **8**, 209–220.

[11] Luo, Y.-R. (2007) *Comprehensive Handbook of Chemical Bond Energies*, CRC Press, Boca Raton, FL.

[12] Storm, C.B., Stine, J.R., and Kramer, J.F. (1990) Sensitivity relationships in energetic materials, in *Chemistry and Physics of Energetic Materials* (ed. S.N. Bulusu), Kluwer, Dordrecht, The Netherlands, Chapter 27, pp. 605–639.

[13] Doherty, R.M. and Watt, D.S. (2008) Relationship between RDX properties and sensitivity. *Propellants, Explosives, Pyrotechnics*, **33**, 4–13.

[14] Kamlet, M.J. (1976) The relationship of impact sensitivity with structure of organic high explosives. I. Polynitroaliphatic explosives, in Proceedings of the 6th Symposium (International) on Detonation, San Diego, CA, Report No. ACR 221, Office of Naval Research, Arlington, VA pp. 312–322.

[15] Kamlet, M.J. and Adolph, H.G. (1979) The relationship of impact sensitivity with structure of organic high explosives. II. Polynitroaromatic explosives. *Propellants, Explosives*, **4**, 30–34.

[16] Brill, T.B. and James, K.J. (1993) Kinetics and mechanisms of thermal decompositions of nitroaromatic explosives. *Chemical Reviews*, **93**, 2667–2692.

[17] Sučeska, M. (1995) *Test Methods for Explosives*, Springer-Verlag, New York.

[18] Meyer, R., Köhler, J., and Homburg, A. (2007) *Explosives*, 6th edn, Wiley-VCH, Weinheim.

[19] Kamlet, M.J. and Adolph, H.G. (1981) Some comments regarding the sensitivities, thermal stabilities, and explosive performance characteristics of fluorodinitromethyl compounds, Proceedings of the Seventh Symposium (International) on Detonation, Naval Surface Warfare Center, Silver Springs, MD, Report No. NSWCMP-82-334, 60–67.

[20] Field, J.E. (1992) Hot spot ignition mechanisms for explosives. *Accounts of Chemical Research*, **25**, 489–496.

[21] Tsai, D.H. and Armstrong, R.W. (1994) Defect-enhanced structural relaxation mechanism for the evolution of hot spots in rapidly compressed crystals. *The Journal of Physical Chemistry*, **98**, 10997–11000.

[22] Tarver, C.M., Chidester, S.K., and Nichols, A.L. III (1996) Critical conditions for impact- and shock-induced hot spots in solid explosives. *The Journal of Physical Chemistry*, **100**, 5794–5799.

[23] Politzer, P. and Boyd, S. (2002) Molecular dynamics simulations of energetic solids. *Structural Chemistry*, **13**, 105–113, and references cited.

[24] Politzer, P. and Murray, J.S. (2003) Sensitivity correlations, in *Energetic Materials. Part 2. Detonation, Combustion* (eds P. Politzer and J.S. Murray), Elsevier, Amsterdam, Chapter 1, pp. 5–23.

[25] Chen, S., Tolbert, W.A., and Dlott, D.D. (1994) Direct measurement of ultrafast multiphonon up-pumping in high explosives. *The Journal of Physical Chemistry*, **98**, 7759–7766.

[26] McNesby, K.L. and Coffey, C.S. (1997) Spectroscopic determination of impact-sensitivities of explosives. *The Journal of Physical Chemistry. B*, **101**, 3097–3104.

[27] Dlott, D.D. (2003) Fast molecular processes in energetic materials, in *Energetic Materials. Part 2. Detonation, Combustion* (eds P. Politzer and J.S. Murray), Elsevier, Amsterdam, Chapter 6, pp. 125–191.

[28] Mader, C.L. (1998) *Numerical Modeling of Explosives and Propellants*, 2nd edn, CRC Press, New York.

[29] Armstrong, R.W., Coffey, C.S., DeVost, V.F., and Elban, W.L. (1990) Energy transfer rates in primary, secondary and insensitive explosives. *Journal of Applied Physiology*, **68** (1–6), 979.

[30] Zeman, S. (2007) Sensitivities of high energy compounds. *Structure and Bonding*, **125**, 195–271.

[31] Holmes, W., Francis, R.S., and Fayer, M.D. (1999) Crack propagation induced heating in crystalline energetic materials. *Journal of Chemical Physics*, **110**, 3576–3583.

[32] Coffey, C.S. and Sharma, J. (1999) Plastic deformation, energy dissipation, and initiation of crystalline explosives. *Physical Review B-Condensed Matter*, **60**, 9365–9371.

[33] Coffey, C.S. (2003) Initiation due to plastic deformation from shock or impact, in *Energetic Materials. Part 2. Detonation, Combustion* (eds P. Politzer and J.S. Murray), Elsevier, Amsterdam, Chapter 5, pp. 101–123.

[34] Owens, F.J. (1996) Calculation of energy barriers for bond rupture in some energetic molecules. *Journal of Molecular Structure: Theochem*, **370**, 11–16.

[35] Politzer, P., Murray, J.S., Lane, P. *et al.* (1991) Shock sensitivity relationships for nitramines and nitroaliphatics. *Chemical Physics Letters*, **181**, 78–82.

[36] Kohno, Y., Maekawa, K., Tsuchioka, T. *et al.* (1994) A relationship between the impact sensitivity and the electronic structures for the unique N−N bond in the HMX polymorphs. *Combustion and Flame*, **96**, 343–350.

[37] Murray, J.S., Lane, P., and Politzer, P. (1995) Relationships between impact sensitivities and molecular surface electrostatic potentials of nitroaromatic and nitroheterocyclic molecules. *Molecular Physics*, **85**, 1–8.

[38] Murray, J.S., Lane, P., and Politzer, P. (1998) Effects of strongly electron-attracting components in molecular surface electrostatic potentials; application to predicting impact sensitivities of energetic molecules. *Molecular Physics*, **93**, 187–194.

[39] Delpuech, A. and Cherville, J. (1978) Relation entre la structure electronique et la sensibilité an choc des explosifs secondaires nitrè-critère moléculaire de sensibilité. *Propellants Explosives*, **3**, 169–175.

[40] Sharma, J., Beard, B.C., and Chaykovsky, M. (1991) Correlation of impact sensitivity with electronic levels and structures of molecules. *The Journal of Physical Chemistry*, **95**, 1209–1213.

[41] Zhang, C. (2009) Review of the establishment of nitro group charge method and its applications. *Journal of Hazardous Materials*, **161**, 21–28.

[42] Anders, G. and Borges, I. Jr. (2011) Topological analysis of the molecular charge density and impact sensitivity models of energetic molecules. *Journal of Physical Chemistry A*, **115**, 9055–9068.

[43] Kuklja, M.M., Stefanovich, E.V., and Kunz, A.B. (2000) An exitonic mechanism of detonation initiation in explosives. *Journal of Chemical Physics*, **112**, 3417–3423.

[44] Zhang, H., Cheung, F., Zhao, F., and Cheng, X.-L. (2009) Band gaps and the possible effect on impact sensitivity for some nitroaromatic explosive materials. *International Journal of Quantum Chemistry*, **109**, 1547–1552.

[45] Zhu, W. and Xiao, H. (2010) First-principles band gap criterion for impact sensitivity of energetic crystals: a review. *Structural Chemistry*, **21**, 657–665.

[46] Shackelford, S.A. (2008) Role of thermochemical decomposition in energetic material initiation sensitivity and explosive performance. *Central European Journal of Energetic Materials*, **5**, 75–101.

[47] Politzer, P., Abrahmsen, L., and Sjoberg, P. (1984) Effects of amino and nitro groups upon the electrostatic potential of an aromatic ring. *Journal of the American Chemical Society*, **106**, 855–860.

[48] Politzer, P., Laurence, P.R., Abrahmsen, L. *et al.* (1984) The aromatic $C-NO_2$ bond as a site for nucleophilic attack. *Chemical Physics Letters*, **111**, 75–78.

[49] Politzer, P. and Murray, J.S. (1995) C-NO$_2$ dissociation energies and surface electrostatic potential maxima in relation to the impact sensitivities of some nitroheterocyclic molecules. *Molecular Physics*, **86**, 251–255.

[50] Politzer, P. and Murray, J.S. (1996) Relationships between dissociation energies and electrostatic potentials of $C-NO_2$ bonds: applications to impact sensitivities. *Journal of Molecular Structure*, **376**, 419–424.

[51] Owens, F.J., Jayasuriya, K., Abrahmsen, L., and Politzer, P. (1985) Computational analysis of some properties associated with the nitro group in polynitroaromatic molecules. *Chemical Physics Letters*, **116**, 434–438.

[52] Murray, J.S., Lane, P., Politzer, P., and Bolduc, P.R. (1990) A relationship between the impact sensitivity and the electrostatic potentials at the midpoints of $C-NO_2$ bonds in nitroaromatics. *Chemical Physics Letters*, **168**, 135–139.

[53] Zeman, S. (2003) A study of chemical micro-mechanisms of initiation of organic polynitro compounds, in *Energetic Materials. Part 2. Detonation, Combustion* (eds P. Politzer and J.S. Murray), Elsevier, Amsterdam, Chapter 2, pp. 25–52.

[54] Politzer, P., Seminario, J.M., and Bolduc, P.R. (1989) A proposed interpretation of the destabilizing effect of hydroxyl groups on nitroaromatic molecules. *Chemical Physics Letters*, **158**, 463–469.

[55] Fan, J., Gu, Z., Xiao, H., and Dong, H. (1998) Theoretical study on pyrolysis and sensitivity of energetic compounds. Part 4. Nitro derivatives of phenols. *Journal of Physical Organic Chemistry*, **11**, 177–184.

[56] Murray, J.S., Lane, P., Göbel, M. *et al.* (2009) Reaction force analyses of nitro-aci tautomerizations of trinitromethane, the elusive trinitromethanol, picric acid and 2,4-dinitro-1H-imidazole. *Theoretical Chemistry Accounts*, **124**, 355–363.

[57] Murray, J.S., Lane, P., Politzer, P. *et al.* (1990) A computational analysis of some possible hydrogen transfer and intramolecular ring formation reactions of o-nitrotoluene and o-nitroaniline. *Journal of Molecular Structure: Theochem*, **209**, 349–359.

[58] Zeman, S., Shu, Y., and Wang, X. (2005) Study on primary step of initiation mechanisms of two polynitro arenes. *Central European Journal of Energetic Materials*, **2** (4), 47–54.

[59] Gindulyte, A., Massa, L., Huang, L., and Karle, J. (1999) Proposed mechanism of 1,1-diaminodinitroethylene decomposition: a density functional theory study. *Journal of Physical Chemistry A*, **103**, 11045–11051.

[60] Storm, C.B., Ryan, R.R., Ritchie, J.P. *et al.* (1989) Structural basis of the impact sensitivities of 1-picryl-1,2,3-triazole, 2-picryl-1,2,3-triazole, 4-nitro-1-picryl-1,2,3-triazole, and 4-nitro-2-picryl-1,2,3-triazole. *The Journal of Physical Chemistry*, **93**, 1000–1007.

[61] Politzer, P., Grice, M.E., and Seminario, J.M. (1997) A density functional analysis of the decomposition of 4-nitro-1,2,3-triazole through the evolution of N$_2$. *International Journal of Quantum Chemistry*, **61**, 389–392.

[62] Fried, L.E. and Ruggiero, A.J. (1994) Energy transfer rates in primary, secondary and insensitive explosives. *The Journal of Physical Chemistry*, **98**, 9786–9791.

[63] Ge, S.-H., Cheng, X.-L., Wang, X.-X. *et al.* (2007) Energy transfer rates and impact sensitivities of two classes of nitramine explosives molecules. *Structural Chemistry*, **18**, 985–991.

[64] Dick, J.J. (1984) Effect of crystal orientation on shock initiation sensitivity of pentaerythritol tetranitrate explosive. *Applied Physics Letters*, **44**, 859–861.

[65] Kuklja, M.M. and Rashkeev, S.N. (2009) Interplay of decomposition mechanisms at shear-strain interface. *Journal of Physical Chemistry C Letters*, **113**, 17–20.

[66] Odiot, S., Blain, M., Vauthier, E., and Fliszár, S. (1993) Influence of the physical state of an explosive on its sensitivity. Is nitromethane sensitive or insensitive? *Journal of Molecular Structure: Theochem*, **279**, 233–238.

[67] Tsiaousis, D. and Munn, R.W. (2005) Energy of charged states in the RDX crystal: trapping of charge-transfer pairs as a possible mechanism for initiating detonation. *Journal of Chemical Physics*, **122** (1–9), 184708.

[68] Sharia, O. and Kuklja, M.M. (2012) Surface-enhanced decomposition kinetics of molecular materials illustrated with cyclotetramethylene-tetranitramine. *Journal of Physical Chemistry C*, **116**, 11077–11081.

[69] Rice, B.M. and Hare, J.J. (2002) A quantum mechanical investigation of the relation between impact sensitivity and the charge distribution in energetic molecules. *Journal of Physical Chemistry A*, **106**, 1770–1783.

[70] Politzer, P., Concha, M.C., Grice, M.E. *et al.* (1998) Computational investigation of the structures and relative stabilities of amino/nitro derivatives of ethylene. *Journal of Molecular Structure: Theochem*, **452**, 75–83.

[71] Pospíšíl, M., Vávra, P., Concha, M.C. *et al.* (2011) Sensitivity and the available free space per molecule in the unit cell. *Journal of Molecular Modeling*, **17**, 2569–2574.

[72] Kuklja, M.M. and Rashkeev, S.N. (2007) Shear-strain-induced chemical reactivity of layered molecular crystals. *Applied Physics Letters*, **90** (1–3), 151913

[73] Kuklja, M.M. and Rashkeev, S.N. (2010) Molecular mechanisms of shear strain sensitivity of the energetic crystals DADNE and TATB. *Journal of Energetic Materials*, **28**, 66–77.

[74] Veauthier, J.M., Chavez, D.E., Tappan, B.C., and Parrish, D.A. (2010) Synthesis and characterization of furazan energetics ADAAF and DOATF *Journal of Energetic Materials*, **28**, 229–249.

[75] Kunz, A.B. (1996) An *ab initio* investigation of crystalline PETN. *Materials Research Society Symposia Proceedings*, **418**, 287–292.

[76] Eckhardt, C.J. and Gavezzotti, A. (2007) Computer simulations and analysis of structural and energetic features of some crystalline energetic materials. *The Journal of Physical Chemistry. B*, **111**, 3430–3437.

[77] Murray, J.S., Concha, M.C., and Politzer, P. (2009) Links between surface electrostatic potentials of energetic molecules, impact sensitivities and C$-$NO$_2$/N$-$NO$_2$ bond dissociation energies. *Molecular Physics*, **107**, 89–97.

[78] Klapötke, T.M., Martin, F., Sproll, S., and Stierstorfer, J. (2009) Azidotetrazoles: promising energetic materials or waste of time?, in 12th Seminar on New Trends in Research of Energetic Materials, Part I, University of Pardubice, Czech Republic, pp. 327–340.

[79] Hollins, A.L., Merwin, L.M., and Nissan, R.A. (1996) Aminonitropyrimidines and their N-oxides. *Heterocyclic Chemistry*, **33**, 895–904.

[80] Pagoria, P.F., Lee, G.S., Mitchell, A.R., and Schmidt, R.D. (2002) A review of energetic materials synthesis. *Thermochimica Acta*, **384**, 187–204.

[81] Chavez, D.E., Hiskey, M.A., and Naud, D.L. (2004) Tetrazine explosives. *Propellants Explosives Pyrotechnics*, **29**, 209–215.

[82] Churakov, A.M. and Tartakovsky, V.A. (2004) Progress in 1,2,3,4-tetrazine chemistry. *Chemical Reviews*, **104**, 2601–2616.

[83] Politzer, P., Lane, P., and Murray, J.S. (2013) Computed characterization of two di-1,2,3,4-tetrazine tetraoxides, DTTO and iso-DTTO, as potential energetic compounds. *Central European Journal of Energetic Materials*, **10**, 17–37.

[84] Stewart, R.F. (1979) On the mapping of electrostatic properties from Bragg diffraction data. *Chemical Physics Letters*, **65**, 335–342.

[85] Politzer, P. and Truhlar, D.G. (eds) (1981) *Chemical Applications of Atomic and Molecular Electrostatic Potentials*, Plenum Press, New York.

[86] Scrocco, E. and Tomasi, J. (1978) Electronic molecular structure, reactivity and intermolecular forces: an euristic interpretation by means of electrostatic molecular potentials. *Advances in Quantum Chemistry*, **11**, 115–193.

[87] Politzer, P. and Daiker, K.C. (1981) Models for chemical reactivity, in *The Force Concept in Chemistry* (ed. B.M. Deb), Van Nostrand Reinhold, pp. 294–387.

[88] Politzer, P., Laurence, P.R., and Jayasuriya, K. (1985) Molecular electrostatic potentials: an effective tool for the elucidation of biochemical phenomena. *Environmental Health Perspectives*, **61**, 191–202.

[89] Naray-Szabo, G. and Ferenczy, G.G. (1995) Molecular electrostatics. *Chemical Reviews*, **95**, 829–847.

[90] Murray, J.S. and Sen, K. (eds) (1996) *Molecular Electrostatic Potentials: Concepts and Applications*, Elsevier, Amsterdam.

[91] Politzer, P. and Murray, J.S. (1998) Statistical analysis of the molecular surface electrostatic potential: an approach to describing noncovalent interactions in condensed phases. *Journal of Molecular Structure: Theochem*, **425**, 107–114.

[92] Murray, J.S. and Politzer, P. (2011) The electrostatic potential: an overview. *WIREs Computational Molecular Science*, **1**, 153–163.

[93] Politzer, P. and Murray, J.S. (2002) The fundamental nature and role of the electrostatic potential in atoms and molecules. *Theoretical Chemistry Accounts*, **108**, 134–142.

[94] Politzer, P. and Murray, J.S. (2012) Molecular electrostatic potentials: some observations, in *Concepts and Methods in Modern Theoretical Chemistry, Vol. 1: Electronic Structure and Reactivity* (eds K. Ghosh and P. Chattaraj), Taylor & Francis, Boca Raton.

[95] Ayers, P.W. (2007) Using reactivity indicators instead of electron density to describe Coulomb systems. *Chemical Physics Letters*, **438**, 148–152.

[96] Politzer, P. (2004) Atomic and molecular energies as functional of the electrostatic potential. *Theoretical Chemistry Accounts*, **111**, 395–399.

[97] Bader, R.F.W., Carroll, M.T., Cheeseman, J.R., and Chang, C. (1987) Properties of atoms in molecules: atomic volumes. *Journal of the American Chemical Society*, **109**, 7968–7979.

[98] Qiu, L., Xiao, H., Gong, X. *et al.* (2007) Crystal density predictions for nitramines based on quantum chemistry. *Journal of Hazardous Materials*, **141**, 280–288.

[99] Rice, B.M., Hare, J.J., and Byrd, E.F.C. (2007) Accurate prediction of crystal densities using quantum chemical molecular volumes. *Journal of Physical Chemistry A*, **111**, 10874–10879.

[100] Politzer, P., Martinez, J., Murray, J.S. *et al.* (2009) An electrostatic interaction correction for improved crystal density predictions. *Molecular Physics*, **107**, 2095–2101.

[101] Politzer, P., Martinez, J., Murray, J.S., and Concha, M.C. (2010) An electrostatic correction forimproved crystal density predictions of energetic ionic compounds. *Molecular Physics*, **108**, 1391–1396.

[102] Politzer, P., Murray, J.S., and Lane, P. (2007) σ-Hole bonding and hydrogen bonding: competitive interactions. *International Journal of Quantum Chemistry*, **107**, 3046–3052.

[103] Murray, J.S., Lane, P., Clark, T. *et al.* (2012) σ-Holes, π-holes and electrostatically-driven interactions. *Journal of Molecular Modeling*, **18**, 541–548.

[104] Pauling, L. (1948) The modern theory of valency. *Journal of the Chemical Society*, 1461–1467.

[105] Pauling, L. (1960) *The Nature of the Chemical Bond*, 3rd edn, Cornell University Press, Ithaca, NY.

[106] Hammerl, A., Klapötke, T.M., Nöth, H., and Warchhold, M. (2003) Synthesis, structure, molecular orbital and valence bond calculations for tetrazole azide, CHN_7 *Propellants Explosives Pyrotechnics*, **28**, 165–173.

[107] Hammerl, A., Klapötke, T.M., Mayer, P., and Weigand, J.J. (2005) Synthesis, structure, molecular orbital calculations and decomposition mechanism for tetrazolylazide CHN_7, its phenyl derivative $PhCN_7$ and tetrazolylpentazole CHN_9. *Propellants Explosives Pyrotechnics*, **30**, 17–26.

[108] Klapötke, T.M., Nordheiter, A., and Stierstorfer, J. (2012) Synthesis and reactivity of an unexpected highly sensitive 1-carboxymethyl-3-diazonio-5-nitrimino-1,2,4-triazole. *New Journal of Chemistry*, **36**, 1463–1468.

[109] Rahm, M., Dvinskikh, S.V., Furó, I., and Brinck, T. (2011) Experimental detection of trinitramide, $N(NO_2)_3$. *Angewandte Chemie-International Edition in English*, **50**, 1145–1148.

[110] Montgomery, J.A. Jr. and Michels, H.H. (1993) Structure and stability of trinitramide. *The Journal of Physical Chemistry*, **97**, 6774–6775.

[111] Wilson, K.J., Perera, S.A., Bartlett, R.J., and Watts, J.D. (2001) Stabilization of the pseudo-benzene N_6 ring with oxygen. *Journal of Physical Chemistry A*, **105**, 7693–7699.

第 4 章

"绿色"烟火剂研究进展

Jesse J. Sabatini

（美国陆军 RDECOM - ARDEC 烟火技术与制造部，
烟火技术研究、发展和试验机构，美国）

4.1 引言

　　无论是为了纪念某些重大事件或节假日，还是为了娱乐，烟火表演总能够使很多家庭、大量的人甚至是陌生人聚集在一起。人们很自然地欣赏烟花的美丽，因为它们频繁地在天空中爆炸并呈现出绚丽色彩。烟火剂具有悠久的历史，可追溯到公元前，当时中国人在世界上首次将黑火药作为烟火剂使用。从那以后，烟火剂得到了很大的发展。其实烟火剂很普遍，并与人们的生活息息相关。烟火剂的应用并不仅限于制备烟花，目前已拓展至安全气囊、道路照明弹和灭火器等领域。但烟火剂最为普遍的用途却被人们所忽视，那就是在军事领域，包括制备照明装置、烟雾弹或信号弹、点火或燃烧装置、照明弹和引信等。然而，当烟花在夜空中绽放时，民众只会意识到正在上演一场烟火表演，而军人们正是基于日常生活中的原理对烟火剂加以利用。在战场上和军事训练时，战士身处在烟火剂的环境中，很多情况下，它们的性能和功能会事关战士们的性命。

　　以前，人们对化学试剂的毒性知之甚少，且相关规则也较少，烟火剂配方的设计主要考虑其功能的可靠性。在上述领域中，许多传统的烟火剂一直沿用至今，因为它们通过了一系列质量检测试验，且在较宽的温度范围内仍表现出良好的性能。但现在人们越来越关注此类传统烟火剂的毒副作用。由于这类烟火剂配方里的化学物质对环境和职业健康会产生危害，传统烟火剂的使用受到了限制。

　　随着人们对烟火剂毒副作用的了解，美国联邦和州政府呼吁增加对这类物质的管制，以尽量减少其对环境和人类健康的影响。由于对传统烟火剂逐渐增强的管制，以及其可能的毒性，无论是否在美国本土，在军事训练中使用烟火剂来锻炼军人的作战能力是被限制或禁止的。美国的商业烟火剂公司也面临越来越严格的审查,均需要加强烟火剂的"绿色化"。因此,若能在烟火剂技术上取得突破,即生产出对人类健康无害且环境友好的烟火剂,均能带来巨大的商业利润。

　　美国在制备更"清洁"和更"绿色"的烟火剂、炸药和推进剂方面始终处于领先地位。目前在关注环境和人类健康方面的重大资助项目包括战略环境研究和发展计划(SERDP)[1]、环境安全技术认证计划(ESTCP)[1]和环境质量技术(EQT)计划[2]。美国国防部联邦实验室在开展"绿色"烟火剂研究的同时,其他境外防务机构以及全球的大学和私立实验室也在进行相关的研究,这对促进烟火剂的发展具有重要作用。

　　虽然人们对军用和民用"绿色"烟火技术的研究产生了浓厚的兴趣,但如果这类新型烟火剂在性能或者安全方面有所下降,那么它的使用就会受到限制或者没有应用价值。因此,"绿色"烟火剂应是环境友好的,其性能不应低于甚至要优于传统配方,且对各种刺激(如冲击、摩擦和静电放电等)的感度要与正在服役的烟火剂相当或者更低。

　　接下来将详细介绍烟火剂的绿色化进程。尽管不能面面俱到,但会重点叙述美国联邦实验室正在研究的有关烟火剂的项目。因为很多化学物质涉及环境和健康问题,且政府对有关化学物质的管理和规定越来越严格,那些有问题的化学试剂在使用时会受到限制,所以军用和民用行业对发展环保型烟火剂的需求越来越迫切。因此研发环境可持续的烟火剂势在必行,这不仅仅是今天的挑战,也是明天和未来的挑战。如果当那些积极研究能源材料的机构都认为他们的研究必须"保持化学品绿色"时,这种烟火剂将会给军事人员、商用烟火工业、环境乃至整个国家带来益处。

4.2　"绿色"烟火剂的基础

　　发展无毒害烟火剂已不再是一个全新的概念,最早对烟火剂进行"绿色化"的尝试是在烟火照明剂中使用富氮化合物。在烟火剂中使用富氮化合物的优点有:它们的燃烧产物为气态且无残留物,燃烧火焰大,波长范围窄且光线更强烈。尽管还没有广泛报道,但是 Douda 最先发明了富氮烟火剂——高氯酸锶三甘酸氨[3]。这种化合物比较特殊,因为其自身包含了燃料、氧化剂和发光剂。Douda 还建议用铜-甘氨酸复合物作为环境友好材料代替钡基绿光烟火照明剂[4]。

　　30 年后,洛斯阿拉莫斯美国国家实验室(LANL)的 Hiskey、Chaves 和 Naud 对Douda 在 20 世纪 60 年代的初步尝试进行了深入研究。将富氮化合物应用到发光烟火剂中,能显著改善照明设备的性能和光谱纯度[5,6]。表 4.1 总结了一些常见的光色、发光材料及其对应的波长[7]。尽管现在有多种可应用于发光材料的富氮化合物,但在烟火剂领域研究和应用最多的仍然是四唑类和四嗪类燃料。这些燃料的低碳含量可以使其产烟量尽可能小。尽管它们的氮含量高,但其芳环结构以及亲水性都能增加它们对热和其他刺激的稳定性。大多数有机燃料的燃烧热来源于碳骨架的氧化,高氮化合物的能量主要源于其高的生成热,由于 N≡N 键的稳定性极好,分解产生大量环境友好的氮气时,就会释放出大量的能量。

图 4.1　脱水四嗪(A)的分子结构

LANL 实验室在低烟和低灰烟火剂中最常使用的一种化合物是脱水四嗪(A)(DHT)(图 4.1)。通过使用不含金属的高氯酸铵(NH_4ClO_4)和硝酸铵(NH_4NO_3)作为氧化物,四嗪(A)作为燃料,并加入少量的金属基发光剂,LANL 实验室能够制备出多种颜色的低烟烟火剂(表 4.2)。

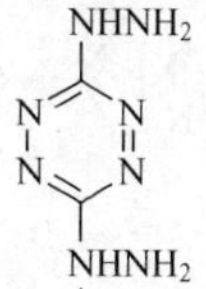

表 4.1　在烟火剂中发出普通颜色的发光材料及其波长

颜　色	发 光 材 料	波长范围/nm
红	SrCl, SrOH, Li	700~600
黄	Na	600~570
绿	BaCl, BO_2, CuOH, BaOH	570~500
蓝	CuCl	500~450

表 4.2　富氮化合物基低烟烟火剂

NH_4ClO_4 基烟火剂		NH_4NO_3 基烟火剂	
组分	质量分数%	组分	质量分数%
NH_4ClO_4	47.5	NH_4NO_3	38
脱水四嗪 A	47.5	脱水四嗪 A	8
颜料①~⑤	5	颜料①~⑤	8

①红色——$Sr(NO_3)_2$;②黄色——$NaNO_3$;③红色——$Ba(NO_3)_2$;④蓝色——CuS;⑤白色——Sb_2S_3

虽然这些混合物中不含粘合剂,但 NH_4ClO_4 基烟火剂经水湿润后可轻易地挤压成星形。然而,NH_4ClO_4 基烟火剂非常脆,需要将药剂颗粒浸润在硝化纤维中进行装填、增强和防水。在 $NaNO_3$ 基烟火剂中加入 NH_4ClO_4 可以提供氯元素。众所周知,氯元素可通过形成亚稳态的红光发光材料氯化锶(SrCl)和绿光发光材料氯化钡(BaCl)来加深火焰颜色。某些含氯化合物也能显现蓝色火焰,这是因为亚稳态氯化亚铜(CuCl)是蓝光发光材料。但将氯添加到黄色发光材料中效果不好,因为钠原子是黄色发光光源主体,氯元素的引入会形成 NaCl,从而削弱了钠原子的发光性质,进而降低了发光的质量和强度[8]。

"低烟"烟火剂经过初期的发展后,LANL 实验室合成了大量燃烧时无烟或低烟的富氮燃料[6]。其中两种重要的化合物如图 4.2 所示,分别是 5,5'-2-1 氢-四唑(B)(BT)和 2-(1(2)氢-四唑-5-异)氨基水化物(C)(BTAw)。四唑基燃料 B 和 C 的优点是:可作为一些金属盐如锶(Sr^{2+})、铜(Cu^{2+})和钡(Ba^{2+})(图 4.2)合成的前驱体。

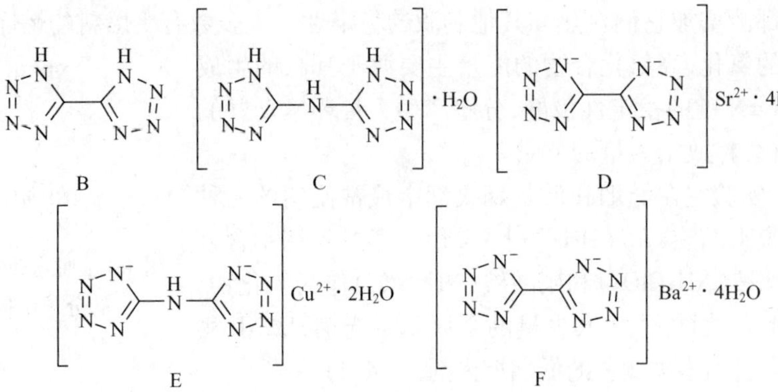

图4.2　5,5'-2-1氢-四唑(B)(BT)、2-(1(2)氢-四唑-5-异)
氨基水化物(C)和一些金属盐(D-F)的分子结构

表4.3列出了一些四唑基发光剂的配方。将高氮金属基四唑盐应用于烟火剂中是一种创新,因为此类物质在烟火照明剂中既可作为高能燃料,也可作为发光材料。产生相同颜色的四唑基烟火剂的配方中其金属含量低于传统烟火剂。

表4.3　四唑基发光剂的低烟烟火剂

组　分	质量分数/%
双四唑 B	47.5
NH_4ClO_4	47.5
颜料 D-F[①②③]	5

①红色——SrBT4w(D);②蓝色——Cu-BTA2w(E);③绿色——Ba-BT4w(F)

4.3　无高氯酸盐烟火剂的研究进展

4.3.1　无高氯酸盐烟火照明剂

尽管 Douda 和 LANL 在有色烟火剂配方中成功减少了金属用量,但 LANL 实验室多年的研究结果表明,高氯酸盐是具有负作用的物质。长期以来,高氯酸盐之所以被用作理想的氧化剂是因为它们具有吸湿性低、氧化能力强和反应活性高等优点。在推进剂中,NH_4ClO_4 被当作理想氧化剂是因为其燃烧产物为气态,而烟火剂中普遍用的是高氯酸钾($KClO_4$)。除了在有色烟火剂中使用外,$KClO_4$ 还是许多军用照明剂、有色烟火剂、训练模拟器、燃烧弹和延迟引信等中常用的氧化剂。

高氯酸盐对土壤和公共饮水供给的污染已经引起了环保专家的关注。因为高氯酸盐可导致畸形,目前所担忧的是高氯酸盐可能对胎儿、新生儿和婴儿的负面影响,这种影响是妇女不经意中摄入高氯酸盐,再通过乳汁[9]传递给婴儿的。另外,由于高氯酸根的电荷和离子半径与碘离子非常接近,它与碘离子竞争进入人体的甲状腺,从而阻碍碘的吸收,破坏甲状腺体的正常生理功能[9]。正是由于高氯酸盐和甲状腺激素之间的可逆关系,需要提供一些合适碘摄入量的食品[10],高氯酸盐已经被美国环保局(EPA)限制使用。美国环保局还规定,地下水中高氯酸盐的允许含量为 $15/10^9$(ppb)[11],加利福尼亚州和马萨诸塞州分别限制其上限为 6ppb 和 2ppb[12,13]。

根据这些规定,美国国防部每年要花费上百万美元开展高氯酸盐净化、清除和诉讼等相关工作。出于对高氯酸盐和其他一些化学物质作为潜在污染源的担忧,商业烟火公司也强调在烟花和娱乐表演中使用的烟火剂应该是"绿色"的[14]。也正是由于上述各项规定的限制,美国军队大幅削减了其在境内外的训练,军队不能为了训练士兵应对危险和提高其敏捷能力而置士兵的性命危险于不顾。

Douda 和 LANL 实验室的团队开创性地用富氮化合物取代高氯酸盐,并将其初步应用在美国陆军用的红光和绿光闪光弹中,可满足上述环保规定的要求。在美国陆军武器研究发展与工程中心(ARDEC),Sabatini 等发现双 – 四唑金属盐 G 和 H 可有效替代 $KClO_4$,用于满足一定环保要求的 M126A1 红光和 M195 绿光发光烟火剂中(图 4.3)[15,16]。尽管 2 – 四唑 G 和 H 是一种水化物,但在真空热稳定性(VTS)测试中,均未发生分解而释放气体。这可能是由于这些化合物中的水分子与金属离子发生了络合作用,该假设已通过 X 射线衍射(XRD)得到了验证[17]。这种络合作用使得水分子在高温下仍然存在于晶体晶格中。

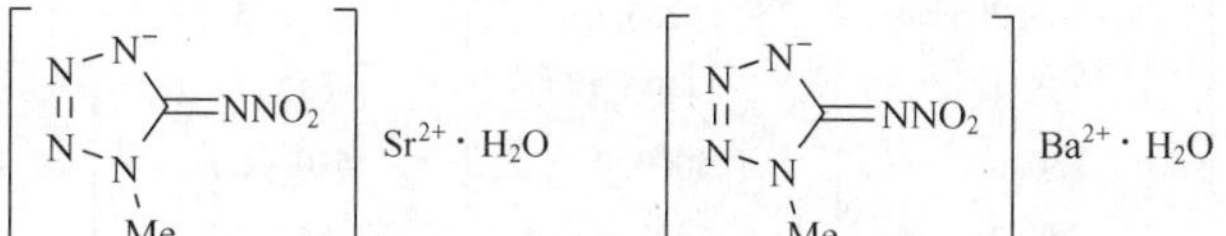

图 4.3 双 –(1 – 甲基 – 5 – 消化四唑)钠一水合物(G)和
双 –(1 – 甲基 – 5 – 消化四唑)钡一水合物(H)

表 4.4 给出了美国陆军现役的含高氯酸盐的 M126A1 红光和 M195 绿光发光烟火剂及其替代配方,它们的性能见表 4.5。红光发光剂 M126A1 配方 1 和 2 的性能指标均超过了军方需求,且比含高氯酸盐的配方要好。配方 2 的显著优点是其照明强度高。在一次偶然事件中发现,配方中镁的百分含量越大,其火焰强度越高[18]。尽管在实验中还未出现过这种情况,但如果在配方中加入过多的金属,其在燃烧时会形成大量的炽热粒子,这将反而会"冲淡"火焰颜色。如果需要,可通过加入金属燃料来提高火焰强度。

表 4.4　M126A1 红光和 M195 绿光发光烟火剂的配方

现役 M126A1		配方 1		配方 2	
成分	质量分数/%	成分	质量分数/%	成分	质量分数/%
$Sr(NO_3)_2$	39.3	$Sr(NO_3)_2$	39.3	$Sr(NO_3)_2$	39.3
Mg 30/50	14.7	Mg 30/50	29.4	Mg 30/50	29.4
Mg 50/100	14.7	PVC	14.7	PVC	14.7
PVC	14.7	双四唑 G	9.8	双四唑 G	3.8
$KClO_4$	9.8	环氧树脂 813/聚酰胺固化剂(versamid 140)	6.8	环氧树脂 813/聚酰胺固化剂(versamid 140)	6.8
聚酯树脂 4116/过氧化叔丁酯	6.8				
现役 M195		配方 3		配方 4	
成分	质量分数/%	成分	质量分数/%	成分	质量分数/%
$Ba(NO_3)_2$	48	$Ba(NO_3)_2$	48	$Ba(NO_3)_2$	48
Mg 30/50	22	Mg 30/50	22	Mg 30/50	27
DP	15	DP	15	PVC	15
$KClO_4$	10	双四唑 G	10	双四唑 G	5
聚酯树脂 4116/过氧化叔丁酯	5	环氧树脂 813/聚酰胺固化剂(versamid 140)	5	环氧树脂 813/聚酰胺固化剂(versamid 140)	5

表 4.5　M126A1 红光和 M195 绿光发光烟火剂的性能

配　方	燃烧时间/s	光密度/Cd	主波长/nm	光谱纯度/%
M126A1 武器需求	50.0	10000.0	620±20	70.6
现役 M126A1	54.0	17194.9	613.1	88.6
1	63.3	16285.0	512.5	89.9
2	55.1	24490.1	612.7	91.6
M195 武器需求	50.0	5000.0	540±20	50.0
现役 M195	55.3	6973.3	562.3	64.8
3	56.2	6536.7	561.9	65.3
4	59.3	6608.7	564.7	69.4

　　对于绿光发光烟火剂 M195,配方 3 和 4 与含高氯酸盐配方相比,其发光强度基本相同,但是燃烧时间更长。在这两种新配方中,配方 4 更环保,因为其配方中不含德克隆(DP);这种含氯化合物已经引起美国陆军公共健康中心(原文为司令部,译者注)的质疑和关注,因为其在生物体内会积累。有趣的是,配方 3、4 和现役含高氯酸盐的 M195 配方的发光波长均已超过了 540±20nm 的临界值。原料中钠污染可能是造成这种问题的原因,在这些配方中钠污染可能有两种来源:一种是来自硝酸钡氧化物中的杂质,另一种是来自于贮存烟火剂的房屋用牛皮纤维板/管[21]。许多军用标准是几十年前制定的,而当今的新技术可提供更精确的测量,无论如何,这也是值得深入研究的问题。

对于表 4.4 中的特殊配方,可能我们会忽略一些值得关注的问题,配方 1~4 利用环氧基粘合体系(环氧树脂 813/聚酰胺固化剂(versamid 140))取代了聚酯树脂 4116/过氧化粘合剂体系。因为在聚酯树脂 4116/过氧化粘合剂体系中,除了存在已被美国健康与人类服务部归为潜在的致癌物[22]的苯乙烯单体以外,聚酯树脂也是一种"单点失效"材料。由于环氧基粘合剂体系在美国陆军照明剂配方中已广泛使用,因此,在美国陆军用的信号照明弹药剂中使用这种粘合剂代替聚酯树脂/过氧化 4116 粘合剂体系是安全且有效的措施。用环氧基粘合剂体系取代这类材料不仅能解决环境问题,也可确保此类信号照明烟火剂将仍由美国陆军及其盟军的工厂生产。

在 M126A1 红光和 M195 绿光发光烟火剂的发展中,最后一个需要关注的焦点是:与被取代的含高氯酸盐的配方相比,配方 1~4 有着更低的撞击和摩擦感度、相当的静电感度和起始热分解温度。正如这两种烟火剂的发展历程所展示的,设计一种新型烟火剂的目标是使其兼备更好的环境可持续性以及使用性能,且较之所取代的配方具有相同或更低的感度。

在美国海军水面作战中心(NSWC)的 CRANE 分部,Shortridge 及其同事共同开发的无高氯酸盐照明药剂的性能指标可超过海军对红、绿、黄光发光照明药剂的军用需求[23-26]。表 4.6 总结了海军现役照明弹及其性能优异的无高氯酸盐烟火剂的配方。在表 4.7 中详述了这类照明药剂的性能,新型照明剂的撞击、摩擦和静电感度均较低。在设计合理的无高氯酸盐配方过程中,美国海军所用的方法不同于美国陆军,即不需要采用高氮化合物来提高性能。而且,陆军和海军照明弹在尺寸和直径上有所差异,导致这两类弹体的制备方法、大小和功能也不相同。因此,在某一领域可行的方法并不一定适用于其他领域,因为其参数或者配置各不相同。

表 4.6　现役的海军照明弹和其无高氯酸盐配方

现役红光-2		配方 5	
成　分	质量分数/%	成　分	质量分数/%
$Sr(NO_3)_2$	34.7	$Sr(NO_3)_2$	50.323
Gran 15 Mg	24.4	Gran 17 Mg	28
$KClO_4$	20.5	PVC	14.677
PVC	11.4	环氧树脂 813/聚酰胺固化剂(versamid 140)	7
沥青	9		
现役四唑 G		配方 6	
成　分	质量分数/%	成　分	质量分数/%
$Ba(NO_3)_2$	22.5	$Ba(NO_3)_2$	62.75
Gran 18 Mg	21	Gran 18 Mg	9.81
$KClO_4$	32.5	Gran 15 Mg	4.89

（续）

现役四唑 G		配方 6	
成　分	质量分数/%	成　分	质量分数/%
PVC	12	PVC	8
铜粉	7	铜粉	6.7
环氧树脂 813/聚酰胺固化剂（versamid 140）	5	B（无定型）	2.85
		环氧树脂 813/聚酰胺固化剂（versamid 140）	5
现役 Y2		配方 7	
成　分	质量分数/%	成　分	质量分数/%
$Ba(NO_3)_2$	20	$NaNO_3$	37
Gran 18 Mg	30.3	$Ba(NO_3)_2$	27.05
$KClO_4$	21	Gran 18 Mg	20.1
$Na_2C_2O_4$	19.8	PVC	10.9
沥青	3.95	环氧树脂 813/聚酰胺固化剂（versamid 140）	4.95
环氧树脂 813/聚酰胺固化剂（versamid 140）	4.95		

表 4.7　美国海军无高氯酸盐照明剂的性能

配　方	燃烧时间/s	光密度/Cd	主波长/nm	光谱纯度/%
现役红光-2	17.5	4913.0	617.0	94.0
配方 5	19.8	6040.0	621.0	96.0
现役四唑 G	30.3	526.0	544.0	48.0
配方 6	31.0	763.0	547.0	54.0
现役 Y2	41.0	1199.0	587.0	78.3
配方 7	59.0	1571.0	583.0	75.3

美国海军在研究无高氯酸盐绿色照明药剂的过程中,特别青睐于配方 6,该配方中有三种潜在的绿光发光源:硝酸钡、铜粉和无定型硼粉。正如先前讨论的,钡与氯结合能形成发射绿光的 BaCl,然而铜粉在氯的参与下会形成亚稳态氯化亚铜（CuCl）,它是一种蓝光发光材料。尽管有报道称,CuCl 只有在 1200℃ 以下才是稳定的,但这种说法在理论上一直存在争议（实验上需要进一步的验证）。Sturman 通过 NASA – CEA 平衡编码[27]的动力学计算表明,一些发蓝光烟火剂的燃烧温度远远超过 1200℃[28]。并且,根据 Sturman 的计算,含镁的发蓝光烟火剂性能较差,而 CuCl 在烟火剂火焰中会分解。有机环氧粘合剂可以提供氢,燃烧过程中能与氧化铜结合形成发绿光的氢氧化亚铜（Cu(OH)）。无定型硼粉是一种高活性燃料,对点火源尤其是静电非常敏感。但在燃烧过程中无定型硼粉会转化为亚稳态的氧

化亚硼(BO_2),BO_2是另一种发绿光的材料[29]。

美国海军开发的无高氯酸盐黄色照明弹(配方 7)引起了人们极大的兴趣,因为其具有更长的燃烧时间和更高的发光强度,这使得它能够实现远距离定位。值得注意的是,配方 7 中含有氯,其形成氯化钠(NaCl)后会降低配方 7 的黄光光谱纯度和强度[8]。在烟火剂中引入含氯有机物后,可以降低火焰温度,进而延长燃烧时间。因此,在配方 7 中用草酸钠($Na_2C_2O_4$)取代聚氯乙烯(PVC)时,性能可能会改善,这是因为,这个配方不会再生成 NaCl,$Na_2C_2O_4$ 的冷却作用可延长燃烧时间,钠原子的高浓度能增强黄光的强度。

除了信号照明弹之外,高氯酸盐应用较多的传统领域是闪光弹。闪光弹一般作为非致命武器使用。闪光弹的目的是在不产生伤害的前提下,通过产生的强光和声波使人失去进攻能力。美国海军装备 Mk141 配方的 40mm 闪光弹是一种发展比较成熟的闪光弹。Mk141 由高氯酸钾和铝粉组成,可产生大量强大的光和声波。

为了从 Mk141 配方中去除高氯酸盐,ATK 发射系统研发了一种能产生满足要求的光和声波的燃料 – 空气混合物[30]。他们报道了一种通过热气引发的闪光弹,镁粉的存在可令温度迅速达到点火温度并打破弹体从而将镁粉分散于空气中,之后镁再与空气反应产生炽热的氧化镁,并产生强光,其性能比商业化的"现役"闪光弹好。

4.3.2 无高氯酸盐模拟器

模拟器常用于部队的军事训练,主要是模拟士兵在战场上遇见的一些情况,如闪光、噪声、爆炸声和烟雾等。因为美国军方现在使用的模拟器富含高氯酸钾,故对此类模拟器进行改进以满足环保要求是具有实际意义的。陆军装备研究中心已经成功研制了无高氯酸盐的 M115A2 地面爆炸模拟器和 M116A1 手榴弹模拟器[31]、M274 烟信号 2.75 英寸火箭模拟器[32]和战场效应模拟器(BES)[33,34]。

M115A1 地面爆炸模拟器和 M116A1 手榴弹模拟器的目的是起到"闪光弹"的作用。尽管还不清楚现役的 M115A2 地面爆炸模拟器和 M116A1 手榴弹模拟器药剂配方中各个组分的百分含量[31],但它们的主要成分是高氯酸钾和铝。表 4.8 列出了这两种模拟器的无高氯酸盐配方,以少量的 Cab – O – Sil(白炭黑煅制氧化硅)作为加工助剂(物料的混合工艺所需),加入硫磺是为了降低烟火剂的点火温度,加入少量硼酸可实现长储稳定性。尽管含铝配方是稳定的,但并没有受到普遍关注,且硝酸盐的存在会导致碱性介质的生成,这是因为在一定湿度下长期储存时会生成氢氧化铝[式(4.1)和式(4.2)][10]。加入弱酸性的硼酸可避免产生碱性环境,从而可避免潜在的不相容性,并可阻止药剂混合过程中可能发生的自燃现象。

表 4.8　M115A2 和 M116A1 模拟器的配方

配方 8		配方 9	
成　　分	质量分数/%	成　　分	质量分数%
$Sr(NO_3)_2$	53.5	KNO_3	53.5
Al	40	Al	40
S_8	5	S_8	.5
硼酸	1	硼酸	1
Cab – O – Sil	0.5	Cab – O – Sil	0.5

$$3KNO_3 + 8Al + 12H_2O \longrightarrow 3KAlO_2 + 5Al(OH_3) + 3NH_3 \qquad (4.1)$$
$$3Sr(NO_3)_2 + 16Al + 24H_2O \longrightarrow 3Sr(AlO_2)_2 + 10Al(OH)_3 + 6NH_3 \qquad (4.2)$$

表 4.9 列出了室温下, M115A2 和 M116A1 模拟器配方 8 和配方 9 所产生的可见光强度和声波强度,并与现役的含高氯酸盐配方进行了比较。与现役的模拟器和含硝酸钾的配方 9 相比,含硝酸锶配方 8 的可见光输出(已报道的发光效率)更强。虽然这两个配方的声波强度均比含高氯酸盐的模拟器低,但配方 9 的声波强度较配方 8 好。尽管配方 9 的可见光输出强度较低,但由于吸湿性较低和性能良好,仍然是最优选择。配方 9 吸湿性较低的原因是配方中含有硝酸钾(水溶解度 = 38.3g/100g 水), KNO_3 的吸湿性没有硝酸锶大(水溶解度 = 80.2g/100g 水)[35]。

表 4.9　不同配方的 M115A2 和 M116A1 模拟器的性能

配　　方	发光效率/Cd. s]g^{-1}	声音强度/dB@ 50ft. 时
在役的 M115A2	2000.0	155.8
8 – M115A2	4783.3	147.1
9 – M115A2	1646.7	149.1
在役 M116A1	2116.7	151.6
8 – M116A1	5166.7	144.8
9 – M116A1	1676.7	150.9

将高氯酸钾从 M115A2 和 M116A1 模拟器中除去是有重要意义的,因为这些模拟器中含有约 70% 的高氯酸钾,且其在训练过程中被排放在美国国内。无高氯酸盐模拟器的发明获得了 2007 年美国国防部环境奖[36]。尽管硫含量较低,但未来对配方 9 进一步实现"绿色化"的工作是消除硫。硫燃烧会生成有毒的二氧化硫,它是酸雨的成分之一。Cegiel 所研究的不含高氯酸盐和硫的闪光弹配方就是一个典型的例子[37]。该配方是一种粉末状化合物,由硝酸盐氧化物、金属氧化物、稳定的硝化纤维素和石墨组成。

陆军装备研究中心(ARDEC)和埃奇伍德化学生物中心(ECBC)成功研制了一种可替代高氯酸盐的 M274 烟信号 2.75 英寸火箭模拟器[32]。M274 在空中进行点火,其目的是在拟打击的目标上产生闪光(在夜间侦察效果更好)或者烟(在白天侦察效果更好)。M274 的弹道性能与 M151 高爆战斗部相似,后者也是在空气中点火,对地面目标实施打击。表 4.10 给出了 M274 烟火剂的配方。

表 4.10 M274 2.75 英寸训练发动机配方

现役 M274		配方 10	
成 分	质量分数/%	成 分	质量分数/%
KClO$_4$	33	Sr(NO$_3$)$_2$	55
Al	67	Al	35
		镁铝合金	10

在研究 M274 的替代品时,根据先前的工作已确定了两种配方:陆军装备研究中心研制的 M115A2 和 M116A1 使用的配方 9,以及埃奇伍德化学生物中心(ECBC)研究的配方 10。虽然公开报道的数据有限,但配方 9 和配方 10 可产生更强的声波和可见光,虽在发烟方面的表现稍差一点,但其燃烧时间与现役的 M274 配方基本相当。尽管配方 10 的输出光强比配方 9 高,但未能通过临时危险等级分类(IHC)测试中的小尺寸燃烧实验,实验时产生了爆炸。而配方 9 则可通过危险分类测试(冲击、摩擦、静电火花、热稳定性和小尺寸燃烧实验)且证明其是环境友好的。随着无高氯酸盐 M274 配方的发展,如果每年使用 150000 次,则每年在训练场或者工厂爆炸所产生的高氯酸盐数量将减少 1t。在无高氯酸盐的 M115A2、M116A1 和 M274 研制成功后,陆军装备研究中心已成功将 KClO$_4$ 从 M117 闪光弹、M118 照明弹和 M119 陷阱训练模拟器中去除。

另一个成功去除高氯酸盐的例子是陆军装备研究中心发展的环境友好的战场效应模拟器(BES),其用来模拟对抗和打击类型的训练[33,34]。已经证明 BES 模拟器无高氯酸盐产生,并准备服役。在批准使用 BES 之前,并没有环保型黑烟烟火剂可用,因为在 1999 年,由于烟火剂涉及环境问题,军用 M26 杀伤型黑烟模拟器已从清单中去除(表 4.11)。当人们开始关注高氯酸钾和聚酯树脂粘合剂的问题时,萘也成了关注的焦点。萘是一种致癌物,当其在人体内达到一定的浓度后会通过破坏血红细胞而引起溶血性贫血[38]。图 4.4 为萘的结构图,它的可燃性较差,黑烟和烟灰是萘没有完全燃烧的产物。

在研究环保型 BES 配方的过程中,使用红色和绿色混合有机烟染料可得到性能优良的黑烟。表 4.12 总结了 ARDEC 所研制的 BES 配方,但配方 11 中各组分的质量分数并不完全可靠。有色烟配方中通常靠冷却燃温以确保染料升华而非燃烧。除升华的染料外,其配方中还需要高氯酸钾作为氧化剂,糖类作为燃料,并利用碳酸盐或者碳酸氢盐作为冷凝剂以抑制火焰和温度。4.6.1 节将详细讨论有色烟雾。

表 4.11   M26 杀伤型模拟器的组成

M2 配方	
成分	质量分数/%
KClO₄	62
萘	28
聚酯树脂 4116/过氧化叔丁酯	10

表 4.12   无高氯酸钾的 BES 配方组成

配方 11	
成分	质量分数/%
橙色染料	30
蔗糖	21.5
KClO₃	29.5
MgCO₃/硬脂配/VAAR	19

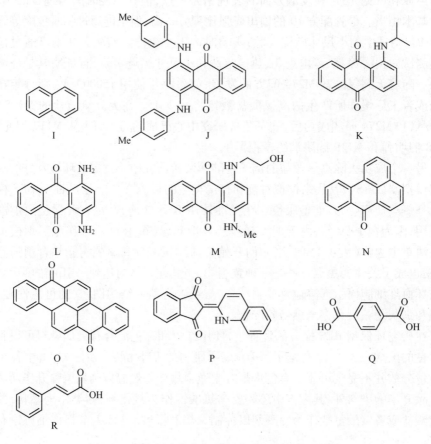

图 4.4   烟火剂中有色烟染料和发烟剂的化学结构

4.4 烟火剂配方中重金属的去除

"绿色"含能烟火剂领域中另一个需要关注的问题是目前使用的烟火剂配方含有重金属。巴黎绿,即乙酰亚砷酸铜[$(CuO)_3As_2O_3Cu(C_2H_3O_2)$],曾用于蓝光发光烟火剂中,但现在已从配方中去除,原因是砷具有毒性[10]。现在的烟火剂中使用最普遍的重金属包括钡、铅和六价铬($Cr(VI)$)。尽管大多数钡化合物在土壤中不会发生迁移,在水环境中易转变成相对无毒且不溶的碳酸钡和硫酸钡。但由于钡化合物可能对从业人员产生职业健康危害,因此人们对其在烟火剂中的使用较为关注。许多钡化合物和钡燃烧产物被证实对心脏有损,进而带来职业健康危害。

铅是一种公认的有毒物质,会对免疫系统和神经细胞产生影响。铅还会引起大脑、血液、心血管和肾脏的功能紊乱,并且能在人体骨骼和软组织中积累[40]。六价铬则是一种公认的可吸入的致癌物,美国环保机构规定铬的最大含量标准(MCL)为每百万分之 0.10(ppm)[41]。人们相信在不远的将来,EPA 将会设定六价铬在饮用水中的限制范围。如果可能,将这类重金属从烟火剂(和一般含能材料)中去除,对烟火剂的"绿色化"是一种明智选择。

4.4.1 无钡绿光照明剂

在生产照明用的绿光发光剂时,常采用的方法是在有机氯化物存在的情况下使用硝酸钡[$Ba(NO)_3$],这样就可形成亚稳态的 BaCl 绿光发光剂。尽管也使用其他的氯供体,如赛纶、氯化聚丙烯和氯化橡胶,但由于较高的氯含量和低廉的价格,PVC(聚氯乙烯)是烟火剂中最常用的有机氯化物。从历史上的使用情况看,六氯苯曾用于绿光和红光发光烟火剂的氯源,但其可能具有致癌性且对水体有害,后来就不再使用该物质。《斯德哥尔摩公约》在针对持久性污染物的规定中,六氯苯被列入"肮脏的污染物"名录。

虽然近年来,BaCl 是军用和民用烟火剂中产生绿光的有效方法,但仍需要寻找替代它的绿光发光剂。Koch 等人已对镱在氧气中的燃烧及与卤烃氧化剂燃烧进行过研究。镱原子、一氧化镱(YbO)、氯化镱(YbCl)和氟化镱(YbF)均可产生高纯度和高强度的绿光,但镱的价格昂贵,因此其使用受到限制,仅使用在一些体积受限的烟火剂装置(如追踪器)中[43,44]。另外一种绿光发光剂是亚稳态的CuOH,它是含铜化合物在富含氢和氧的环境中燃烧生成的。Klapötke 和 Stierstorfer 已经合成了一系列的富氮含铜盐,据报道这些物质在燃烧过程中可产生绿光[45,46]。

硼化合物可作为绿光发光剂的另一种替代物。在氧气中燃烧时,硼化合物会生成亚稳态的 BO_2(氧化亚硼),这也是一种绿光发光剂。尽管根据今天的标准它不是一种环保型物质,但早期却被用于无钡绿光发光剂配方中,该配方由 30%/60%/10% 的硼、高氯酸钾和乳糖组成,它是第二次世界大战后期 Eppig 在德国研制的一种氯化钡配方的替代物[47]。在硝酸钾存在的情况下,无定形硼(B/KNO_3)的燃烧是产生绿光的常用方法,Rusan 和 Klapötke 通过硝酸铵/硼/钡基富氮化合物/VAAR 混合物的燃烧制造出了无烟绿光烟火剂[48]。无定形硼基混合物的点火刺激感度非常高,也令人非常担忧,更重要的是无定形硼的价格昂贵。无定形硼也可用于烟火延期药配方中,但其在烟火照明剂中的使用受成本限制,因为照明剂配方所用的物料很多。

Sabatini 及其合作者开展了将金属钡从美国陆军用绿光照明剂配方去除的研究,指出碳化硼(B_4C)在硝酸钾(KNO_3)存在的条件下可作为一种有效的绿光发光材料(表 4.13)[49]。B_4C 是一种公认的耐磨和耐火材料,目前已用于装甲防护领域。之前它在含能材料中的应用仅限于作为冲压发动机用推进剂中的燃料[50],或在一些早期的含氯白光烟火剂中用作燃料[51]。配方 12 与含钡的 M125 照明剂配方的性能对比如表 4.14 所示,图 4.5 给出了两种照明剂的发光照片。

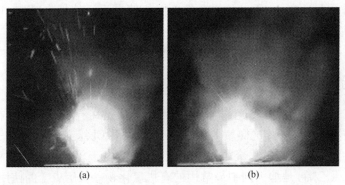

图 4.5　(a)含钡 M125A1 和(b)含碳化硼配方 12 的燃烧过程

表 4.13　M125A1 和碳化硼基配方 12 的组成对比

现役 M274		配方 10	
成分	质量分数/%	成分	质量分数/%
Ba(NO₃)₂	46	KNO₃	83
Mg 30/50	33	B₄C	10
PVC	16	环氧树脂 813/维尔酰胺 140	7
聚酯树脂 4116/过氧化叔丁酯	5		

表 4.14　配方 12 与含钡照明剂的性能对比

配方	燃烧时间/s	光强度/Cd	主波长/nm	光谱纯度/%
在用 M125A1	8.15	1357.40	562.29	61.50
12	9.69	1403.30	561.85	51.96

值得一提的是,配方 12 的感度较低,其撞击感度大于 63.7J、摩擦感度大于 360N、静电感度大于 9.4J,且具有较高的热分解起始温度(403.5℃)。除了可替代重金属钡外,碳化硼的另一个优点是可从配方中去除有机氯化物。有人担心在烟火剂中使用有机氯化物(例如 PVC)会产生有害的多氯联苯(PCB)、二噁英(PC-DD)和多氯代二苯并呋喃(PCDF)[52-54]。然而,关于含氯烟火剂燃烧时生成的有毒化学物质的量是否已经达到危害健康的水平,目前还没有定论。尽管 Fleischer 认为烟火剂燃烧产物中多氯联苯、二噁英和多氯代二苯并呋喃等的含量微不足道[53],但 Dyke 和 Coleman 则报道称烟花燃放时这些有毒物质的量会增加 4 倍[54]。但有一点是明确的,那就是若能从含能材料中去除有机氯,则产生这些有害物质的几率就会减小。

尽管配方 12 的光谱纯度明显低于 M125A1 配方,但它作为特殊的绿光发光剂,占美国陆军用量的 50% 以上,并在努力提高 B_4C 在军事装备中的应用水平。配方 12 的光谱纯度低的原因是大量的氢氧化钾(KOH)连续发射,导致产生白光,"稀释"了视觉可见的绿光。Rusan 和 Klapötke[48]的研究发现,加入硝酸铵等无金属氧化剂,有利于提高配方 12 的光谱纯度,但这种方法很可能对燃烧时间和输出光强度产生影响。

4.4.2　无钡燃烧弹的组成

无论是在手榴弹、子弹或者其他燃烧装置中,燃烧剂的目的是对特定目标进行点火(或引燃目标)。重要的是所有燃烧剂均是由燃烧能产生高温破坏敏感设备,或烧毁重装甲飞机或坦克的化学物质组成的。其中一种广为人知(和环境友好)的燃烧剂是高能铝热剂,它是由铝和红色氧化铁组成的[式(4.3)]。它的燃烧温度可高达 2400℃,但它对各种点火刺激的稳定性很好,其可靠点火温度在 800℃以上[10]。

燃烧剂配方也可应用于穿甲弹中。典型的例子就是 IM-28 燃烧剂配方,它也是 M8 穿甲燃烧弹(API)的组分(表 4.15)。当 M8 被激发后,撞击在靶板上产生的冲击力会点燃 IM-28 燃烧剂,使弹体在目标内燃烧。IM-28 可产生任何一种燃烧弹所需的高温,除此之外,还能以闪光的形式标明被击中的靶标。

许多传统的燃烧剂配方大都由金属燃料和氧化剂硝酸钡组成。其燃烧温度非常高,所生成的金属氧化物(例如 MgO、Al_2O_3 和 BaO)都是性能优良的宽带分子发光器,同时也是典型的白光发光体。IM-28 配方中也含有 $KClO_4$(高氯酸钾),其作为一种辅助氧化剂,有助于点火。

为了应对燃烧剂中高氯酸盐和钡化物所涉及的环保问题,Griffiths 设计了一种无钡、无高氯酸盐、可替代 IM-28 的配方 13。配方 13 由干性粘合剂钙树脂将镁铝合金和 $NaNO_3$ 粘结而成,混合物具备优良的性能[55]。据报道,当这两种配方都用于火炮射击时,配方 13 在闪光范围和持续时间方面都与 IM-28 相当。Griffths

设计的配方 13 除了具有环保优势外,其燃烧时的发光强度较 IM - 28 大,毫无疑问,这是由于加入的钠原子对光强的贡献所致。

　　然而配方 13 也有一个潜在的缺点,那就是所含的硝酸钠是一种水溶性强的物质(水溶解度 = 91.2g/100ml 水)[35]。尽管硝酸钠已广泛应用于军用黄光发光剂配方,但其较强的水溶性令人担忧,在制备过程中需要严格控制环境湿度。长储性能也是该配方存在的一个问题,尤其在高湿度环境下,适宜的储存期非常重要。

　　配方 13 研制成功后,Moretti、Sabatini 和 Chen 等试图对该配方进行改进,他们用 NaIO$_4$(高碘酸钠)作为氧化剂,研制出了无钡无高氯酸盐的新配方 14(表 4.16)[56],以取代 Griffith 的 IM - 28。与 IM - 28 相比,配方 14 对各种点火刺激的感度与之相当或者更低,燃烧时间亦基本相同,但发光强度提高了20%(表 4.17)。与高氯酸盐相比,高碘酸盐具有更低的水溶性和更好的热力学稳定性[35,57],虽然高碘酸的毒性还需要进一步评估,但是,IO$_4^-$ 的原子团半径比ClO$_4^-$ 大,这样就可以阻止高碘酸根与甲状腺之间的竞争。尽管在这一领域还需要进行更多的研究,但在一系列军用烟火剂中,KIO$_4$ 可以作为 KClO$_4$ 最有效的替代物,而 NaIO$_4$ 也可在其他黄光和白光发光剂中找到用武之地。

$$2Al_{(s)} + Fe_2O_{3(s)} \rightarrow Al_2O_{3(s)} + 2Fe_{(l)} \qquad (4.3)$$

表 4.15　IM - 28 燃烧剂和配方 13 的组成

IM - 28 组成		配方 13	
成分	质量分数/%	成分	质量分数/%
镁铝	50	镁铝	48
Ba(NO$_3$)$_2$	40	NaNO$_3$	48
KClO$_4$	10	碳酸钙	4

表 4.16　配方 14 的组成

配方 14	
成分	质量分数/%
镁铝	60
NaIO$_4$	40

表 4.17　IM - 28 和配方 14 的性能对比

配　　　方	燃烧时间/s	发光效率/(Cd·s)g^{-1}
现役 IM - 28	0.109	11294.00
14	0.090	13545.80

4.4.3　无铅烟火剂

　　含铅烟火剂主要应用于点火器、电点火头、延期点火药和底火等领域。虽然无铅底火的范畴已扩展至烟火剂领域,但本章不作讨论。无铅底火将在第 5 章中详细介绍,因为很多具有起爆药性质的化合物都可用于底火中。

就 AN－M14 燃烧手榴弹而言,另一个需要"绿色化"的配方是含铅首发点火剂(表 4.18)[58]。ECBC(埃奇伍德化学生物中心)成功研制出了配方 15,它不含红色氧化铅(Pb_3O_4),但其热量输出是含铅配方的 3 倍。其配方中的活性炭可确保点火的可靠性,尤其是低温(例如 $-25℃$ 下)的点火可靠性。每克活性炭输出的热量非常高,主要用于促进点火和提高燃速。

表 4.18　AN－M14 燃烧手榴弹的点火药组成

AN－M14 点火药		配方 15		配方 16	
成分	质量分数/%	成分	质量分数/%	成分	质量分数/%
Pb_3O_4	25	KNO_3	66	KNO_3	35
Fe_2O_3	25	Ti	11	Si	26
Si	25	Al	8	Fe_3O_4	22
Ti	25	Si	6	Al	13
硝化纤维素	4.5	S_8	2	活性炭	4
		活性炭	5	硝化纤维素	+5
		聚丙烯酸酯橡胶	2		

6 年后,美国 ARDEC 发现配方 15 仍有点火失败的情况发生,为了减少这种故障而研制了配方 16[59]。虽然没有可用的量热数据来比较这两种无铅配方,但 ARDEC 认为只有配方 16 才具备可靠的点火性能。尽管在 AN－M14 点火剂中去除红铅意义重大,但仅能部分解决"绿色化"的问题,因为 AN－M14 燃烧剂配方是由 $Al/Fe_2O_3/Ba(NO_3)_2/S_8$/粘合剂等组成的混合物。因此,不含钡和硫的 AN－M14 燃烧剂才能算是一种真正的"绿色化"配方。

"首发点火"药剂并非唯一的含铅点火药剂。另一种含铅点火药剂用于电点火头。电点火头利用燃烧熔融点火,无点火延迟,能在安全距离进行可靠的点火,从而减少了操作人员与含能材料的直接接触。商用电点火头基本上由三个浸渍涂层组成:第一层为铅的四氧化物、硝基间苯二酚或异氰酸酯化合物组成的火花敏感层;第二层由金属燃料或 $Ti/KClO_4$(TPP)的混合物组成,通过产生炽热粒子点燃首发点火组分;第三层是提供防水和机械强度的漆涂层[60]。电点火头组分在燃烧过程中会产生含铅的烟,因此会污染点火区域和周边的环境。

LANL(美国洛斯阿拉莫斯国家实验室)的科学家制备了电点火头的无铅替代物,他们以 Al/MoO_3 纳米铝热剂为基础成分,纳米铝热剂是一种亚稳态分子间复合材料(MIC)[60]。MIC 具有很好的热稳定性,但其组分的反应活性高且对静电(ESD)敏感。LANL 研制的无铅电点火头也由三种浸渍涂层组成:第一层是含 Al/MoO_3 的 MIC 纳米铝热剂和硝化纤维素组成的火花敏感层;第二层是高氯酸钾/铝/

钛/纳米氧化铁/硝化纤维素复合层;第三层是可大幅度降低电点火头湿度敏感度的乙烯层。这种点火头在被水浸3周后还能点火。与含铅配方相比,MIC基电点火头反应速率快且发光强度更高,另外其燃温也更高。尽管LANL在首次研制出无铅电点火头时,高氯酸盐还未造成当时的环境问题,但现在若要进一步改善MIC电点火头的环保性能,则需去除第二浸渍涂层中的高氯酸盐。

烟火延期药也是铅的来源之一,存在形式主要为氧化铅和硝酸铅。一些烟火延期药的硬件是由圆形铅管组成的,但这类铅管可被环境友好的材料(黄铜或铝管)所取代。设计具有特殊燃速的烟火延期药时,需重点考虑的是烟火剂与金属管之间的热导率差。管材的热导率可能会对其燃速产生较大影响。Focke 等指出,填装在铝管中的 Si/Bi_2O_3 和 Si/Sb_6O_{13} 基延期药较之在铅管中燃速会下降 20% ~ 50% [61]。这种现象是由于铝的高热导率导致的,其热导率是铅的6倍。铝的高热导率致使热量的传导倾向于沿管体方向,因此削弱了热量在烟火剂中的传导速率。

4.4.4 无铬烟火剂

氧化铅和6价铬的氧化物常用于传统烟火延期药主体配方中,其中最常见的6价铬氧化剂有 $BaCrO_4$ 和 $PbCrO_4$。从环保角度看,这些氧化剂具有"双重毒性",即包括有毒的6价铬和前文所提及的重金属,如钡和铅等。因此从延期烟火剂中成功去除这些化学物质将是环境治理技术向含能材料"绿色化"发展的一个里程碑。

Reimer 和 Mangum 研制了一种环境友好的、用于代替含铬酸钡/硼的 T – 10 延期引信配方,但其数据并未完全公布,它由 $SrMoO_4/B$ 二元体系组成[62]。他们报道称,钼酸锶/硼烟火剂的性能可满足 T – 10 的军事需求,由于 RAM 技术[63]可增加该延期烟火剂的均一性,其性能可进一步得到改善。

在美国海军水面作战中心(NSWC)印第安分部和南达科他矿冶学院的共同努力下,Rose、Bichay 和 Puszynski 获得了两类军用延期药(锰/铬酸铅/铬酸钡(MIL – M – 21383)和钨/铬酸钡/高氯酸钾/二氧化硅(MIL – T – 23132)延期药[64])的无毒替代物的专利。$Si/Al/Fe_2O_3$ 可作为很多现用烟火剂中的"绿色"组分,以其作为主要成分的配方其性能具有很好的可调节性。

虽然 30% $Si/70\%$ Fe_2O_3 混合物在室温和高温(70℃)下性能很好,但在低温下(– 65℃)的火焰传播可能存在问题,会导致一定数量的瞎火。若在该配方中加入少量的铝(1%到7%)取代硅,可确保延期药在低温下火焰传播的可靠性。由于铝的高导热率和反应活性,因此可预测,加入更多的铝粉会大幅度提高火焰的传播速度。将该配方装入铝管所形成的延期系统,会经历无气燃烧,故操作安全,并且其湿度敏感度低、燃速可调(范围为 5 ~ 20mm/s)。

Shaw 和 Poret 报道了在 M125A1 手持信号弹中用三元体系 $Si/Bi_2O_3/Sb_2O_3$ 取

代 MIL－T－23132 烟火延期药配方的最新研究进展[63]。该体系表现出高度的可调节性,在不锈钢或者铝管体中具有可靠的点火性能。有趣的是,虽然铝的热导率为不锈钢的 13 倍,但烟火延期药在不锈钢管中的燃烧时间会延长,而在铝管中的燃烧时间会缩短,烟火延期药在铝管中有较高的燃速应归因于铝有更高的热扩散系数和蓄热系数。在铝管中,烟火剂反应生成的热量可迅速传至管壁,点燃未燃烧的烟火剂层,从而增加燃速。但在不锈钢管体中,热量大多被限制在烟火延期药中,通过管壁传递出的较少,导致燃烧速率较低。若要进一步改善该配方的环境相容性,就需有效去除或取代 Sb_2O_3。Sb_2O_3 是一种潜在的致癌物,同钡一样,锑已被证实对人体健康有害[66]。当然,如前所述,在烟火延期药中去除或取代 Sb_2O_3 会改变其燃速。

4.5 烟火剂配方中有机氯化合物的去除

4.5.1 无氯照明剂

4.4.1 节中提到,KNO_3/B_4C 燃烧时可以产生绿光,是含钡和有机氯化物的传统烟火剂的"绿色"替代材料。正如 4.4.1 节中讨论的,含氯烟火剂引起大家关注的原因在于,若在燃烧过程中有机氯化物参与反应,会产生大量的多氯联苯(PCB)、二噁英(PCDD)和多氯代苯并呋喃(PCDF)。但是,文献中关于烟火剂燃烧过程产生有机氯化物的量说法不一[53,54]。但可以肯定的是,若烟火剂中无氯,就不会生成有害的 PCB、PCDD 和 PCDF。

传统的发绿光烟火剂不是唯一使用含氯有机化合物的有色照明剂。如 4.2 节中的表 4.3 和表 4.6 所示,发红光烟火剂,大都依靠 $Sr(NO_3)_2$ 与氯化物(如 PVC)之间的反应生成 SrCl 这种发深红色光的物质。虽然亚稳态氢氧化亚锶(SrOH)也是发红光材料,但它产生的颜色不如 SrCl"深"。

尽管还需要进一步开展研究,但 Koch 的研究表明,在产生红光的发光烟火剂中,锶或有机氯化物并不是必需的。Koch 将发红光材料的研究集中在锂上[67]。SrCl 是分子发光器,而锂是原子发光器,都是发红光的物质。氯的存在对于锂的发红光性能是不利的,因为 LiCl 不是发红光的物质,其发光波长在紫外区。

Koch 等人已报道了多种发红光烟火剂的配方(17～20),如表 4.19 所示,其发射的主波长和光谱纯度如表 4.20 所示。由配方 17～20 可知,在烟火剂中加入铝能有效地防止氯的干扰[式(4.4)],从而提高光谱纯度。但是,铝含量的增加会导致大量 Al_2O_3 颗粒的生成,使得主波长范围蓝移。配方 20 中,利用 NH_4ClO_4 代替 $KClO_4$ 后可大幅度提高光谱纯度,因为 NH_4ClO_4 燃烧产物为气态,而 $KClO_4$ 燃烧会生成 KOH 颗粒,导致光谱纯度变差。在这个过程中,配方 20 的主波长也会发生显著移动,移至橙色发光区。因为氯对锂发射红光是不利的,所以高氯酸盐氧化剂不是必需的。从 Koch 的研究中可以得到这一个经验,无高氯酸钾的配方在不久的将来也可能成为烟火剂发展过程中另一个满足环保要求的里程碑。

$$LiCl_{(g)} + Al_{(g)} \rightarrow Li_{(g)} + AlCl_{(g)} \tag{4.4}$$

表 4.19 Koch 的基于锂的发红光烟火剂的配方

配方 17		配方 18	
成分	质量分数/%	成分	质量分数/%
$KClO_4$	60	$KClO_4$	57.14
$Li_2C_2O_4$	25	$Li_2C_2O_4$	23.81
糊精	5	Al	4.76
禾木树脂	10	糊精	4.76
		禾木树脂	9.53
配方 19		配方 20	
成分	质量分数/%	成分	质量分数/%
$KClO_4$	54.55	NH_4ClO_4	47.62
$Li_2C_2O_4$	22.72	$Li_2C_2O_4$	19.84
Al	9.09	Al	20.63
糊精	4.55	糊精	3.97
禾木树脂	9.09	禾木树脂	7.94

表 4.20 Koch 的锂基配方的性能

配方	主波长/nm	光谱纯度/%
17	614.0	53.1
18	616.0	55.7
19	609.0	70.4
20	600.0	80.3

4.6 环境友好型有烟烟火剂

4.6.1 环境友好型有色烟烟火剂

本章中,最后一个让人感兴趣且值得讨论的问题是环境友好型有烟烟火剂配方的研究进展。经过几代的发展,烟火技术已广泛应用于军事领域,其主要目的是用于屏蔽或标记信号。烟火剂的有色烟包括多种颜色,例如,军用 M18 有烟榴弹的烟就有红、绿、黄和紫等多种颜色。4.3.2 节中所述的黑色烟是另一种常用于战场效应模拟器(BES)的环保型有色烟(表 4.11 和表 4.12)。表 4.21 给出了一种历史上曾经使用过的绿色有烟烟火剂的配方[10]。

表 4.21 绿色烟烟火剂的配方

配方 21	
成分	质量分数/%
绿色溶剂 3(J)	40
KClO$_3$	25.4
NaHCO$_3$	24.6
S$_8$	10

基于工作可靠性的需求,有色烟烟火剂常具有较低的点火温度,且燃烧过程的温度也较低。由于点火强度和燃烧温度均较低,KClO$_3$/S$_8$ 类烟火剂曾是常用的有色烟烟火剂。有色烟火剂的燃烧必须在低温下进行,以确保烟染料的升华,从而赋予烟火(或烟雾)以特定的颜色。若温度过高,着色剂会分解,导致有色烟质量下降。为防止有色烟烟火剂产生高温,需避免使用金属燃料。图 4.6 总结了一些有色烟染料和发烟剂的化学结构。

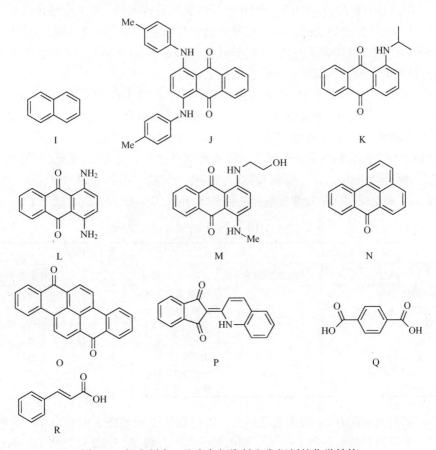

图 4.6 烟火剂中一些有色烟染料和发烟剂的化学结构

KClO$_3$/S$_8$类烟火剂曾发生过重大事故。与烟火剂中应用的其他氧化剂不同，KClO$_3$会经历放热分解过程。在少量酸存在的条件下(例如，在硫升华中发现的HCl或者H$_2$SO$_4$)，KClO$_3$会生成亚稳态氯酸，随后经歧化反应生成高氯酸、水和氧化氯(ClO$_2$，一种非常有效气态氧化剂)，KClO$_3$/S$_8$共混物可很快被点燃[68]。碱性物质例如碳酸镁(MgCO$_3$)或者碳酸氢钠(NaHCO$_3$)的引入，可有效地抑制氯酸的形成，增加烟火剂的安全性。这类碱性物质在烟火剂的配方中称为"冷却剂"。MgCO$_3$和NaHCO$_3$经过吸热分解过程，能有效减少有烟烟火剂中的火焰[式(4.5)和式(4.6)]。由这些冷却剂产生的二氧化碳能够分散发烟剂和烟火剂反应过程中生成的颗粒，有利于增强烟火剂的产烟量。

$$MgCO_3 \rightarrow MgO + CO_2 \tag{4.5}$$

$$2NaHCO_3 \rightarrow Na_2CO_3 + H_2O + CO_2 \tag{4.6}$$

尽管艺术烟花用烟火剂的产烟质量较好，但其配方中的硫对环境有害，因为烟火剂燃烧时S可转化为SO$_2$。大气中的氧和水会将SO$_2$转变成酸雨的主要成分:硫酸(H$_2$SO$_4$)和亚硫酸(H$_2$SO$_3$)。美国陆军军事人员曾抱怨，在含硫的有色烟中呼吸时，肺部有明显的灼烧感。由于硫基有色烟对环境和人类健康有害，因此亟待寻找一种替代物以取代硫。与硫一样，替代物需要在与KClO$_3$反应时有低的点火温度，且具有低的燃烧热以保证反应在低温下进行。

许多碳水化合物燃料已开始作为有色烟烟火剂配方中硫的替代物，蔗糖的低成本和低毒性使其成为一种最佳选择。由于蔗糖的含氧量高，每克蔗糖输出的热量比其他有机物低，这有利于有色烟烟火剂在低温下燃烧。迄今为止，美国陆军已报道了基于KClO$_3$/糖混合物的黄烟和绿烟M18有色烟烟火剂的配方，近来已经开始应用。埃奇伍德化学生物中心正在研究KClO$_3$/蔗糖作为含硫红烟和紫烟M18烟火剂的替代物，其可满足美国陆军对烟火剂颜色和燃烧时间(50~90s)的需求(表4.22)。

表 4.22　M18红烟和紫烟有色烟配方

配方22		配方23	
成分	质量分数/%	成分	质量分数/%
蔗糖(粉状10X)	28	蔗糖(粉状10X)	14
溶剂红169(K)	27	蔗糖(颗粒状)	14
KClO$_3$	21	溶剂红169(K)	15
MgCO$_3$	21	KClO$_3$	21
溶剂紫47(L)	3	MgCO$_3$	21
硝化纤维素粘合剂	+2	分散蓝47(M)	15
		硝化纤维素粘合剂	+2

红烟烟火剂配方22的燃烧时间为88s，可以生成满足要求的有色烟。在配方中引入少量的紫色着色剂L是为了加深其颜色。否则，配方22只会产生一种红色光，不能满足军事应用的需求。

配方23可产生效果较好的紫色烟,其燃烧时间为60s,且烟的质量也令人满意。颗粒状蔗糖可以降低燃速,因为含大颗粒燃料的烟火剂具有更长的燃烧时间。有趣的是,使用溶剂紫47可以产生明亮的紫色烟,但会缩短燃烧时间,不能用于军事领域。红色染料K和蓝色染料M的组合可产生紫色,且满足燃烧时间和颜色的要求。这一结果强调了染料性能对有色烟烟火剂的重要性。每一种有色烟染料均有不同的升华焓,从而影响有色烟烟火剂的质量和性能。有色烟染料的升华焓越高,吸收的热量越多,则燃烧时间越长。

除了从有色烟烟火剂配方中去除硫之外,另一个值得研究的领域是去除一些蒽醌基有色烟染料。已经证明黄色染料苯并蒽酮(N)和还原黄4(O)这两种染料是致癌物。Chin和Borer称,含这些染料的黄色烟毒性最大[71]。其中,一个包含这类有毒染料的有色烟火药剂是美国陆军用的M194,它是一种黄色烟手持引信装置(表4.23)。ARDEC的Moretti报道指出,M194黄色烟引信配方24采用了一种喹啉基溶剂黄33(P)作为有色烟染料[72],可以生成令人满意的烟。配方24的燃烧时间为17.3s,其燃烧时间可满足9~18s的军事需求。溶剂黄33也在外敷药品和化妆品中使用,前期研究表明,当人体吸入溶剂黄33后,它在肺中能快速清除[73]。有趣的是,在毒性研究中,溶剂绿3则会在肺中残留一段时间。从人类健康考虑,寻找像溶剂黄33那样可以从肺中快速清除的绿烟染料的替代材料是很有意义的。

表4.23 M194手持黄色烟引信配方

现役M194		配方24	
成分	质量分数/%	成分	质量分数/%
$KClO_3$	35	$KClO_3$	29.5
苯并蒽酮(N)	28	蔗糖	22
还原黄(O)	13	溶剂黄33(P)	32
蔗糖	20	$MgCO_3$	15.5
$NaHCO_3$	3	硬脂酸	1
VAAR	1		

4.6.2 环境友好型白色烟烟火剂

除有色烟烟火剂以外,白色烟雾是另一种以发出信号和掩蔽为目的的研究领域。生成白色烟的一种有效方法是通过点燃富燃料混合物 $KNO_3/Sb_2S_3/S_8$ 而引起硫的升华[74]。但在这个过程中硫不能"洁净升华",会生成有毒的 SO_2;且锑化物(Sb_2S_3)也存在毒性问题[66]。产生白色烟更环保的方法是用油、水和乙二醇混合物在空气中蒸发并凝结成雾。该发烟装置已在以掩蔽已方为目的的实战中应用,其中SGF-2(#2标准级燃料)是发烟装置中最常用的一种[75]。发烟装置的优点是其生成的烟量大。当然也有缺点,例如,与烟火剂模拟器(它们可以按照需要立即产烟)相比,此类装置反应时间慢,且不易携带,尤其是当风向不断改变时,这一问题更加突出。幸运的是,M56基本可以解决这些问题。M56是一种机械发烟装置,目前已装备在M1113高机动性多用途轮式战车(HMMWV)上[76],M56能够分散雾油以掩护固定和移动的目标。尽管像M56这样的机械发烟装置有很多优点,但在战场上如果士兵能使用白烟烟火剂去完成必要的战术任务,这才更有优势。

当前应用较好的白色掩蔽发烟剂是白磷(WP)。当保存在水中时,白磷稳定且不能点燃。实际上,Koch指出,以前就是用水下熔融铸造法将白磷填充到烟雾发生器中的[77]。如式(4.7),当白磷暴露于空气中时,可快速燃烧,先形成五氧化磷(P_4O_{10})。P_4O_{10}是一种强效干燥剂,在空气中能与湿气反应形成磷酸(H_3PO_4)[式(4.8)]。H_3PO_4吸湿性也较强,它能够从空气中吸收大量水分。大量的湿空气可与白磷及其燃烧产物反应,这使它们成为一种掩蔽性非常好的白烟(且难以找到替代物)。迄今为止,其他任何一种材料或配方烟雾的掩蔽性都不能与白磷媲美。

$$P_4 + 5O_2 \rightarrow P_4O_{10} \tag{4.7}$$

$$P_4O_{10} + 6H_2O \rightarrow 4H_3PO_4 \tag{4.8}$$

尽管白磷所产生的烟具有优异的掩蔽性能,但同时也会引起大量的附加伤害,会危害一些用之掩蔽或标记的军人的健康。白磷已在燃烧弹中应用,它产生的大量燃烧产物可引燃附近区域,且与人类皮肤直接接触后会造成严重烧伤。当吸入或口服其燃烧产物后会损伤呼吸道、黏膜、肾脏、肝脏和心脏[78]。目前,人们正试图寻求一种环保型的发烟剂,并期望其性能与白磷一样有效。若能成功,它将成为烟火剂领域历史上最伟大的成就之一。

六氯乙烷(C_2Cl_6)是一种以掩蔽为目的的吸湿性氯(HC)手榴弹中的白烟发烟剂,已经使用了几十年。有机HC配方中含有金属锌,这种混合物对湿度敏感且可自燃。安全性好的HC基烟火剂的配方列于表4.24,其中含有氧化锌和铝[79]。HC基烟火剂的配方中铝含量的微小变化会对燃速产生显著影响,这可能是由于它与氧化锌发生铝热反应[式(4.9)]的缘故。在HC基烟火剂中,还会发生一系列基本化学反应,生成大量的气态氯化锌[式(4.10)],同时还会生成少量的气态HC和$AlCl_3$蒸汽,这一点已被Katz及其同事证实[80]。$ZnCl_2$和$AlCl_3$的高吸湿性使这些路易斯酸在空气中迅速吸湿,这会进一步促进烟的生成。配方中的ZnO可使烟变白,因为ZnO和碳在1000℃以上发生吸热反应时生成气态CO[式(4.11)]。但是,HC基烟火剂所生成的$ZnCl_2$吸湿性很强,会进一步形成腐蚀性强的锌酸[$ZnCl_2(H_2O)$]、四氯化锌阴离子和盐酸。因此,HC基烟火剂所产生的烟会严重伤害眼和呼吸道,也会损坏军事装备,甚至引起近距离接触HC掩蔽烟的人员死亡。Eaton指出,由HC基烟火剂产生的有机氯燃烧产物已被认定为致癌物[81],且Shinn已经证实,从健康和环境方面考虑,HC基烟火剂生成的烟是最糟糕的[82]。由于HC基烟的毒性问题,美国陆军不再生产和使用这类烟火剂。因此,多个实验室正在开发新技术以解决此类问题。

表 4.24　AN – M8HC 手榴弹组成

配方 25	
成分	质量分数%
C_2Cl_6	44.5
ZnO	46.5
Al	9

$$2Al + 3ZnO \rightarrow 3Zn + Al_2O_3 \qquad (4.9)$$

$$2Al + C_2Cl_6 + 3ZnO \rightarrow 3ZnCl_2 + Al_2O_3 + CO + 热 \qquad (4.10)$$

$$ZnO + C \rightarrow CO + Zn \qquad (4.11)$$

为解决 HC 基烟火剂的腐蚀性问题,Krone 研究了一系列含铵化合物配方以生成锌 – 氨复合物[83]。代表性配方如表 4.25 所示。配方中的 NH_4Cl 可有效中和烟雾的酸性,其 pH 值范围为 5 ~ 6。虽然该发明初期,锌 – 氨复合物并未表现出环境危害性,但现在的证据表明,因其配方中含有高氯酸铵和邻苯二甲酸二辛酯增塑剂,所以,Krone 的铵基烟火剂也不是环境友好型的。邻苯二甲酸二辛酯和其他含邻苯二甲酸酯的增塑剂都存在问题,因为它们会危害雄性试验动物生殖系统的发育[84]。

表 4.25　Krone 的铵基烟火剂的配方

配方 26	
成分	质量分数/%
NH_4ClO_4	34
ZnO	31.3
氯丁橡胶	15
NH_4Cl	10.3
邻苯二甲酸二辛酯	9.4

Dillehay 成功研制了一种可取代 HC 基烟火剂的"混合烟云"配方。这种"烟云"兼具苯二甲酸(Q)或肉桂酸(R)基配方的低毒性和红磷(RP)配方的高隐蔽性[85]。发烟器由中心罐及其周围的空腔组成,中心罐内装填红磷基发烟剂,空腔中装填有机酸发烟剂混合物。点火后,两种烟混合,并经过通风孔喷射至大气中形成混合烟云。用该法设计的发烟器可阻止两种发烟剂在储存时相互反应。Dillehay 称这种方法可有效提升掩蔽系数,达到 HC 基烟火剂的 100% ~ 125%。

已经证实,有 4 种发烟剂所产烟的掩蔽系数能够达到 HC 基烟火剂的 125%,表 4.26 列出了这些发烟剂配方。有机酸配方 27 或 28 包含了大约 80% 的总产烟量,红磷基配方 29 或 30 占总产烟量的 20%。掩蔽性能方面,超过 HC 基烟的 4 种混合烟云分别是配方 27 和 29、配方 27 和 30、配方 28 和 29 以及配方 28 和 30 的组合。尽管红磷会产生腐蚀性磷酸(H_3PO_4),但生成的酸可清除金属氧化物(例如 MgO、K_2O

和 Na_2O),两者反应生成无害的金属磷盐和水,如式(4.12)~式(4.14)。

表 4.26 所列的红磷配方中配方 30 是制作"混合烟云"的最佳配方。配方 29 中含有氟橡胶 A,这是一种含氟聚合物弹性体,在燃烧过程中产生有害的含氟气凝胶[86]。镁/红磷组合物也可能生成磷化物(例如磷化镁 Mg_2P_3),磷化物易水解且会产生毒性更大的磷蒸汽(PH_3)。

表 4.26　可替代 HC 基红磷和有机酸烟火剂的配方

配方 27		配方 28	
成分	质量分数/%	成分	质量分数/%
对苯二甲酸(Q)	50	苯丙烯酸(R)	45
硝化纤维素	8	硝化纤维素	10
蔗糖	10	蔗糖	10
$KClO_3$	27	$KClO_3$	30
$NaHCO_3$	5	$NaHCO_3$	5
配方 29		配方 30	
成分	质量分数/%	成分	质量分数/%
红烟磷酸	55	红磷酸	55
软锰矿	25	$NaNO_3$	35
Mg	15	LP/环氧树脂粘结剂	5
氟橡胶®A	555		

$$2H_3PO_4 + 3MgO \rightarrow Mg_3(PO_4)_2 + 3H_2O \qquad (4.12)$$

$$2H_3PO_4 + 3K_2O \rightarrow 2K_3PO_4 + 3H_2O \qquad (4.13)$$

$$2H_3PO_4 + 3Na_2O \rightarrow 2Na_3PO_4 + 3H_2O \qquad (4.14)$$

另一种生产白烟的环保型方法是使用有机酸作为发烟剂(Q),例如对苯二甲酸(TA)。表 4.27 给出了一种常见的 TA 发烟剂的配方[10]。 $KClO_3$ /糖发烟剂混合物产生的热量使 TA 升华后,TA 再重新凝聚即形成白烟。与 HC 不同,TA 的吸湿性差,因此不能从空气中吸收湿气以获得好的效果。TA 发烟剂的燃烧效率低,会残留大量灰烬,不利于烟雾聚集。与 HC 配方相比,TA 配方燃烧时间短,其屏蔽效率约为 HC 配方的 60%[85]。因此,为产生与 HC 手榴弹相当的烟量,士兵需投掷更多的 TA 发烟弹。因为 TA 发烟剂在屏蔽性能上较 HC 配方差,因此 TA 发烟剂通常是作为一种无毒的 HC 发烟剂替代物在军事训练中应用。

表 4.27　TA 发烟剂配方

配方 31	
成分	质量分数/%
$KClO_4$	23
蔗糖	14
对苯二甲酸(Q)	57

（续）

成分	质量分数/%
MgCO$_3$	3
石墨	21
硝化纤维	

此外还有一种生成白烟的方法，即利用碱金属盐的升华。早期利用此技术的配方（表 4.28）有"Salty Dog"配方 32 和"Salty Frog"配方 33[87]。若以今天的标准来衡量，它们均不是环保型的。但据报道，这两类配方都可产生优质白烟，尤其是在潮湿空气中效果更好。由于"Salty Frog"配方含有大量的 Li$_2$CO$_3$，因此，与"Salty Dog"配方相比，其生成烟的质量更高。尽管 Li$_2$CO$_3$ 是一种冷凝剂，但"Salty Frog"配方中高的锂含量使其在更低的湿度下即可吸收水汽。"Salty Frog"配方含有大量的镁，燃温更高，生成颗粒的尺寸更小，从而得到致密且稳定的烟雾。

Krone 在公布其铵基发烟剂的配方（表 4.25）7 年之后，他又报道了一种用于训练的白烟发烟剂的配方，该配方可生成钙和钾盐的气凝胶[88]。表 4.29 中白烟发烟剂燃烧后产生烟的 pH 值为 6~9，符合今天的环保标准要求，因为配方 34 产生的金属氧化物是植物的主要养分。在 KNO$_3$ 与镁反应生成 MgO 的过程中会释放出大量热量，从而使 KCl 有效升华。配方中偶氮二甲酰胺也是必不可少的，因为它可产生连续气流，能更有效地转移气凝胶颗粒并增强气凝胶颗粒的产量。反应生成的气体还可阻止金属氧化物的聚集，因此可通过扩大表面积的方法提高升华和蒸发性能。最近，Webb 对这一工作开展了深入研究，试图原位生成各种吸湿性盐，以获得可取代 HC 的配方。他采用的方法是利用 NaClO$_3$/纤维素/CaCO$_3$/镁混合物来获得所期望的气凝胶[89]。

表 4.28　"Salty Dog"和"Salty Frog"配方

配方 32		配方 33	
成分	质量分数/%	成分	质量分数/%
KClO$_4$	61	NaCl	30
NaCl	17	KClO$_4$	24
Mg	3	NH$_4$ClO$_4$	17
Li$_2$CO$_3$	1	Mg	6
粘结剂	18	Li$_2$CO$_3$	5
		粘结剂	18

表 4.29　训练用 Krone 白烟发烟剂配方

配方 34	
成分	质量分数/%
KCl	32
KNO$_3$	30
CaCO$_3$	15

（续）

成分	质量分数/%
Mg	15
偶氮二甲酰胺	8

Shaw 等报道称,在 B_4C 燃料和 KNO_3 氧化剂共同存在时,KCl 升华可以产生浓密的白烟(表 4.30)[79]。该配方具有较低的冲击感度(31.9J)、摩擦感度(大于360N)和静电感度(大于9.4J)。加入少量的硬脂酸钙对减少火花和火焰是至关重要的。在质量方面,配方 35 的品质因数(FOM_{mc})为 $1.80 \pm 0.05 m^2/g$,与 HC 的 FOM_{mc}($1.99 \pm 0.14 m^2/g$)相差不大。但 Shaw 提到配方 35 和 HC 基烟火剂得到两个相近的 FOM_{mc} 值是通过两个完全不同的途径实现的。配方 35 中发烟剂成分的吸湿性不强,故它具有较高的 FOM_{mc} 值主要取决于高的燃烧效率,因此检测到 10% 的金属氧化物(或熔渣)。而对于 HC 基烟火剂而言,尽管一半的 HC 烟雾不挥发,但 $ZnCl_2$ 的强吸湿性可从空气中吸收水分,故使其仍具有较高的遮蔽性能。

表 4.30　碳化硼基白烟烟火剂的配方

配方 35	
成分	质量分数/%
KNO_3	60
B_4C	13
KCl	25
硬脂酸钙	2

由于 HC 发烟剂的密度($2.43g/cm^3$)比配方 35($1.75 g/cm^3$)高,而许多烟雾弹受体积限制,所以其在产烟效率上具有很大优势。但配方 35 仍然是白烟领域中的一大成就,因为其燃烧效率和烟的密集程度均较 TA 烟高。对配方 35 进一步优化,提高其遮蔽性能,可能会获得与 HC 发烟剂性能相当或是超过的白烟烟火剂。

4.7　结论

本章详细介绍了烟火剂领域"绿色化"的研究进展。从烟火剂中去除高氯酸盐、重金属、可疑致癌物和腐蚀性物质,对改善烟火剂所造成的环境危害是有意义的,并将造福于人类和社会。基于此,研究人员应当继续努力,将本章所提及的这些有害物质从烟火剂中去除。

尽管烟火剂的"绿色化"研究已经取得了一些进展,但仍存在挑战。在邻苯二甲酸酯被质疑为有害物质[84]后,从配方中去除该物质将是今后研究的重点。去除锑也非常重要,因为其可能会危害环境和人类健康[66]。尽管美国海军已开展了大量的研究工作,但不含高氯酸盐、且满足诱饵弹需求的烟火剂仍难以实现,有待进一步研究[26]。欧盟 2007 年通过的《化学品注册、评估、授权和限制规定》（REACH）是目前为止最严格的化学品管制法规。REACH 规定已逐步推行了 11 年,将在世界范围内影响整个烟火剂产业。REACH 将会评估化学品组合后的毒性,同时还会评估并制定单一化学品毒性手册,以减少重金属、内分泌干扰物和难降解有机污染物的使用,如多氯联苯,二噁英和多氯代苯并呋喃[90]。

尽管也有人认为这些规定是强加给烟火剂领域的,但其已经存在,并且"绿色化"烟火剂领域也不会消失。从长远来看,烟火剂领域的科学家必须面临这样一个问题:"我计划使用的化学试剂和计划发展的技术,是不是环境友好的?"现役烟火剂装备的环保问题正在限制军事人员履行使命的能力。随着法规的逐年完善,如果相关的环境问题未能解决,那些依靠此类物品来维持战斗,并在战场上保持战斗力的军事人员就会失去最重要的东西。因此,有必要尽早对烟火剂的环境危害进行评估,并在环境法规实施前,加快研发新的环境友好的烟火剂。

致谢

我非常荣幸有机会撰写关于"绿色"烟火剂这一章,这要归功于环保型烟火剂研究项目的支持。非常感谢 Dr. Tore Brinck 教授（KTH Royal Institute/Sweden）邀请我写这一章。衷心感谢 Wiley – Blackwell 的助理编辑 Mrs. Rebecca Ralf,他为本章和本书的出版付出了辛苦劳动。

感谢我的处长 Mr. James L. Wejsa（ARDEC/USA）和部门负责人 Mr. Thomas J. Carney III（ARDEC/USA）,感谢他们对我在烟火剂这个有趣的领域开展研究给予的持续支持和鼓励。我很感谢 Dr. Ernst – Christian Koch（MSIAC – NATO/Belgium）对这一章的审阅,以及对本章内容提出的许多有益的建议和意见。我非常感谢 Dr. Thomas M. Klapötke 教授（LMU Munich/Germany）提出了许多宝贵的意见,感谢他为我提供了必需的参考文献,其中有很多已经在这一章进行了讨论。

我很感谢 Mr. Erik B. Hangel（RDECOM/USA）和 Mrs. Kimberly Watts（RDE-COM/USA）所付出的努力,感谢 Mr. Noah Lieb（Hughes Associates/USA）对作为"环境质量技术程序"一部分在关于烟火剂研究方面的环保技术方面给予的财政支持。也要感谢 Dr. Robin A. Nissan（SERDPESTCP/USA）和 SERDP/ESTCP 计划给予持续的经费支持及 Dr. Robin A. Nissan（SERDPESTCP/USA）对武器系统平台环保项目的兴趣。

下面,我还要衷心感谢以下各位在写这一章时给我提供有益的建议或者实验的帮助,排名不分先后。

Mr. Gary Chen （ARDEC/USA）, Dr. Jared D. Moretti （ARDEC/USA）, Dr. Anthony P. Shaw （ARDEC/USA）, Dr. Jay C. Poret （ARDEC/USA）, Dr. Reddy Damavarapu （ARDEC/USA）, Mr. Eric A. Latalladi （ARDEC/USA）; Mr. Stephen

C. Taggart（ARDEC/USA）；Dr. David E. Chavez（LANL/USA），Mr. Joseph A. Domanico（ECBC/USA）；Mr. William H. Ruppert（ARL/USA）；Dr. Mark S. Johnson（MEDCOM/USA）；Dr. William S. Eck（MEDCOM/USA）；Dr. Steven F. Son(Purdue University/USA)；Mr. Rutger Webb(Clearspark/NetherlADNs).

最后,我想对 Dr. Sara K. Pliskin(NSWC/USA) 和 Dr. Gregory D. Knowlton(Pyrogetics/USA) 表示特别的感谢,感谢他们对我参加"国际烟火剂协会"的鼓励和邀请。他们给予我的建议和我们在烟火剂领域进行的技术讨论,对我职业发展的帮助都是无可估量的。

附：

Al　铝

AlCl　氯化铝

$AlCl_3$　三氯化铝

AlO_3　氧化铝

ARDEC　军备研究、发展与工程中心（美国陆军）

B　无定形硼

B_4C　碳化硼

BaBT4w　5,5'-2-1氢-四唑钡盐

BaCl　氯化钡

$BaCrO_4$　铬酸钡

$Ba(NO_3)_2$　硝酸钡

BaO　氧化钡

BaOH　氢氧化钡

BES　战场效应模拟器

Bi_2O_3　氧化铋

BO_2　氧化硼

BT　5,5'-2-1氢-四唑

BTAw　2-(1(2)氢-四唑-5-异)氨基水合物

C_2Cl_6　六氯乙烷

$CaCO_3$　碳酸钙

Cd　镉

ClO_2　二氧化氯

cm　厘米

Cu　铜

CuBTA2w　1(2)氢-四唑-5-异)氨基铜盐

CuO　氧化铜

CuCl　氯化亚铜

CuOH　氢氧化亚铜

CuS　硫化铜

dB　分贝

DHT　二肼基四嗪

DP　德克隆

ECBC　埃奇伍德化学生物中心

EPA　美国环保局

ESD　静电火花

Fe_2O_3　三氧化二铁

Fe_3O_4　四氧化三铁

FOM_{mc}　品质因素

ft　英尺

g　克

Gran　粒子

H_3PO_4　磷酸

H_2SO_3　亚硫酸

H_2SO_4　硫酸

HC　吸湿性氯

HCl　盐酸

K_2O　氧化钾

KCl 氯化钾

KClO₃ 氯酸钾

KClO₄ 高氯酸钾

KlO₄ 高碘酸钾

KNO₃ 硝酸钾

KOH 氢氧化钾

K₃PO₄ 磷酸钾

LANL <美国>洛斯阿拉莫斯国家实验室

Li₂C₂O₄ 草酸锂

Mg 镁

MgCO₃ 碳酸镁

MgO 氧化镁

Mg₃(PO₄)₂ 磷酸镁

mm 毫米

Mn 锰

MoO₃ 氧化钼

Na₂C₂O₄ 草酸钠

NaCl 氯化钠

NaClO₃ 氯酸钠

Na₂O 氧化钠

NaHCO₃ 碳酸氢钠

NaIO₄ 高碘酸钠

NaNO₃ 硝酸钠

NaPO₄ 磷酸钠

NH₄NO₃ 硝酸铵

NH₄ClO₄ 高氯酸铵

nm 纳米

NSWC 美国海军水面作战中心

P₄O₁₀ 五氧化二磷

Pb₃O₄ 四氧化三铅

PbCrO₄ 铬酸铅

PCBs 多氯联苯

PCDDs 二噁英

PCDFs 多氯二苯并呋喃

PVC 聚氯乙烯

RP 红磷

s 秒

S₈ 硫

Sb₂O₃ 氧化锑

Sb₆O₁₃ 十三氧化六锑

Sb₂S₃ 硫化锑

Si 铅

SiO₂ 二氧化硅

SO₂ 二氧化硫

SrCl 氯化锶

Sr(NO₃)₂ 硝酸锶

SrMoO₄ 钼酸锶

SrOH 氢氧化锶

SrBT4w 5,5'-2-1氢-四唑锶盐

TA 对苯二甲酸

Ti 钛

VAAR 乙烯醇醋酸树脂

W 钨

WP 白磷

λ 波长

ZnCl₂ 氯化锌

ZnCl₂(H₂O)₂ 二水合氯化锌

ZnO 氧化锌

参 考 文 献

[1] Strategic Environmental Research and Development Program (SERDP) (2013) http://www.serdp.org/About-SERDP-and-ESTCP/About-SERDP (last accessed in 2013).

[2] Environmental Security Technology Certification Program (ESTCP) (2013) http://www.serdp.org/About-SERDP-and-ESTCP/About-ESTCP (last accessed in 2013).

[3] Douda, B.E. (1967) Pyrotechnic Compound Tris(Glycine) Strontium(II) Perchlorate and Method for Making Same, Patent Number US 3,296,045.

[4] Douda, B.E. (1969) Colored Flare Ingredient Synthesis Program, DTIC Report, Accession Number 447410.

[5] Chavez, D.E. and Hiskey, M.A. (1998) High-nitrogen pyrotechnic compositions. *Journal of Pyrotechnics*, **7**, 11–14.

[6] Chavez, D.E., Hiskey, M.A., and Naud, D.L. (1999) High-nitrogen fuels for low-smoke pyrotechnics. *Journal of Pyrotechnics*, **10**, 17–36.

[7] Steinhauser, G. and Klapötke, T.M. (2008) Green pyrotechnics: a chemists' challenge. *Angewandte Chemie International Edition*, **47** (18), 3330–3347.

[8] Douda, B.E. (1964) Theory of Colored Flame Production, DTIC Report, Accession Number 951815.

[9] Sellers, K., Weeks, K., Alsop, W. *et al.* (2007) *Perchlorate Environmental Problems and Solutions*, CRC Press – Taylor & Francis Group, Boca Raton, FL.

[10] Conkling, J.A. and Mocella, C.J. (2011) *Chemistry of Pyrotechnics: Basic Principles and Theory*, 2nd edn, Taylor & Francis Group, Boca Raton, FL.

[11] US Environmental Protection Agency (2008) Interim Drinking Water Health Advisory for Perchlorate, 1–35: http://www.epa.gov/safewater/contaminants/unregulated/pdfs/healthadvisory_perchlorate_interim.pdf.

[12] Office of Environmental Health Hazard Assessment (2004) Public Health Goals for Chemicals in Drinking Water, 1–106, http://oehha.ca.gov/water/phg/pdf/finalperchlorate31204.pdf.

[13] Massachusetts Department of Environmental Protection (2008) Potential Environmental Contamination From the Use of Perchlorate-Containing Explosive Products, http://www.mass.gov/dep/cleanup/.

[14] Wilkin, R.T., Fine, D.D., and Burnett, N.G. (2007) Perchlorate behavior in a municipal lake following fireworks displays. *Environmental Science & Technology*, **41** (11), 3966–3971.

[15] Sabatini, J.J., Nagori, A.V., Chen, G. *et al.* (2012) High-nitrogen-based pyrotechnics: longer- and brighter burning, perchlorate-free, red-light illuminants for military and civilian applications. *Chemistry-A European Journal*, **18** (2), 628–631.

[16] Sabatini, J.J., Raab, J.M., Hann, R.K. *et al.* (2012) High-Nitrogen-based pyrotechnics: development of perchlorate-free green-light illuminants for military and civilian applications. *Chemistry-An Asian Journal*, **7** (7), 1657–1663.

[17] Damavarapu, R., Klapötke, T.M., Stierstorfer, J., Tarantik, K.R. (2010) Barium salts of tetrazole derivative – synthesis and characterization. *Propellants, Explosives, Pyrotechnics*, **35** (4), 395–406.

[18] Dillehay, D. (2004) Illuminants and illuminant research, in *Pyrotechnic Reference Series, No. 4, Pyrotechnic Chemistry* (eds K. Kosanke, B.J. Kosanke, I.vonMaltitz, B. Sturman, T. Shimizu, M.A. Wilson, N. Kubota, C. Jennings-White, and D. Chapman), Journal of Pyrotechnics, Whitewater, CO, USA, pp. 1–8.

[19] Jia, H., Sun, Y., Liu, X. *et al.* (2011) Concentration and bioaccumulation of dechlorane compounds in coastal environment of Northern China. *Environmental Science & Technology*, **45** (7), 2613–2618;

[20] Hoh, E., Zhu, L. and Hites, R.A. (2006) Dechlorane plus, a chlorinated flame retardant, in the Great Lakes. *Environmental Science & Technology*, **40** (4), 1184–1189.

[21] Biermann, C.J. (1993) *Essentials of Pulping and Papermaking*, Academic Press, Inc., San Diego, CA.

[22] Erickson, B. (2011) Formaldehyde, styrene cancer warning. *Chemical and Engineering News*, **89** (25), 11.

[23] Shortridge, R.G. and Yamamoto, C.M. (2009) Perchlorate-Free Red Signal Flare Composition, Publication Number US 2009/0320977 A1.

[24] Shortridge, R.G. and Yamamoto, C.M. (2011) Perchlorate-Free Green Signal Flare Composition, Patent Number US 7,988,801 B2.
[25] Yamamoto, C.M. and Shortridge, R.G. (2009) Perchlorate-Free Yellow Signal Flare Composition, Publication Number US 2009/0320976 A1.
[26] Shortridge, R.G., Wilharm, C.K., and Yamamoto, C.M. (2007) Elimination of Perchlorate Oxidizers from Pyrotechnic Flare Compositions, SERDP Project–WP 1280, 1–52.
[27] NASA Glenn Research Center, NASA Computer program CEA (Chemical Equilibrium with Applications) (Webpage last updated March 2010) http://www.grc.nasa.gov/WWW/CEAWeb/ceaHome.htm (last accessed in 2013).
[28] Sturman, B.T. (2006) On the emitter of blue light in copper-containing pyrotechnic flames. *Propellants, Explosives, Pyrotechnics*, **31** (1), 70–74.
[29] Poret, J.C. and Sabatini, J.J. (2013) Comparison of barium and amorphous boron pyrotechnics for green light emission. *Journal of Energetic Materials*, **31** (1), 27–34.
[30] Newell, R.H., Liu, L.S., Blau, R.J. *et al.* (2008) Nonlethal 40 mm Flash-Bang Devices with Fuel-Rich Flash Powders, in Proceedings of the 35th International Pyrotechnic Seminars, Fort Collins, CO, USA, pp. 253–258.
[31] Chen, G., Motyka, M., and Wejsa, J. (2006) Perchlorate Free Pyrotechnic Composition and its Application in M115A2 Ground Burst Simulator and M116A1 Hand Grenade Simulator, Proceedings of the 33rd International Pyrotechnic Seminars, Fort Collins, CO, USA, pp. 269–279.
[32] Chen, G. (2009) Perchlorate Elimination in M274 2.75″ Practice Rocket Warhead Smoke Charge, Proceedings of the 36th International Pyrotechnic Seminars, Rotterdam, The Netherlands, 427–437.
[33] Raibeck, G., Kislowski, C. and Chen, G. (2008) Demonstration of an Environmentally Benign Pyrotechnic Black Smoke in a Battlefield Effects Simulator, Proceedings of the 35th International Pyrotechnic Seminars, Fort Collins, CO, USA, pp. 95–102;
[34] Chen, G., Showalter, S., Raibeck, G., and Wejsa, J. (2006) Environmentally Benign Battlefield Effects Black Smoke Simulator, DTIC Report, Accession Number 481520.
[35] Lide, D.R. (2004) *CRC Handbook of Chemistry and Physics*, 85th edn, (2004–2005), CRC Press, Boca Raton.
[36] The US Army Military Command (2007) http://aec.army.mil/usaec/newsroom/awards07/rdecom.pdf (last accessed in 2008).
[37] Cegiel, D., Strenger, J., and Zimmermann, C. (2012) Perchlorate-Free Pyrotechnic Mixture, Publication Number US020120132328A1.
[38] US Environmental Protection Agency, Technology Transfer Network: Air Toxics Web Site, Napthalene Hazard Summary - created in April 1992; revised in January 2000: http://www.epa.gov/ttn/atw/hlthef/naphthal.html (last accessed in 2013).
[39] Reeves, A.L. (1979) *Handbook on the Toxicology of Metals*, Elsevier/North Holland Biomedical Press, New York, NY.
[40] US Environmental Protection Agency, Air Trends 1995 Summary: Lead (Pb) (Last updated January 2012) http://www.epa.gov/airtrends/aqtrnd95/pb.html (last accessed in 2013).
[41] US Environmental Protection Agency, Chromium in Drinking Water (Last updated April 2012) http://water.epa.gov/drink/info/chromium/index.cfm (last accessed in 2012).
[42] Johansen, B.E. (2003) *The Dirty Dozen: Toxic Chemicals and the Earth's Future*, Praeger Publishers – Greenwood Publishing Group, Westport, CT.
[43] Koch, E.-C., Weiser, V., Roth, E. *et al.* (2012) Combustion of ytterbium metal. *Propellants, Explosives, Pyrotechnics*, **37** (1), 9–11.
[44] Koch, E.-C., Weiser, V., Roth, E. *et al.* (2012) Metal fluorocarbon pyrolants. XV: combustion of two ytterbium-halocarbon formulations. *Journal of Pyrotechnics*, **31**, 3–9.
[45] Steinhauser, J., Tarantik, K., and Klapötke, T.M. (2008) Copper in pyrotechnics. *Journal of Pyrotechnics*, **27**, 3–13.

[46] Klapötke, T.M., Radies, H., Stierstorfer, J. *et al.* (2010) Coloring properties of various high-nitrogen compounds in pyrotechnic compositions. *Propellants, Explosives, Pyrotechnics*, **35** (3), 313–319.

[47] Eppig, H.J. (1945) The Chemical Composition of German Colored Signal Lights, CIOS Report, pp. 32–39.

[48] Klapötke, T.M., Rusan, M.A., and Stierstorfer, J. (2012) The Synthesis and Investigation of Nitrogen-rich and Boron-based Compounds as Coloring Agents in Pyrotechnics, Proceedings of the 38th International Pyrotechnic Seminars, Denver, CO, 527–550.

[49] Sabatini, J.J., Poret, J.C., and Broad, R.N. (2011) Boron carbide as a barium-free green light emitter and burn rate modifier in pyrotechnics. *Angewandte Chemie International Edition*, **50** (20), 4264–4266.

[50] Natan, B. and Netzer, D.W. (1996) Boron carbide combustion in solid-fuel ramjets using bypass air. Part I: Experimental investigation. *Propellants, Explosives, Pyrotechnics*, **21** (6), 289–294.

[51] Lane, G.A., Smith, W.A., and Jankowiak, E.M. (1968) Novel pyrotechnic compositions for screening smokes, Proceedings of the 1st International Pyrotechnic Seminars, Estes Park, CO, 263–292.

[52] Katami, T., Yasuhara, A., Okuda, T., and Shibamoto, T. (2002) Formation of PCDDs, PCDFs, and coplanar PCBs from polyvinyl chloride during combustion in an incinerator. *Environmental Science & Technology*, **36** (6), 1320–1324.

[53] Fleischer, O., Wichmann, H., and Lorenz, W. (1999) Release of polychlorinated dibenzo-p-dioxins and dibenzofurans by setting off fireworks. *Chemosphere*, **39** (6), 925–932.

[54] Dyke, D. and Coleman, P. (1995) Dioxins in ambient air, bonfire night 1994. *Organohalogen Compounds*, **24**, 213–216.

[55] Griffiths, T.T. (2009) Alternative for Perchlorates in Incendiary and Pyrotechnic Formulations for Projectiles, SERDP Project–WP 1424, 1–160.

[56] Moretti, J.D., Sabatini, J.J., and Chen, G. (2012) Periodate salts as pyrotechnic oxidizers: development of barium- and perchlorate-free incendiary formulations. *Angewandte Chemie International Edition*, **51** (8), 6981–6983.

[57] Cotton, F.A., Wilkinson, G., Murillo, C.A., and Bochmann, M. (1999) *Advanced Inorganic Chemistry*, 6th edn, Wiley, New York, NY, p. 570.

[58] Tracy, G.V. (2002) High Energy, Lead-Free Ignition Formulation for Thermate, DTIC Report, Accession Number 400193.

[59] Horning, J. and Chen, G. (2008) Product Improvements on the Thermate Incendiary Grenade, in Proceedings of the 35th International Pyrotechnic Seminars, Fort Collins, CO, pp. 259–267.

[60] Son, S.F., Hiskey, M.A., Naud, D. *et al.* (2002) Lead-Free Electric Matches, http://library.lanl.gov/cgi-bin/getfile?00852315.pdf871–877.

[61] Kalombo, L., DelFabbro, O., Conradie, C., and Focke, W.W. (2007) Sb6O13, Bi_2O_3 as oxidants for Si in pyrotechnic time delay compositions. *Propellants, Explosives, Pyrotechnics*, **32** (6), 454–460.

[62] Reimer, K. and Mangum, M. (2012) New "Green" Pyrotechnic Time Delays with Strontium Molybdate, JANNAF 59th Propulsion Meeting, 41st Structures and Mechanical Behavior/37th Propellant and Explosives Development and Characterization/28th Rocket Nozzle Technology/26th Safety and Environmental Protection Joint Subcommittee Meeting, San Antonio, TX; paper is only accessible to US nationals but the work is listed as "distribution A (unlimited)."

[63] Resodyn Corporation, Resonant Acoustic Mixers, Inc. (RAM) (2011–2013) http://resodyn.com/pages/29/Resodyn-Acoustic-Mixers.html (last accessed in 2013).

[64] Rose, J.E., Bichay, M., and Puszynski, J. (2011) Non-Toxic Pyrotechnic Delay Compositions, Patent Number US 7,883,593 B1.

[65] Poret, J.C., Shaw, A.P., Groven, L.J. *et al.* (2012) Environmentally Benign Pyrotechnic Delays, Proceedings of the 38th International Pyrotechnic Seminars, Denver, CO, pp. 494–500.

[66] Sundar, S. and Chakravarty, J. (2010) Antimony toxicity. *International Journal of Environmental Research and Public Health*, **7** (12), 4267–4277.

[67] Koch, E.-C. and Jennings-White, C. (2009) Is it Possible to Obtain a Deep Red Pyrotechnic Flame Based on Lithium?, Proceedings of the 36th International Pyrotechnic Seminars, Rotterdam, The Netherlands, 205–110.

[68] Ellern, H. (1968) *Military and Civilian Pyrotechnics*, New York, NY, Chemical Publishing Group.

[69] The US Army Military Command (2005) http://aec.army.mil/usaec/newsroom/update/sum05/sum0517.html (last accessed in 2005).

[70] Diviacchi, G. (2008) Evaluation of Candidate Low Toxicity Colored Smoke Dyes, Proceedings of the 35th International Pyrotechnic Seminars, Fort Collins, CO, pp. 491–497.

[71] Chin, A. and Borer, L. (1983) Identification of combustion products from colored smokes containing organic dyes. *Propellants, Explosives, Pyrotechnics*, **8** (4), 112–118.

[72] Moretti, J.D., Sabatini, J.J., Shaw, A.P., and Chen, G. (2012) Environmentally Sustainable Yellow Smoke Formulations for Use in the M194 Hand Held Signal, Proceedings of the 38th International Pyrotechnic Seminars, Denver, CO, pp. 445–456.

[73] Subcommittee on Military Smokes and Obscurants, National Research Council (1999) *Toxicity of Military Smokes and Obscurants Volume 3*, The National Academies Press, Washington, DC.

[74] American Chemical Society (2012) ACS Webinars: http://acswebinars.org/wp-content/uploads/2012/04/Mocella-ACS-Webinar-2-Advanced-Pyrotechnics-June-2012.pdf (last accessed in 2012).

[75] Haehnel, R.B. (2008) Simulation of Fog Oil Deposition During Military Training Operations, DTIC Report, Accession Number 491391.

[76] http://www.sunshine-project.org/incapacitants/jnlwdpdf/smoke_m56_coyote.pdf (last accessed in 2001).

[77] Koch, E.—C. (2008) Special materials in pyrotechnics: V. Military applications of phosphorus and its compounds. *Propellants, Explosives, Pyrotechnics*, **33** (3), 165–176.

[78] Agency for Toxic Substances and Disease Registry (ATSDR) (1997) Toxicological Profile for White Phosphorous – Chapter 2: Health Effects: http://www.atsdr.cdc.gov/toxprofiles/tp103.pdf (last accessed in 2013).

[79] Shaw, A.P., Poret, J.C., Gilbert, R.A. *et al.* (2012) Pyrotechnic Smoke Compositions Containing Boron Carbide, Proceedings of the 38th International Pyrotechnic Seminars, Denver, CO, pp. 569–582.

[80] Katz, S., Snelson, A., Farlow, R. *et al.* (1980) Physical and Chemical Characterization of Hexachloroethane Smoke, DTIC Report, Accession Number 08936.

[81] Eaton, J.C., Lopinto, R.J., and Palmer, W.G. (1994) Health Effects of Hexachloroethane (HC) Smoke, DTIC Report, Accession Number 277838.

[82] Shinn, J.H. (1987) Smokes and Obscurants: A Guidebook of Environmental Assessment. Volume I. Method of Assessment and Appended Data, DTIC Report, Accession Number 203810.

[83] Krone, U. and Moeller, K. (1983) Smoke Composition, Patent Number 4,376,001.

[84] https://acc.dau.mil/adl/en-US/503526/file/63081/Risk%20Alert%20for%20Phthalates%20March%202012.pdf (last accessed in 2012).

[85] Dillehay, D.R. (1996) Low Toxicity Obscuring Smoke Formulation, Patent Number 5,522,320.

[86] Koch, E.—C. *Metal-Fluorocarbon-Based Energetic Materials*, Wiley, Weinheim, Germany, pp. 326–332.

[87] Blomerth, E.A. (1974) Project Foggy Cloud 1, DTIC Report, Accession Number 874515.

[88] Krone, U. (1990) Pyrotechnics Mixture for Producing a Smoke Screen, Patent Number 4,986,365.

[89] Webb, R. (2011) Update on Development of Low-Toxicity Obscurant Material, Partners in Environmental Technology Technical Symposium & Workshop, Washington D.C.

[90] http://ec.europa.eu/environment/chemicals/reach/reach_intro.htm (last accessed in 2012).

第 5 章

绿色起爆药

Karl D. Oyler

（美国陆军装备研究，开发和工程中心（ARDEC）匹克泥汀兵工厂，美国）

5.1　引言

　　如果说含能材料是化工研究中一个非常有商机的领域，那么起爆药则被认为是这个商机中的商机。目前有关起爆药的研究较少，仅有少数机构开展新型起爆药的研究。自20世纪60年代以来，这类最常用的材料和技术几乎没有发展，与主流炸药RDX(1,3,5－三硝基－1,3,5－三氮杂环己烷)和HMX(1,3,5,7－四硝基－1,3,5,7－四氮杂环辛烷)相比，此类炸药每年的需求量和产量正在逐渐萎缩。虽然起爆药目前明显短缺，但其在军用和商业弹药中仍普遍存在或很常见（至少有一定数量）。无论是40mm迫击炮弹或商业雷管用起爆物质叠氮化铅，还是用于5.56mm小型武器弹药底火中的斯蒂芬酸铅，起爆药在军用弹药系列中占据至关重要的地位。同样，它们对于建筑和采矿工业也是必不可少的。尽管如此，含铅起爆药的毒性会污染环境，接近炸药起爆和枪支使用区域的人群也会因此受到污染的影响[1]。这种影响当然不局限于战场上的士兵，与射击场、弹药和炸药相关的工作人员、矿工和建筑工人也同样处于危险之中。由于这些原因以及其他因素，相比当今使用的有毒起爆物质，目前含能材料领域更加关注无铅、环境友好、可替代前者的绿色起爆药。

5.1.1　什么是起爆药？

　　起爆药的定义是：在弱刺激下（如冲击、摩擦、震动、加热和静电）可被引爆的炸药[2]。整体而言，它们的能量输出比能量高、稳定性好的次级猛炸药要弱一些（如RDX）。起爆药的作用并不是产生爆轰或毁伤，而是用来引爆那些比较难以引爆的炸药。起爆药的一个最重要特征是可以进行从爆燃到爆轰的快速转变（DDT），意味着一旦这类物质被激发，就可以从燃烧迅速发展成爆轰（例如燃烧反应前沿会变成超声速扩散)。这种特点决定了起爆药(无论是雷管、底火还是其他引爆材料)需要更安全的管理和操作。从化学结构上看,起爆药往往包含高敏感性的化学官能团,可使分子快速分解,这些基团包括叠氮基($-N_3$)、重氮基($-N_2$)、雷酸盐($-NCO$)、呋咱和四唑化合物等[3]。

虽然世界上商业和军用起爆药种类很多,但目前最常用的仍然是叠氮化铅、斯蒂芬酸铅(均已标准和规范化)和四氮化合物。叠氮化铅具有很好的爆炸性能,常常作为最主要的起爆物质用于起爆装置和雷管中。而斯蒂芬酸铅主要用于底火装药,只需轻微触发就能平稳地引燃发射药而不使枪管或炮管碎裂。另一种常见的起爆药是四氮烯(1 -(5 - 四唑基)- 3 - 四氮脒水合物)(在许多旧文献中,该物质的英文名称为 tetracene,但一些毫无关联的四环芳香族化合物具有同样的拼写。**作者注**),尽管能量较低,但它的感度高,可协助叠氮化铅和斯蒂芬酸铅的起爆(表 5.1)。

表 5.1　叠氮化铅和斯蒂芬酸铅的基本爆炸性能[4]

材料	感度/J	摩擦/N	ESD/mJ	密度/g·cm³	DSC/℃	VOD/(m/s)
叠氮化铅(RD1333)	0.089	〈1	5.0	4.80	315	5500
斯蒂芬酸铅(碱性)	0.025	〈1	0.2	3.00	282	5200

早期的起爆药用材料似乎比较广泛,但实际应用较多的还是雷酸汞[$Hg(CNO)_2$],最早是由阿尔弗雷德·诺贝尔于 1867 年(尽管众所周知是 Johann Kunckel 和 Löwenstern 首先于 17 世纪合成了雷酸汞,但他们更为人们所知的工作是发现了磷)将其应用于商业雷管中[2]。在 20 世纪初期,叠氮化铅开始取代毒性更高的含汞物质作为起爆药[5]。尽管在当时人们关注更多的是它的成本和相关性能,而非健康和环境问题:雷酸汞往往更加敏感,存在压力死点(高压载荷下性能会丧失),且它的基础金属——汞比铅更昂贵且难以获得[2]。几乎在同一时期,Herz 报道了用作雷管和底火药中混合起爆药的标准态斯蒂芬酸铅(2,4,6 - 三硝基间苯二酚铅,图 5.1)的合成方法[6]。从 20 世纪 50 年代起,其他类型的起爆药,如叠氮化银、5 - 硝基四唑汞(Ⅱ)(DXN - 1 / DXW - 1)、重氮二硝基苯酚(DDNP)、2 - 硝基间苯二酚铅(LMNR)和二硝基 - 苯并氧化呋咱钾(KDNBF),也开始少量应用。

5.1.1.1　常用起爆装置:雷管/底火/导爆索

根据应用的不同,起爆药通常被加入到不同种类的引爆装置中,这些装置包括导爆索、雷管和底火,它们通常是将一种或多种炸药粉末通过机械加压的方式填充到金属器皿内。

(1)雷管。主要用于高能炸药的起爆,原因是它可产生强烈的冲击波,从而引爆次级炸药装药或其他含能材料,也可用于具有点火延迟特性和助推功能的大型引信装置,因此对于军用弹药,如手榴弹、迫击炮弹、火箭弹、大口径榴弹和子弹等,雷管是必不可少的部件,其中最主要的是针刺雷管和电雷管。针刺雷管(图5.2)能被设计成机械式撞针击发,例如美军用的 M55 和 M61 号雷管,而电雷管是通过脉冲电流触发,如美军用的 M100 号电雷管。针刺雷管包含三个独立的组成部分,它们被装入到铝或钢器皿内,起爆装药常用配方为 NOL – 130(NOL 是美国海军武器实验室的简称,**译者注**),其对撞击和摩擦非常敏感,另外也可加入叠氮化铅、斯蒂芬酸铅和四氮化合物来增加感度;还有一种方法是在燃料/氧化剂烟火剂中加入三硫化二锑和硝酸钡来额外增加能量释放和提高摩擦感度。RD1333 型叠氮化铅雷管被引爆时会产生电荷转变,并引发次级炸药如 RDX 和 HMX 的电荷输出。电雷管的构造与前者类似,不同的是它由粘结着少量斯蒂芬酸铅的电桥通过产生电荷而引发炸药。

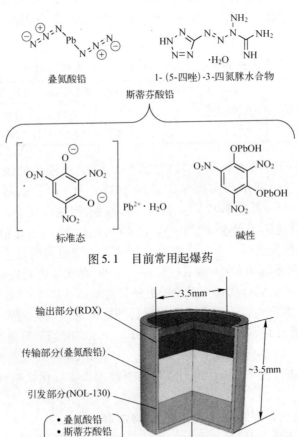

图5.1　目前常用起爆药

图5.2　普通针刺雷管结构示意图

(2) **导爆索**。有多种类型,但在结构上与雷管相似,主要的区别是体积较大并且一般是电流引发。它们不会与雷管一起使用,而是独立使用,直接引发次级炸药,例如塑性炸弹的战斗部装药。导爆索用起爆药主要为糊精叠氮化铅(DLA),另外还有重氮二硝基苯酚(DDNP)。

(3) **底火**。大量用于军事或商业用弹药中,起引发的作用,通常是由压力或电流激发,其中撞击底火最常见,其结构和尺寸随弹药的不同而变化。通过撞针的冲击作用来引发被夹在金属杯和砧间的起爆药,经撞击引发后产生的高温气体和熔态物质进一步点燃发射装药,使其产生爆燃并推动弹丸高速运动。底火用起爆药配方通常与前述的针刺雷管相似,主要成分为斯蒂芬酸铅,并含有其他烟火剂成分。一种常见产品是 PA101,其成分为斯蒂芬酸铅、硫化锑,硝酸钡,铝粉和四氮化合物(表 5.2)。商用绿色底火常用无铅起爆药,如 DDNP 或 KDNBF,后面会详细讨论。与雷管和导爆索不同,底火的作用不是产生强烈的冲击波,而是通过燃烧反应产生热量来点燃发射药或推进剂,同时还要保证装药的完整性。

表 5.2　常用点火药的组分[7]

组成	NOL – 130	NOL – 60	PA – 101	FA – 956
叠氮化铅	20			
碱性斯蒂芬酸铅	40	60	53	
标准态斯蒂芬酸铅				37
硝酸钡	20	25	22	32
四氮化合物	5	5	5	4
硫化锑	15	10	10	15
PETN				7
Al 粉			10	

5.1.2　绿色起爆药的类型

叠氮化铅和斯蒂芬酸铅是商业和军用起爆药的主要成分,重金属铅会引起严重的环境问题。20 世纪 60 年代是起爆药的快速发展时期,当时人们并没认识到这类物质对健康的损害(除了爆炸危险性以外),1960 年匹克泥汀兵工厂在百科全书中有关炸药及其相关条目是这样叙述的[8]:"叠氮化铅并非剧毒物质,但应避免其粉尘的吸入,因为它会导致头痛和静脉血管扩张"。但通过过去 50 年的研究,上述论点已经被推翻了,人们已经关注到即使暴露在较少铅含量的环境中,也会对人类健康产生慢性危害[9,10]。目前已知,铅会影响中枢神经系统、肾脏和血液,在铅污染严重的地区,对儿童和未出生胎儿的影响尤为显著,当身体中的铅超过一定的剂量时会导致精神障碍和行为问题、肾脏损伤和贫血[9],成年后症状虽有缓解但仍存在风险。

因为铅的毒性较大,已成为国际上严格管理的化学物质。美国在 1963 年颁布的清洁空气法规(CAA)和 1972 年的清洁水法规(CWA)中,铅被列为污染物;1993 年的 12856 号执行条令要求减少或禁止采购危险物质(包括国防部所使用的)。

关于铅的管理越来越严格,美国环境保护署(EPA)目前已经修订了国家环境空气质量标准(NAAQS),并将铅的污染浓度标准降低为 0.15mg/m³(2017 年起生效)。在欧洲,化学品的注册、评估、授权和限制指令(REACH)特别针对叠氮化铅和斯蒂芬酸铅制定了相关规定。并且确定了含铅起爆药的用量与血液中含铅量的增加是有关系的。1991 年的调查结果发现美国联邦调查局的职员在清理爆炸现场后,血液中铅超标 10 倍左右[11]。因此急需寻找一种可替代叠氮化铅和斯蒂芬酸铅这两种物质的环境友好型起爆药。在过去十年里,美国着手进行了许多有关环境问题的研究计划,包括寻找铅的替代物。最有名的有美国国防部(DoD)的两大研究计划:战略环境研究与发展计划(SERDP)和环境安全技术认证计划(ESTCP)。美国军方作为世界上最大的军用炸药生产者和使用者,也提出了一个专门的环保倡议计划,即军用品环境计划(OEP),它是环境质量技术项目(EQT)的一部分。

众多因素包括与叠氮化铅相关的其他问题都有利于推动美国国防部有关铅替代物的研究。其中一个问题就是叠氮化铅在水和二氧化碳存在的条件下分解并释放出剧毒的叠氮酸蒸汽,这种气体不仅会损害健康,并且能与铜或其他含有金属的装置(管道、缆线和套管)反应,生成感度高和危险的爆炸物,如叠氮化铜[12-14],它在过去导致了很多致命事故,使得美国海军不得不采用毒性更强的 5 - 硝基四唑(DXN - 1)来代替叠氮化铅[12]。在美国还有一个最重要的问题是对能否提供质量合格的叠氮化铅的担忧。越南战争时期,美国采用英国关于 RD1333 型叠氮化铅的生产方法,大规模生产专用叠氮化铅(SPLA,后面将详细讨论),该过程的批产量可达 7.7kg,随后的大规模生产总共生产了 500000kg 的 SPLA,其中接近一半在战时没有消耗掉,转而用于军事战略储备[15]。此后,美国军方和军火承包商依靠储备的 SPLA 进行供应和消耗,该物质除了基本运费外,生产成本很低。因此,它是一种利润低而风险高的产品,基本没有什么吸引力促使其他机构或公司生产满足军用标准的产品。这种状态一直都维持得比较好,直到最近随着库存物资不可避免地减少,并且质量问题一直存在,这才出现了新问题。尽管一些新型、高质量的叠氮化铅已在美国一些地方生产了,但为了满足日益提高的环境限制标准,迫切需要发展新型绿色起爆药,从而为寻找叠氮化铅替代物提供了良好的机会。

5.1.3　传统起爆药

5.1.3.1　叠氮化铅(LA)

叠氮化铅($Pb(N_3)_2$),在一些旧的文献中还被称为氢化氮化铅、三氮化铅或是氮化铅[16]。20 世纪 20 年代左右,这个化合物就已出现,这在很大程度上归功于它独特的混合特性和可制备性。它具有一系列特点:相当长的化学和热稳定性,可靠、快速起爆性和制备简便性,决定了它的综合性能优于其他替代物。从生产成本和产量的层面上看(对于军用和商业生产具有重要的意义),该物质具有价廉和生产简单等特点(有时较危险),便于大规模生产。

与其他金属叠氮物相似,最初发现叠氮化铅的也是氮化学之父 Theodor Curtius,他是在 20 世纪 80 年代后期[17]发现的,他相继发现了肼和叠氮化氢(常称作叠氮酸)。叠氮化铅具有四种晶型:α、β、γ 和 δ,其中 α 晶型最为稳定,且是唯一用于炸药的晶型[18]。叠氮化铅的合成是以铅盐为原料,如硝酸铅或乙酸铅与叠氮化钠在水中反应,从表面上看该反应非常简单。然而,同其他大多数起爆药一样,粒径、形态、表面活性剂和包覆层决定了产物的性能是否满足应用以及安全性需求。为此,从 20 世纪 90 年代开始发展了多种类型的叠氮化铅,最重要的有以下几种类型:

(1) 糊精叠氮化铅(DLA)[8,14,15]。被认为是当前商业应用中最安全和最常见的一类叠氮化铅,它最早是美国在 1931 年[8]为了避免当时生产纯叠氮化铅时易发生意外爆炸事故而采取的一种解决途径。该物质的特点是引入了短链环糊精——这是一种多糖类物质,尽管会降低部分性能并增加吸湿性[15],但它避免了大的碎裂晶体的形成,从而能有效降低感度。

(2) 应用型叠氮化铅(SLA)[8,14,15]。是由英国开发的一种叠氮化铅,它并不含包覆层,但加入了添加剂乙酸和碳酸钠,为钝感(与针状晶体相比)的球形叠氮化铅的析出提供晶核。SLA 爆炸性能较 DLA 和 RD1333/SPLA 好,但感度较高。

(3) RD1333 和专用叠氮化铅(SPLA)[8,15]。虽然两者的制备途径有些差别,但英国生产的 RD1333[19]和后来美国发展的 SPLA 非常相似,它们有着几乎相同的性能/规格,且都使用羟甲基纤维素(CMC)的钠盐作为降感剂。因此,在美国,这两个名词可以互换使用。制备该物质的目的是使性能优越的叠氮化铅应用于小型雷管装药,同时保持 DLA 高安全性的特点。如上所述,SPLA 在美国军用叠氮化铅储备量(20 世纪 60 年代)中占的比例很大。

(4) 应急型叠氮化铅(ODLA)[20]。是近年来才发展起来的(同其他类型 LA相比)。美国军方 ARDEC 建立了这种叠氮化铅的符合军用标准规范的生产过程,生产的叠氮化铅的性能可达到 RD1333 的标准,因此 ODLA 可等同于 RD1333 和SPLA。它的优点是可按需、连续地生产,避免了大批量处理此类物质的危险性。小的占地面积和低成本的生产装置意味着可随时随地建立生产线,能降低昂贵的运输费用和危险性。2012 年,美国军已经生产出质量合格的 ODLA,目前正在进行大规模装载操作的评估工作。

如前所述,除了铅含量高的问题外,叠氮化铅应用的另一个缺点是在室温下,它会发生缓慢分解:

$$2Pb(N_3)_2 \xrightarrow[H_2O]{CO_2} PbCO_3 \cdot Pb(OH)_2 + 4HN_3\,(g)$$

反应式(5.1)在二氧化碳和水存在下叠氮化铅分解过程[12]

该反应不仅降低了炸药的性能,且分解所得的氨气会和与其接触的金属表面反应,最明显的是铜管道和黄铜装置[21]。这种情况导致叠氮化铅操作、储存过程发生了多起事故,另外还会发生炸药的过早点火现象,这些都是由上述反应造成的。

5.1.3.2　斯蒂芬酸铅(LS)

斯蒂芬酸铅(又称三硝基苯二酚铅)有两种状态:标准态(2,4,6-三硝基间苯二酚铅)和碱性态,在 20 世纪时与叠氮化铅受到同等关注。与叠氮化铅相比,爆炸能量输出稍小,但其引发更可靠,能产生更多的热量。鉴于此,它可以应用在一些单纯用叠氮化铅难以引爆的起爆装置中,包括应用于撞击底火以及针刺和电引发雷管的初级炸药配方中。在底火中使用斯蒂芬酸铅的主要优点是,它不会过多地产生腐蚀枪管和炮管的残余物。斯蒂芬酸铅的制备遍及全球,包括美国和欧洲的 14 个生产基地,截至 2011 年,对该物质在欧洲的生产总量的评估结果显示其产量为 10~100t/年[22]。

最早合成的斯蒂芬酸铅的形态是碱性斯蒂芬酸铅,合成于 1874 年,通过三硝基间苯二酚镁和硝酸铅在酸性水溶液中反应制得[23]。当与叠氮化铅一起组成新配方时,碱性斯蒂芬酸铅非常有效,如混合组分 NOL-130,因为它的碱性特征不会加剧叠氮化铅的水解趋势[24]。直到 1914 年 Herz 才报道称制备出了标准态的斯蒂芬酸铅,他后来对此方法进行了改进和推广[25]。尽管碱性斯蒂芬酸铅有更好的热稳定性,并与叠氮化铅之间有更好的相容性,但标准态的斯蒂芬酸铅的晶型更容易控制[26]。这两者至今都仍在生产和使用。

5.2　候选绿色起爆药

真正的绿色起爆药除了不含重金属和低毒性的要求外,还需要满足很多标准,通常认为起爆药应具有时间上小于 $1\mu s$ 和空间上小于 1mm 的 DDT 过程,关键的是起爆药应在安全可靠的基础上具有一定的冲击和摩擦感度,即可进行安全操作。且必须具备一定的热稳定性(分解温度大于 200℃)和化学稳定性,比如能在较宽的温度范围内进行长时间储存并保持其性质不变。在弹药应用方面,例如作为底火中叠氮化铅的替代物,就不能产生过多腐蚀枪管的残留物。它还必须与雷管、底火和导爆索装置中的其他材料具有很好的相容性。这些材料包括装置的结构材料,如不锈钢、铝等,以及一些常用炸药,如 RDX、HMX、PETN 和 CL20 等。它还应该与底火和针刺雷管装药中的常用组分相容且能混合使用,如三硫化二锑和硝酸钡等。另外,由于水常作为满足起爆药安全储存和操作要求的降感物质,所以也要求此类物质不溶或难溶于水,以免重结晶。因此,制备过程所用的试剂和溶剂,及所形成的废料应该是良性和环境友好的。最后,替代物的制备方法应是简单、经济、安全的,且批量生产规模至少应达到 0.5kg,这和前述的几项要求同等重要。基于以上苛刻的要求,可以理解为什么上世纪研究人员没有动力去寻找替代叠氮化铅和斯蒂芬酸铅的物质。然而,过去对炸药而言,低成本是其最大的优点,但是现在对炸药的生产、储存和处理有了新的更加昂贵的环境限制,为开发其替代物提供了良机。

多种具有前景的叠氮化铅和斯蒂芬酸铅替代物将在本节详细讨论,包括正在开发的或已实际应用的替代物。表 5.3 列出一系列该类物质,分为更适合用于绿色雷管的候选材料(叠氮化铅的替代物)和可用于绿色底火的候选材料(斯蒂芬酸铅的替代物)。

表 5.3　雷管和底火用无铅起爆药汇总

雷管用候选材料	底火用候选材料
叠氮化银	KDNP
DDNP	KDNBF
NHN	MIC
DBX – 1	红磷
BNCP	TTA
	DDNP

5.2.1　无机化合物

5.2.1.1　叠氮化银(SA)

20 世纪,一些机构对叠氮化银(AgN_3)在初级含能材料方面的应用开展了研究[16,27-31],同时关注了它在其他一些领域的应用,如摄影用感光乳液等[18](但幸亏它不是爆炸物),直到最近才对其在雷管中替代叠氮化铅的应用开始研究。与其他材料相比,叠氮化银具有化学稳定和爆炸性能好等优点,且在微型起爆装置中已有很好的应用[15]。最关键的是与叠氮化铅相比,叠氮化银在水和二氧化碳存在的条件下不会分解。虽然,近期 Klapötke[32]开始研究双叠氮离子[$Ag(N_3)_2$],但迄今为止人们研究最多的叠氮化银还是单叠氮化合物。

与铅相比,银的毒性和污染性小,除非剂量过大,它不会对人或其他脊椎动物造成太大损害,并且银离子有良好的抗菌性能,几个世纪以来都用作抗菌剂。不幸的是,没有经过检测和处理的含银废弃物排放至环境后对淡水中的微生物毒害很大,这种潜在的危害会破坏生态。因此,尽管银在某些方面明显优于铅,但把银定义成真正意义上的"绿色"金属还是不太恰当的。

与叠氮化铅类似,氮化银的合成过程较为简单。Curtius 早期的研究表明,用他新发现的叠氮酸(HN_3)(剧毒)和硝酸银的水溶液中混合就可生成叠氮化银并伴随有大量气泡。由于叠氮化银比叠氮化铅的性能好,为此,20 世纪 40 年代,英国军方开发了更为实用的合成方法,以叠氮化钠(NaN_3)作为反应物,主要的改进是将氨水加到反应混合物中,随后缓慢添加酸以形成大粒度的晶体,最后生成流散性好的叠氮化银[31]。后来美国研究人员采用此方法实现了叠氮化银的批量生产

[式(5.2)][27]。

$$AgNO_3 \xrightarrow[\text{2.乙酸}]{\substack{1.\ NaN_3/H_2O \\ NH_4OH}} Ag-N\overset{\oplus}{=}N\overset{\ominus}{=}N$$

反应式(5.2)叠氮化银的合成[27]

　　当然,假如叠氮化银是叠氮化铅的理想替代物,那该物质可能应该在多年前已经得到了更广泛的应用。但相对于铅而言,银的成本过高,成为了叠氮化银应用的最大障碍。因此,除了一些特殊的应用外,大多数起爆药生产商更愿意舍弃性能较好的叠氮化银,而用价格低廉的叠氮化铅。对于针刺雷管来说,叠氮化银的明显缺点是它同四氮烯和硫化锑不相容,后两种成分常用于针刺雷管的起爆药(如 NOL－130)中作为增敏剂,这样才能在撞针刺激下确保起爆药被激发。对于四氮烯而言,组分不相容的结果是形成高感度的四唑叠氮化银,这是一种可导致粉末状和压装炸药自爆的成分[30]。由于美国军方大量使用针刺雷管(如 M55 和 M59 等),如果没有找到四氮烯的替代物将会进一步限制叠氮化银的应用(以前也有相关报道[30])。但未来随着起爆药中使用含铅物质的可行性降低,并且由于环境法规引起的高昂成本,将会使人们更多地考虑叠氮化银。

5.2.1.2　其他无机叠氮化合物

　　自从 Curtius 开始研究叠氮酸以后,很多金属叠氮化物相继合成出来。除叠氮化铅和叠氮化银外,大多数叠氮化物由于多种原因,比如感度过高或过低、毒性高、热性能差、成本高等,不适合用作起爆药,最近的研究中值得关注的是铋和铜的叠氮化物。

　　(1)叠氮化铋。在含能材料领域,铋是一种具有前景的金属,因为它具有低毒性和高密度的特点(在周期表中和铅毗邻)。1927 年[8,33]首次尝试制备了铋的叠氮化物,后来还报道了其他一些有机金属叠氮化合物,但均以失败告终。直到最近才有学者报道了叠氮化铋[$Bi(N_3)_3$]的合成方法,开始得到的是不可分离的反应混合物[34],后来才得到可分离的产物[反应式(5.3)][35,36]。尽管该物质被列为具有高度敏感和爆炸性的材料,但目前还没有关于其爆炸性能及在雷管或底火中应用的报道。

$$BiF_3 \xrightarrow[\text{MeCN}]{Me_3SiN_3} Bi(N_3)_3$$

反应式(5.3)三叠氮铋的合成

　　(2)叠氮化铜。由于叠氮化铜具有极高的 ESD 感度和不可预测的爆炸危险性(甚至可以作为起爆药),它几乎没有替代叠氮化铅的可能性。历史上,大量研究的目的是怎样阻止它产生事故而非研究该物质本身的性能。然而最近的研究发现,叠氮化铜在某些方面可以小规模地应用,例如,可直接应用到微电子机械系统(MEMS)和起爆装药[37]。其他的研究包括利用氧化铜纳米颗粒作为起始原料在单壁碳纳米管(CNT)中制备低感度的叠氮化铜[38,39]。结果显示用碳纳米管包裹的叠氮化铜与其纯物质相比,感度会降低。

5.2.1.3　硝酸肼镍(NHN)

NHN 是最近开发的叠氮化铅的替代物,在此方面,中国和印度的研究人员最关注该化合物的发展[14,40-42]。它本身是一种生态友好型化合物[14],虽然肼的存在会带来一些不安,因为没有配位的分子毒性极强,然而就其性质而言,NHN 更加适合作为叠氮化铅的替代物应用于起爆药。据报道,它具有较高的热稳定性和相对较低的感度,但在光、火焰或热导刺激下可被激发[41]。另外还具有较好的爆炸性能(爆速可达 7000m/s)[14]。

从报道的 NHN 的合成步骤看,过程很简单,即硝酸镍(Ⅱ)与水合肼在水溶液中反应[反应式(5.4)]。研究人员也尝试探索 NHN 的糊精化衍生物,其可显著提高密度[41]。从绿色化学角度来看,该反应的原子利用效率高,唯一的废弃物/副产物是试剂中的水合分子,且反应中间物可循环反应生成产物[40]。当然,用有毒的水合肼作为初始反应物,对环境的影响也不可忽视。

$$Ni(NO_3)_2 \xrightarrow[H_2O]{H_2N-NH_2 \cdot H_2O} \underset{NHN}{Ni(N_2H_4)_3(NO_3)_2}$$

反应式(5.4) NHN 的合成步骤

5.2.1.4　亚稳态分子间复合材料(MICs)

传统的烟火剂是燃料和氧化剂颗粒的混合物(几乎全是金属和金属氧化物),能进行迅速的放热反应,通常伴随着熔融态金属的生成。因此,它们常用于燃烧弹和点焊。典型的例子之一就是氧化铁(铁锈)和铝的放热反应[43]:

$$Fe_2O_3 + 2Al \rightarrow Al_2O_3 + 2Fe$$

这个反应会产生大量的热和熔渣,很适合用作底火药。如前所述,目前底火药一直用有毒的斯蒂芬酸铅与对环境有害的金属/氧化物复合物(例如,硝酸钡和硫化锑)形成的配方(如 FA-956)。因此希望此类配方中引入环境友好的金属/金属氧化物,故从绿色的角度出发,铝热剂基高能量密度材料具有很好的发展前景。但当常规铝热剂的粒径范围超过微米以上时,并不适合用于底火装药,原因很简单:很难被点燃。幸运的是,近几十年来纳米材料技术的发展为此类物质的应用开辟了新的路径。纳米粒子包含数量在 1000 以内的原子,其表面含有 100 个甚至更少的原子。如此大的比表面积意味着燃料和氧化剂颗粒混合物可进行更为充分、迅速的反应[44]。这类铝热剂所用的专有术语有多种,包括超级铝热剂、纳米铝热剂、亚稳态复合材料、亚稳态纳米含能材料(MNC),最常见的名称是亚稳态分子间复合材料(MIC)。对于这类物质过去几十年已有深入研究[44-52],纳米铝是最常用的燃料,因为它能量高、性能已知且易得。MIC 中常用的金属氧化剂有铋(Ⅲ)的三氧化物(氧化铋)和钼(Ⅵ)的三氧化物(氧化钼):

$$Bi_2O_3 + 2Al \rightarrow Al_2O_3 + 2Bi$$

$$MoO_3 + 2Al \rightarrow Al_2O_3 + Mo$$

燃料和氧化剂颗粒通过适当形状混合形成均一的混合物对于获得高效的 MIC 是非常关键的,因为表面接触程度越大反应越迅速。实验室规模下,通常是对悬浮在有机溶剂中的颗粒进行超声波处理,比如己烷或异丙醇[47],待溶剂挥发后形成充分混合的样品(图 5.3)。但这种工艺或步骤在实际中不能放大,且不能满足底火装药要求。同时出现的技术难题还有干燥的 MIC 粉末具有较高的 ESD(静电火花感度)和摩擦感度(尤其当其氧化剂为 Bi_2O_3 时),并且制备过程需要大量的有机溶剂。从环境角度讲,在水中混合和制备此类物质是最可取的方法,但对于 MIC 来说,纳米铝和其他金属氧化物长时间暴露于潮湿的空气和水中时会发生降解,铝会缓慢反应生成氢氧化铝[43],钼的氧化物可形成钼酸[53]。Puszynski 关于有机酸包覆剂和其他添加剂的相关工作有助于解决此类问题,并首次将水作为处理介质用于 MIC – 基底火药的制备,这样就避免了对干燥的 MIC 颗粒进行处理的危险性[54]。另外,近几年来,美国陆军和海军在 SERDP 和 ESTCP 项目的联合研究[55,56]推动了这方面的发展,尤其铝/氧化铋 MIC 材料在军用底火药中应用的成功范例,如陆军用底火药#41 和海军 PVB – 1/A。因此 MIC 材料被认为可作为传统底火药配方中的有效替代组分,从而可以避免使用有毒的斯蒂芬酸铅、三硫化二锑和硝酸钡。

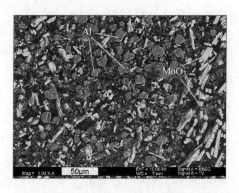

图 5.3　典型的 MIC 的扫描电镜图。文献[51]授权转载

5.2.1.5　红磷

磷作为一种重要的成分在含能材料领域已广泛应用,特别是在烟火剂方面[43]。该元素有两种同素异构体:白磷(P_4)和红磷(多聚体),白磷在烟火剂配方中应用较多,另外在其他方面也有应用,但它的蒸气和固体毒性都较高,在50℃甚至更低温度下会自燃,且很难熄灭。基于以上原因,白磷将会慢慢被淘汰[57]。红磷则越来越受到更多的关注,纯红磷的毒性小且环境无害,不挥发,难溶于水,不易被人体吸入[58]。但是,红磷易被有毒的白磷污染,更糟糕的是,其易与空气和水蒸气发生缓慢反应,形成有毒性气体磷化氢(PH_3)和腐蚀性强的磷酸。尽管配方中使用包覆剂可在一定程度上降低其活性,但高温和碱性条件会增加此反应活性。此外,军用弹药的测试结果表明,红磷的加入会导致一些意外的爆炸,因此从安全

角度讲它是危险物质[57]。尽管存在以上问题,但红磷已开始在底火药中应用。最早有关红磷的应用报道是 1940 年的一项专利,它和氧化剂硝酸钡以及作为燃料和摩擦感度增敏剂的三硫化二锑[59]混合形成底火药[59]。后来的研究发现,底火药配方中含铜或镍会加速其分解,红磷的应用再次得到发展[60]。在红磷中加入其他爆炸成分后应用于炸药中也有报道[61]。最近,Busky 等的一项专利又使红磷再次得到关注,专利中作者用金属氧化物包覆红磷颗粒以提高它的稳定性,降低其在老化过程中的分解危险性[62]。

5.2.2　有机金属化合物

5.2.2.1　四唑

除无机叠氮化物以外,四唑基团取代的化合物作为起爆药替代物可能已经受到了很多的关注。四唑是五元芳香环,环上包含四个氮原子和一个在 5 位上的碳原子。初始的四唑分子中含两个氢原子,一个连接在碳原子上,另外一个位于氮环两种异构位置的任意一处(图 5.4)。

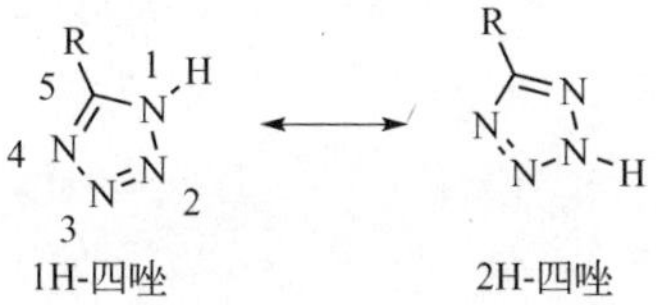

R=H, NO$_2$, N$_3$, N-NO$_2$, 等

图 5.4　四唑和常规起爆药用的四唑衍生物

四唑化合物由于感度太高,几乎不能在炸药中实际应用[63],但可通过在碳原子上进行改性来克服这一缺陷。5 - 硝基四唑(R = NO$_2$)和 5 - 硝唑(R = N - NO$_2$)可能是炸药用四唑最常见的取代物,下面会详细描述。对 5 - 偶氮四唑(四唑叠氮化物,R = N$_3$)也进行过研究,但在安全操作的前提下过于敏感[64]。除了 5 位外,存在于 N 原子上的氢原子呈酸性,容易被金属或有机阳离子取代。这对于一般炸药来说是有利的,因为盐往往具有低挥发性和高热稳定性。金属盐还有助于降低撞击和摩擦感度,这对于起爆药而言是非常有利的。事实上,尽管对纯四唑有机物也有过研究,但大多数实际应用在起爆药中的 5 - 硝基四唑为金属盐[65]。5 - 硝基四唑金属盐并不是一个新的化合物,在叠氮化铅开始应用不久后[66,67],它就作为起爆药的替代物一直在研究。从环保角度来看,大多数四唑化合物都属于高氮化合物的范畴,因此,它们的主要分解产物为惰性且无毒的氮气。除了在含能材料领域应用外,四唑也可用于医药和有机合成中[68]。

5.2.2.2　5 - 硝基四唑钠(NaNT)

到目前为止,NaNT 的实际应用是作为一些其他 5 - 硝基四唑金属盐的前驱体,例如 DBX - 1 铜盐(图 5.5),本章在后面将详细描述。因该物质的强吸湿性和易形成不敏感的水合物等特点,故不能很好地应用于起爆药,而 NaNT 的无水材料感度高且处理起来危险。NaNT 于 20 世纪 30 年代在 von Herz[66] 的专利中有过报道,他利用该物质合成了 5 – 硝基四唑的银盐、汞盐、碱性铅盐等。

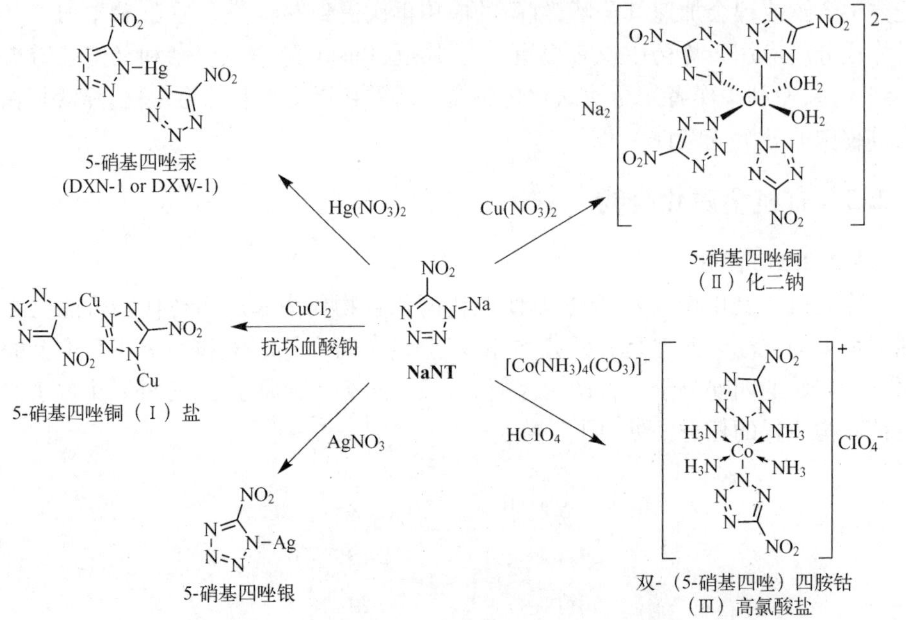

图 5.5 用 5 – 硝基四唑钠合成的经典起爆药

5 – 硝基四唑钠的合成反应是从 5 – 氨基四唑(5 – AT)开始,通过改进的桑德迈尔(Sandmeyer)反应在亚硝酸钠的酸性溶液中氧化 5 – AT,并分离出中间体铜酸盐 CuHNT(NT)$_2$ 的四水合物[反应式(5.5)]。然后它与氢氧化钠溶液反应,生成 CuO 沉淀,分离得到含有产物 NaNT 的溶液。最后通过溶液蒸发和重结晶得到固体产物。反应过程中最大的问题是在反应进行时,反应混合物可能会发生微小的爆炸,尽管威力不太大但可能会损坏玻璃器皿和引起“心理不安”[12],主要原因是生成了危险的 5 – 重氮四唑。20 世纪 70 年代,Gilligan 和 Kamlet 改进了 von Herz 反应。当时他们在合成 5 – 硝基四唑汞(DXN – 1)[12,69] 时发现,在 5 – AT/HNO$_3$ 混合体系中加入极少量的一种二价铜盐可以阻止此类爆炸现象的发生,据推测可能是由于反应能快速将 5 – 重氮四唑转变成无危险性的 5 – 羟基四唑。此外,研究人员通过增加过量亚硝酸钠的方式来改变反应的化学计量,可以改善 CuHNT(NT)$_2$ 的制备过程。否则 CuHNT(NT)$_2$ 的制备过程是个缓慢而且危险的过滤过程。尽管这些改变改进了 NaNT 实验室合成,但微爆炸和过滤问题仍然存在,目前还未找到非常有效的方法实现批量生产。在以 NaNT 为起始原料制备含金属炸药(例如 DBX – 1[70],DXN – 1[12])的反应中还存在一个问题,主要是因为反应要求原料的纯度高,因此需要额外的提纯过程。但 NaNT 溶解性太好,很难在保持高产率的前提下进行此项操作。

反应式(5.5) von Herz 合成 5 - 硝基四唑钠的步骤

5.2.2.3　5 - 硝基四唑铜配位化合物

在绿色起爆药领域,美国洛斯阿拉莫斯国家实验室[71]的研究员 Huynh 和 Hiskey 于 2006 年发表了一篇非常有影响的论文[71]。他们用铁(Ⅱ)、铜(Ⅱ)和反离子如 Na^+ 和 NH_4^+ 合成了一系列基于 5 - 硝基四唑的过渡金属八面体配合物,尽管 5 - 硝基四唑配合物早已广泛研究,但大多数此类物质都含有有毒单元,如 5 - 硝基四唑汞(Ⅱ)(DXN - 1)中含汞,BNCP 中含高氯酸盐。对这两种金属盐的研究发现,在雷管的测试过程中二价铜盐配合物的性能较好。虽然铜和银一样,是动植物中所必需的微量元素,但它很难被称为完全"绿色"的金属,因为它对水生生物来说是有毒的,当然从毒理学方面讲,它比铅更容易被接受。

与其他的 5 - 硝基四唑化合物一样,NaNT 也是合成 5 - 硝基四唑铜(Ⅱ)化二钠的前驱体。该合成反应(图 5.5)是在溶液中进行的,并利用硝酸铜水合物作为金属离子源;最后得到淡蓝色的沉淀产物,再经过滤分离出来[72]。作者报道称该化合物的感度与叠氮化铅基本相当,但爆速较高。当替代叠氮化铅用于 M55 型针刺雷管后,通过测量其钢板的凹槽深度,表明其性能可以满足军用标准要求。尽管性能可以满足要求,但仍未见 5 - 硝基四唑铜(Ⅱ)络合物的实际应用,其主要原因是该物质目前还未进行大规模生产。所制备的产品是针状晶型,最终会形成片状粉末,这就不适合用传统方法向雷管中装填,因为往雷管中装填需要能够流散性好的粒状粉末。在改善其颗粒形状或晶型时,又发现了另一种实用性更好的化合物:5 - 硝基四唑铜(Ⅰ)盐,代号 DBX - 1。

5.2.2.4　5 - 硝基四唑铜(Ⅰ)盐(DBX - 1)

美国海军太平洋含能材料公司(PSEMC)的 Fronabarger 和 Williams 合成了 DBX - 1,并将其发展成叠氮化铅的替代物[70]。该化合物是研究人员在尝试改善前面所提及的 5 - 硝基四唑铜(Ⅱ)八面体络合物的性质时无意中发现的。为了消除 5 - 硝基四唑铜的两个配合水分子,使用了肼作为还原剂,他们发现铜离子自身可以被还原而形成 5 - 硝基四唑铜(Ⅰ)盐,它是一种橙红色的颗粒,是流散性好的单斜晶体,因此就应用来说,DBX - 1 比硝基四唑铜(Ⅱ)化合物更具优势,美国国防部对该物质进行了深入的测试研究。它是目前在 ESTCP 项目计划中可完全取代 RD1333LA 和 SPLA 型(意味着在大多数情况下只需进行等体积替换,没必要对工艺进行改性[73])叠氮化铅的新材料。

DBX-1的合成步骤相对简单,在批量生产上具有优势(见图5.6)。迄今为止,已报道了该物质的两种制备方法:氯化亚铜(I)和NaNT在水溶液中反应[74],或是氯化铜(II)和抗坏血酸钠(维生素C)进行类似的反应,其中抗坏血酸钠作为还原剂将氯化铜(II)原位还原成铜(I)[70]。后一种方法更为可行,因为在控制产物颗粒大小和形态方面效率高且重复性好。另外,该过程对环境影响小,反应完全在水溶液中进行且废料为氯化钠和水。体系中的部分铜可通过加入碱使其以CuO的形式沉淀出来。

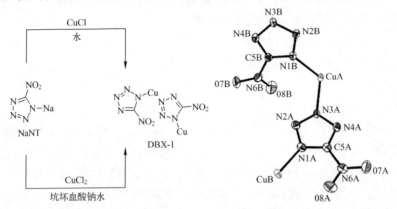

图5.6 DBX-1的合成及其晶体结构

就爆炸性质而言,DBX-1的撞击、摩擦和ESD感度(表5.4)与叠氮化铅相近。其不稳定性和起爆性能也类似于已应用并有实验结果的叠氮化铅。其中包括在雷管和底火药[70,75]中的应用,表明该物质在某些项目中也可代替斯蒂芬酸铅。DSC相容性测试结果表明:DBX-1同常用的雷管用起爆药以及军用炸药的相容性良好,且在高温和潮湿环境下耐氧化能力优于叠氮化铅。

表5.4 DBX-1和标准RD1333型叠氮化铅的比较

化合物	摩擦/N	撞击/J	ESD/μJ	密度/g·cm³	DSC起始温度/℃
DBX-1	0.098	0.036 ± 0.012	12.00	4.80	310
LA(RD1333)	0.098	0.089 ± 0.054	6.75	2.58	320

不过DBX-1也存在不足,同叠氮化铅一样,当存储于水中时它也会缓慢分解[70],但其产物并非有毒的危险性气体HN_3,而是生成溶解性好的硝基四唑铜(II)配合物,可被冲洗掉。从生产的角度来看,目前该物质的合成是以NaNT为起始原料,如上所述,此化合物在安全生产和规模化生产方面还存在问题。为了实现DBX-1的批量生产,还需要改进的就是如何提高NaNT的纯度,或是寻找一种新的方法来避免NaNT分离这一步。

5.2.2.5 双-(5-硝基四唑)四胺钴(III)高氯酸盐(BNCP)

BNCP(图5.5)于20世纪90年代开始受到关注,它是20世纪70年代由Sadnia 美国国家实验室和 PSEMC 机构共同研究的含铅起爆药的替代物。该项目最开始的目标是研究另一种相关化合物：五胺（5-氰基四唑）合钴（Ⅲ）高氯酸（CP），这种化合物从 1979 年开始应用于雷管，后来由于发现其会产生少量的毒性气体（CN₂）[76] 而被放弃。在性能方面，由于 BNCP 从燃烧到爆轰的转变迅速（即 DDT 转变），可满足起爆药的要求[41]。同 DBX-1 和其他 5-硝基四唑类炸药一样，NaNT 也是制备 BNCP 的前驱体，并也是限制其大规模生产的原因。另外，虽然钴的毒性比铅低，但该物质含有高氯酸盐，因此也不属于绿色炸药。然而 BNCP 仍在生产，并试图在一些领域中应用，如飞机灭火系统等。

5.2.2.6　其他四唑类物质

文献中也报道过一些其他的四唑类炸药，但目前实际应用的类型较少。这里介绍一个特殊的类型（图 5.7）：1,5-二氨基四唑与金属如铜（Ⅱ）和铁（Ⅱ）的配位化合物，即所谓的 DFeP 和 DCuP。美国洛斯阿拉莫斯国家实验室[77] 和 SERDP 项目[78] 对此类物质进行了研究，发现它们可作为制式起爆药的替代物。但含有高氯酸盐这一问题令它们在绿色化学方面不受重视。Klapötke 团队还研究了其他一些前景可观的起爆药替代物，包括双（1-甲基-5-硝胺基四唑）铜（Ⅱ）[79] 和 5-硝胺基四唑钙[80] 等 5-硝胺基四唑化合物，测试结果表明后者在底火药中容易被激发。

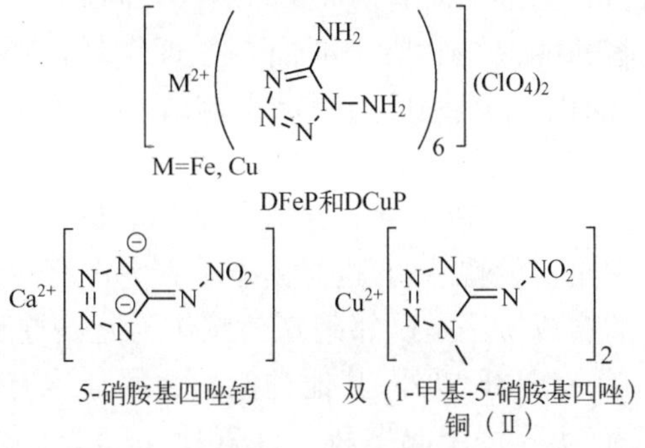

图 5.7　1,5-二氨基四唑的配位化合物（DFeP 和 DCUP）

5.2.2.7　2-重氮-4,6-二硝基苯酚（DDNP）

除了叠氮化铅、斯蒂芬酸铅和四氮烯，DDNP（有时被称作 Dinol）也是从 20 世纪早期开始在起爆药应用方面研究最为广泛的物质。由于历史悠久，它被认为是较传统的起爆药。因其性能出色且不含铅或其他重金属，DDNP 或 KDNBF（后面将讨论）都可作为商业"绿色底火"用炸药。20 世纪 90 年代的一些专利就是以基于"绿色"DDNP 底火为主题的，同时各大军火公司又各自发展了属于他们自己的含 DDNP 的炸药配方，详见文献[81-84]。但是从军事应用角度来看，DDNP 并不适用于一些苛刻的环境，例如在极端寒冷的天气中，它的可靠性不好，主要是由于其摩擦感度和火焰温度都很低[85]。此外，早期有报道指出，DDNP 与叠氮化铅的相容性不好[86]，因此不能用于取代针刺雷管中的常用配方，如 NOL-130 中的斯蒂芬酸铅，因为针刺雷管常用配方中的组分主要为叠氮化铅和斯蒂芬酸铅的混合物。

除了用作起爆药,DDNP 还在化学历史发展过程中扮演过重要的角色。它于 1858 年由 Peter Griess 首次合成,并成为由他所开创研究的当今著名的重氮化反应[2,87]的基础。在结构上,DDNP 是一种苦味酸的衍生物,用苦味酸和亚硝酸盐(图 5.8)在酸性溶液中制得。多年来人们对其具体结构一直存在争议,早期的研究显示其结构为重氮基和酚氧基结合形成的闭合双环结构[2]。即使 1987 年报道[88]了 DDNP 的晶体结构,但在准确的共振结构[89]上仍存在争议。

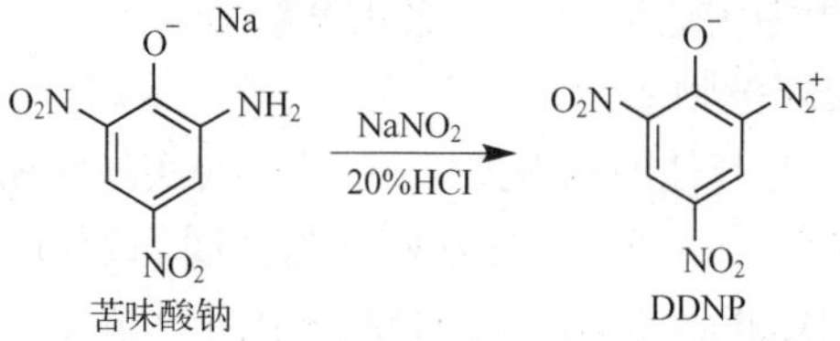

图5.8　由苦味酸合成二硝基重氮酚(DDNP)

5.2.2.8　二硝基苯并氧化呋咱钾(KDNBF)

二硝基苯并氧化呋咱钾(4,6 – 二硝基 – 7 – 羟基 – 7 – 氢化苯并氧化呋咱钾)是一种无重金属的起爆药,它的发现可以追溯到 1899 年[90]。同 DDNP 一样,在绿色烟火剂方面它是可以用来替代叠氮化铅的物质,国防部门一直致力于对该化合物及其同系物的研究[91,92],这方面已经有了许多商业专利和专利申请,详见文献[81,85,93,94]。

KDNBF 是以 4,6 – 二硝基 – 苯并氧化呋咱和氢氧化钾的迈森海默反应加合物的形式存在,可以由 4,6 – 二硝基 – 苯并氧化呋咱和碳酸氢钾反应合成。该碱性化合物在常见炸药中是比较特殊的,这是由于尽管它没有酸性质子,但还是可以很容易形成盐。传统的合成方法是以邻硝基苯胺作为起始原料,可以实现规模合成,见反应式(5.7)。除 KDNBF 以外,其他类似的金属盐也有报道(例如银、钠和钡等)[95],但它们并没有实际用于起爆药。自 20 世纪 50 年代以来,尽管 KDNBF 的真实结构一直没有弄清楚[96],但它一直被用于商业和军用点火药[96]。虽然该物质应用较广,但并未能替代斯蒂芬酸铅。原因之一是其热稳定性较含铅化合物差,DSC 实验结果表明,标准斯蒂芬酸铅的热分解温度约为 280°C,但也有报道称 KDNBF 的热分解温度低至 217°C[97]。最近有研究人员已通过化学改性改善了这个问题,得到了硝基苯并呋咱的改性物,如 KDNP[98],将在下节论述。

反应式(5.7)KDNBF 的合成[91]

5.2.2.9　4,6－二硝基－7－羟基苯并氧化呋咱钾(KDNP)

虽然 KDNP 的合成可追溯至 1983 年,但直到最近才由于其可能替代斯蒂芬酸铅而重新得到了重视[97-99]。在替代 DBX－1 方面,目前美国海军方面联合 PSEMC 组织正在对 KDNP 进行联合攻关[98]。该化合物在爆炸性能方面极其类似于斯蒂芬酸铅,已在撞击底火、脉冲起爆器和其他起爆材料中进行过测试[98,100]。

在结构上,该化合物与 KDNBF 有区别:少一个氢原子。此微小的差异导致苯并氧化呋咱环具有芳香族性质,因此相比于 KDNBF,KDNP 的稳定性有所增加,DSC 实验结果表明,KDNP 的实际分解温度约为285℃,比 KDNBF 的分解温度(217℃)高,与斯蒂芬酸铅(280~290℃)相当[98]。制备 KDNP 有多种途径,其中最常用的方法[101]都需要用水,但试验结果表明水会残留在产物中,会导致形成不希望的高感度的针状产物,故为了应用就需要重结晶。因此,需要寻找一种新的无水合成方法(图 5.9)[98]。

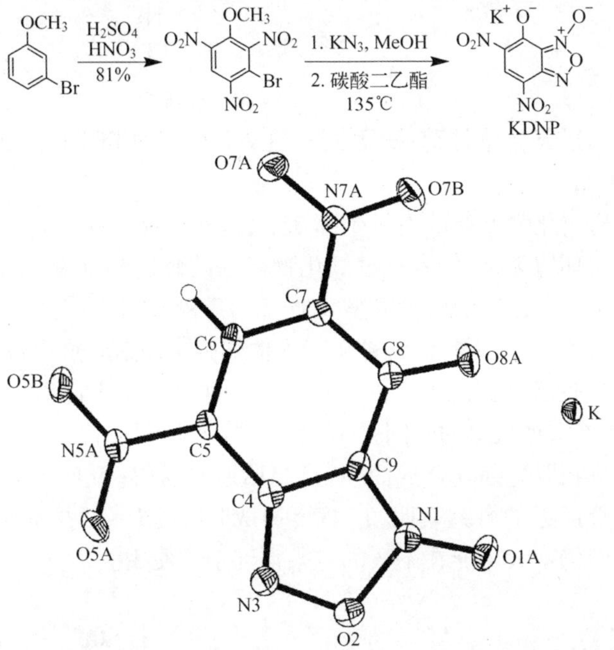

图 5.9　合成 KDNP 的优先方法,(晶体结构中椭圆体代表此种晶型
出现的几率为50%,文献[98]]授权转载)

5.2.2.10　三聚环氯脒(CTA),三叠氮化三嗪(TTA)

三聚环氯脒是另一种不含金属的起爆药用化合物,它已存在了一个多世纪,自从被发现以来就成为研究的焦点[102-105]。就爆炸性能而言,CTA 优于叠氮化铅,这使它成为大中型雷管装药的重要成分,它的 DDT(爆燃到爆轰的快速转变)时间较叠氮化铅稍短,因此不适用于小型雷管。起初对 CTA 的研究指出其感度极高[102],且在高温下有升华的倾向[105]。最近美国陆军 ARDEC 机构在匹克泥汀兵

工厂对该物质进行过研究,他们专注于通过改善合成路径的方式来对其进行降感。以前的合成方法会形成粒径大、感度高及针状、易碎的晶体,新的合成方法可减小颗粒尺寸,使其达到稳定的范围[106],尽管如此,但该化合物的挥发性仍是有待解决的问题。未来 CTA 的发展方向可能会作为针刺雷管装药或底火药配方中的一个组分,因为在底火药中,它已经表现出替代斯蒂芬酸铅的良好前景。

　　合成方面,CTA 是 1847 年法国化学家 Auguste A. T. Cahour[107]首次报道的,而最早将其应用于炸药的专利是 Ott[108]在 1921 年申请的。合成步骤非常简单[反应式(5.8)],即氯化三聚氰与叠氮化钠在丙酮/水混合溶剂中进行一步反应即可。从环保角度来看,在水中的反应是对环境影响比较小的,并且它的副产物主要是 NaCl。

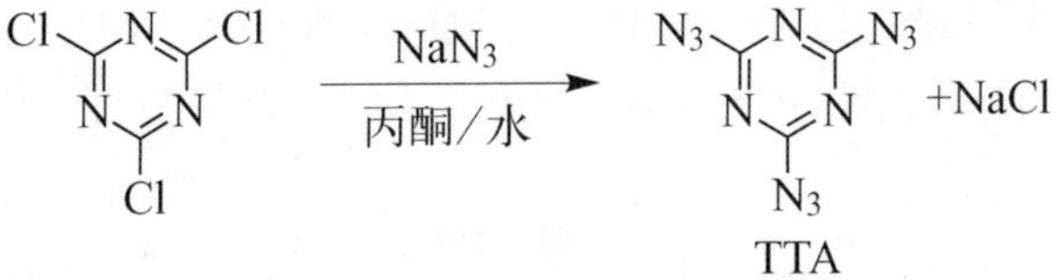

反应式(5.8)TTA 的合成步骤

5.2.2.11　过氧化物炸药:三丙酮三过氧化物(TATP)和六亚甲基三过氧化二胺(HMTD)

　　几乎所有有机化学专业的本科生都知道,过氧化物处理不慎会造成爆炸危险。虽然过氧化物对环境无害,但有机过氧化物极高的感度和挥发性使其难以实际应用。本节给出了研究最广的两种典型物质:TATP 和 HMTD。这两种物质在过去很多年内一直声名狼藉,因为它们常被用于人体炸弹来制造恐怖事件,甚至包括用在 2005 年 7 月 7 日伦敦地铁袭击事件的雷管中。这两种物质自 20 世纪初就已被人们知晓(HMTD 首次被报道的时间是 1885 年[109]),HMTD 曾一度被考虑用于起爆药[2]。业余人员和罪犯因其合成简便,且起始原料易得[反应式(5.9)]而青睐这两种物质。尽管最近的研究表明,TATP 和 HMTD 摩擦感度并不像之前报道的那样高[110],但它们仍不太可能在不久的将来得到正式使用。

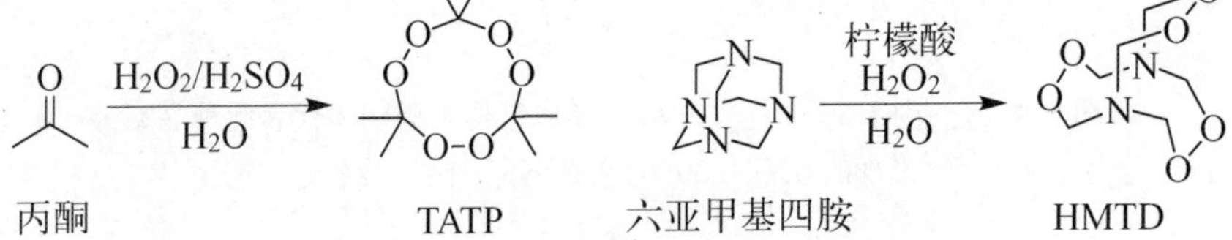

反应式(5.9)TATP 和 HMTD 的合成方法

5.3　结论

　　一个多世纪以来,含铅和汞的起爆药一直占据主导地位,最近几十年来,环境友好型起爆药替代物才得以较快地发展。目前发现新型材料,并要求其性能、产率和成本同叠氮化铅/斯蒂芬酸铅相当,还是一项难题,且候选物质的范围也很小。目前已经实际应用的 DBX-1 是替代叠氮化铅的不错选择,因为其性能同军用小型雷管中的叠氮化铅相似,尽管从环境角度讲其金属含量较高,且仍存在不足(比如其前驱体 NaNT 制备的可行性),但提纯技术的成熟有助于该物质的发展。考虑到目前叠氮化银在商业和军事上有着广泛应用前景且其技术趋于成熟,它仍是不错的选择,虽然因含有银不能作为纯粹的绿色起爆药替代物,但相对于制备含铅化合物所造成的破坏环境的高代价,叠氮化银的应用也在逐渐扩大。在斯蒂芬酸铅替代物的应用方面,比如弹药底火,MIC 技术较为前沿且被证实具备一定的军事应用价值。在商业方面,传统"绿色"底火替代物 DDNP 和 KDNBF 仍在发展,并可能扮演新的角色。无论起爆药的发展方向如何,最重要的是研究人员需掌握不断发展的环境知识和法规,在此前提下充分利用此类材料。

致谢

感谢 KTH 皇家科技研究所 Tore Brinck 教授的邀请,以及他对绿色含能材料发展前沿所做的总结。感谢慕尼黑 Ludwig-Maximilian 大学的 Thomas Klapötke 教授对此文的审阅,尤其是他对新领域(炸药化学)涉足者所给的鼓励。我还要感谢 Sarah Tilley 女士和 Rebecca Ralf 女士对本文初稿的帮助和贡献。

我要感谢 ARDEC 起爆药团队的同事十年来对环境研究必要性的重视,特别是组长 Neha Mehta 夫人、Gartung Cheng 先生、Emily Cordaro-Gioia 女士、Akash Shah 先生和 Kin Yee 先生。我还要感谢 Paritosh Dave 博士和 Daniel Stec 博士对此项目研究所提供的大量帮助,还有 ARDEC 组织的 Reddy Damavarapu 博士给我的帮助和建议。另外我感谢 Steven Nicolich 经理和科室主任 Sanjeev Singh 先生的领导和支持。

我还想再次感谢美国陆军 RDECOM 中的武器环境项目(OEP)对我们和其他从事绿色含能材料研究者的支持。特别感谢 RDECOM 的 Erik Hangel 先生和 Kimberly Watts 夫人以及休斯协会的 Noah Lieb 先生。

我也要感谢给我提供宝贵意见的各位同仁,包括美国 NSWC-IH 的 Jan Puszynski 和 Magdy Bichay,PSEMC 的 John Fronabarger 和 Mike Williams,美国陆军公众健康机构的 William Eck。最后,衷心感谢 Monica Saumoy 对本章所有图的细心检查。

参 考 文 献

[1] Giles, J. (2004) Collateral damage. *Nature*, **427**, 580–581.

[2] Davis, T.L. (1943) *The Chemistry of Powder and Explosives*, GSG & Associates, San Pedro, CA.

[3] Tarver, C.M., Goodale, T.C., Cowperthwaite, M., and Hill, M.E. (1977) Structure/property correlations in primary explosives, Stanford Research Institute, Menlo Park, CA, Final Report 76-2 for U.S. Navy NAVSEASSYSCOM Contract No. N00024-76-C-5329.

[4] Klapötke, T. M. (2012) *Chemistry of High-Energy Materials*, 2nd Edition, Walter de Gruyter GmbH & Co., Berlin.

[5] Hyronimus, F. (1909) Charging of Primers, US Patent 908,674.

[6] Herz, E. (1915) Lead Salt of Trinitroresorcin, British Patent 17961.

[7] Cooper, P.W. (1996) *Explosives Engineering*, Wiley-VCH, New York, NY.

[8] Federoff, B.T. (1960) *Encyclopedia of Explosives and Related Items*, Picatinny Arsenal, Dover, NJ.

[9] Committee on Measuring Lead in Critical Populations, National Research Council (1993) *Measuring Lead Exposure in Infants, Children, and Other Sensitive Populations*, The National Academies Press, Washington, D.C.

[10] Committee on Lead in the Human Environment, National Research Council (1980) *Lead in the Human Environment*, The National Academies Press, Washington, D.C.

[11] Barsan, M.E. and Miller, A. (1996) Lead Health Hazard Evaluation, National Institute for Occupational Safety and Health, Cincinnati, OH, HETA Report 91-0346-2572.

[12] Gilligan, W.H. and Kamlet, M.J. (1976) Synthesis of Mercuric 5-Nitrotetrazole, White Oak Laboratory, Naval Surface Weapons Center NSWC/WOL/TR 76-146.

[13] Meyer, R., Köhler, J., and Homburg, A. (2007) *Explosives: Sixth, Completely Revised Edition*, Wiley-VCH, Weinheim.

[14] Agrawal, J.P. (2010) *High Energy Materials: Propellants, Explosives, and Pyrotechnics*, Wiley-VCH, Weinheim.

[15] Costain, T. and Wells, F.B. (1977) Processes for the manufacture of lead and silver azide, in *Energetic Materials Volume 2: Technology of the Inorganic Azides* (eds. H.D. Fair and R.F. Walker), Plenum Press, New York, NY, USA, pp. 11–54.

[16] Taylor, G.B. and Cope, W.C. (1917) Initial Priming Substances for High Explosives, U.S. Dept of the Interior, Bureau of Mines Technical Paper 162.

[17] Bräse, S. and Banert, K. (2010) *Organic Azides Synthesis and Applications*, John Wiley & Sons Ltd., Chichester, UK.

[18] Richter, T.A. (1977) Synthesis and the chemical properties, in *Energetic Materials Volume 1: Physics and Chemistry of the Inorganic Azides* (eds. H.D. Fair and R.F. Walker), Plenum Press, New York, pp. 15–86.

[19] Taylor, G.W.C. and Napier, S.E. (1966) Preparation of Explosive Substances Containing Carboxymethyl Cellulose, US Patent 3,291,664.

[20] Perich, A., Cordaro, E.A., Cheng, G. *et al.* (2008) On-Demand Lead Azide Production, US Patent 7,407,638.

[21] Warren, K.S. and Rinkenbach, W.H. (1942) Study of the Action of Lead Azide on Copper, Picatinny Arsenal Report No. 1152.

[22] European Chemicals Agency (2011) Annex XV – Identification of Lead Styphnate as SVHC.

[23] Griess, P. (1874) Ueber Einwirkung von Salpeter-Schwefelsäure auf Orthonitrobenzoësäure, *Berichte*, **7**, 1223.

[24] Taylor, G.W.C. and Thomas, A.T. (1962) Lead Styphnate Part 4: The Monobasic Lead Salts of Trinitroresorcinol, Polymorphic Modifications and the Development of R.D. 1346 and R.D. 1349, Explosives Research & Development Establishment Report No. 9/R/62.

[25] Herz, E. (1935) Manufacture of Lead Styphnate, US Patent 1,999,728.

[26] Taylor, G.W.C. and Thomas, A.T. (1975) Manufacture of Basic Lead Styphnate, US Patent 3,894,068.

[27] Costain, T. (February (1974)) A New Method for Making Silver Azide in a Granular Form, Picatinny Arsenal Technical Report 4595.

[28] Klapötke, T.M. and Rienacker, C.M. (2001) Drophammer test investigations on some inorganic

and organic azides. *Propellants, Explosives, Pyrotechnics*, **26** (1), 43–47.

[29] Millar, R.W. and Hamid, J. (2003) Lead-free initiator materials for small electro-explosive devices for medium caliber munitions, *SERDP Project PP*-1306 *Final Report*.

[30] Spear, R.J., Redman, L.D., and Bentley, J.R. (1983) Sensitization of high density silver azide to stab initiation, Department of Defence Materials Laboratory Report MRL-R-881.

[31] Taylor, G.W.C. (February (1950)) The Manufacture of Silver Azide R.D. 1336, Explosives Research & Development Establishment Report No. 2/R/50.

[32] Klapötke, T.M., Krumm, B., and Scherr, M. (2009) The binary silver nitrogen anion [Ag(N3)2]-. *Journal of the American Chemical Society*, **131**, 72–74.

[33] Vournazos, A.C. (1927) A new group of azido mixed salts. *Zeitschrift fur Anorganische und Allgemeine Chemie*, **164**, 263.

[34] Klapötke, T.M. and Schulz, A. (1997) Group 15 triazides: a comprehensive theoretical study and the preparation of bismuth triazide. *Main Group Metal Chemistry*, **20**, 325–338.

[35] Haiges, R., Rahm, M., Dixon, D.A. *et al.* (2012) Binary group 15 polyazides. structural characterization of [Bi(N3)4]-, [Bi(N3)5]2-, [bipy·Bi(N3)5]2-, [Bi(N3)6]3-, bipy·As(N3)3, bipy·Sb(N3)3, and [(bipy)2·Bi(N3)3]2 and on the lone pair activation of valence electrons. *Inorganic Chemistry*, **51**, 1127–1141.

[36] Villinger, A. and Schulz, A. (2010) Binary bismuth(III) azides: Bi(N3)3, [Bi(N3)4]-, and [Bi (N3)6]3. *Angewandte Chemie International Edition*, **49**, 8017–8020.

[37] Laib, G. (2008) Integrated Thin Film Explosive Micro-detonator, US Patent 7,322,294.

[38] Forohar, F. and Bichay, M. (2011) Single Walled Carbon Nanotubes Activated with Hydrazoic Acid, US Patent 7,879,166.

[39] Pelletier, V., Bhattacharyya, S., Knoke, I. *et al.* (2010) Copper azide confined inside templated carbon nanotubes. *Advanced Functional Materials*, **20** (18), 3168–3174.

[40] Shunguan, Z., Youchen, W., Wenyi, Z., and Jingyan, M. (1997) Evaluation of a new primary explosive: nickel hydrazine nitrate (NHN) complex. *Propellants, Explosives, Pyrotechnics*, **22**, 317–320.

[41] Talawar, M.B., Agrawal, A.P., Chhabra, J.S. *et al.* (2004) Studies on nickel hydrazinium nitrate (NHN) and bis-(5-nitro2H tetrazolato-N2)tetraamino cobalt (III) perchlorate (BNCP): potential lead-free advanced primary explosives. *Journal of Scientific & Industrial Research*, **63**, 677–681.

[42] Chhabra, J.S., Talawar, M.B., Makashir, P.S. *et al.* (2003) Synthesis, characterization and thermal studies of (Ni/Co) metal salts of hydrazine: potential initiatory compounds. *Journal of Hazardous Materials*, **99**, 225–239.

[43] Conklin, J.A. and Mocella, C.J. (2011) *Chemistry of Pyrotechnics: Basic Principles and Theory, Second Edition*, CRC Press Taylor & Francis Group, Boca Raton, FL.

[44] Pantoya, M.L. and Granier, J.J. (2005) Combustion behavior of highly energetic thermites: nano versus micron composites. *Propellants, Explosives, Pyrotechnics*, **30** (1), 53–62.

[45] Asay, B.W., Son, S.F., Busse, J.R., and Oschwald, D.M. (2004) Ignition characteristics of metastable intermolecular composites. *Propellants, Explosives, Pyrotechnics*, **29** (4), 216–219.

[46] Bezmelnitsyn, A., Thiruvengadathan, R., Barizuddin, S. *et al.* (2010) Modified nanoenergetic composites with tunable combustion characteristics for propellant applications. *Propellants, Explosives, Pyrotechnics*, **35** (4), 384–394.

[47] Perry, W.L., Smith, B.L., Bulian, C.J. *et al.* (2004) Nano-scale tungsten oxides for metastable intermolecular composites. *Propellants, Explosives, Pyrotechnics*, **29** (2), 99–105.

[48] Shende, R., Subramanian, S., Hasan, S. *et al.* (2008) Nanoenergetic composites of CuO nanorods, nanowires, and Al-nanoparticles. *Propellants, Explosives, Pyrotechnics*, **33** (2), 122–130.

[49] Yarrington, C.D., Son, S.F., Foley, T.J. *et al.* (2011) Nano aluminum energetics: the effect of

synthesis method on morphology and combustion performance. *Propellants, Explosives, Pyrotechnics*, **36** (6), 551–557.

[50] Bockmon, B.S., Pantoya, M.L., Son, S.F. *et al.* (2005) Combustion velocities and propagation mechanisms of metastable interstitial composites. *Journal of Applied Physiology*, **98**, 064903/1-/7.

[51] Umbrajkar, S.M., Schoenitz, M., and Dreizin, E.L. (2006) Control of structural refinement and composition in Al-MoO3 nanocomposites prepared by arrested reactive milling. *Propellants, Explosives, Pyrotechnics*, **31** (5), 382–389.

[52] Piercey, D.G. and Klapötke, T.M. (2010) Nanoscale aluminum - metal oxide (thermite) reactions for applications in energetic materials. *Central European Journal of Energetic Materials*, **7** (2), 115–129.

[53] Puszynski, J.A., Bichay, M.M., and Swiatkiewicz, J.J. (2006) Wet processing and loading of percussion primers based on metastable nanothermite composites, US Patent 7,670,446.

[54] Puszynski, J.A. (2006) MIC Water Based Loading Evaluation, Innovative Materials and Processes, LLC, Rapid City, SD, Final Report for U.S. Navy contract N00174-05-M-0141.

[55] Middleton, J. (1997) Elimination of Toxic Heavy Metals from Small Caliber Ammunition, Strategic Environmental Research and Development Program (SERDP), Final Report for Project PP/1057/78.

[56] Hirlinger, J. and Bichay, M. (2009) Demonstration of Metastable Intermolecular Composites (MIC) on Small Caliber Cartridges and CAD/PAD Percussion Primers, Environmental Security Technology Certification Program (ESTCP), Final Report for Project WP-200205.

[57] Koch, E.-C. (2008) Special materials in pyrotechnics: V. military applications of phosphorus and its compounds. *Propellants, Explosives, Pyrotechnics*, **33** (3), 165–176.

[58] Salocks, C. and Kaley, K.B. (2003) Red Phosphorus Office of Environmental Health Hazard Assessment (OEHHA), Sacramento, CA, Technical Support Document: Toxicology Clandestine Drug Labs/Methamphetamine, Volume 1, Number 12.

[59] Pritham, C.H., Rechel, E.R., and Stevenson, T. (1940) Noncorrosive Priming Composition, US Patent 2,194,480.

[60] Silverstein, M.S. (1953) Primer, US Patent 2,649,047.

[61] Woodring, W.B. and McAdams, H.T. (1961) Priming Composition, US Patent 2,970,900.

[62] Busky, R.T., Botcher, T.R., Sandstrom, J., and Erickson, J. (2010) Non-toxic, Non-corrosive Phosphorus-based Primer Compositions, US Patent 7,857,921.

[63] Klapötke, T.M., Stein, M., and Stierstorfer, J. (2008) Salts of 1H-tetrazole - synthesis, characterization and properties. *Zeitschrift fur Anorganische und Allgemeine Chemie*, **634**, 1711–1723.

[64] Hammerl, A., Klapötke, T.M., Nöth, H. *et al.* (2003) Synthesis, structure, molecular orbital and valence bond calculations for tetrazole azide, CHN7. *Propellants, Explosives, Pyrotechnics*, **28** (4), 165–173.

[65] Spear, R.J. (1980) 1-Methyl-5-nitrotetrazole and 2-methyl-5-nitrotetrazole Part 1: Synthesis, Characterization, Detection, and Molecular Complex, Australia Department of Defence Materials Research Laboratories Report MRL-R-780.

[66] von Herz, E. (1937) C-Nitrotetrazole Compounds, US Patent 2,066,954.

[67] Klapötke, T.M., Sabate, C.M., and Welch, J.M. (2008) Alkali metal 5-nitrotetrazolate salts: prospective replacements for service lead(II) azide in explosive initiators. *Dalton Transactions*, 6372–6380.

[68] Frija, L.M.T., Ismael, A., and Cristiano, M.L.S. (2010) Photochemical transformations of tetrazole derivatives: applications in organic synthesis. *Molecules*, **15**, 3757–3774.

[69] Gilligan, W.H. and Kamlet, M.J. (1978) Method of Preparing the Acid Copper Salt of 5-Nitrotetrazole, US Patent 4,093,623.

[70] Fronabarger, J.W., Williams, M.D., Bragg, J.G. *et al.* (2011) DBX-1 – a lead-free replacement for lead azide. *Propellants, Explosives, Pyrotechnics*, **36**, 541–550.

[71] Huynh, M.H.V., Hiskey, M.A., Meyer, T.J., and Wetzler, M. (2006) Green Primaries: environmentally friendly energetic complexes. *Proceedings of the National Academy of Sciences of the United States of America*, **103** (14), 5409–5412.

[72] Huynh, M.H.V., Coburn, M.D., Meyer, T.J., and Wetzler, M. (2006) Green primary explosives: 5-nitrotetrazolato-N2-ferrate hierarchies. *Proceedings of the National Academy of Sciences of the United States of America*, **103** (27), 10322–10327.

[73] Thom, T. (2011) Demonstration of DBX-1 as an Alternative to RD-1333 Lead Azide, Environmental Security Technology Certification Program (ESTCP), Project #WP-201109.

[74] Fronabarger, J.W., Williams, M.D., and Sanborn, W.B. (2010) Lead-Free Primary Explosive Composition and Method of Preparation, US Patent 7,833,330.

[75] Mehta, N., Oyler, K.D., and Cheng, G. (2012) Green Replacements for Lead-based Materials and Safe Synthesis and Characterization of Primary Explosives, Proceedings of the 38th International Pyrotechnics Seminar, Denver, CO, USA, pp. 433–443.

[76] Fronabarger, J.W., Sanborn, W.B., and Massis, T. (1996) Recent Activities in the Development of the Explosive BNCP, Proceedings of the 22nd Annual International Pyrotechnics Seminar, 645–652.

[77] Huynh, M.H.V. (2009) Explosive Complexes, US Patent 7,592,462.

[78] Bichay, M. and Hirlinger, J. (2004) Final report: new primary explosives development for medium caliber stab detonators, SERDP Project PP-1364.

[79] Geisberger, G., Klapötke, T.M., and Stierstorfer, J. (2007) Copper bis(1-methyl-5-nitriminotetrazolate): a promising new primary explosive. *European Journal of Inorganic Chemistry*, 4743–4750.

[80] Fischer, N., Klapötke, T.M., and Stierstorfer, J. (2011) Calcium 5-nitriminotetrazolate–a green replacement for lead azide in priming charges. *Journal of Energetic Materials*, **29** (1), 61–74.

[81] Bjerke, R.K., Ward, J.P., Ells, D.O., and Kees, K.P. (1990) Primer Composition, US Patent 4,963,201.

[82] Mei, G.C. and Pickett, J.W. (1992) Nontoxic Priming Mix, US Patent 5,167,736.

[83] Erickson, J.A. (1998) Lead-free centerfire primer with DDNP and barium nitrate oxidizer, US Patent 5,831,208.

[84] Guindon, L. and Allard, D. (1995) Low Toxicity Primer Formulation, US Patent 5,388,519.

[85] Sandstrom, J., Quinn, A.A., and Erickson, J. (2011) Non-toxic, Heavy-metal Free Sensitized Explosive Percussion Primers and Methods of Preparing the Same, US Patent Publication 2011/0239887.

[86] Clark, L.V. (1933) Diazodinitrophenol, a detonating explosive. *Industrial & Engineering Chemistry*, **25**, 663–669.

[87] Heines, S.V. (1958) Peter Griess–Discoverer of diazo compounds. *Journal of Chemical Education*, **35** (4), 187.

[88] Lowe-Ma, C.K., Nissan, R.A., and Wilson, W.S. (1987) Diazophenols–Their Structure and Explosive Properties, Naval Weapons Center, China Lake, Ca NWC TP 6810.

[89] Holl, G., Klapötke, T.M., Polborn, K., and Rienäcker, C. (2003) Structure and bonding in 2-Diazo-4,6-dinitrophenol (DDNP). *Propellants, Explosives, Pyrotechnics*, **28** (3), 153–156.

[90] Drost, P. (1899) III. Ueber nitroderivate des o-dinitrosobenzols. *Justus Liebigs Annalen der Chemie*, **307**, 49–69.

[91] Costain, T. (1970) Investigation of Potassium Dinitrobenzofuroxan (KDNBF) to Provide Data Necessary for the Preparation of a Military Specification, Picatinny Arsenal, Picatinny, NJ Technical Report 4067.

[92] Norris, W.P. and Spear, R.J. (1983) Potassium 4-hydroxyamino-5,7-dinitro-4,5-dihydrobenzofurazanide 3-oxide, the first in a series of new primary explosives, Department of Defence Support, Materials Research Laboratories, Melbourne, Victoria, Australia, MRL-R-870.

[93] Pile, D.A. and John, H.J. (2012) Bismuth Oxide Primer Composition, US Patent Publication 2012/0125493.

[94] Carter, G.B. (1995) Primer Compostions Containing Dinitrobenzofuroxan Compounds, US Patent 5,538,569.

[95] Spear, R.J. and Norris, W.P. (1983) Structure and properties of the potassium hydroxide-dinitrobenzofuroxan adduct (KDNBF) and related explosive salts. *Propellants, Explosives, Pyrotechnics*, **8**, 85–88.

[96] Brown, N.E. and Keyes, R.T. (1965) Structure of Salts of 4,6-Dinitrobenzofuroxan. *The Journal of Organic Chemistry*, **30** (7), 2452–2454.

[97] Fronabarger, J.W., Williams, M.D., Sanborn, W.B. *et al.* (2007) Preparation, characterization, and output testing of salts of 7-hydroxy-4,6-dinitrobenzofuroxan. *Safe J*, **35** (1), 14–18.

[98] Fronabarger, J.W., Williams, M.D., Sanborn, W.B. *et al.* (2011) KDNP – A lead free replacement for lead styphnate. *Propellants, Explosives, Pyrotechnics*, **36**, 459–470.

[99] Fronabarger, J.W., Williams, M.D., and Hartman, S. (2007) Final Report on the Investigation of the Alternatives to Lead Azide and Lead Styphnate, Pacific Scientific Energetic Materials Company NSWC-IH Contract N00174-06-C-0079.

[100] Fronabarger, J.W. and Williams, M.D. (2009) Lead-free primers, US Patent Application 2009/0223401.

[101] Norris, W.P., Chafin, A., Spear, R.J., and Read, R.W. (1984) Synthesis and thermal rearrangement of 5-chloro-4,6-dinitrobenzofuroxan. *Heterocycles*, **22**, 271.

[102] Taylor, C.A. and Rinkenbach, W.H. (1923) Preparation and detonating qualities of cyanuric triazide, U.S. Bureau of Mines Reports of Investigation Report No. 2513.

[103] Mehta, N., Cheng, G., Cordaro, E.A. *et al.* (2011) Lead free detonator and composition, US Patent 7,981,225.

[104] Gillan, E.G. (2000) Synthesis of nitrogen-rich carbon nitride networks from an energetic molecular azide precursor. *Chemistry of Materials*, **12**, 3906–3912.

[105] Kast, H. and Haid, A. (1924) The explosive properties of the most important initiating explosives. *Angewandte Chemie*, **38**, 43–52.

[106] Mehta, N., Cheng, G., Cordaro, E.A. *et al.* (2009) Modified ARDEC Triazine Triazide (TTA) Synthesis, U.S. Army ARDEC Technical Report ARMET-TR-09019.

[107] Headquarters, U.S. Department of the Army (1984) *Military Explosives, Department of the Army Technical Manual TM 9-1300-214*, U.S. Department of the Army, Washington, D.C.

[108] Ott, E. (1921) Explosive (tritriazotriazine), US Patent 1,390,378.

[109] Legler, L. (1885) Ueber producte der langsamen verbreunnung des aethylathers. *Berichte der deutschen chemischen Gesellschaft*, **18** (2), 3343–3351.

[110] Matyas, R., Selesovsky, J., and Musil, T. (2012) Sensitivity to friction for primary explosives. *Journal of Hazardous Materials*, **213–214**, 236–241.

[111] Dubnikova, F., Kosloff, R., Almog, J. *et al.* (2005) Decomposition of triacetone triperoxide is an entropic explosion. *Journal of the American Chemical Society*, **127**, 1146–1159.

第 6 章

含能四唑氮氧化物

Thomas M. Klapötke, Jörg Stierstorfer

(化学与生物化学系,含能材料研究组,慕尼黑大学,德国)

6.1 引言

本章主要介绍含能四唑 N – 氧化物在化学领域的最新研究进展,因此,只关注了四唑 N – 氧化物作为含能材料的相关文献。有关四唑 N – 氧化物的非含能性质的研究结果则在另外一篇文献中进行综述[1]。本章从实验和理论计算两个方面对四唑 N – 氧化物的合成路线和性质进行了介绍和讨论,并对四唑 N – 氧化物及其衍生物的合成成为目前研究热点的原因进行了分析。

6.2 推动四唑 N – 氧化物研究的动力

现代含能材料的研究在合成和理论计算方面都非常活跃[2]。现代最先进的炸药应该具有感度低、能量高、热稳定性好和对环境友好的性质[3-5]。然而,RDX 作为多种含能材料配方中的含能组分虽然表现出了优异的能量特性,但却具有毒性。因此,解决该问题的方法之一就是合成高(正)生成热的富氮化合物。这类新型的含能材料在爆炸过程中能够释放出大量的热,同时爆炸产物为无毒的氮气(N_2),而不是对环境有毒或有害的爆炸产物。这些富氮材料具有高生成热的主要原因是 N≡N 键(爆炸产物为 N_2)比 N – N 键和 N = N 键更稳定,见图 6.1。

由于 N – N 键不如 N = N 键和 N≡N 键稳定,所以室温下长链($-N-N-N-$)$_x$ 不能稳定分离[6]。即使只含有一个 N_2 链的甲基肼(Me(H)NNH$_2$),在室温下空气中也会缓慢分解[7]。因此,制备类芳香族的杂环化合物并引入尽可能多的氮原子是合成室温稳定的多氮原子直接相连的化合物的最好方法。这种方法制备的杂环化合物即使 N – N 键具有相对较低的键级,但通过 π – 电子离域共轭效应可稳定

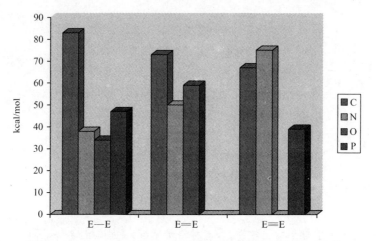

图 6.1　N−N、N＝N 和 N≡N 中每两个电子的平均键能对比值

N−N 键。如果我们比较一下吡咯、吡唑、三唑、四唑和五唑系列化合物，就会发现在这一系列化合物中从左到右，−CH 基依次被等态和等电子的 N 原子取代，见图 6.2。

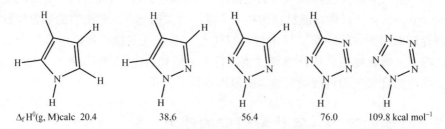

$\Delta_f H^0$(g, M)calc 20.4　　　　　38.6　　　　　56.4　　　　　76.0　　　　109.8 kcal mol^{-1}

图 6.2　从左至右五元 C−N 环分别为吡咯、吡唑、1,2,3−三唑、四唑、
五唑的分子结构和对应的计算生成热值

　　通过计算生成热，可以发现生成热随着杂环中氮原子个数的增加逐渐增加。之前的研究表明，在这一系列化合物中，爆炸性能与生成热密切相关，即生成热越高，其爆炸性能也相应增加[8]。这似乎是说新型含能材料的制备只需基于含 N 最多的五唑环即可[9]，看起来似乎很简单，然而事实并非如此。因为五唑环本身在实验上无法大量稳定合成和分离，且其 R−N_5 类型的有机衍生物或者热稳定性不好，对爆炸的刺激非常敏感，或者需要大的 R−基团来稳定化合物，但会降低化合物的能量。例如，p−Me_2N−C_6H_4−N_5 可在室温下稳定[10]，而 C_6H_5−N_5 在 −50℃就开始分解[11,12]。

　　综合考虑爆炸性能（生成热）、热及机械稳定性，三唑和四唑环被证明是迄今为止最有前景的化合物骨架。目前，已合成出了大量的 1,2,3−三唑、1,2,4−三唑、1,2,3,4−四唑衍生物。不仅成功合成了与碳原子连接的 R 基团被富氮基团取代的四唑衍生物，还合成了由 −NH−、−N＝N− 或 −NH−N＝N−键连接的双四唑环化合物。而双四唑中两个四唑环的连接形式包括一个四唑环上的 C 原子与另一个四唑环上的 C 原子(5,5′－双四唑)相连,或与 C 原子相邻的 N 原子(1,5′－双四唑)相连。此外,还合成了大量包含去质子化的四唑阴离子盐,如图 6.3 所示。

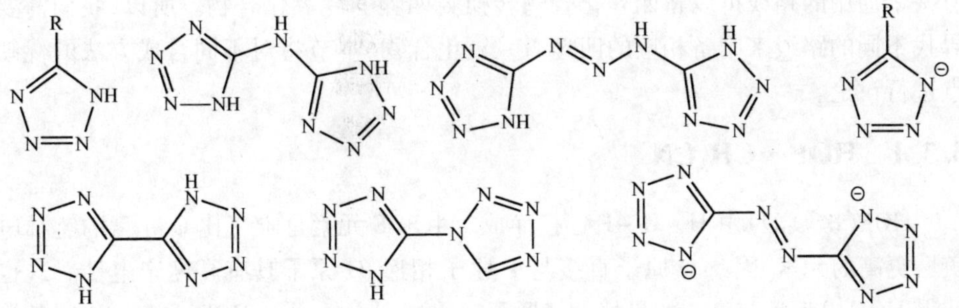

图 6.3　四唑衍生物,从左至右,从上至下依次为:1H－四唑、双(四唑)胺、双(四唑)三氮烯、四唑阴离子、5,5′－双(四唑)、1,5′－双(四唑)、5,5′－偶氮双四唑阴离子

近期的研究结果表明,许多四唑含能化合物可以通过形成相应的 N－氧化物来提高其能量。合成过程为四唑阴离子的 N1 或 N2 原子经过简单氧化形成 N→O 基团,得到了四唑－N－氧阴离子。然后将 N→O 基团质子化形成中性的羟基四唑,见图 6.4。

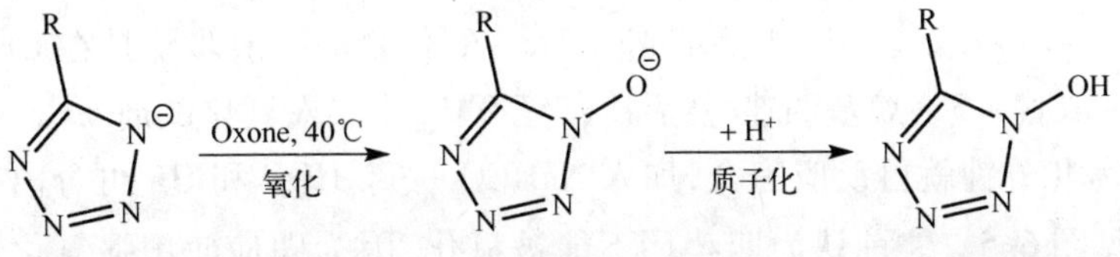

图 6.4　四唑－N－氧阴离子的合成路线。氧化 5－R－四唑阴离子生成对应的 N－氧化物,再质子化形成 1－羟基－5－R－四唑分子

尽管氧的引入不能增加四唑中氮含量的百分比,但与未氧化的四唑相比,可以增加其氧平衡常数 Ω。此外,相比于未氧化的四唑,四唑 N－氧化物的密度会增加(含能材料的爆压与密度的平方成正比,爆速与密度成正比),其性能也会得到改善,但同时也会降低其机械摩擦感度(如冲击、撞击感度)。值得注意的是,尽管四唑 N－氧化物通常比未氧化的四唑化物吸热小,但它们较高的密度远远补偿了这一劣势。然而,四唑 N－氧化物还存在两个不足:①在大多数情况下,与未氧化的四唑化合物相比,四唑 N－氧化物的热力学稳定性降低;②不存在一条对它们普遍适用的合成路线,这是由于不同的四唑衍生物需要不同的氧化条件,而氧化条件取决于四唑化合物上的功能基团。综上所述,四唑化合物转换成四唑 N－氧化物作为猛炸药具有广泛的应用前景。

6.3 四唑 N – 氧化物的合成路线

如上所述,由于四唑化合物 5 号位(碳原子)上具有不同的功能基团,因此没有一个通用的路线可以将四唑化合物转换为四唑 N – 氧化合物。所以,我们需要寻找不同的路线来制备相应的四唑 N – 氧化合物,本节将对不同合成方法的优缺点进行讨论。

6.3.1 HOF·CH₃CN

HOF(次氟酸)由 H – O – F 连接而成。由于 F 元素是唯一一比 O 元素的鲍林电负性更高的元素,因此 O 原子直接与 F 原子相连,O 原子具有高度亲电性。这也使得 HOF 成为目前已知的最好的氧原子转移试剂之一[13]。HOF·CH₃CN 制备简单、安全并易于大量生产。将含有 10% ~ 20% F_2 的 N_2 气体混合物通过冷却的(约 – 15℃)CH_3CN/H_2O 混合物,稀释后的 F_2 气体会与水反应形成 HOF 和副产物 HF,见反应式(6.1)。这就得到了经典的浓度为 0.4 ~ 0.6mol 的氧化试剂。由于在稀释 F_2 时没有升高压力,所以使用是安全的。而且,过量的 HOF 和 HF 可以通过 $NaHCO_3$ 简单安全地去除掉[13]。

$$F_2 + H_2O \xrightarrow{CH_3CN} HOF + HF \tag{6.1}$$

合成 1 – /2 – 取代 – 5 – 烷基四唑 – 3N – 氧化物的一般步骤是在 CH_2Cl_2 中溶解 1 – /2 – 取代 – 5 – 烷基四唑,然后冷却至 0℃,并加入氧化试剂 HOF·CH₃CN。该反应只需几分钟就可反应完全,加入 $NaHCO_3$ 去除 HOF 和 HF 可分离得到目标产物[13],见图 6.5。之前认为四唑环不能被氧化,因为即使使用强氧化剂也没有制备出相应的四唑 N – 氧化物[14],然而使用 HOF·CH₃CN 后发现能够成功制备出四唑 N – 氧化合物[13]。

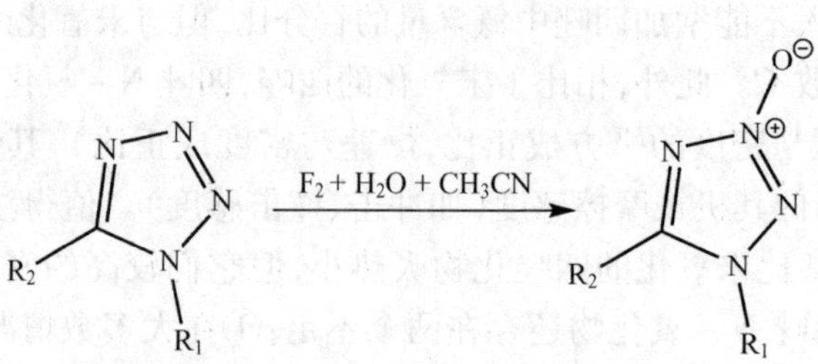

图 6.5 氧化 1 – 取代 – 5 – 烷基四唑制备 1 – 取代 – 5 – 烷基四唑 – 3N – 氧化物的合成路线

这种方法有如下优点:①HOF·CH₃CN 便宜易制;②反应条件温和;③产率

高。而且,有报道表明,即使四唑环碳原子上存在斥电子和空间位阻效应的基团,也可以通过这种方法生成四唑 N - 氧化合物[13]。

6.3.2　过氧化硫酸氢钾(Oxone®)

Bottaro 等首次合成出了以含能材料应用为目的的四唑 N - 氧化合物[15]。他们采用过氧化硫酸氢钾和氨化硝基四唑化合物制备出了硝基四唑 - 2N - 氧化物。Oxone®是一种氧化试剂的商业名称,其分子式为 $2KHSO_5 \cdot KHSO_4 \cdot K_2SO_4$,包含活性氧化成分过氧化硫酸氢钾 - $KHSO_5$。过氧化硫酸氢钾是一类绿色实用的氧原子转移试剂,可用于将三烷基胺转化成相应的三烷基胺氧化物 R_3NO,R_3B 转化成 $(RO)_3B$,R_3P 转化成 R_3PO[16]。此外,由于它是一种商业化的试剂,因此价格便宜,易于购得,且在室温无水条件下可长期保存,并且可以直接以固体形态加到含水的反应混合物中,或存储在酸性水溶液中,操作方便无毒。在合成 5 - 硝基四唑 - N - 氧化物的过程中过氧化硫酸氢钾具有良好的立体选择性,可直接生成 5 - 硝基四唑 - 2N - 氧化物而不是 5 - 硝基四唑 - 1N - 氧化物和 5 - 硝基四唑 - 2N - 氧化物的混合物。此外,上述反应后处理简单,5 - 硝基四唑 - 2N - 氧化物盐的产率超过 90%。

然而,在合成含能四唑 N - 氧化物的过程中,过氧化硫酸氢钾有一个致命的缺点,即它不适用于合成分子中含有可氧化的氮原子的四唑环。例如,5 - 氰基四唑阴离子盐很容易被氧化成 5 - 氰基四唑 - 2N - 氧化物离子[17]。而且,过氧化硫酸氢钾不能氧化硝亚氨基四唑氧化物得到硝亚氨基四唑 - N - 氧化物离子,这是由于硝亚氨基含有的 N 原子容易被过氧化硫酸氢钾氧化。因此,过氧化硫酸氢钾并不适用于所有体系,那些含有易被氧化的 N 原子的四唑化合物的氧化反应过程就需要采用其他的氧原子转移试剂。

6.3.3　三氟乙酸/双氧水

将无水三氟乙酸(CF_3COOH)添加到二氯甲烷/双氧水的混合物中可制备出一种高效的氧化剂。尽管还没有相关文献报道采用这种氧化剂来制备四唑 N - 氧化物,但一些富氮的 N - 氧化物含能材料已采用 CF_3COOH/H_2O_2 为氧化剂成功合成。因此,将来可能能通过这种方法合成四唑 N - 氧化物衍生物。采用 CF_3COOH/H_2O_2 为氧化剂来制备含能材料有两个重要的例子,一个是通过对 3,5 - 二硝基 - 2,6 - 二氨基吡嗪氧化制备得到 1 - 氧 - 3,5 - 二硝基 - 2,6 - 二氨基吡嗪(LLM - 105)[18-20],另一个是通过氧化 3,3' - 偶氮二异丁腈(6 - 氨基 - 1,2,4,5 - 四嗪)制备 N - 氧化衍生物 3,3' - 偶氮二异丁腈(6 - 氨基 - 1,2,4,5 - 四嗪),反应式见图 6.6。

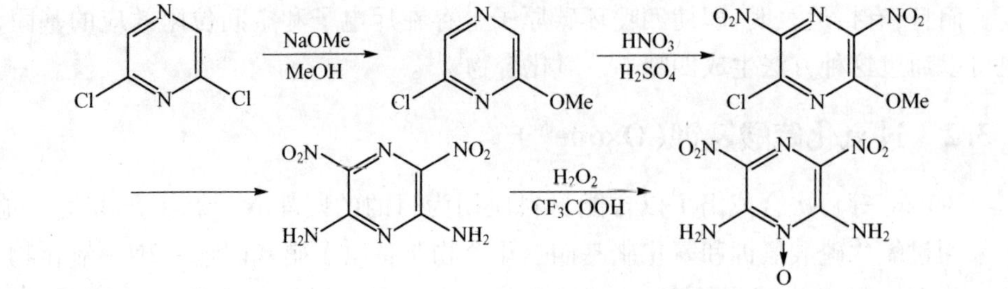

(a)

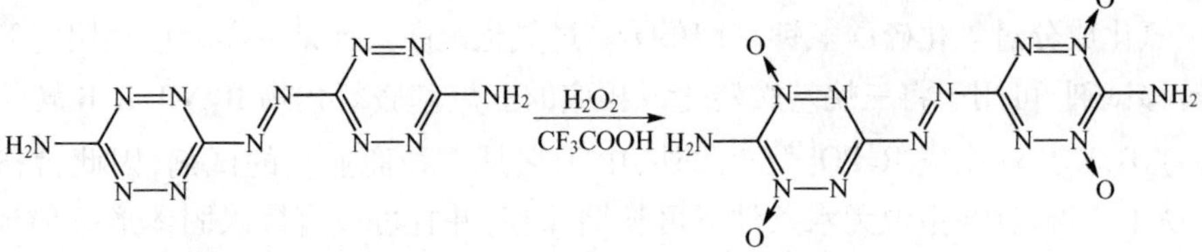

(b)

图 6.6　用 CF₃COOH/H₂O₂ 做氧化剂合成了两种富氮含能材料

(a)1 - 氧 - 2,6 - 二氨基 - 3,5 - 二硝基吡嗪(LLM - 105)；

(b)3,3′ - 偶氮二异丁腈(6 - 氨基 - 1,2,4,5 - 四嗪)。

6.3.4　叠氮基肟的环化

另一种合成四唑 N - 氧化物的方法是通过环化叠氮基肟。在这种方法中,叠氮丁二肟通常是由相应的氯基乙二肟与 NaN₃ 在 DMF 中反应制得的,然后将分离得到的产物加入到乙醚中形成悬浮液并通入 HCl 气体,静置过夜,环化反应完成后,从溶液中可以获得四唑 N - 氧化合物,见图 6.7[22]。

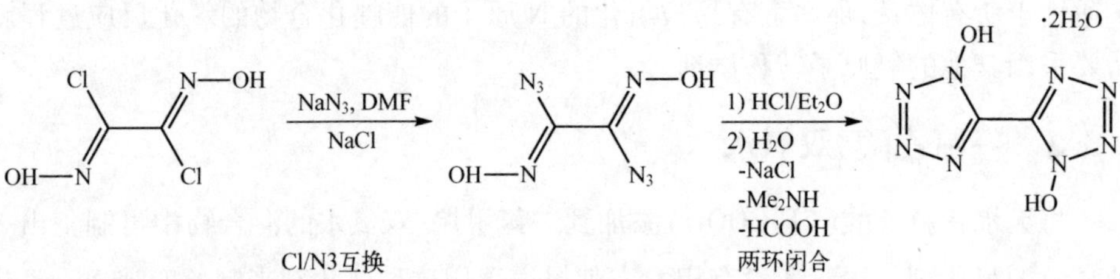

图 6.7　二氯乙二肟在 DMF 中与 NaN₃ 反应生成二叠氮乙二肟乙醚溶液中,盐酸气体
通过二叠氮乙二肟形成 5,5′ - 双(1 - 羟基四唑)晶体

尽管理论上这是一种非常有用的方法,并已用于 5,5′ - 双(1 - 羟基四唑)等化合物的制备,且 5,5′ - 双(1 - 羟基四唑)可以采用布鲁斯碱去质子化形成盐,制备出对应的 5,5′ - 双(1 - 氧基四唑)阴离子盐。但这种方法存在两个缺点:①在最后一步环化反应需要能够成环的叠氮肟,但目前已知的这种叠氮肟并不多;②众所周知,叠氮肟化合物对机械摩擦敏感,所以操作有一定的危险性。例如,在环化

反应生成 5,5′ - 双(1 - 羟基四唑)的过程中必不可少的环化试剂双叠氮乙二肟，它们的摩擦和撞击感度非常高[23,24]。但第二个缺点可以在一定范围内进行改善，如采用一锅法在 DMF 溶液制备双叠氮乙二肟并原位环化合成羟胺 5,5′ - 双(N - 氧基四唑)，这不需要分离出双叠氮乙二肟，然后再分散在乙醚中形成悬浮液[23,24]。

6.4　含能四唑 N - 氧化物的最新研究进展

本节将介绍几种典型的四唑 N - 氧化物及其盐和对应的阴离子物质，并给出这类物质的合成路线、分子结构，以及它们的稳定性和能量性能。大部分化合物并不像 Harel 和 Rozen 描述的是带有两性离子的中性四唑 N - 氧化物[13]，而是含有四唑 N - 氧化物的阴离子盐，该阴离子盐是四唑环上的一个 N 原子被氧化并表现出 N→O 性质。本节首先介绍基于四唑的 N - 氧化物，然后介绍联四唑 N - 氧衍生物和 5,5′ - 偶氮联四唑，最后介绍四嗪和双四唑的桥联化合物。

6.4.1　四唑 N - 氧化物

含能四唑 N - 氧化物主要有三种类型，分别是以 5 - 氨基四唑阴离子、5 - 硝基四唑阴离子、5 - 氰基四唑阴离子和 5 - 叠氮基四唑阴离子为基础的三类化合物，见图 6.8。这些四唑化合物的区别在于与四唑环上 5 号 C 位相连的官能团不同。

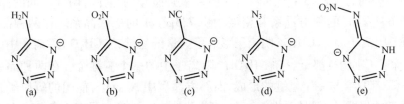

图 6.8　5 - 氨基四唑阴离子(a)、5 - 硝基四唑阴离子(b)、5 - 氰基四唑阴离子(c)、5 - 叠氮基四唑阴离子(d)、5 - 硝亚氨基四唑阴离子(e)的结构

5 - 氨基四唑是四唑化学中最重要的一种原料，并广泛用于制备包含四唑基团的富氮含能材料[25]。此外，5 - 氨基四唑化合物已商业化，而且性质稳定、易于操作。因此，由 5 - 氨基四唑化合物来制备 N - 氧衍生物的合成方法引起了广泛的兴趣。然而，由于 5 - 氨基四唑化合物含有可以被氧化的 - NH₂ 基团，用氧化剂如过氧化硫酸氢钾氧化 N1 环原子是行不通的，因为官能团 - NH₂ 也会被氧化。不过，通过中间物叠氮化氰(BrCN 和 NaN₃ 的反应产物)和过量的羟胺反应，再经过酸化可以制备 1 - 羟基 - 5 - 氨基四唑[26]，官能团 - OH 位于环 N1 原子上(图 6.9)。如果不进行酸化反应，则产物中的四唑 N - 氧化物阴离子会以羟基胺盐的形式存

在。然而由于 –OH 基团可被富氮的布朗斯特碱去质子化,形成多种含有 1 – N –氧 –5 –胺基四唑阴离子的富氮盐,因此,1 –羟基 –5 –氨基四唑的形成是非常重要的步骤。例如,1 –羟基 –5 –氨基四唑和氨水反应可生成对应的铵盐(图 6.9)。与 Harel 和 Rozen 合成的含 N[+] – O[−] 两性离子基团的四唑 3N –氧化物[13]相比,这些四唑 N –氧阴离子中没有发现两性离子 N[+] – O[−] 中心。

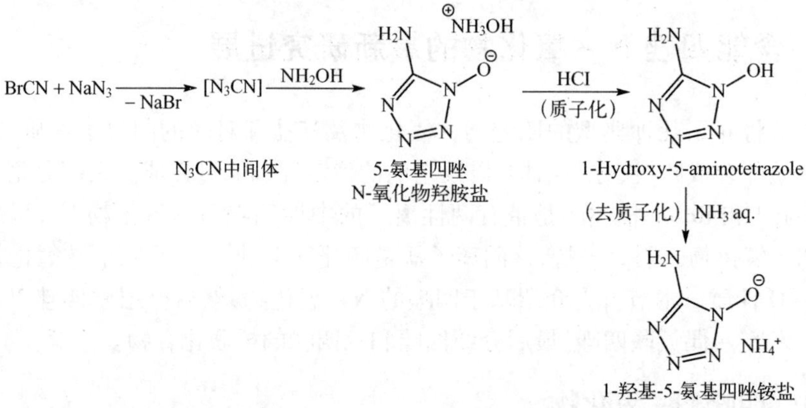

图 6.9　1 –羟基 –5 –氨基四唑的合成路线。酸化的羟胺基 –5 –氨基四唑 – N –氧化物与 BrCN、NaN₃ 反应生成中间产物 N₃CN,再与羟胺反应。通过布朗斯特碱 NH₃ 质子化 1 –羟基 –5 –氨基四唑生成相应的铵盐。文献[26] 2012 WILEY – VCH Verlag GmbH & Co. KGaA, Weinheim 授权转载

研究表明,羟胺 –5 –氨基四唑 –1N –氧羟胺盐的晶体有两种不同的晶型:密度为 $1.664g/cm^3$ 的斜方晶系和密度为 $1.735g/cm^3$ 的单斜晶系。在两种晶型中,NH_3OH^+ 阳离子和 $N_5CH_2O^-$ 阴离子形成了大量的氢键,$N_5CH_2O^-$ 阴离子中的每个原子(除了 C 原子)都至少和 NH_3OH^+ 阳离子中的一个氢键合。在两种晶型中环上 N 原子都只参与一个氢键的形成,而斜方晶型中 N – O 官能团的氧原子参与了三个氢键的形成,单斜晶系中 N – O 官能团的氧原子参与了两个氢键的形成[26],见图 6.10。

有意思的是,尽管与之对应的 5 –氨基四唑 –1N –氧铵盐也有强大的分子间氢键力,但其固体的密度却相对较低($1.530g/cm^3$)[26],且都比 5 –氨基四唑 –1N –氧羟胺盐($\rho_{(斜方晶系)} = 1.664g/cm^3$,$\rho_{(单斜晶系)} = 1.735g/cm^3$)的两种晶型的密度都低[26]。计算结果还表明,5 –氨基四唑 –1N –氧羟胺盐两种晶型的爆速(斜方晶系为 9056m/s,单斜晶系为 9312m/s)都比 NH_4^+ 盐(8225m/s)的高,这是由于铵盐的晶体密度低造成的[26]。

如果将四唑环 5 号 C 位上的官能团由 –NH₂ 基转变为 –NO₂ 基,则可以制备一类含有 2 –羟基 –5 –硝基四唑阴离子并在 N2 位上表现出 N→O 性能的盐。合成该化合物最普遍的方法就是用氧化剂过氧化硫酸氢钾氧化 5 –硝基四唑阴离子铵

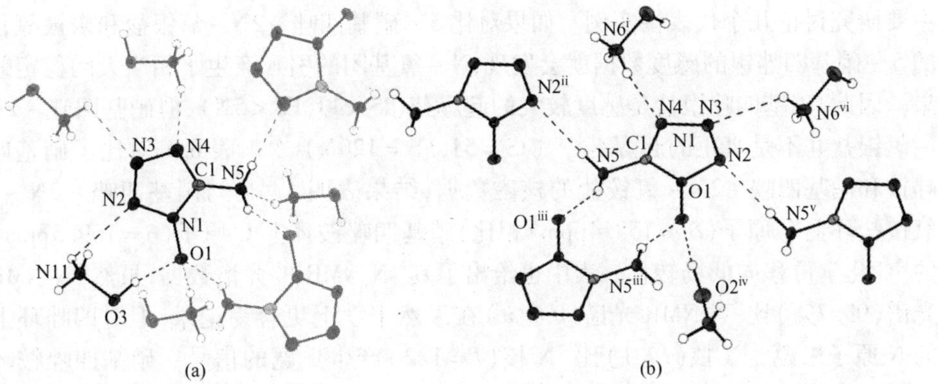

图 6.10　多晶型 5 – 氨基四唑 – 1N – 氧羟胺盐的正交晶系(a)和
单斜晶系(b)中 $CH_2N_5O^-$ 阴离子和 NH_3OH^+ 阳离子间的氢键

盐[15,27]（图 6.11）。图 6.11 中总结出了以硝基四唑 – 2N – 氧铵盐以及硝基四唑
– 2N – 氧银盐为原料采用不同阳离子交换方法制备其他类型盐的合成路线。

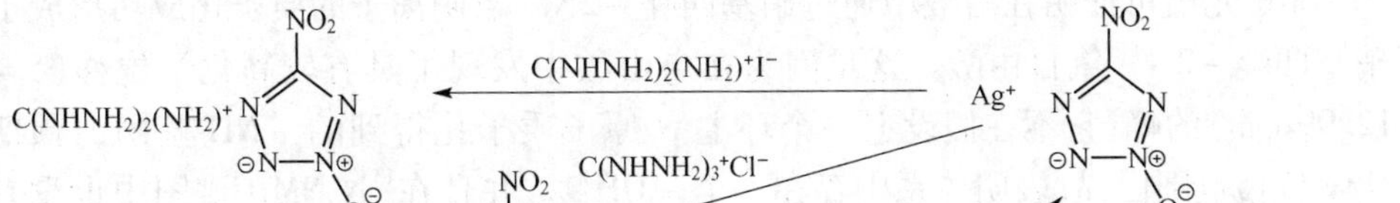

图 6.11　采用过氧化硫酸氢钾氧化氨基 – 5 – 硝基四唑合成硝基
四唑 – 2N – 氧铵盐，然后以硝基四唑 – 2N – 氧铵盐为原料通过
阳离子交换法合成一系列的含富氮阳离子的盐的合成路线

对于不同盐所使用的表征方法和得到的相应的感度数据在此不做赘述，本节

主要研究讨论几个代表性实例。如果对比 5 – 硝基四唑 – 2N – 氧银盐和未被氧化的 5 – 硝基四唑银的感度数据就会发现,N – 氧基团的引入产生了相当大的稳定效果。因此,硝基四唑银盐是感度较大的起爆药(IS < 1J,FS < 5N),但硝基四唑 – 2N – 氧银盐并不是真正的起爆药[27](IS = 5J,FS = 120N)[27]。表 6.1 对比了硝基四唑铵和硝基四唑 – 2N – 氧铵盐的核磁数据,结果表明[27,28]:与硝基四唑 – 2N –,氧铵盐环上 C 原子(δ = 158.4ppm)相比,硝基四唑铵环上 C 原子(δ = 169.5ppm)的[13]C 化学位移向低场转移。表中也给出了其[15]N NMR 的光谱数据,虽然[14]N NMR 光谱(99.7%)比[15]N NMR 光谱(0.3%)在天然丰度上更容易记录,但对四唑环上的 N 原子来说,[14]N 核(I = 1)比[15]N 核(I = 1/2)产生更宽的信号。硝基四唑铵环的[15]N NMR 光谱数据取决于 5 号 C 原子上的 – NO$_2$基[28],环上 N 原子在理论上只有两个信号值。与此相反,硝基四唑 – 2N – 氧铵盐环上 N2 位有四个非等量的信号值。最后,^{15}N NMR 光谱数据的改变与硝基四唑 – 2N – 氧铵盐环上 N2 原子有关[27]。硝基四唑盐和硝基四唑 – 2N – 氧盐中官能团 – NO$_2$的化学位移相似(图6.12)。因此,从液体核磁共振谱图中可以证明溶液中含有 N – 氧衍生物。另外,^{1}H NMR 光谱可证明在溶液中通过硝基四唑 – 2N – 氧阴离子的质子化成功形成了硝基四唑 – 2N – 氧自由酸。这是因为在自由酸中发现了具有较高化学位移(δ = 12.99ppm)的峰,它不在假设上一个环上 N 原子质子化得到的 – NH 基团的预期化学位移范围内,故表明体系中存在一个 – OH 基,并且在[15]N NMR 谱图中也没有发现[15]N – [1]H 耦合峰,这也不符合假设结构中有 – NH 基团而没有 – OH 基的预期[27]。另外,通过对硝基四唑 – 2N – 氧阴离子的四种互变异构体的计算证明,带有 O – H 基团的异构体能量最低,带有 N1 – H、N3 – H 和 N4 – H 的异构体能量较高,分别为 7.6kcal/mol、4.2kcal/mol 和 4.6kcal/mol[27]。

表 6.1　5 – NT 阴离子和 5 – NT2O 阴离子型盐的性能比较

(其中带"﹡"的是通过 EXPLO5.04 方法计算所得)

性　质	5 – NT 盐	值	性　质	5 – NT2O 盐	值
δ/^{13}C NMR	NH$_4^+$	169.5ppm	δ/^{13}C NMR	NH$_4^+$	158.4ppm
δ/^{14}C NMR	NH$_4^+$	19(N2/N3),	δ/^{15}N NMR	NH$_4^+$	– 28.8,
		– 22(N5),			– 30.1,
		– 62(N1,N4),			– 33.3,
		– 359(NH4$^+$),			– 75.6(– NO$_2$),
					– 103.4,
					– 360.3(NH$_4^+$)
ρ/cm^{-3}	NH$_4^+$	1.637	ρ/cm^{-3}	NH$_4^+$	1.7304
	C(NH$_2$)$_3^+$	1.644		C(NH$_2$)$_3^+$	1.6978
	C(NHNH$_2$)$_3^+$	1.601		C(NHNH$_2$)$_3^+$	1.6391
	NH$_3$OH$^+$	–		NH$_3$OH$^+$	1.850

（续）

性　质	5 - NT 盐		值	性　质	5 - NT2O 盐		值
BAM impact/] BAM 撞击	Ag^+		< 1	BAM impact/]	Ag^+		5
	NH_4^+		< 120		NH_4^+		7
	$C(NH_2)_3^+$		30		$C(NH_2)_3^+$		> 40
	$C(NHNH_2)_3^+$		2		$C(NHNH_2)_3^+$		25
BAM friction/N BAM 摩擦	Ag^+		< 5	BAM friction/N	Ag^+		120
	NH_4^+		< 4		NH_4^+		120
	$C(NH_2)_3^+$		360		$C(NH_2)_3^+$		252
	$C(NHNH_2)_3^+$		48		$C(NHNH_2)_3^+$		72
ESD/mJ	Ag^+		< 50	ESD/mJ	Ag^+		50
	NH_4^+		–		NH_4^+		250
	$C(NH_2)_3^+$		–		$C(NH_2)_3^+$		200
	$C(NHNH_2)_3^+$		–		$C(NHNH_2)_3^+$		200
T_{dec}/℃				T_{dec}/℃			
	NH_4^+		210		NH_4^+		173
	$C(NH_2)_3^+$		217		$C(NH_2)_3^+$		211
	$C(NHNH_2)_3^+$		191		$C(NHNH_2)_3^+$		153
$\Delta_f U°$/kJkg^{-1}				$\Delta_f U°$/kJkg^{-1}			
	NH_4^+		1413		NH_4^+		1135
	$C(NH_2)_3^+$		961		$C(NH_2)_3^+$		830
	$C(NHNH_2)_3^+$		2334		$C(NHNH_2)_3^+$		2126
V_{Det}/ms^{-1} *				V_{Det}/ms^{-1} *			
	NH_4^+		8328		NH_4^+		8767
	$C(NH_2)_3^+$		7895		$C(NH_2)_3^+$		8270
	$C(NHNH_2)_3^+$		8396		$C(NHNH_2)_3^+$		8617

　　此外,在晶体形貌中,5 - 硝基四唑 - 2N - 氧阴离子酸的结构中证明存在 - OH 连接[27]（图 6.13）。硝基四唑 2 - N - 氧阴离子盐的固体密度比相应的非氧化的 5 - 硝基四唑阴离子盐的密度要高（表 6.1）。以上结果表明,5 - 硝基四唑 2 - N - 氧阴离子比 5 - 硝基四唑阴离子形成了更多的分子间氢键（图 6.13）。

　　尽管三氨基胍盐具有很强的分子间作用力,但它的分解温度较低,只有 153℃,而胺盐的分解温度为 211℃。研究表明,胍盐阳离子的分解温度随着氨基取代数量的增加而降低。表 6.1 给出了含 5 - 硝基四唑 - 2N - 氧阴离子的富氮盐的分解温度,它比相应的 5 - 硝基四唑盐的分解温度要低。这也得出了一个推论:

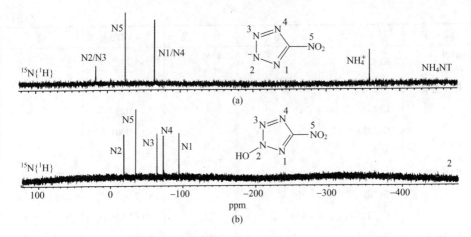

图 6.12 硝基四唑铵盐(a)和 2 - 羟基 - 硝基四唑(b)的^{15}N{^{1}H}NMR
光谱图的对比[27]（文献[27]授权转载）

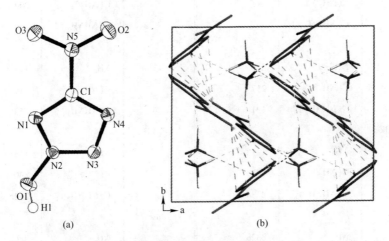

图 6.13 2 - 羟基 - 5 - 硝基四唑的三维分子结构图(a)和 5 - 硝基四唑 - 2N -
氧铵盐的 c 轴单元晶胞图(b)（虚线表示分子间氢键[27]，文献[27]授权转载）

一般来说，N - 氧化物的热力学稳定性较差。

计算结果证明，含 5 - 硝基四唑 - 2N - 氧阴离子的盐的生成热比相应的 5 - 硝基四唑盐要低（该类化合物吸热少）[27]。虽然 5 - 硝基四唑 - 2N - 氧阴离子盐（NH_4^+、$C(NHNH_2)_2NH_2^+$、$C(NHNH_2)_3^+$）存在这一缺点，但其爆速、爆压与 RDX 相当[29]，而羟胺盐的爆轰性能还优于 β - HMX[30]。此外，5 - 硝基四唑 - 2N - 氧盐的爆速比 5 - 硝基四唑盐（虽然 5 - 硝基四唑盐的生成热很大，但 5 - 硝基四唑 - 2N - 氧盐的密度很大，与其低生成热互补）要高很多[27]。另外，5 - 硝基四唑 - 2N - 氧盐的感度测量值比 5 - 硝基四唑盐低（除 $C(NHNH_2)_2NH_2^+$ 盐以外），肼盐和带有取代基的肼盐感度也较 RDX 低，这对改进型不敏感炸药（IM）的性能是非常重要的。

　　研究人员还合成了一系列类似的化合物,如,由吸电子基 – CN 取代原来 5 号位上的推电子基 – NO_2 生成 5 – 氰基四唑 – N – 氧化物[17]。5 – 硝基四唑 – N – 氧阴离子的 N – 氧功能团主要在 2 号位上[15]。与之不同,5 – 氰基四唑 – N – 氧的 N →O 官能团不仅可以在 2 号位上,也可以在 1 号位上,这主要取决于其合成路线[17]。

　　氰基四唑 – 2N – 氧阴离子钠盐可采用与 5 – 硝基四唑 – N – 氧阴离子盐同样的方法合成,即用 5 – 氰基四唑钠与过氧化硫酸氢钾反应[17]。相应的银盐可以由钠盐与 $AgNO_3$ 反应生成[17]。银盐在与富氮阳离子盐复分解反应中是特别有用的[17](图 6.14)。

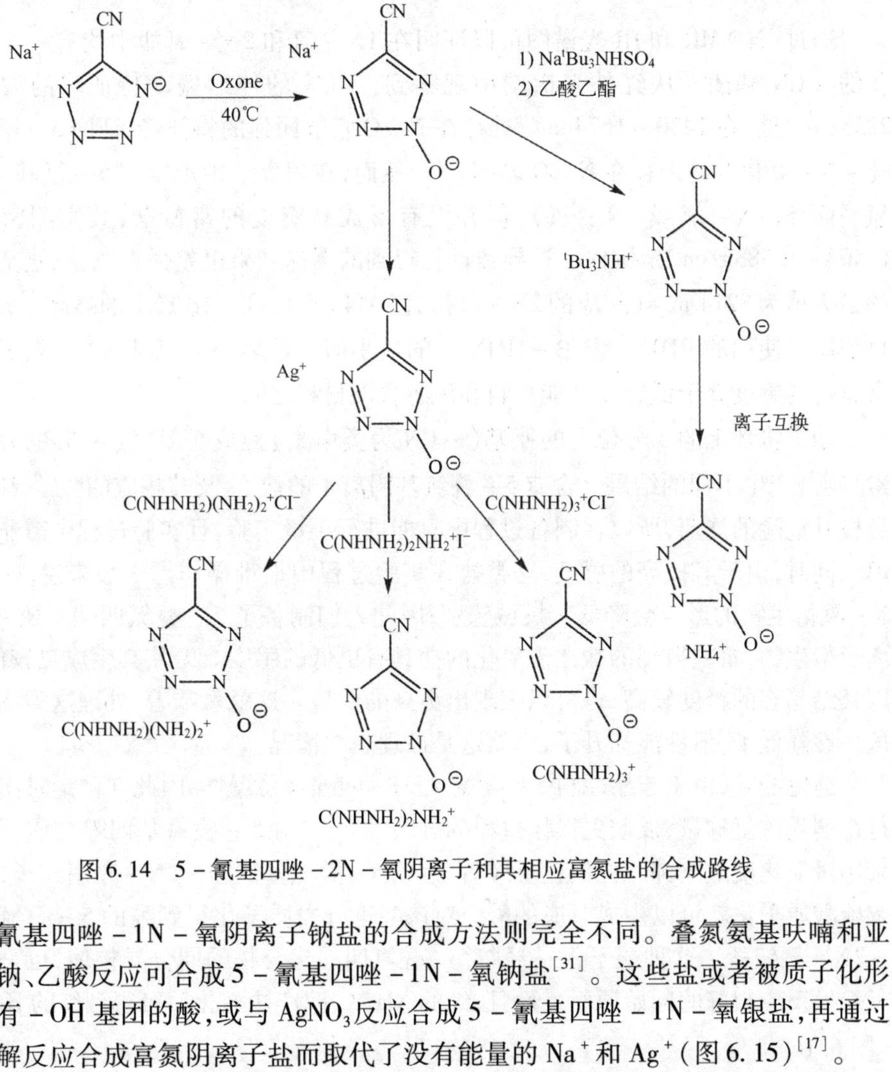

图 6.14　5 – 氰基四唑 – 2N – 氧阴离子和其相应富氮盐的合成路线

　　氰基四唑 – 1N – 氧阴离子钠盐的合成方法则完全不同。叠氮氨基呋喃和亚硝酸钠、乙酸反应可合成 5 – 氰基四唑 – 1N – 氧钠盐[31]。这些盐或者被质子化形成带有 – OH 基团的酸,或与 $AgNO_3$ 反应合成 5 – 氰基四唑 – 1N – 氧银盐,再通过复分解反应合成富氮阴离子盐而取代了没有能量的 Na^+ 和 Ag^+ (图 6.15)[17]。

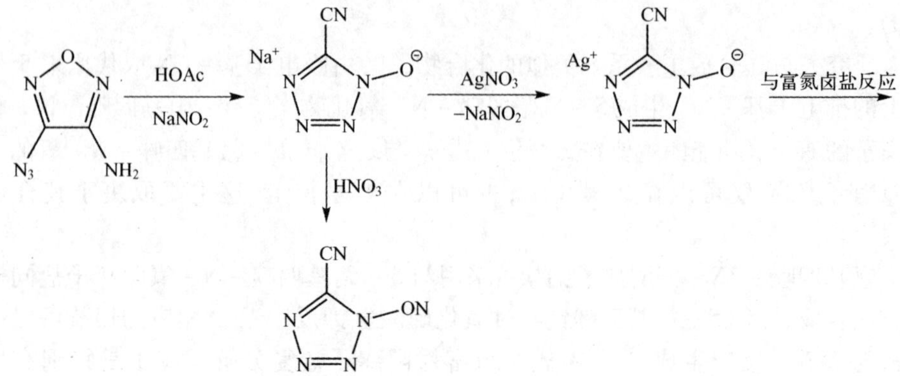

图 6.15 5 – 氰基四唑 – 1N – 氧阴离子及相应的酸和银盐的合成路线

通过 ^{15}N NMR 和 IR 光谱图可以证明在 1N – 氧和 2N – 氧盐中均有一个非环化的 – CN 基团。从红外光谱图中观察到, – CN 的伸缩振动特征峰的波数在 2255cm^{-1} 处,在 1430 ~ 1674cm^{-1} 处存在 N – O 官能团强的特征峰,证明 5 – 氰基四唑 – N – 氧化合物中存在 N – O 基团[17]。然而,在阴离子中观察到 5 – 氰基 – N – 氧平面环(1N – 氧或 2N – 氧),但并没有形成高密度的富氮盐,其实测密度在 1.504 ~ 1.583g/cm^3 范围内。这导致计算得到的爆速结果也差强人意,三氨基胍盐的最大值为 8214 m/s(相应的 2N – 氧盐为 8044m/s),这只比 TNT 的略高[32],低于目前广泛使用的 RDX[29] 和 β – HMX[30] 的最小值。最后,5 – 氰基 – N – 氧阴离子富氮盐的感度介于低感度含能材料和敏感含能材料之间[33-38]。

如果将环上的 5 号位上的氰基(– CN 为类卤素)换成叠氮基(– N$_3$ 也为类卤素)则会产生不同的结果。含有 5 – 叠氮基阴离子的盐[39] 及其相应的酸[40] 都是一类极其危险的炸药,所以在制备过程中只能进行小量实验,且实验过程中需非常谨慎。同时,由于其极高的感度,这类盐在实验过程中很难操作。一般来说,四唑 – N – 氧衍生物的形成会降低其机械感度,因此人们制备了 5 – 叠氮四唑 – N – 氧阴离子衍生物,希望得到的盐比未氧化的盐具有更低的感度。即使其生成热较低,但因其结晶态的密度较高,也可以表现出更高的能量。这就意味着,处理这类物质的危险性降低了,但性能提升了,当然这是最理想的情况。

遗憾的是,由于起始原料 5 – 叠氮 – 1H – 四唑极易爆炸,因此在称量时需要进行小剂量重复称量,以避免操作过程的危险性[41]。对 5 – 叠氮基四唑去质子化和采用过氧化硫酸氢钾原位氧化反应后,生成 5 – 叠氮基四唑 – 2N – 氧阴离子,再用浓硫酸质子化就可以生成对应的酸。对该酸进行去质子化得到纯的 5 – 叠氮四唑 – 2N – 氧铵盐。这种酸不仅是羟胺 5 – 叠氮四唑化合物的同分异构体,也是阳离子交换反应很好的起始原料。而且,纯的 NH$_4^+$ CN$_7$O$^-$ 盐酸化后可得到纯的 HCN$_7$O(图 6.16)[40]。

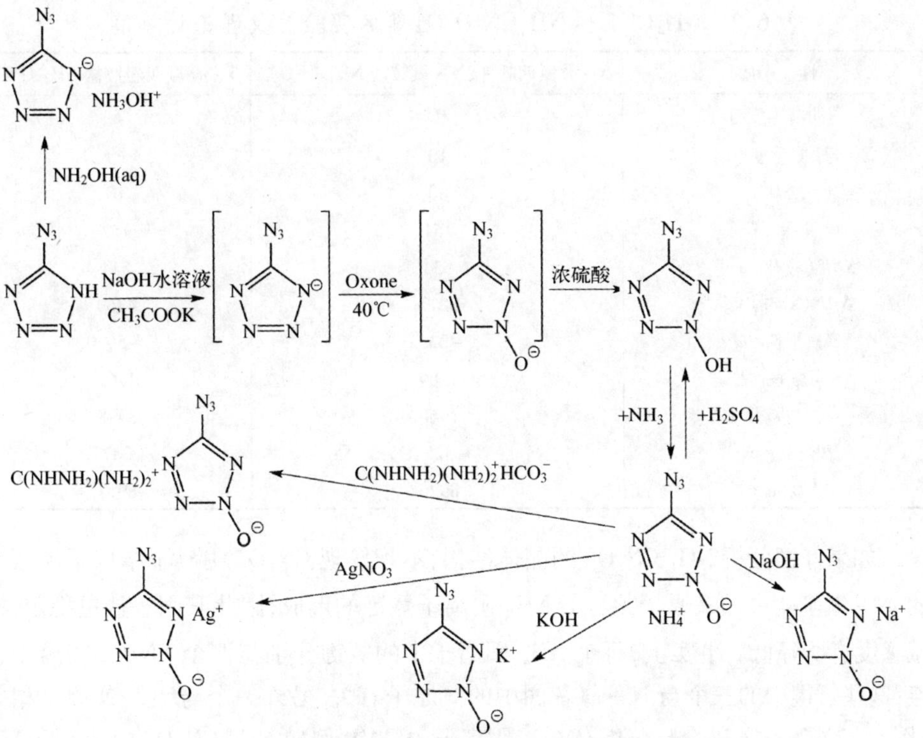

图 6.16　首先通过过氧化硫酸氢钾氧化 5 - 叠氮四唑阴离子，
然后再通过阳离子交换反应生成 $NH_4^+ CN_7O^-$ 的反应示意图

一般认为 $Na^+ CN_7O^- \cdot H_2O$ 操作安全，但事实上，无水钾盐和银盐都是高敏感物质。$Ag^+ CN_7O^-$ 感度很高，在干燥操作过程中固体盐会频繁发生爆炸现象[41]。表 6.2 对比了 CN_7^- 和 CN_7O^- 环上 N - 氧基团对化合物性能的影响。尽管 N - 氧基团的引入降低了化合物的感度（例如，撞击、摩擦感度和 ESD 值），但同时也降低了其热力学稳定性，例如 $NH_4^+ CN_7^-$ 在 157℃ 时发生热分解放热反应[39]，而 $NH_4^+ CN_7O^-$ 在 145℃ 时即发生分解[41]，由于生成热的降低，该类化合物是一类放热量低的化合物。尽管如此，由于 N - 氧衍生物的固态密度较高，仍使其性能优于非氧化物，$NH_4^+ CN_7O^-$（$\rho = 1.689g/cm^3$）[41] 的爆热、爆压及爆速的理论计算要比 $NH_4^+ CN_7^-$（$\rho = 1.61g/cm^3$）[39] 高。另外，$NH_4^+ CN_7O^-$ 的氧平衡也比 $NH_4^+ CN_7^-$ 好。这个例子表明，即使化合物吸热量低，也能表现出更高的爆轰性能和更好的感度。一般情况下，爆轰性能优良但感度低的化合物很难获得，但将那些看上去很难控制的化合物进行修饰就会得到性能优良的化合物。值得指出的是，$NH_3OH^+ CN_7^-$ 是 $NH_4^+ CN_7O^-$ 的同分异构体，非氧化态的 $NH_3OH^+ CN_7^-$ 比 $NH_4^+ CN_7O^-$ 更敏感[39,41]，且晶态密度更低。

表 6.2　$NH_4CN_7^-$ 和 $NH_4CN_7O^-$ 性能的实验值及理论计算值

性　　质	5-叠氮四唑-2N-氧铵盐 $NH_4^+CNO^-$	5-叠氮四唑铵盐 $NH_4^+CN_7^-$
冲击感度/J	1	<1
摩擦感度/N	10	<5
ESD/J	30	10
$T_{dec.}$/℃	151	157
$\Delta_fH°(s)$/kJ mol^{-1}	534	544
$\Delta_fU°(s)$/kJ kg^{-1}	3817	4360
氧平衡/%	-33.3	-50.0
ρ/g cm^{-3}	1.69	1.61
* T_E/K	3960	3498
* P_{C-J}/g cm^{-3}	325	287
* D/ms^{-1}	8926	8917

　　如果仔细分析 $NH_4^+CN_7O^-$ 的晶体结构,不难发现 CN_7O^- 阴离子结构是平面型的,N-氧基团中的氧原子参与了 NH_4^+ 阳离子氢键的形成,因此其固态盐更稳定,机械感度有所降低。事实上,每个 NH_4^+ 阳离子中的氢键分别与四个 CN_7O^- 阴离子相连:这些氢键中的三个与 N-氧基团中的氧原子有关,另外一个与环上 N 原子相关(图 6.17)[41]。若进一步分析 CN_7O^- 阴离子的结构,例如 $NH_4^+CN_7O^-$ 中的 CN_7O^-,会发现共价叠氮基中的 $N_\alpha - N_\beta$ 的键长(1.253(2)Å)比 $N_\beta - N_\gamma$(1.118(2)Å)更长,C $- N_\alpha - N_\beta$ 的键角(113°)是弯曲的,$N_\alpha - N_\beta - N_\gamma$ 的键角(173°)是非线性的,这是共价叠氮基的典型特性。值得一提的是,$NH_4^+CN_7O^-$ 盐中的叠氮基和 N-O 基团的指向是相反的[41],在其他盐中,例如 $K^+CN_7O^-$,叠氮基和 N-O 基则是指向同一个方向[41]。另外一个重要的特性是,N-氧基团中的 $d(N-O)$ 键长在 1.280~1.311Å 范围内,该值在 N-O 单键($d(N-O)=1.45Å$)和 N=O 双键($d(N-O)=1.17Å$)之间[42,43],表明该类化合物的 N-氧基团表现出了多重键的特性。

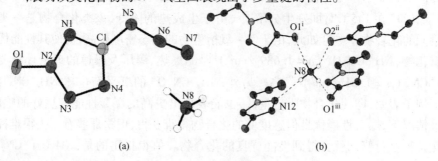

图 6.17　$NH_4CN_7O^-$ 晶体的分子结构(a),以及 NH_4^+
阳离子和四个 CN_7O^- 阴离子之间的氢键(b)

现阶段,对上述所讨论的 5 - 取代四唑 - N - 氧化物盐的性能进行总结是非常意义的,将对以后研究联四唑化合物的 N - 氧化物衍生物的研究产生深远的影响。从表 6.3 中可以看出,四唑环 5 位上的官能团对四唑阴离子铵盐的能量性质有很大影响。N - 氧基团的引入通常会降低其热力学稳定性,增大密度,提高爆速并降低感度。特别是对于感度很高、难操作的四唑盐来说,N - 氧基团的引入将在很大程度上降低其感度,使其易于处理。

表 6.3　5 - 取代四唑和 5 - 取代四唑 - N - 氧铵盐的性能对比。
（∗代表用 EXPLO5.0.4 获得的计算数据[44-48]）

性　　质	NH4_ATX[26]	NH4_CNT[49]	NH4_CNT2X[17]	NH4_CNT1X[17]	NH4_NT[28]	NH4_NT2X[15,27]	NH4_AZT[39]	NH4_AZT[41]
$IS./J$	>40	<25	15	35	1	7	<1	1
FS/N	>360	>360	216	360	120	120	<5	10
ESD/J	1.5	–	0.30	0.75	–	0.25	10	30
$T_{dec}/℃$	195	191	184	172	210	173	157	151
$\Delta_f H°(s)/kJ\ mol^{-1}$	227	313	326	355	172	152	534	544
$\Delta_f U°(s)/kJ\ kg^{-1}$	2056	2796	2543	2770	1413	1135	3817	4360
$\Omega/\%$	−54.19	−45.3	−62.45	−62.45	24.2	−10.80	−50.0	−33.31
$\rho/g\ cm^{-3}$	1.530	1.499	1.554	1.526	1.637	1.730	1.61	1.689
$^*T_E/K$	3007	3277	3288	3412	3678	4218	3498	3960
$^*P_{C-T}/Jkbar$	245	176	222	220	274	322	287	325
$^*D/ms^{-1}$	8225	7138	7749	7730	8328	8885	8917	8926

6.4.2　联(四唑 - N - 氧化物)

联四唑化合物是两个四唑环直接由化学键相连形成的,它们可以通过两个环上的 C 原子相连,或是两个环上的 N 原子相连,又或是一个环上的 C 原子与另一个环上的 N 原子相连[50]。目前,联四唑 N - 氧衍生物只制备出了通过两个 C 原子相连的化合物。每个四唑环中 N→O 官能团的位置取决于四唑环上其他的取代基团,分别为 1,1′、2,2′或并不重要的 1,2′。

近年来,含有 1,1′ - 联(四唑 - 1N - 氧)阴离子(化学式为 $C_2N_8O_2^{2-}$)的含能盐成为研究的重点。已合成出了三种类型的盐,第一类是 $(Cat^+)_2 C_2 N_8 O_2^{2-}$,这类盐中阴离子存在两个 N - O 基团和两个相反电荷的盐(2:1 盐);第二类是 $(Cat^+)C_2 HN_8 O_2^-$ 类型的盐,这类盐中存在一个质子化的 N - 氧基团 N - OH 和一个 N - O 基团(1:1 盐);第三类为 $(Cat^{2+})C_2 N_8 O_2^{2-}$,该类盐存在两个 N - O 基团和一个带两个正电荷的对立基团(1:1 盐)[51]。另外,还合成并分离[51]出了中性分子 5,5′ - 双

（1－羟基四唑）二水合物 $C_2H_2N_8O_2$（按照图 6.18 所示的反应过程，通过双叠氮乙二肟关环反应制备得到）。由于双叠氮乙二肟是共价的叠氮基，所以闭环反应会发生两次形成两个四唑－1N－氧环。

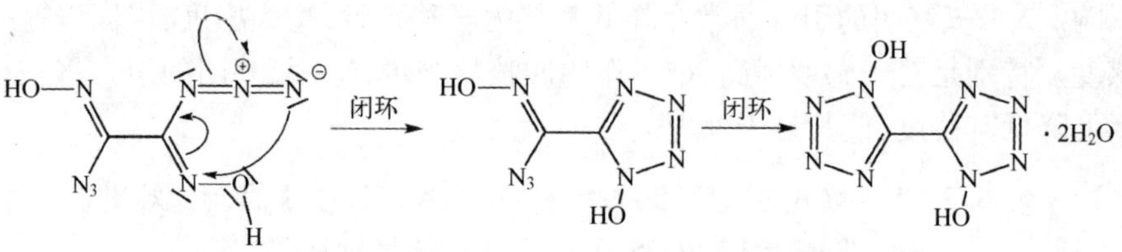

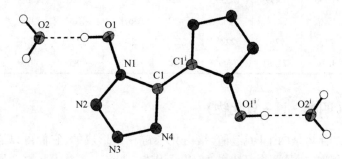

图 6.18　第一个四唑环是由二叠氮乙二肟中关环形成，
第二个环是由第二个叠氮基团形成双(1－羟基四唑)

　　首先，中性分子 5,5′－双(1－羟基四唑)二水合物由两个四唑环通过两个碳原子相连，N－OH 位于两个四唑环 1 位上，但在两个环上是反式位置。－OH 基团上的酸性质子可与两个水分子形成氢键，起到稳定作用。若将游离酸的二水合物在 140℃下加热 24h，便会脱水，则分子的感度会大大增加。DSC 数据表明，在 115℃时游离酸就会脱水，脱水后的材料随后在 214℃时就会分解。当使用足够强的布朗斯特碱时，－OH 基团上的两个 H 原子会被离去（图 6.19），形成包含 5,5′－双(四唑－1N－氧阴离子在内的富氮盐。两个四唑环位于各自的平面内，其晶体密度为 1.81g/cm³[51]。

图 6.19　5,5′－双(1－羟基四唑)二水合物晶态的分子结构图
及两个－OH 基和水分子间的氢键示意图

　　5,5′－双(1－羟基四唑)二水合物分子是制备一系列衍生物（主要是盐）的原料，可分为四种类型。第一类，5,5′－双(1－羟基四唑)分子上的两个－OH 基团全部去质子化得到带－2 电荷的阴离子，与两个带 +1 电荷的阳离子形成比例为 2∶1 的盐(2 个阳离子∶1 个阴离子)。第二类，两个－OH 基团去质子化得到带－2 电荷的阴离子，而只有一个带 +2 电荷阳离子与之形成比例为 1∶1 盐(1 个阳离子∶1 个阴离子)。第三类，只有一个－OH 去质子化后形成带－1 电荷的阴离子，它与一个带 +1 电荷的阳离子形成 1∶1 的盐(1 个阳离子∶1 个阴离子)。最后一类，5,5′

-双(1-羟基四唑)分子与路易斯碱2-甲基-5-氨基四唑通过路易斯酸碱作用形成中性产物(图6.20)[51]。

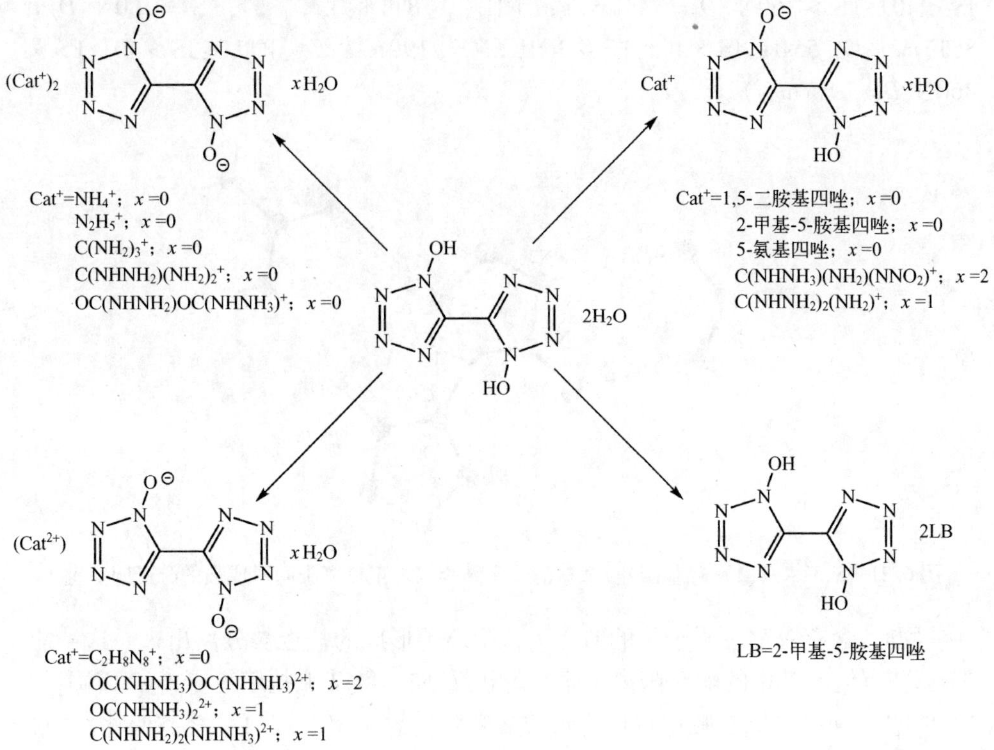
$(Cat^+)_2$
$x H_2O$
$Cat^+=NH_4^+$; $x=0$
$N_2H_5^+$; $x=0$
$C(NH_2)_3^+$; $x=0$
$C(NHNH_2)(NH_2)_2^+$; $x=0$
$OC(NHNH_2)OC(NHNH_3)^+$; $x=0$
Cat^+
$x H_2O$
Cat^+=1,5-二胺基四唑; $x=0$
2-甲基-5-胺基四唑; $x=0$
5-氨基四唑; $x=0$
$C(NHNH_3)(NH_2)(NNO_2)^+$; $x=2$
$C(NHNH_2)_2(NH_2)^+$; $x=1$
OH
HO
$2H_2O$
(Cat^{2+})
$x H_2O$
$Cat^+=C_2H_8N_8^+$; $x=0$
$OC(NHNH_3)OC(NHNH_3)^{2+}$; $x=2$
$OC(NHNH_3)_2^{2+}$; $x=1$
$C(NHNH_2)_2(NHNH_3)^{2+}$; $x=1$
2LB
LB=2-甲基-5-胺基四唑

图6.20　5,5′-双(1-羟基四唑)二水合物反应生成富氮化合物的反应示意图。

研究发现,中性分子5,5′-双(1-羟基四唑)的键长与单去质子化和双去质子化阴离子没有明显的区别。对5,5′-双(1-羟基四唑)分子双质子化得到的胍盐,其分子结构是两个平面环之间形成的共平面结构。两个四唑环之间的键长范围位于C-N/N-N单键键长和C=N/N=N双键键长之间,这种现象表现出了多键特性且在环内存在6π电子离域共轭现象。N-O键键长比理想的N-O单键键长短,因此表现出了多重键的特性。同样表现出多重键特性的还有连接两个四唑环的C-C单键也比普通的C-C单键要短,但比C=C双键长。每个分子结构单元中都存在两个胍盐阳离子,并可与环上N-O基团中的N原子和O原子形成强的氢键(图6.21)[51]。尽管如此,科研工作者对胍盐$(C(NH_2)_3^+)_2C_2N_8O_2^{2-}$的另一晶体形态进行了研究[24],结果表明对于2:1类型的盐,其结晶态的密度很低($\rho=1.639g/cm^3$),比联(草酰氯二肼)($\rho=1.828g/cm^3$)、联胺($\rho=1.800g/cm^3$)和联肼盐($\rho=1.725g/cm^3$)的密度都要低,但比联(氨基胍盐)($\rho=1.596g/cm^3$)的高。值得注意的是,所有$(Cat^+)_2C_2N_8O_2^{2-}$盐固态结构都很特别,其结构中没有结晶水。

将这些盐（X_2_BT1O）与 $5,5'$ - 二四唑盐（X_2_55BT）的感度进行对比,例如铵盐和胍盐,尽管 N - 氧化合物的感度略高,但其能量性能较高（（NH_4）$_2$_55BT: IS < 40J, FS > 360N, D = 7417m/s；（NH_4）$_2$_BT1O: IS = 35J, FS = 360N, D = 8817m/s；G_2_55BT: IS > 40J, FS > 360N, D = 7199m/s；G_2_BT1O: IS > 40J, FS > 360N, D = 7917m/s）。

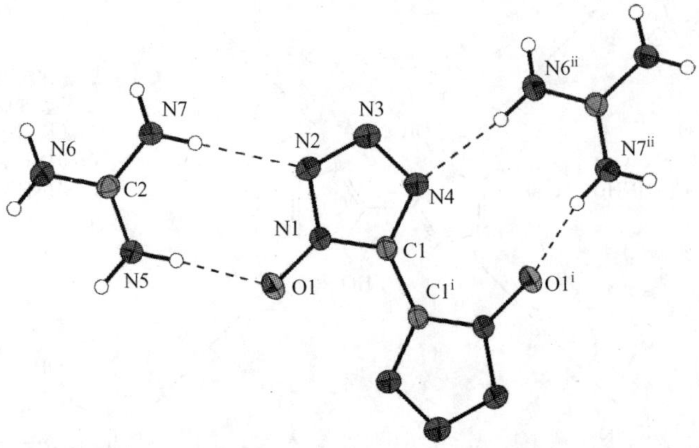

图 6.21　$5,5'$ - 双(1 - 羟基四唑)胍盐的分子结构以及正负离子间形成强的分子间氢键

同时,含有双重去质子化的 $C_2N_8O_2^{2-}$ 阴离子形成的盐也被分离出来。这种盐都是 1:1 的盐,其中的配对阳离子带 +2 电荷,如三氨基胍盐阳离子 $C(NHNH_2)_2$ $NHNH_3^{2+}$。通过三氨基胍盐氯化物水溶液和中性的 $5,5'$ - 双(1 - 羟基四唑)二水合物在回流条件下反应很容易制备出该类盐。此外,其他类型的盐如二氨基脲阳离子盐也可以通过同样的方法,由 $5,5'$ - 双(1 - 羟基四唑)二水合物与布朗斯特碱二氨基脲的反应制备。$5,5'$ - 双(1 - 羟基四唑)二水合物双去质子化产生的两个质子转移至二氨基脲碱,形成双重质子化的阳离子,从而得到 1:1 的盐[51],见以下反应式。

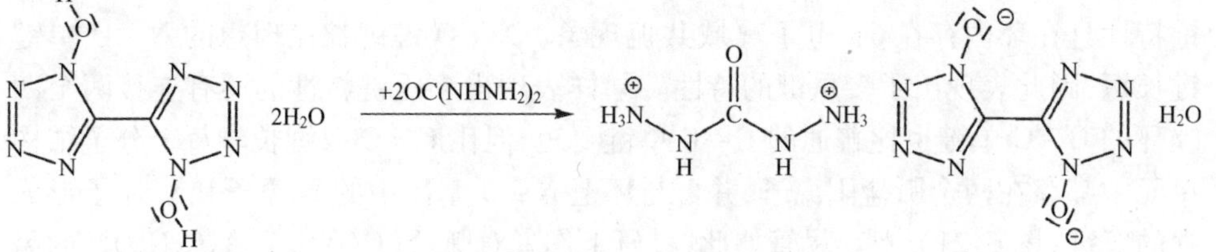

研究表明,$Cat^{2+}A^{2-}$ 盐的分解温度大部分在 200℃ 以上[51],除了 3,6 - 双肼 - 1,2,4,5 - 四唑盐(180℃),这些盐的分解温度比 RDX(205℃)的分解温度高[29],但比 β - HMX(275℃)低[30]。尽管高密度的草酰氯二肼水合物盐(ρ = 1.885g·cm^{-3})比报道的 RDX 密度(90K 下 ρ = 1.858g·cm^{-3})高,但其爆速(D = 8203m/s)以及其他 $Cat^{2+}A^{2-}$ 类型盐的爆速(D = 8028 ~ 8788m/s)[51]都比 RDX(D = 8983m/

s)的低[29],比 β – HMX(D =9221m/s)的更低[30]。

1∶1 盐分子结构中的阴离子只有一个与 5 – 氨基四唑阳离子相连的 – OH 基团去质子化,在四唑阳离子环上,N – H 和 – NH$_2$基团中的 H 原子与联四唑阴离子环上的 N – O 基团的 N 原子以强的氢键相连,二氨基胍盐环中第一个单一阴离子中的 – OH 基团和第二个单一阳离子中的 N – O 基团形成近似对称的氢键桥连(图6.22)。单一去质子化5,5′ – 双(1 – 羟基四唑)分子形成的1∶1 盐的密度在二氨基胍盐的 1. 729g/cm^{3}到 5 – 氨基四唑盐的 1. 899g/cm^{3}之间有很大的变化,变化范围为 0. 11g/cm^3。

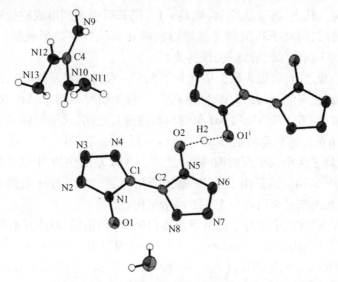

图 6. 22　5,5′ – 双(1 – 羟基四唑)胍盐水合物的结构以及一个离子的 – OH 基团和
另一个离子的 N – O 基团之间形成基本对称的氢键的示意图,(文献[23]授权转载)

如果将含单一去质子化阴离子的1∶1 盐的密度进行对比,可发现 5 – 氨基四唑盐的密度最大(ρ =1.839g/cm^3),但除了 5 – 氨基四唑和 1,5 – 二氨基四唑盐(ρ =1. 828g/cm^3)以外,其他这类盐的密度都低于 1. 80g/cm^3。对五类 Cat$^+$A$^-$盐中的两种进行了研究,表明其爆速均在 9000m/s 以上,也就是 5 – 氨基四唑盐(D = 9097m/s)和 1,5 – 二氨基四唑盐(D =9160m/s)[51],与 β – HMX(D =9221m/s)接近[30],比 RDX(D =8983m/s)高[29]。

在本节一开始就介绍了含有 5,5′ – 双(四唑 – 1N – 氧)双阴离子或 5,5′ – 双(四唑 – 2N – 氧)双阴离子的盐。另外还报道了含有 1N 和 2N 的四唑 – N – 氧阴离子盐。在近期研究中制备了 5,5′ – 双(四唑 – 1N – 氧)双阴离子和 5,5′ – 双(四唑 – 2N – 氧)双阴离子的无水联胺、联胍盐和联氨基胍盐等,对其结构进行了表征,并比较了其实测感度和理论爆轰性能[51]。

通过环化叠氮乙二肟可以合成 5,5′ – 双(1 – 羟基四唑),但 5,5′ – 双(2 –

羟基四唑)是通过氧化每个四唑环上的 N2 原子制备的,即用过氧化硫酸氢钾与 5,5′-双四唑在 45℃ 下反应,然后酸化产物并萃取得到目标产物[反应式 (6.2)][51]。

$$1)\text{Oxone, }45℃, \text{pH}=7 \quad 2)酸化,萃取 \tag{6.2}$$

此外,5,5′-双(2-羟基四唑)盐的合成与 5,5′-双(1-羟基四唑)盐类似,首先 5,5′-双(2-羟基四唑)分子也是布朗斯特酸,故可与富氮布朗斯特碱发生去质子化反应。其次,将氮基的 3-氨基-1-硝基胍引入到形成的盐中可改善盐的氧平衡。最后,阳离子和阴离子都能以四唑环系统为基础形成联(5-氨基四唑)盐。图 6.23 列出了已分离、表征的盐[51]。

在讨论成盐之前,可以先研究中性分子 5,5′-双(2-羟基四唑),因为该物质是无水化合物,且密度(1.953g/cm³)很高[51]。仔细研究其固态结构发现,其结构中所有键长位于 CC、CN、NN 和 NO 单键和双键键长之间,这说明体系中的电子是离域化的 π 体系。更有趣的是,5,5′-双(1-羟基四唑)和 5,5′-双(2-羟基四唑)分子中出现了两个共平面的四唑环,然而,-OH 基团中的 H 原子并没有在这个平面上,见图 6.24。这是由于 -OH 基团会与环上一个 N 原子会形成强的非对称氢键,从而在固态时会出现一个三维网络结构。

尽管存在强氢键,中性分子的分解温度(165℃)仍很低,即使其密度和爆速(D =9364m/s)[51]比 RDX(D =8983m/s)[29]和 β-HMX(D =9221m/s)[30]都要高,爆压(P_{C-J} =409kbar)也比 RDX(P_{C-J} =380kbar)[29]高,与高能量炸药 β-HMX(P_{C-J} =415kbar)[30]相当,但其作为替代 RDX 和 β-HMX 炸药候选物质的可能性大大降低。5,5′-双(2-羟基四唑)的另一缺陷是其撞击感度(3N)很高,意味着它将被归类为高感度炸药,摩擦感度值(<5N)表明,它将被归类为极度敏感炸药[33-38]。以上这些原因使其不能作为钝感炸药的候选物。

化合物 5,5′-双(2-羟基四唑)的无水化物或水合物都可以形成 $(Cat^+)_2A^{2-}$ 类型的盐。需要提出的是,对 5,5′-双(-羟基四唑)盐而言,目前报道的一般分子式有 $Cat^{2+}A^{2-}$、$(Cat^+)_2A^{2-}$、Cat^+A^-,但对 5,5′-双(2-羟基四唑)而言,只报道了 $(Cat^+)_2A^{2-}$ 这一种类型的盐[51]。图 6.23 给出了已合成的各种盐及其合成路线。图 6.25 是分子式为 $C_2N_8O_2^{2-}$ 阴离子和 $C(NH_2)_3^+$ 阳离子的联胍盐的氢键形成情况,其中胍盐中 -NH₂ 基团上的氢原子能与四唑环上 N-O 基团中的 N 原子和 O 原子分别形成氢键(图 6.25)。含有二价阴离子的两个四唑环是共平面的,且 N-O 基团在相反的方向。其他盐的结构也很相似,主要区别是每个原子参与的分子间氢键不同,在此不再深入讨论。

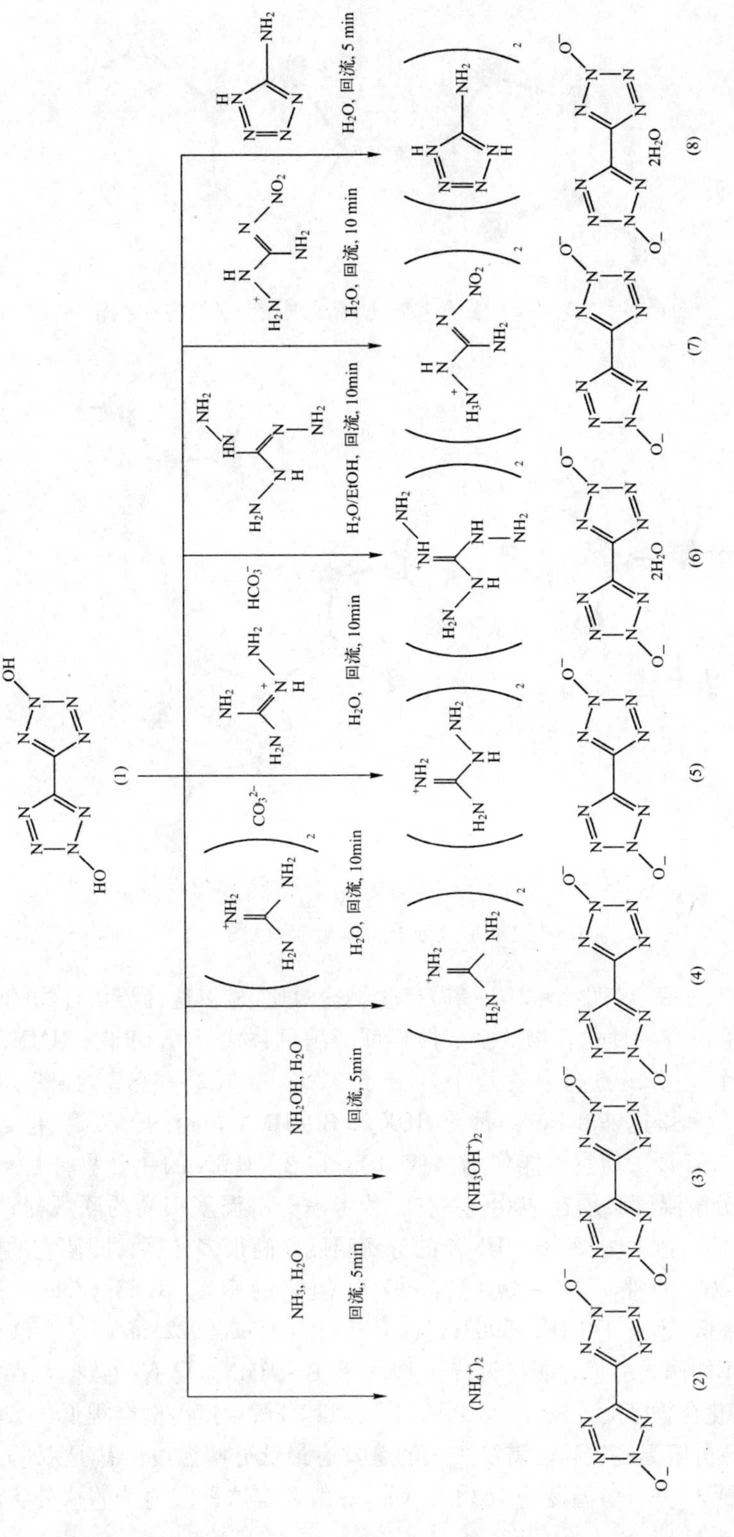

图 6.23　5,5′- 双 (2- 羟基四唑) 合成富氮化合物的反应示意图[51]

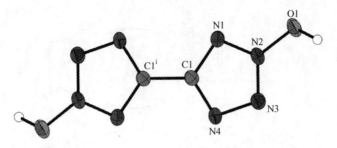

图 6.24 5,5′-双(2-羟基四唑)晶态时的分子结构示意图

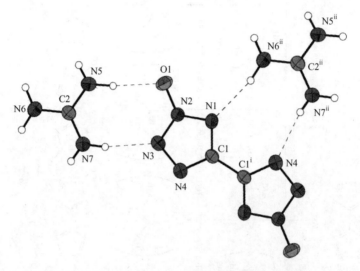

图 6.25 5,5′-双(四唑-2N-氧)联胍晶体的分子结构及阴、
阳离子之间形成分子间氢键的示意图[51]

　　如果与 5,5′-双(四唑-2N-氧)衍生物盐对比,显然这几类化合物的性能更为优越[51],但没有一种化合物的全部性能都能满足替代 RDX 和 β-HMX 所要求的性能。一个比较好的例子就是中性分子 5,5′-双(2-羟基四唑),其密度(1.953g/cm³)和爆速(9364m/s)都比 RDX 和 β-HMX 报道的值要高,但是,其分解温度很低(165℃),使它不能作为替代 RDX 和 β-HMX 的化合物,因为良好的候选物质的分解温度必须在 200℃ 左右。若考虑分解温度很高的联胍盐,它的分解温度为 331℃,比 RDX 和 β-HMX 的分解温度要高很多,然而,即使它的分解温度比 5,5′-双(四唑-2N-氧)盐高很多,但它的密度(1.633g/cm³)和爆速(7752m/s)很低,远低于 RDX(8983m/s)[29] 和 β-HMX(9221m/s)[30],这也意味着联胍盐也不能作为钝感含能材料替代 RDX 和 β-HMX。已有的数据都存在这样一种趋势,若化合物密度高($\rho > 1.820$g/cm³),则其分解温度一般会很低(<200℃),而密度低的则分解温度较高。需要注意的是具有最低分解温度的盐是双(3-氨基-1-硝基胍)盐,其分解温度为 163℃,然而,一般含有这种阳离子的盐分解温度才

会很低。与其相对的是,联胼盐的分解温度为 319℃,与六硝基芪的分解温度(320℃)接近[52],通常用于高度稳定的炸药中,例如应用到石油开采行业。

不同的化合物感度差异较大。例如,在一系列盐中,撞击感度一般从敏感的羟基联铵盐(3J)到钝感的联胼盐(>40J)的范围之间变化;摩擦感度一般从双(3 - 氨基 - 1 - 硝基胍盐)(48N)到联胼盐(>360N)范围内变化。但只有一种具有高静电感度的化合物,即 5,5′ - (2 - 羟基四唑)(ESD = 0.03J)[33 - 38,51]。

有意思的是,含 5,5′ - 双(四唑 - 2N - 氧)二价阴离子的联铵盐,联胼盐和二氨基胍盐与相应的含 5,5′ - 双(四唑 - 1N - 氧)二价阴离子的盐,由于均是无水化合物,具有直接可比性[51]。除了含 5,5′ - 双(四唑 - 1N - 氧)二价阴离子的撞击感度高于含 5,5′ - 双(四唑 - 1N - 氧)二价阴离子的盐外,表 6.4 中的数据并没有太多的规律性。例如,所有含 5,5′ - 双(四唑 - 2N - 氧)二价阴离子的盐的摩擦感度都比含 5,5′ - 双(四唑 - 1N - 氧)二价阴离子的盐高,同时,含 5,5′ - 双(四唑 - 2N - 氧)二价阴离子的联胼盐的分解温度比含 5,5′ - 双(四唑 - 1N - 氧)二价阴离子的高。5,5′ - 双(四唑 - 2N - 氧)联胺盐的分解温度低于 5,5′ - 双(四唑 - 1N - 氧)联铵盐的分解温度。两个中性分子 5,5′ - 双(1 - 羟基四唑)和 5,5′ - 双(2 - 羟基四唑)不具有可比性,因为 5,5′ - 双(1 - 羟基四唑)是二水合物,而 5,5′ - 双(2 - 羟基四唑)是无水化合物[51]。

表 6.4 含有双(四唑 - N - 氧)阴离子的富氮盐的性能总结[51]

(带 * 的数据是由 EXPLO5 或 EXPLO5.4 计算[44 - 48]出来的)

性 质	5,5′ - 双(四唑 - 1N - 氧)联铵盐	5,5′ - 双(四唑 - 2N - 氧)联铵盐	5,5′ - 双(四唑 - 1N - 氧)联胼盐	5,5′ - 双(四唑 - 2N - 氧)联胼盐	5,5′ - 双(四唑 - 1N - 氧)联胺基胍盐	5,5′ - 双(四唑 - 2N - 氧)联胺基胍盐	RDX[29]	βHMX[30]
IS/J	35	10	>40	>40	40	30	7.5	7
FS/N	360	360	>360	>360	324	>360	120	112
ESD/J	0.25	0.75	0.50	0.15	0.25	0.20	0.2	0.2
$\Omega/\%$	47.02	-47.02	-66.60	-66.60	-65.35	-65.35	-21.61	-21.61
$T_{dec}/℃$	290	265	274	331	228	255	205	275
$\rho/g\ cm^{-3}$	1.800	1.664	1.639	1.633	1.596	1.637	1.858	1.944
T_E/K^*	2939	2903	2606	2481	2852	2698	4232	4185
$P_{C-J}/kbar^*$	316	258	233	221	243	247	380	415
D/MS^{-1*}	8817	8212	7917	7752	8111	8137	8983	9221

此外,两个必须在此要提及和比较的含 5,5′ - (四唑 - N - 氧)二价阴离子的重要化合物是双羟基氨基 5,5′ - (四唑 - 1N - 氧),也称为 TKX - 50,及其同分异构体双羟基氨基 5,5′ - (四唑 - 2N - 氧)[51]。本节将在最后对这两类物质进行讨论,与 1N - 氧异构体相比,TKX - 50 表现出了优异的性能,这说明细小的改变会对材料的能量性能产生显著的影响。

TKX - 50(双羟基胺基5,5' - (四唑 - 1N - 氧))可进行克量级的制备(实验操作过程中需谨慎小心)。即5,5' - (1 - 羟基四唑)与二甲胺原位反应生成双(二甲胺)5,5' - (四唑 - 1N - 氧)盐,分离提纯后,在沸水里与二倍计量比的氯化羟胺反应生成 TKX - 50、氯化二甲胺和盐酸。从反应液中结晶可以得到纯的 TKX - 50 晶体[51]。这种合成方法的优点在于避免了分离高爆炸物双叠氮乙二肟,因为在合成路线中不需要双叠氮乙二肟前驱体原位环化(不像先前的合成方法中需要分离),而是在 DMF 溶液中直接转变为二甲胺盐(图 6.26)。二甲胺盐可直接分离提纯。需要重点指出的是,TKX - 50 制备容易,原料便宜,而八硝基立方烷[53]等具有较高能量性质的含能材料的合成路线繁琐,原料昂贵,并且经常需要处理有危险性的材料。

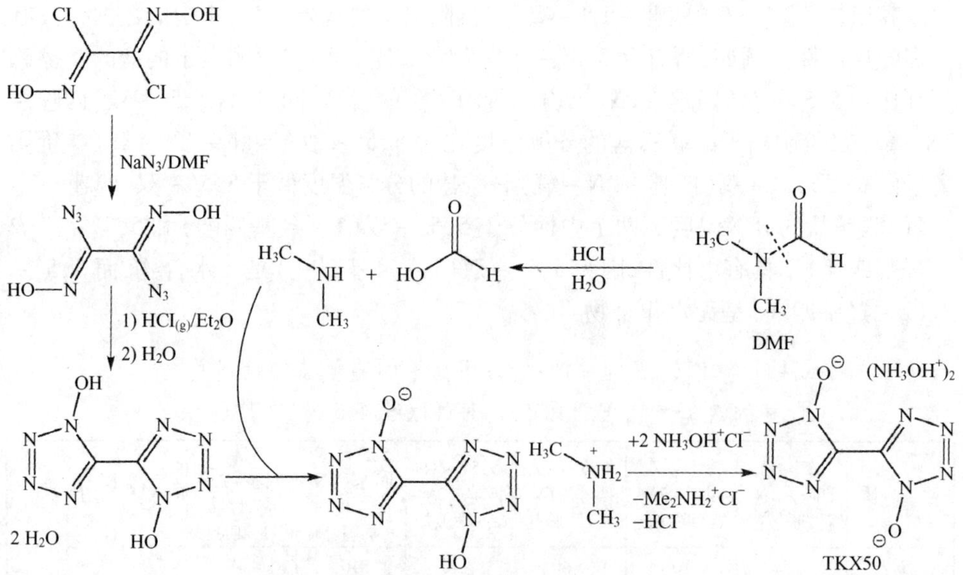

图 6.26 TKX - 50 作为一种纯的 1,1' - 同分异构体的合成路线,可以避免分离敏感的中间体[51]

相比之下,与之对应的 2N - 氧化合物更易合成,在水溶液中用羟胺对 5,5' - (2 - 羟基四唑)进行去质子化反应就可以得到目标产物。该类化合物的合成过程较为简单,这是由于反应过程中不需要使用危险的双叠氮乙二肟生成酸,而是在高温下,于缓冲溶液中用过氧化硫酸氢钾氧化双四唑[51]。

TKX - 50 的结构(图 6.27)中有阴、阳离子,即羟胺阳离子中的 - OH 基团和阴离子中 N - O 基团上的 O 原子形成氢键。和其他含有此种阴离子的盐一样,双四唑环也是两环共平面的结构,并有相似的结构参数[51]。

TKX - 50 的密度($\rho = 1.918 \text{g/cm}^3$)很高,甚至比双(羟胺)双(四唑 - 2N - 氧)盐($\rho = 1.822 \text{g/cm}^3$)及其相应的非氧化的双(羟胺)5,5' - 双四唑盐($\rho = 1.742 \text{g/cm}^3$)[51]还要高。且两个 N - 氧化物盐的密度均高于非氧化的双四唑盐,这与四唑 N - 氧盐的密度变化规律相吻合。高密度的 1N - 氧盐意味着有很高的爆速($D =$

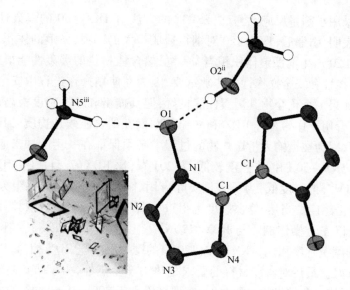

图 6.27　双(羟胺基)5,5′ - 双(四唑 - 1N - 氧)(TKX - 50)
晶体的分子结构及阴、阳离子之间形成分子间的氢键示意图

9698m/s),这一数据不仅比 β - HMX($D = 9221$m/s)高[30],甚至高于 ε - CL20(D = 9455m/s)[54],即使 ε - CL20(100K,$\rho = 2.083$g/cm^{-3})的密度比 TKX - 50($\rho = 1.918$g/cm^3)的密度还要大。事实上,与其他已经商业化并大规模生产的爆炸物相比,2N - 氧盐一直有很高的爆速($D = 9264$m/s)[51],比 2,4,6 - TNT($D = 7459$m/s)[32] 和 RDX($D = 8983$m/s)[29]及 β - HMX($D = 9221$m/s)[30]都要高,但是比 ε - CL20 和 TKX - 50 低(图 6.28)[51]。

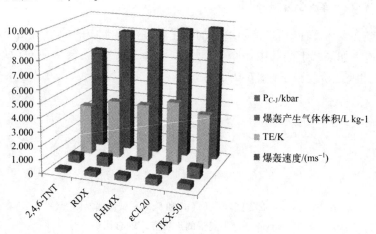

图 6.28　2,4,6 - TNT[32]、RDX[29]、β - HMX[30]、ε - CL20[54]、TKX - 50[51]和双
(羟胺基)双(四唑 - 2N - 氧)[51]几种化合物之间的性能(爆压 P_{C-J},爆炸
气体体积 V_0,爆炸温度 T_E 和爆速 D)比较柱状图

近期,采用小剂量反应性测试(SSRT)的方法对 TKX－50 的爆轰性能进行了研究,结果表明,引爆后,TKX－50 对钢板造成很大的凹痕,凹痕的体积比 RDX 要大,和 ε－CL20 产生的凹痕体积相当[51]。虽然含能材料的爆轰性能很重要,但引发爆炸的可控性和安全操作性也非常重要,因为在使用操作过程中安全性是首要的。例如,如果一个化合物其爆轰性能良好,但其撞击和摩擦感度极高,那么该化合物就不适合用于作为替代 RDX 和 ε－CL20 潜在的含能候选物质。其中撞击感度尤为重要,因为在运输大量爆炸物的过程中必须保证在一定的冲击应力下不会发生爆炸。TKX－50 的撞击感度较低,为 20J[51],比 RDX(7.5J)、β－HMX(7J)和 ε－CL20(4J)[54]的感度低,为了满足实际应用,需要添加其他钝感组分来降低这些物质的撞击感度。当然,摩擦感度也很重要,在大批量制备含能材料时,这些材料必须是可以安全操作的。与 RDX(120N)[29]、β－HMX(112N)[30]和 ε－CL20(48N)[54]的摩擦感度相比,TKX－50(120N)的摩擦感度与 RDX 相当,比 β－HMX 和 ε－CL20 好。最后对含能材料的要求是热力学稳定性,为了防止高温(如在日晒条件下)爆炸现象的发生,理想的分解温度需大于 200℃。与热稳定性最好的含能材料 2,4,6－TNT($T_{dec.}$ ＝290℃)[32]和 β－HMX($T_{dec.}$ ＝279℃)[30]相比,TKX－50($T_{dec.}$ ＝221℃)[51]的分解温度较低,但与 RDX($T_{dec.}$ ＝210℃)和 ε－CL20($T_{dec.}$ ＝215℃)[29]的分解温度相近[54]。因为 2N－氧盐的分解温度只有 172℃,比 1－N 氧盐(TKX－50)要低 50℃,这也是我们对 2N－氧盐比较失望的地方。显然,TKX－50 化合物是一个极好的例子,它证明引入 N－氧基团后,化合物的氧平衡、密度和操作安全性有显著提高,这为以后合成这种类型的含能材料提供了理论依据。

6.4.3　5,5′－氧化偶氮四唑

含有 5,5′－偶氮四唑二价阴离子的盐是指在阴离子中的两个四唑环通过－N＝N－桥连。如果桥上的其中一个 N 原子变为 N－O 基,就会形成对应的 5,5′－氧化偶氮四唑二价阴离子(图 6.29)。

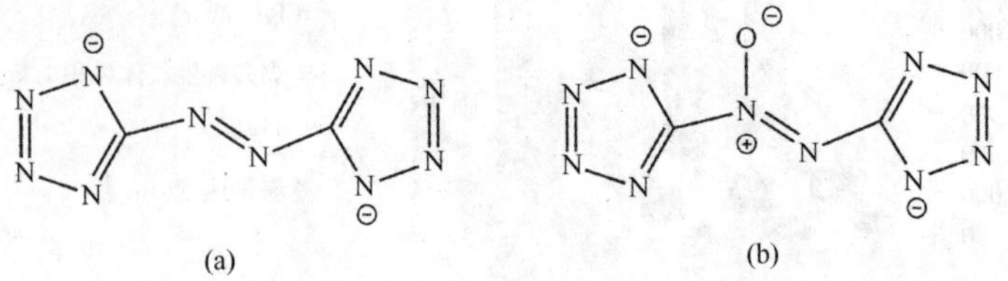

图 6.29　5,5′－偶氮四唑(zT)(a)和 5,5′－氧化偶氮四唑(zTO)
(b)二价阴离子的连接方式的对比

通过重氮基团桥连两个四唑环形成化合物的方法非常古老。早在 1898 年,Thiele 就通过简单的一步反应制备了 $Na_2zT \cdot 5H_2O$,即在碱性条件下用 $KMnO_4$ 氧化 5－氨基四唑([反应式(6.3)])[55]。

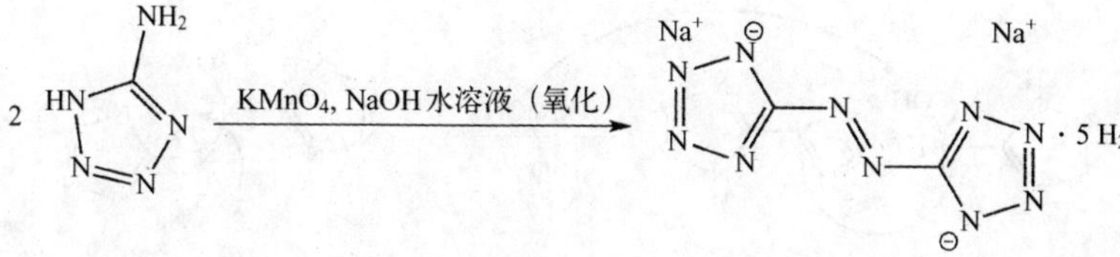

$$2 \ \begin{array}{c} NH_2 \\ \end{array} \xrightarrow{\quad KMnO_4, \ NaOH \ 水溶液（氧化）\quad} \qquad \cdot 5\,H_2O \qquad (6.3)$$

对于这个反应,提出的反应机理包括三步,首先是 5 - 氨基四唑氧化形成 5 - 羟氨基四唑,然后它与另一分子的 5 - 羟氨基四唑进行缩合,最后在碱性 NaOH 溶液中脱去质子生成 $Na_2zT \cdot 5\,H_2O$(图 6.30)。由于氧化剂($KMnO_4$)加入到过量的四唑中,故在最初的步骤中氨基四唑并未被进一步氧化。

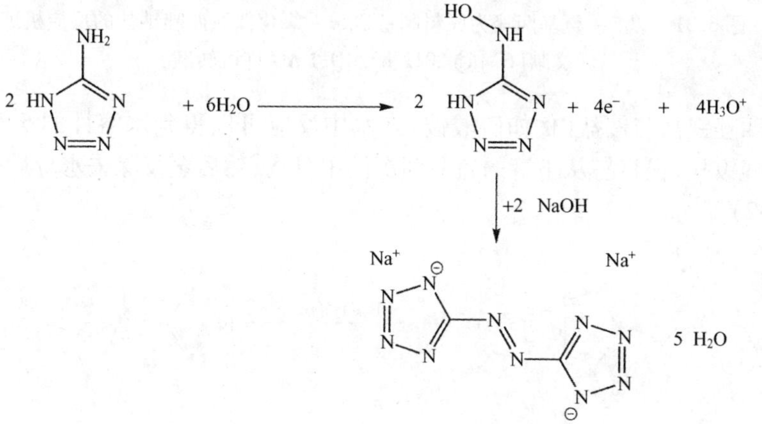

图 6.30　以 5 - 氨基四唑为原料制备 5,5′ - 氧化偶氮四唑钠盐的反应机理

(文献[26]© 2012 WILEY - VCH Verlag GmbH & Co. KGaA, Weinheim. 许可转载)

近年来,含有 5,5′ - 偶氮四唑二价阴离子的盐因为含氮量高,感度相对较低,而且具有良好的热稳定性,已经作为含能材料进行了深入的研究[56-65]。例如,最近合成出的双(三氨基胍基)5,5′ - 偶氮四唑盐在 NILE 推进剂中用作富氮气体发生剂[66]。此外,许多 5,5′ - 偶氮四唑二价阴离子已被制成对应的铵盐、肼盐和胍盐。

出人意料的是,通过改变 5,5′ - 偶氮四唑盐制备过程中试剂的加料顺序,将偶氮桥上的一个 N 原子氧化为 N - O 基,就可以制得 5,5′ - 偶氮四唑阴离子的 N - 氧化衍生物—5,5′ - 氧化偶氮四唑二价阴离子。合成 5,5′ - 氧化偶氮四唑盐非常重要的一点是氧化剂必须过量,这样就保证原料 5 - 氨基四唑的氧化不会仅仅停留在形成 5 - 羟氨基四唑这一步,它会继续部分转化为 5 - 亚硝基四唑,然后 5 - 亚硝基四唑在碱性条件下会与未完全氧化的 5 - 羟氨基四唑进行缩合反应形成 5,5′ - 氧化偶氮四唑阴离子(图 6.31)。

对于含有富氮阳离子盐的合成,通常情况下是将钠盐与氯化钡水合物通过阳离子交换首先转化为对应的钡盐,这样做的原因是含有富氮阳离子的硫酸盐既可以在市场上购得,也可以方便制备,而硫酸钡的溶解度很低,这就意味着 5,5′ - 氧

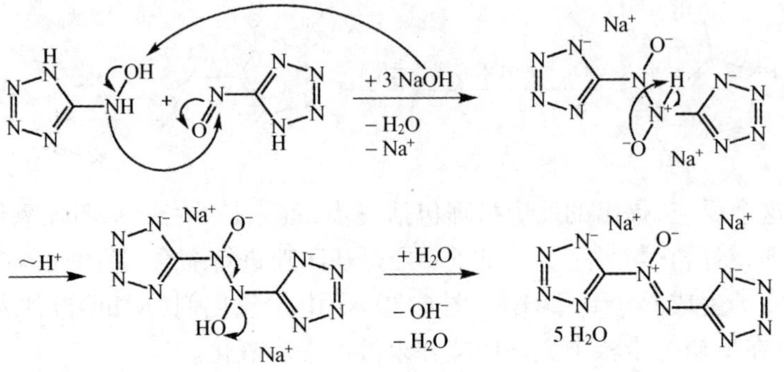

图 6.31　以 5 - 氨基四唑为原料制备 5,5′ - 氧化偶氮四唑钠盐的反应机理
(文献[67] © 2012 by MDPI AG 许可转载)

化偶氮四唑钡盐与铵盐(例如硫酸铵)在水中反应可以得到水溶性的 5,5′ - 氧化偶氮四唑铵盐,很容易从不溶的硫酸钡沉淀中分离,然后蒸发除去水分后得到铵盐(图 6.32)[67]。

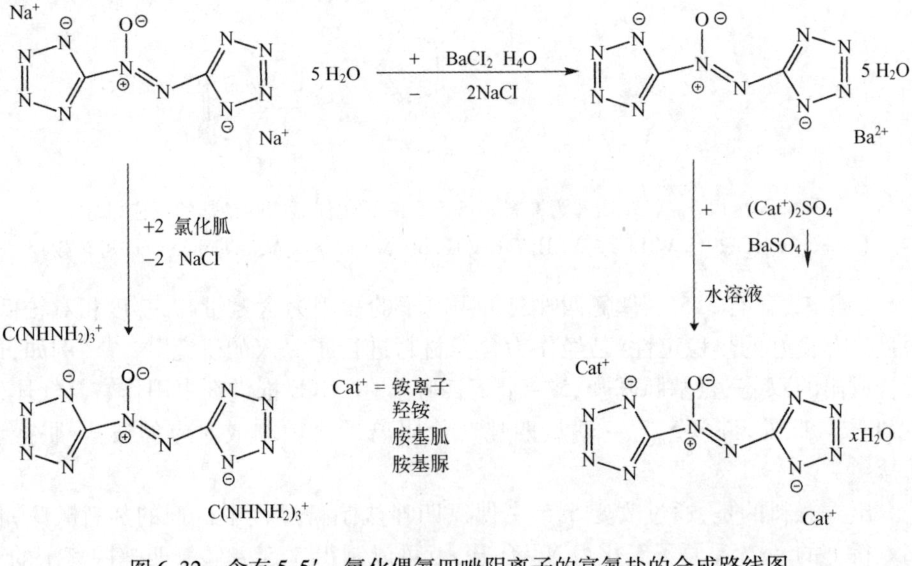

图 6.32　含有 5,5′ - 氧化偶氮四唑阴离子的富氮盐的合成路线图
(文献[67] © 2012 by MDPI AG. 许可转载)

　　研究表明,对 zTO^{2-} 阴离子在盐中的结构与 zT^{2-} 阴离子在相应盐中的结构非常相似,只在平面上存在微小的差别。尽管在偶氮桥上的一个 N 原子上引入了氧,但二铵盐中偶氮桥上两个氮原子的距离(1.27Å)稍微小于对应的 $(NH_4)_2zT$ 盐中观察到的偶氮桥上两个氮原子的距离(1.36(1)Å)[56-65]。与羟铵阳离子相同,二羟基铵二水合物盐中结晶水和四唑环 N 原子之间的氢键最强。相对于其他以四唑为基的羟铵盐,$(NH_3OH)_2zTO \cdot 2H_2O$ 盐的晶态密度($\rho = 1.596g/cm^3$)[67] 低

于相应的未氧化的 $(NH_3OH)_2zT \cdot 2H_2O$ 盐($\rho = 1.612g/cm^3$)[56-65]。如果我们只改变阳离子就会发现,$(NH_4)_2zTO$ 的密度($\rho = 1.592g/cm^3$)高于 $(NH_4)_2zT$ 的密度($\rho = 1.562g/cm^3$)[56-65]。此外,两种盐的热稳定性竟然与预测的结果相反,$(NH_3OH)_2zTO \cdot 2H_2O$ 的分解温度($T_{dec.} = 175℃$)高于 $(NH_3OH)_2zT \cdot 2H_2O$ 的分解温度($T_{dec.} = 130℃$),而 $(NH_4)_2zTO$ 的分解温度($T_{dec.} = 222℃$)高于 $(NH_3OH)_2zT$ 的分解温度($T_{dec.} = 195℃$)。然而,zTO^{2-} 盐的分解温度并不总是高于 zT^{2-} 盐的分解温度[56-65,67]。

对选定的化合物在 CBS-4M 水平下计算生成热时可以发现,与 $(NH_4)_2zT$ 的生成热($551kJ \cdot mol^{-1}$)相比,N-氧盐 $(NH_4)_2zTO$ 的生成热较低($524kJ \cdot mol^{-1}$),也就是说,吸热较少。在化合物的感度方面没有明显的规律。$(NH_4)_2zTO$ 撞击感度(1J)高于 $(NH_4)_2zT$(3J),但二者的摩擦感度相近(分别为 40N 和 42N),$(NH_3OH)_2zTO$ 的撞击感度低于 $(NH_3OH)_2zT \cdot 2H_2O$,它的摩擦感度(160N)明显低于 $(NH_4)_2zT$。最后,含有 zTO^{2-} 阴离子的铵盐和羟铵盐的爆温和爆速都高于相应的 zT^{2-} 盐[56-65],然而,$(NH_4)_2zTO$ 的爆速 8054m/s 和 $(NH_3OH)_2zTO$ 的爆速 8224m/s 比常用炸药 RDX 的爆速($D = 8983m/s$)[29]和 β-HMX 的爆速($D = 9221m/s$)[30]低很多。

以前合成的 5,5′-偶氮双四唑的其他 N 氧化衍生物已在文献中报道过,其中,N-O 基不是位于偶氮桥上的 N 原子上,而在每个四唑环上 1 号位[26],这与以上讨论的四唑或双四唑的 N 氧化物相似。

反应式(6.4)给出了氨基四唑在碱性水溶液中通过重氮偶联反应生成偶氮联四唑二价阴离子钠盐的反应过程,采用完全相同的方法,1-羟基-5-氨基四唑可以在 $KMnO_4$ 碱性溶液中通过重氮偶联反应生成对应的偶氮四唑-1,1′二氧阴离子。

$$(6.4)$$

该二价阴离子可以在酸性介质中质子化形成对应的中性分子 1,1′-二羟基-5,5′-偶氮四唑,它在室温下为橙色固体[26]。显然,对于富氮的新型含能材料,不是特别希望形成钾盐。然而使用中性酸,通过酸的去质子化可以很容易地与富氮的布朗斯特碱反应得到其他盐。例如,1,1′-二羟基-5,5′-偶氮四唑与氨的反应生成双去质子酸的二铵盐,与羟铵或水合肼反应可生成对应的二羟铵盐和二肼盐(图 6.33)[26]。

中性分子 1,1′-二羟基-5,5′-偶氮四唑的结构由两个四唑环与偶氮桥几乎共平面排列而成。然而,-OH 中的 H 原子没有位于分子平面,而是扭曲到环平面

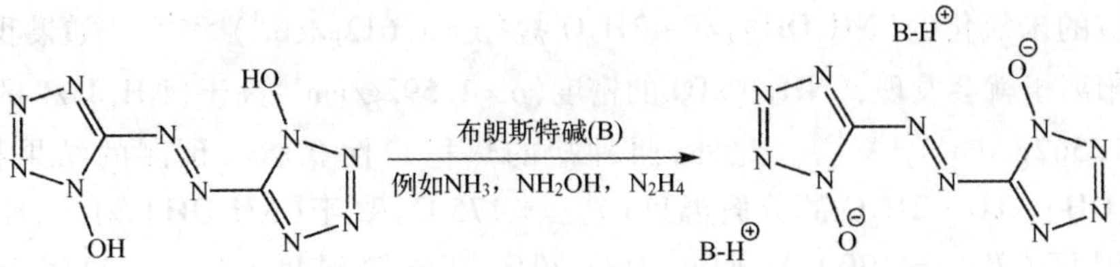

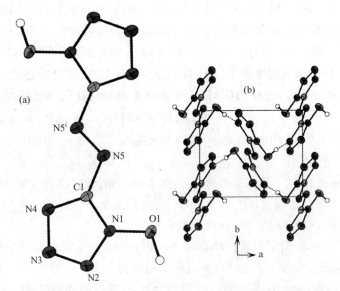

图6.33　含有5,5′-氧化偶氮四唑阴离子的富氮盐的合成路线示意图

外,这就可以与其他1,1′-二羟基-5,5′-偶氮四唑环上的N原子之间形成氢键(图6.34)[26]。

图6.34　1,1′-二羟基-5,5′-偶氮四唑晶体的分子结构(a)和分子间形成的氢键(b)。
文献[26]© 2012 WILEY-VCH Verlag GmbH & Co. KGaA, Weinheim. 许可转载

　　含有双去质子的二价阴离子的羟铵盐、铵盐、肼盐都显示出与两个四唑环共平面的结构。在羟铵盐和铵盐中,O原子(以及羟铵盐环上N原子)都参与了氢键的形成,但偶氮桥上N原子未参与氢键的形成。肼盐表现出两个多晶型结构。在第一种多晶型中,肼阳离子的-NH$_3^+$与阴离子的NO基形成氢键,且肼阳离子的-NH$_2$与阴离子环上的N原子形成氢键。而在另一种多晶型中,情况则相反,-NH$_3^+$与阴离子环上N原子形成氢键,-NH$_2$与阴离子的NO基形成氢键(图6.35)[26]。

　　富氮盐的密度都大大低于中性分子1,1′-二羟基-5,5′-偶氮四唑的密度(1.902g/cm^3)。此外,中性分子的生成热也很高,为883kJ/mol,这使得它具有非常高的爆速(9548m/s)。它还表现出非常高的比冲(271s)和爆压(424kbar)。此外,它还具有无烟燃烧的特点。然而,令人失望的是,它的热稳定性较差,在170℃就开始分解,大大低于200℃的期望值。另外,它对撞击和摩擦也非常敏感(表6.5)[26]。

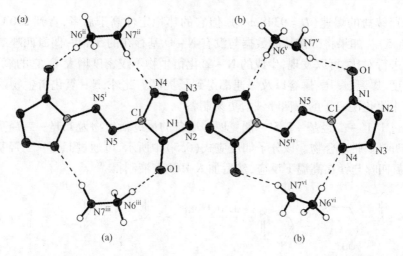

图 6.35　5,5′-偶氮四唑-1,1′-二氧肼盐的两种多晶型晶体的分子结构和阴、阳离子间形成了强的分子间氢键:较低密度多晶型(a)较高密度多晶型(b)(文献[26]© 2012 WILEY-VCH Verlag GmbH & Co. KGaA, Weinheim. 许可转载)

表 6.5　中性分子 1,1′-二羟基-5,5′-偶氮四唑(HAZTO)及其羟铵盐 (Hx₂AZTO)、铵盐(A₂AZTO)[26]以及 5,5′-偶氮四唑铵(A₂AZT)、双(1-羟基四唑基)肼(BTOH)和双(四唑基)肼(BTH)[56-65]的部分性质概览(标有 * 的数值是通过使用 EXPLO5.04 计算得到的[44-48])

性质	HAZTO	Hx₂AzTO	A₂AzTO	A₂AzT	BTHO	BTH
IS/J	<1	15	3	6	1	4
FS/N	<5	54	160	44	<5	24
ESD/J	0.01	0.2	0.2	0.18	0.007	0.25
Ω/%	-24.23	-24.22	-41.34	-63.94	-28.17	-57.1
$T_{dec.}$/℃	170	190	250	190	120	212
ρ/gcm⁻³	1.902	1.778	1.800	1.562	1.707	1.841
T_{det}/K	4973	4310	3313	2565	3851	4672
P_{C-J}/kbar	424	375	338	216	312	343
* V_o/lkg⁻¹	733	841	837	823	833	759
* D/ms⁻¹	9548	9348	9032	7788	8711	9019

从富氮盐的研究情况来看,含有铵阳离子盐的密度最高($\rho = 1.800$g/cm³),稍高于羟铵盐的密度($\rho = 1.778$g/cm³),明显高于两种肼的多晶型物质的值($\rho = 1.673$g/cm³ 和 1.725g/cm³)(表 6.5)。尽管这三种盐的密度都很低,令人感到失望,但它们的爆速都超过了 9000m/s,例如二羟铵盐的爆速(9348m/s)[26]高于 RDX($D = 8983$m/s)[29]和 β-HMX($D = 9221$m/s)[30]。此外,与中性分子 190℃ 的分解温度相比,该盐同样具有较高的分解温度。尽管铵盐的爆速($D = 9032$m/s)

稍低于羟铵盐的爆速($D = 9348\mathrm{m/s}$),但它的热稳定性高于后者,直到250℃才分解(表6.5)。如果将二铵盐的数据与没有 N-O 基存在的5,5′-偶氮四唑二铵盐的数据进行对比,可以发现,生成的 N-氧化衍生物不仅密度增大了,它的氧平衡、分解温度、爆温、爆压、爆容以及爆速都得到了提高。此外,N-氧化衍生物的铵盐比含有未氧化阴离子的双四唑铵盐更易制备。

通过1,1′-二羟基-5,5′-偶氮四唑制备的最终衍生物为1,1′-二羟基-5,5′-双四唑基肼水合物。该分子如反应式(6.5)中所示,可通过1,1′-二羟基-5,5′-偶氮四唑与镁在高温下反应,然后加入 HCl 溶液制得[26]。

$$\text{1,1′-二羟基-5,5′-偶氮四唑} \xrightarrow[\text{还原}]{\text{Mg, HCl水溶液}} \text{产物} \tag{6.5}$$

偶氮桥连盐的还原会导致以肼桥连的两个四唑环化合物的形成。两个四唑环都在1号位存在 -OH。无色的肼衍生物表现出更长的 N-N 桥键,这是形成两个 -NH- 基的后果。最终结果是,分子中的两个四唑环不再共平面(图6.36)。另外,该化合物没有作为含能材料应用的前景,因为它在碱性介质中很容易被氧化为偶氮桥连的阴离子,且其分解温度很低(120℃),比直到207℃才分解的双四唑基肼的分解温度低很多。

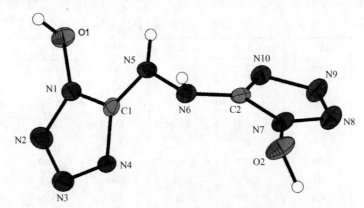

图6.36 1,1′-二羟基-5,5′-双四唑基肼水合物在晶体的分子结构,
为了表现清楚未显示水分子

6.4.4 双(四唑)二氢四嗪及双(四唑)四嗪 N-氧化物

最后一类既包含有四唑又包含 N-O 基的含能化合物为含有桥连四嗪结构单元的化合物(图6.37)。在合成和计算方面,研究人员已经对许多四嗪化合物进行了研究[68],包括通过四嗪基桥连两个四唑环的化合物。最近开展了在这些分子中引入了 N-O 基的研究[17]。两个典型的例子分别为二氢四嗪:3,6-双(2-羟基

四唑)－二氢－1,2,4,5－四嗪二水合物和3,6－双(1－羟基四唑)－二氢－1,2,
4,5－四嗪二水合物以及与它们相关的富氮盐,和以四嗪为基的化合物:3,6－双
(2－羟基四唑)－1,2,4,5－四嗪及与它们相关的富氮盐3,6－双(四唑－2－氧)
－1,2,4,5－四嗪一水合物的铵盐[17]。

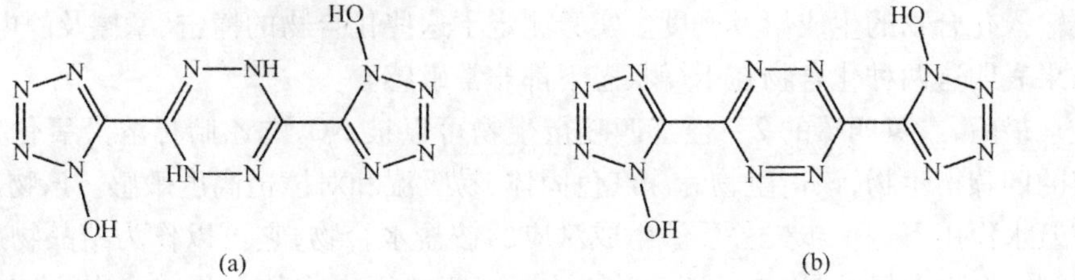

图6.37　3,6－双(1 羟基四唑)－二氢－1,2,4,5－四嗪结构式(a)与双
(1－羟基四唑)－1,2,4,5－四嗪结构式(b)

　　5－氰基四唑与肼在乙醇中反应形成二氢四嗪,然后使用二氢四嗪基桥连两个
四唑环,两个四唑环都是通过5 号位连接在二氢四嗪基上的,这就意味着最终产物
中不存在氰基[69]。如果使用5－氰基－1－羟基四唑或者5－氰基－2－羟基四唑
(这两种物质前文提过)代替未氧化的5－氰基四唑进行同样的反应,就会制得对
应的二氢四嗪基桥连两个 N－O 四唑环的二氢四嗪化合物。然而,在这些化合物
中,未分离得到中性化合物,而是得到了去质子的肼盐(图6.38)[17]。

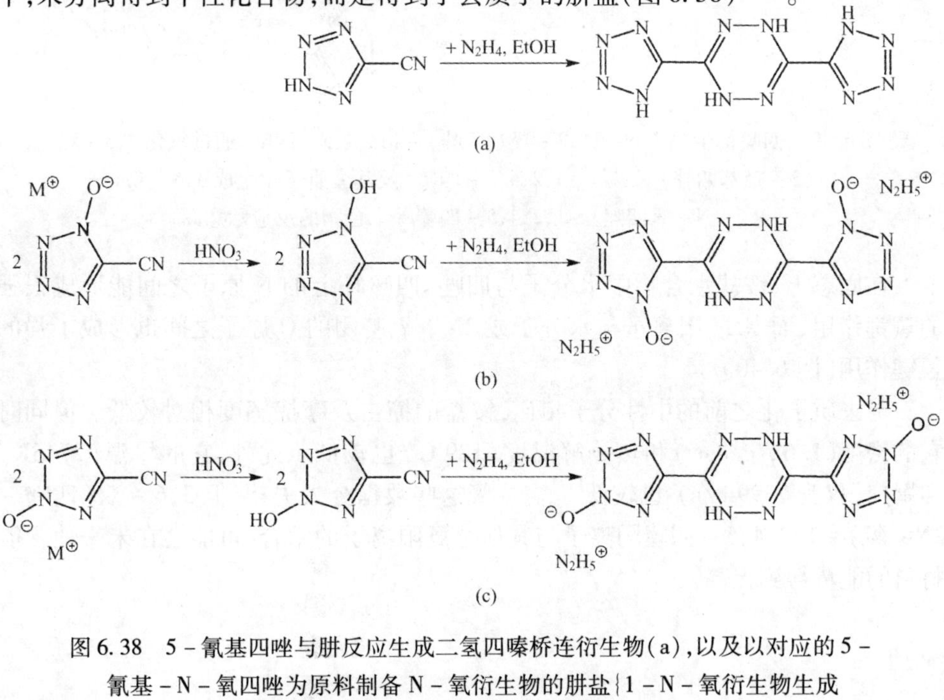

图6.38　5－氰基四唑与肼反应生成二氢四嗪桥连衍生物(a),以及以对应的5－
氰基－N－氧四唑为原料制备 N－氧衍生物的肼盐｛1－N－氧衍生物生成
肼盐(b),2－N－氧衍生物生成肼盐(c)｝

通过将对应的二肼盐在酸性介质中质子化可制备出相应的中性 1 - 或者 2 - 羟基分子,然后可以用另外一种布朗斯特碱(例如 NH₃)进行去质子化反应得到对应的盐。不幸的是,用 X 射线单晶衍射无法获得这些化合物的密度,这就意味着这些化合物的爆轰性能都不能通过 EXPLO5.04 代码进行计算[44-48],因为计算需要输入化合物的生成焓及密度。实验测定了这些化合物的撞击、摩擦及静电感度,结果表明这两种化合物在干燥状态下都非常敏感。

最后,二氢四嗪的 2 - 羟基四唑衍生物可以被 NO₂ 的乙腈稀溶液氧化生成对应的四嗪衍生物,该衍生物为深红色固体、易吸湿和对撞击高度敏感。该物质可以在氨水作用下进一步失去质子生成对应的铵盐水合物,它可以作为结晶物质分离得到。令人奇怪的是,二氢四嗪的 1 - 羟基四唑衍生物的氧化并未得到纯的化合物(图 6.39)[17]。

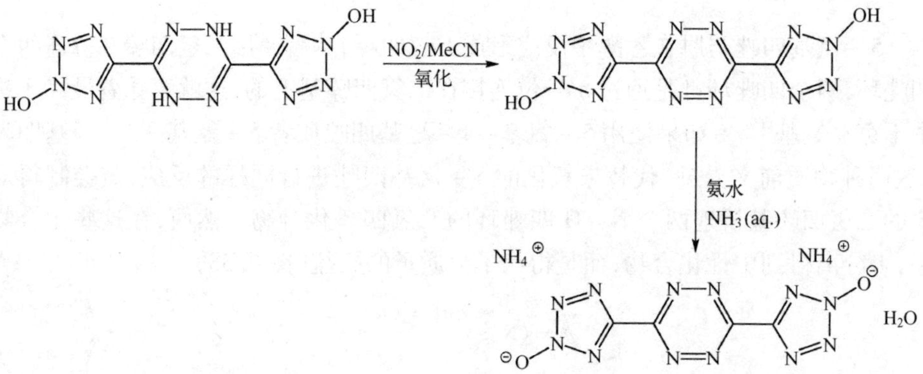

图 6.39   四嗪衍生物 3,6 - 双(2 - 羟基四唑) - 1,2,4,5 - 四嗪(通过氧化 3,6 - 双
(2 - 羟基四唑) - 二氢 - 1,2,4,5 - 四嗪)及其去质子化生成 3,6 - 双
(2 - N - 氧四唑) - 1,2,4,5 - 四嗪一水合物的反应示意图

在固态下,铵盐水合物中水分子与四唑、四嗪环上的 N 原子之间能形成很强的氢键作用,而 NH₄⁺ 阳离子与水分子或 2N - 氧基团的 O 原子之间也形成了强的氢键作用(图 6.40)。

与去质子化之前的中性分子相比,铵盐的撞击及摩擦感度相对较低。但同时它的密度(1.627g/cm³)和热分解温度(189℃)也较低。此外,它的爆温(2746K)和爆速(仅为 7999m/s)也较低[17]。尽管这些数据令人失望,但 3,6 - 双(四唑 - 2N - 氧) - 1,2,4,5 - 四嗪阴离子与其他富氮阳离子的结合,可能会在未来使含能材料的能量得到提高。

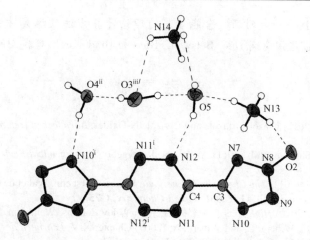

图 6.40　3,6 - 双(四唑 - 2 氧) - 1,2,4,5 - 四嗪二铵盐三水合物的晶体分子结构。
为了表现清楚,未显示结晶水分子。文献[17]ⓒ 2012 WILEY - VCH
Verlag GmbH & Co. KGaA, Weinheim 许可转载

6.5　结论

本章综述了含 N - 氧基团的新型四唑化合物的合成,并指出了制备具有高密度、高热稳定性及高爆速等新型含能材料存在的困难。所有研究的化合物都属于绿色环保型化合物,因为它们的分子式中只包含有 C、H、N 和 O 元素,没有重金属、铝或卤化物等对环境有害物质。尽管 RDX 的能量性能很优越,但是该物质对环境和操作人员都是有害的,因此研究与 RDX 性能相当的新型化合物很有必要。另外一个常用的炸药是 ε - CL20,但其合成路线步骤繁琐,本章介绍的 N - 氧化合物的合成路线简单,所用化学试剂毒性小,对环境友好,适合大规模生产。TKX - 50 的合成和性能表明该类化合物不仅环境友好,而且性能与 ε - CL20 相当,甚至有所超越,是具有潜在应用价值的含能材料。对含 N - 氧基团的四唑化合物的后续研究,将会决定该类化合物是否会成为未来的绿色炸药。

致谢

本研究是在 LMU(Ludwig - Maximilian University of Munich) 大学和 ARL(US Army Research Laboratory) 公司(NO. W911NF - 09 - 2 - 0018) 的共同支持下完成的,非常感谢 ARDEC(Armament Research, Development ADN Engineering Center) 研究所、R&D1558 - TA - 01 和 W911NF - 12 - 1 - 0467,W911NF - 12 - 1 - 0468 公司及 ONR. N00014 - 10 - 1 - 0535、ONR. N00014 - 12 - 1 - 0538 单位。本文作者和 Mila Krupka 博士共同完成了对含能材料新发展的测试和评价方法研究,与 Muhamed Sucesca 博士一起对新型含能炸药的理论计算方法及爆轰冲击性能参数进行了研究。最后非常感谢 Drs. Betsy M. Rice 和 Brad Forch 对我们的帮助。

参 考 文 献

[1] Begtrup, M. (2012) Diazole, triazole and tetrazole N-Oxides. *Advances in Heterocyclic Chemistry*, **106**, 1–109.

[2] Gao, H. and Shreeve, J.M. (2011) Azole-based energetic salts. *Chemical Reviews*, **111**, 7377–7436.

[3] Klapötke, T.M. (2011) *The Chemistry of Energetic Materials*, 1st edn, Walter de Gruyter, Berlin.

[4] Klapötke, T.M. and Holl, G., (2001) *Green Chemistry*, **G75**.

[5] Agrawal, J.P. (2010) *High Energy Materials*, John Wiley & Sons, Weinheim.

[6] Holleman, A.F., Wiberg, E. and Wiberg, N. (2007) Chapter XIV, *Lehrbuch der Anorganischen Chemie*, 102th edn, Walter de Gruyter, Berlin, New York.

[7] Schmidt, E.W. (2001) *Hydrazine and its Derivatives*, vol. 1 and 2, 2nd edn, John Wiley & Sons, New York, Chichester.

[8] Klapötke, T.M., Stierstorfer, J., Fischer, N. *et al.* (2011) *Strategies for the Development of RDX Replacements*, ARL-CECD Workshop, College Park, MD, April 3–6.

[9] Huisgen, R. and Ugi, I. (1956) Zur Lösung eines klassischen problems der organischen stickstoff-chemie. *Angewandte Chemie*, **68**, 705–706.

[10] Wallis, J.D. and Dunitz, J.D. (1983) An all-nitrogen aromatic ring system: structural study of 4-dimethyl-aminophenylpentazole. *Journal of the Chemical Society. Chemical Communications*, 910–911.

[11] Biesemeier, F., Müller, U. and Massa, W. (2002) Die Kristallstruktur von Phenylpentazol $C_6H_5N_5$. *Zeitschrift Fur Anorganische und Allgemeine Chemie*, **628**, 1933–1934.

[12] Ugi, I. and Huisgen, R. (1957) Die Zerfallsgeschwindigkeit der Arylpentazole. *Chemische Berichte*, **91**, 531–537.

[13] Harel, T. and Rozen, S. (2010) The tetrazole 3-*N*-oxide synthesis. *The Journal of Organic Chemistry*, **75**, 3141–3143.

[14] Eicher, T. and Hauptmann, S. (1995) *The Chemistry of heterocycles*, Thieme, New York, p. 212.

[15] Bottaro, J.C., Petrie, M., Penwell, P.E. *et al.* (2003) Nano/HEDM technology: late Stage Exploratory effort, SRI international chemical science and technology, 333, Ravenswood Ave, Menlo Park, CA 9402, Oct. 9th.

[16] Travis, B.R., Sivakumar, M., Hollist, G.O. and Borhan, B. (2003) Facile oxidation of aldehydes to acids and esters with oxone. *Organic Letters*, **5**, 1031–1034.

[17] Boneberg, F., Kirchner, A., Klapötke, T.M. *et al.* (2012) A study of cyanotetrazole oxides and derivatives thereof. *Chemistry - An Asian Journal*. 2013, **8**, 148–159.

[18] Tran, T.D., Pagoria, P.F., Hoffman, D.M. *et al.* (2002) *Proceedings of International Annual Conference of ICT*, **33**, 45-1–45-16.

[19] Hoffman, D.M., Lorenz, K.T., Cunningham, B. and Gagliardi, F. (2008) *Proceedings of International Annual Conference of ICT*, **39**, V29/1–V29/11.

[20] Tarver, C.M., Urtiew, P.A. and Tran, T.D. (2005) Sensitivity of 2,6-Diamino-3,5-Dinitropyrazine-1-Oxide. *Journal of Energetic Materials*, **23**, 183–203.

[21] Klapötke, T.M. (2012) *Chemistry of High Energy Materials*, 2nd edn, de Gruyter, Berlin, p. 17.

[22] Tselinskii, I.V., Mel'nikova, S.F. and Romanova, T.V. (2001) Synthesis and reactivity of carbohydroximoyl azides: I. Aliphatic and aromatic carbohydroximoyl azides and 5-Substituted 1-Hydroxytetrazoles based thereon. *The Journal of Organic Chemistry*, **37**, 430–436.

[23] Fischer, N., Klapötke, T.M., Reymann, M. and Stierstorfer, J. (2013) Nitrogen-Rich Salts of 5,5′-Bis(1-hydroxytetrazole) – energetic materials combining low sensitivities with high thermal stability. *European Journal of Inorganic Chemistry*, 2167–2180.

[24] Fan, R., Li, P. and Ng, S.W. (2012) Bis[(diaminomethylidene)azanium] 5-(1-oxido-1H-1,2,3,4-tetrazol-5-yl)-1H-1,2,3,4-tetrazol-1-olate. *Acta Crystallographica*, **E68**, o1376.

[25] Roh, J., Vávrová, K. and Hrabálek, A. (2012) Synthesis and functionalization of 5-substituted tetrazoles. *European Journal of Organic Chemistry*, 6101–6118.

[26] Fischer, N., Izsak, D., Klapötke, T.M. *et al.* (2012) Nitrogen-rich 5,5′-Bistetrazolates and their potential use in propellant systems: A comprehensive study. *Chemistry - A European Journal*, **18** (13), 4051–4062.

[27] Göbel, M., Klapötke, T.M., Piercey, D.G. *et al.* (2010) A general approach to next generation energetic materials: Nitrotetrazolate-2N-oxides, and the strategy of N-oxide introduction. *Journal of the American Chemical Society*, **132**, 17216–17226.

[28] Sabate, C.M., Klapötke, T.M. and Rasp, M. (2009) Pyrotechnics, propellants and explosives: bridged 5-nitrotetrazole derivatives, in *New Trends in Research of Energetic Materials, Proceedings of the Seminar*, vol. 2, 12th, Pardubice, Czech Republic, pp. 627–646.

[29] Mayer, R., Köhler, J. and Homburg, A. (2002) *Explosives*, 5th edn, Wiley VCH, Weinheim, pp. 174–177.

[30] Mayer, R., Köhler, J. and Homburg, A. (2002) *Explosives*, 5th edn, Wiley VCH, Weinheim, pp. 237–239.

[31] Churakov, A.M., Ioffe, S.L., Kuz'min, V.S. *et al.* (1988) Unusual conversion of Aminoazidofurazan into 1-Hydroxy-5-cyanotetrazole sodium salt. *Khimiya Geterotsiklicheskikh Soedineni*, **12**, 1666–1669.

[32] Mayer, R., Köhler, J. and Homburg, A. (2002) *Explosives*, 5th edn, Wiley VCH, Weinheim.

[33] Sućeska, M. (1995) *Test Methods for Explosives*, Springer, New York, p. 21 (impact); p. 27 (friction).

[34] www.bam.de.

[35] NATO (1999) NATO standardization agreement (STANAG) on explosives, impact sensitivity tests, no. 4489, Ed. 1, Sept. 17 (1999).

[36] WIWEBStandardarbeitsanweisung 4-5.1.02, Ermittlung der Explosionsgefährlichkeit, hier der Schlagempfindlichkeit mit dem Fallhammer, Nov. 8 (2002).

[37] http://www.reichel-partner.de.

[38] NATO (2002) NATO standardization agreement (STANAG) on explosives, friction sensitivity tests, no. 4487, Ed. 1, Aug. 22 (2002).

[39] Klapötke, T.M. and Stierstorfer, J. (2009). The CN_7^- Anion. *Journal of the American Chemical Society*, **131** (3), 1122–1134.

[40] Hammerl, A., Klapötke, T.M., Nöth, H. *et al.* (2003). Synthesis, structure, molecular orbital and valence bond calculations for tetrazole azide, CHN_7 *Propellants, Explosives, Pyrotechnics*, **28** (4), 165–173.

[41] Klapötke, T.M., Piercey, D.G. and Stierstorfer, J. (2011). The taming of CN_7^-: The azidotrazolate-2N-oxide anion. *Chemistry: A European Journal*, **17**, 13068–13077.

[42] Ganguli, P.S. and McGee, H.A. Jr. (1972) Synthesis and stability of nitrogen-oxygen-fluorine compounds from a MINDO [modified intermediate neglect of differential overlap] molecular orbital perspective. *Inorganic Chemistry*, **11**, 3071.

[43] Huheey, J., Kreiter, E. and Kreiter, R. (1995) *Anorganische Chemie*, 2nd edn, Walter de Gruyter, Berlin, New York, appendix Table E.1.

[44] Sućeska, M. (2010). *EXPLO5.4 program*, Zagreb, Croatia.

[45] Sućeska, M. (1991) *Propellants, Explosives, Pyrotechnics*, **16**, 197–202.

[46] Sućeska, M. (2004) *Materials Science Forum*, **465–466**, 325–330.

[47] Sućeska, M. (1999) *Propellants, Explosives, Pyrotechnics*, **24**, 280–285.

[48] Hobbs, M.L. and Baer, M.R. (1993) Proceedings of the 10th Symp. on Detonation, ONR 33395-12, Boston, MA, July 12–16, 409.

[49] Crawford, M.-J., Klapötke, T.M., Martin, F.A. *et al.* (2011). Energetic salts of the binary 5-Cyanotetrazolate anion ($[C_2N_5]^-$) with Nitrogen-rich cations. *Chemistry: A European Journal*, **17** (5), 1683–1695.

[50] Sabate, C.M. and Klapötke, T.M. (2009) Azole-based energetic materials: advances in nitrogen-rich chemistry, New Trends in Research of Energetic Materials, Proceedings of the Seminar, 12th, Pardubice, Czech Republic, **1**, p. 172–194.

[51] Fischer, N., Gao, L., Klapötke, T.M. and Stierstorfer, J. (2013). Energetic Salts of 5,5′-Bis(tetrazole-2-oxide) in a Comparison to 5,5′-Bis(tetrazole-1-oxide) Derivatives. *Polyhedron*, **51**, 201–210.

[52] Mayer, R., Köhler, J. and Homburg, A. (2002) *Explosives*, 5th edn, Wiley VCH, Weinheim, p. 174.

[53] Zhang, M.-Xi, Eaton, P.E. and Gilardi, R. (2000). Hepta- and octanitrocubanes. *Angewandte Chemie-International Edition in English*, **39**, 401–402.

[54] Bircher, H.R., Maeder, P. and Mathieu, J. (1998). Proceedings of the International Annual Conference of ICT, 29th, 94.1–94.14.

[55] Thiele, J. (1888). Ueber Azo- und Hydrazoverbindungen des Tetrazols. *Justus Liebigs Annalen der Chemie*, **303**, 57–75.

[56] Hammerl, A., Holl, G., Kaiser, M. *et al.* (2001). Methylated ammonium and hydrazinium salts of 5,5′-Azotetrazolate. *Zeitschrift für Naturforschung*, **56b**, 847–856.

[57] Hammerl, A., Holl, G., Kaiser, M. *et al.* (2001) New Hydrazinium salts 5,5′-Azotetrazolate. *Zeitschrift für Naturforschung*, **56b**, 857–870.

[58] Hammerl, A., Holl, G., Kaiser, M. *et al.* (2002) Salts of 5,5′-Azotetrazolate. *European Journal of Inorganic Chemistry*, 834–845.

[59] Hiskey, M.A., Hammerl, A., Holl, G. *et al.* (2005) Azidoformamidinium and guanidinium 5,5′-Azotetrazolate salts. *Chemistry of Materials*, **17**, 3784–3793.

[60] Klapötke, T.M. and Miró Sabaté, C. (2008) Nitrogen-rich tetrazolium azotetrazolate salts: a New family of insensitive energetic materials. *Chemistry of Materials*, **20**, 1750–1763.

[61] Eberspächer, M., Klapötke, T.M. and Miro Sabate, C. (2009) Nitrogen-rich salts based on the energetic 5,5′-Hydrazinebistetrazolate anion. *Helvetica Chimica Acta*, **92**, 977–996.

[62] Klapötke, T.M. and Miró Sabaté, C. (2009) New energetic compounds based on the Nitrogen-rich 5,5′-Azotetrazolate anion ($[C_2N_{10}]^{2-}$). *New Journal of Chemistry*, **33** (7), 1605–1617.

[63] Tremblay, M. (1965) Synthesis of some tetrazole salts. *Canadian Journal of Chemistry*, **43**, 1230.

[64] Hiskey, M.A., Goldman, N. and Stine, J.R. (1998) High-nitrogen energetic materials derived from azotetrazolate. *Journal of Energetic Materials*, **16**, 119.

[65] Tappan, B.C., Ali, A.N., Son, S.F. and Brill, T.B. (2006) Decomposition and ignition of the high-nitrogen compound triaminoguanidinium azotetrazolate (TAGzT). *Propellants, Explosives and Pyrotechnics*, **31**, 163–168.

[66] Michienzi, C.M., Campagnuolo, C.J., Tersine, E.G. and Knott, C.D. (2010) NDIA IM/EM Symposium, October 11–14, Munich, Germany, http://www.imemg.org.

[67] Klapötke, T.M., Stierstorfer, J., Fischer, N. *et al.* (2012). Synthesis and crystal structures of new 5,5′-Azotetrazolates. *Crystals*, **2**, 127–136.

[68] Churakov, A.M. and Tartakovsky, V.A. (2004). Progress in 1,2,3,4-Tetrazine Chemistry. *Chemical Reviews*, **104**, 2601–2616.

[69] Sauer, J., Pabst, G.R., Holland, U. *et al.* (2001). 3,6-Bis(2H-tetrazol-5-yl)-1.2.4.5-tetrazine: A versatile bifunctional building block for the synthesis of linear oligoterocycles. *European Journal of Organic Chemistry*, **4**, 1666–1669.

第 7 章

基于二硝酰胺盐的绿色推进剂的稳定性和化学相容性研究

Martin Rahm[1]   Tore Brinck[2]

(1. 洛克碳氢化学研究所,南加利福尼亚州大学化学系,美国;
2. 应用物理化学,化学科学与工程系,KTH 皇家理工研究所,瑞典)

7.1   二硝酰胺盐的优势和不足

为了取代固体火箭推进剂中对环境有污染的高氯酸铵($AP,NH_4^+ClO_4^-$),二硝酰胺盐正日益受到人们的重视,尤其是其中的二硝酰胺铵(ADN,NH_4^+($NO_2)_2^-$)[1]。本章将对二硝酰胺阴离子(DN)以及二硝酰胺盐的化学和热稳定性的最新研究进展进行综述,并对 ADN(图 7.1)进行重点阐述,同时还会介绍几种其他的金属和有机盐。已有几种不同的理论模型来解释固体和液体二硝酰胺盐的特性,包括二硝酰胺盐的热稳定性、分解机理、反应活性和稳定性。同时,还对 ADN 和二硝酰胺钾(KDN)的光谱性质进行了简述。

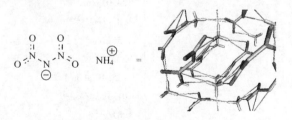

图 7.1   二硝酰胺铵(ADN)

二硝酰胺盐除了在火箭推进剂、炸药和烟火剂等方面具有潜在的应用价值之外,还在其他领域具有广阔的应用前景[2]。如:由于二硝酰胺钾(KDN)的燃烧产物具有高电导率,是一种未来磁流体发电机(MHD)中可用的等离子燃料[3];另外还报道了在采用锂阴极的电化学电池中,二硝酰胺锂(LiDN)作为电解液添加剂,可以显著地降低自放电速率[4]。当二硝酰胺与具有生物活性的阳离子结合时,其在亲脂性介质中具有较高的溶解度,从而在医疗领域具有广阔的应用前景,例如药物、药物输送、医学成像和诊断等方面[5]。当然,还可以用它为原料来合成新的化合物[6-8]。

二硝酰胺盐的首个商业应用是安全气囊的气体发生剂[9-12]。在气体发生剂中用的是 ADN 的前体——二硝酰胺胍脲(GUDN)。最近,一种可以合成高纯度 ADN 的技术使得基于 ADN 的液体单元推进剂的发展成为可能[13]。在瑞士近地轨道 PRISMA 卫星的航天推进器中的测试发现,这种推进剂配方的性能要明显优于相应类型的肼基推进剂。该卫星的任务是在空间飞行中测试绿色推进剂的技术和配方[14]。

基于 ADN 的固体推进剂的发展仍然面临很大的挑战,其主要原因是 ADN 会与许多常用的高分子粘合剂体系发生反应,并表现出异常的固态特性[15-18]。

ADN 从很多方面讲都是一种绿色氧化剂。相比于高氯酸铵,它不含氯,因此不会产生 HCl 等有害的含氯燃烧产物。如果选择一种合适的燃料,ADN 还可以降低推进剂燃烧时的特征信号(无烟)。最后,二硝酰胺阴离子的能量略高于高氯酸盐,具有更好的性能(更高的比冲)。据推测,如果用基于 ADN 的推进剂配方来代替现今基于 AP 的推进剂配方,那么空间发射器的推进能力将会提高近 8%[19,20]。

受潮后,ADN 由无色转变成黄色晶体。α - ADN 在 $P2_1/c$ 空间群中是单斜晶体结构[21]。在压力高于 2GPa 时,其会形成 β - ADN,为第二单斜高压相[22]。ADN 在极性溶剂中具有极高的溶解性,但在大多数低极性溶剂中不能溶解[23]。由于它具有强吸湿性,在相对湿度超过 55% 时 ADN 就会溶解。与所有二硝酰胺盐相似,ADN 也是对光敏感的,不能经受大量紫外光照射[26,27]。表 7.1 中给出了 ADN 的相关性能。

表 7.1　ADN 的特性

分子质量	124.07g/mol
固体密度(25℃)	1.81g/cm³ [23]
液体密度(100℃)	1.56g/cm³ [27]
熔点	93℃ [26]
生成热	−35.4kcal/mol [26]
燃烧热	101.3kcal/mol [23]
热容量	1.8J/g [27]
氧平衡	+25.79%
相对临界湿度	55.2% [23]
摩擦感度	72N [29]
撞击感度	5J [29]
静电释放感度	0.45J [28]

（续）

水中最大紫外吸收峰波长	214nm 和 284nm[26,30]
20℃下在水里的溶解度	357g(在100g溶剂里)[23]
20℃下在乙酸丁酯中的溶解度	0.18g(在100g溶剂里)[23]
20℃下在二氯甲烷中的溶解度	0.003g(在100g溶剂里)[23]
文献[1]]授权转载。2010M. Rahm,Stockholm Royal Institute of Technology(KTH)	

在工业上,有很多种方法可以使用标准的工业用化学试剂来合成 ADN。例如使用混合酸或者其他的硝化试剂来进行伯胺或者氨的硝化反应,如 NO_2BF_4 或者 N_2O_5[26,28]。自 1996 年以来,位于瑞士 Karlskoga 的 SNPE Eurenco 公司就已经开始在试验工厂里大规模的生产 ADN。

7.2　二硝酰胺盐的异常分解

与液态的分解相比,许多二硝酰胺盐呈现出异常的固体分解特性,它在固体状态下分解得更快,在接近其与硝酸盐的共晶混合物的熔点时分解会加速,在二硝酰胺盐中添加水能瞬间抑制其加速分解反应[31-33]。很多这类物质都有类似的性质,包括一些金属离子盐,例如,Li^+、Na^+、K^+、Rb^+、Cs^+[31]。有趣的是,胍和胍基甲酰胺的二硝酰胺盐没有表现出这些异常的分解特性。

接下来,将 KDN 作为金属二硝酰胺盐的例子与 ADN 一起讨论。KDN 比 ADN 更加简单,因为它只有一个钾阳离子,在 ADN 中有可能产生的氢键和质子转移在 KDN 中则不会产生。然而,大量的差示扫描量热(DSC)研究表明,KDN 在固体状态下,呈现出复杂的共熔、熔化和液化过程[35]。研究结果还表明,KDN 的分解过程是高度的局部化学过程,随着尺寸更小的晶体颗粒出现和晶体的裂解,分解过程加速[35]。这些都是表面化学的特征,并且与 ADN 中观察到的现象类似。

在潮湿空气条件下用测压计来测量 KDN 分解的活化能为 41kcal/mol[31]。在真空条件下,应用热平衡测量 KDN 最初的分解活化能(1% 分解)是 37.5kcal/mol[36]。KDN 在固体状态下,基本分解成 KNO_3 和 N_2O,同时能检测到 NO 和 NO_2[35,37]。

与 KDN 异常的分解过程不一样,ADN 的分解过程存在一个中间状态,仅仅在 60℃时,才展现出加速分解的特性,其加速分解的温度接近硝酸盐共晶熔点的温度[32,33]。它的分解也是相当复杂的。ADN 的初始活化能与测试条件密切相关,其值通常在 29 ~ 42kcal/mol[26,28,31,33,38,39]。所对应的反应速率的数据跨度达到 9 个数量级。在真空状态下或者在有效干燥(<0.1% 水分)之后,其分解会加速,活化能在 30kcal/mol 左右。常压下,非干燥的样品的活化能通常接近 40kcal/mol。据报道,ADN 可分解生成许多产物,例如,N_2O、NO、NH_4NO_3、HNO_3、N_2、HONO、H_2O

和 $NH_3^{[22,28,33,38,40,41]}$。这些产物的相对数量取决于反应程度、温度和压力。所报道的产物种类受各研究中所用检测设备的检测能力的影响。

在低温和高温下,用时间分辨透射 FT – IR 光谱对 ADN 最初的分解气体进行了分析[39]。其分解主要通过两种途径[39,42],一种是在低温下,初始分解产物是 NO_2:

$$N(NO_2)_2^- \rightarrow NO_2 \cdot + NNO_2 \cdot^- \tag{7.1}$$

另外一种是在较高温度下(≈150℃),主要生成 N_2O:

$$N(NO_2)_2^- \rightarrow NO_3^- + N_2O \tag{7.2}$$

一般认为表面效应和二硝酰胺的变形是造成 ADN 和二硝酰胺金属盐异常分解的原因。二硝酰胺阴离子是典型的半共平面和共振稳定的,而在固体状态时,其非对称的几何和电子结构使其变得较不稳定[33]。研究人员已经用光谱和理论方法对二硝酰胺阴离子在不同盐中的结构和电子变形特性进行了大量分析[15,17,43-45]。

我们非常清楚地认识到,ADN 的分解在很大程度上取决于其所处的化学环境。大体上,ADN 分子以三种形式存在:游离的 DN^- 和 NH_4^+ 离子,络合离子[DN^- NH_4^+]$_n$,或者共轭酸/碱对 – HDN 和 NH_3。量子化学提供了估算这种平衡在不同介质中(图 7.2)的研究方法[1]。研究发现,在几乎所有的极性溶剂中,类似固体的团簇是热力学稳定的。自由离子不可能存在于非极性溶剂中,也更不可能存在于气相中。由 ADN 形成的二硝酰胺酸(HDN)甚至在气态中也是不稳定的。根据图 7.2 的结果,下面将深入讨论各种可能的分解机理。

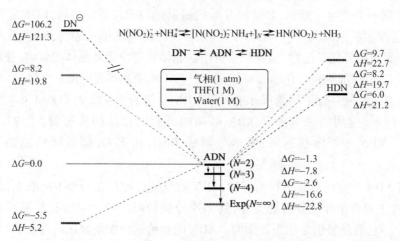

图 7.2　在不同介质中下,ADN 的酸碱平衡,在 PCM – B3LYP/6 – 31 + G(d,p) level 下计算,
N = 2,3 和 4 代表在气相阶段,ADN 团簇的尺寸的增加(文献[1]许可转载,
2010M. Rahm,Stockholm Royal Institute of Technology(KTH))

7.2.1　二硝酰胺阴离子

如果考虑气相中游离的二硝酰胺阴离子（DN⁻），那么其分解活化能估计为 46.1kcal/mol。反应过程要经过一个中间过渡态（TS1，图7.3），即二硝酰胺阴离子转变成 NO_3^- 阴离子和一氧化二氮（2）。在以前的报道中，一些课题组应用较低理论水平的计算方法对过渡态进行了计算[46-48]。

在 CBS – QB3 水平的计算中，N – N 键均匀分裂的分解焓高达 49.7kcal/mol[20]。在 B2PLYP/aug – cc – pVTZ 水平的计算中，相应的两种反应的能垒分别是 44.8kcal/mol［式（7.1）］和 47.0kcal/mol［式（7.2）］[20]。

显然，采用单一的二硝酰胺阴离子来建立 ADN 稳定性结构的模型会过高估计其分解势能，这对于描述固体状态下二硝酰胺盐分解的动力学是不恰当的。XRD 数据和计算结果也表明，对于重新构建实验性的偶极距，仅仅使用单一离子作为模型也是不够的[44]。

为了克服单分子模型的局限性，用虚拟溶剂模型来研究极性更高环境的影响[20]。低极性溶液（THF）的作用显著，最低的分解路径改变为键均匀分裂［式（7.1）］成 NO_2 自由基和 NNO_2^- 自由基阴离子（图7.3）。在这个过程中，反应焓的预估值为42kcal/mol，这个数值几乎和一些非干态二硝酰胺盐固体和熔融态的实验数据一致[31]。然而，这些计算不能解释在低湿和低压下，活化能进一步降低的异常行为。

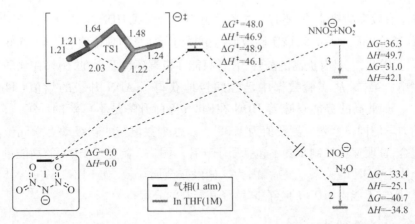

图 7.3　在气态和 THF 溶液中，自由二硝酰胺阴离子（1）的分解。协同 NO₂转移，（TS1）。均裂键断裂（3）。能量均在 CBS – QB3 水平计算，单位为 kcal/mol[1, 20]。键长单位为 Å（文献［1］许可转载，2010M. Rahm，Stockholm Royal Institute of Technology（KTH））

7.2.2　二硝酰胺酸

一些研究小组研究了二硝酰胺阴离子的共轭酸，即二硝酰胺酸（HDN），希望以此获得一种可行的理论来解释实验测定的活化能与最后产物之间的关系[46-51]。在与硝酸铵比较的基础上,有人提出,ADN 能通过盐的升华或晶体中的质子转移形成 HDN 而分解。

通过计算,得到气态 HDN 最精确的分解焓是 36.5kcal/mol(图 7.4)[51]。与实验数据(它的焓值应该在 30kcal/mol 左右)相比,这个值偏大,所以从能量上讲,形成 HDN 这一分解路径不能解释固态二硝酰胺盐的分解。

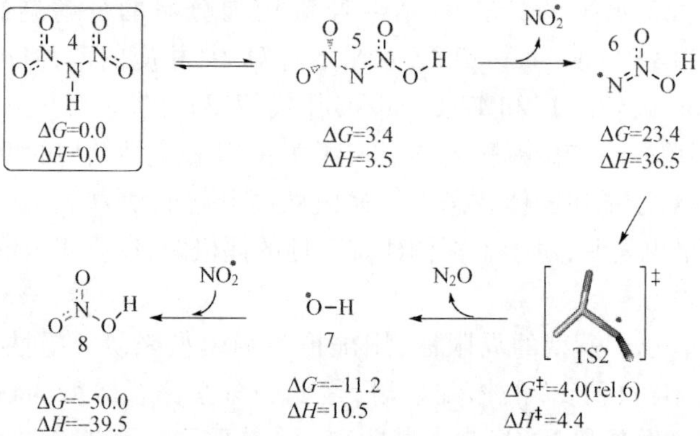

图 7.4　在 HDN(4)质子转移成异构体(5)中能通过氮-氮键的均裂来继续进行 HDN 的
　　　自分解。这个过程产生 HNO₃ 和 NO₂(8)。能量单位是 kcal/mol,在 CBS-QB3 水平计算
　　　(文献[1]许可转载,2010M. Rahm,Stockholm Royal Institute of Technology(KTH))

除了有较高的势能外,还有一些条件也不符合形成 HDN 这条分解路径[15,17]。首先,HDN 的 $pK_a = -4.9$,该实验数值与更早前所估算的理论值 $pK_a = -5.6$ 基本一致[53]。因此,它具有极高的酸性,并且只能在极端环境下存在,例如在强酸和真空环境中。第二,从实验数据中已经间接地获得了 ADN 升华的焓值(44kcal/mol)[46]。如此高的势能意味着 HDN 在固/气界面升华是不可能的。第三,ADN 分解动力学的同位素效应测量值为 1.38[33]。这个数值与非初级动力学同位素效应相符合,证明速度控制步骤不包括质子转移。图 7.2 阐述了 HDN 的高能量与在不同介质中 ADN 的关系。最后,因为二硝酰胺金属盐(比如 KDN)不包含其他的氢原子,所以不能由 HDN 的存在来解释其异常的分解行为。

7.2.3　二硝酰胺盐

为了准确地认识固态二硝酰胺阴离子分解的复杂性,仅仅靠单分子来建立理论模型是不够的。研究人员利用 DFT 方法研究了一些 ADN 和 KDN 二聚体的构型,得到的结论与之前用单分子模型得到的结果有很大不同[17]。这些研究证实了 ADN 二聚体是以离子形式存在的最小的气相体系(同时没有 HDN 产生)。由于二聚体有高的表面积/体积比,相比于块状固态 ADN,二硝酰胺阴离子的配位程度更低。在晶体表面的二硝酰胺阴离子也是同样的情况。

有趣的是,二硝酰胺阴离子只在一个 NO_2 基团上的配位构象要优于更为对称的配位构象。由于二硝酰胺阴离子与反离子之间的非对称性配位,可增强极性。这种极化会使一个 N – N 键变弱,从而使二硝酰胺阴离子的电子共振更稳定(图 7.5)。结果导致二硝酰胺阴离子结构发生扭曲,从半平面结构转变成弯曲结构。尽管处于更低的能量状态(热动力学更加稳定),在结构更加不对称的 ADN 和 KDN 中,被拉长的 N – N 键明显变弱了[17]。

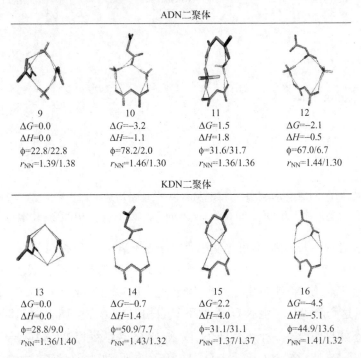

图 7.5　ADN 和 KDN 聚合物的构象异构体。ADN 的相对焓(ΔH)和吉布斯自由能(ΔG)在 B2PLYP/aug – cc – pVTZ//B3LYP/6 – 31 + G(d,p)水平计算,KDN 的相对焓(ΔH)和吉布斯自由能(ΔG)在 B2PLYP/TZV(2d) +//B3LYP/6 – 31 + G(d)水平计算。ϕ 代表在最扭曲的二硝酰胺盐中两个硝基二面角的扭曲角。r_{NN} 是对应 N – N 键长。文献[17]© 2010 美国化学学会授权转载

众所周知,尽管 KDN 以及其他的一些二硝酰胺盐表现出和 ADN 一样异常的固体特性,但它是一种更加稳定的化合物。也就是说,它具有更高的分解活化能。当对比 ADN 与 KDN 的计算结果时,可以清楚地看到,它们在稳定性方面的区别与其扭曲程度有关。一般认为扭曲结构(ADN 为 10,KDN 为 16)比其对称结构更易分解。与 ADN 相比,KDN 整体上结构扭曲程度较低,相应的活化能就更高。

7.2.3.1　二硝酰胺钾(KDN)

图 7.6 描述了在固体状态下 KDN 的分解机理。初始的分解步骤是极化(扭

曲)的二硝酰胺阴离子分裂成 NO₂ 和一个 NNO₂ 自由基阴离子[式(7.1)]。在 B2PLYP/TZV(2d) + 水平上计算得到该反应的活化能为 36 kcal/mol。

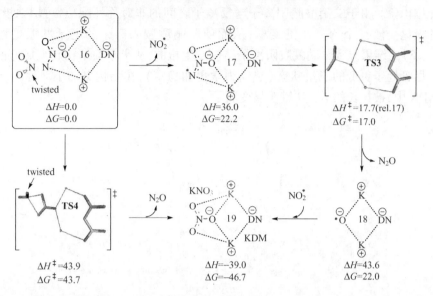

图 7.6　固态 KDN 的理论分解机理。除非另有说明,能量均是在 B2PLYP/TZVP(2d) + 水平中计算,其数值均是相对于 16 而言,单位为 kcal/mol。文献[17]© 2010 美国化学学会授权转载

如果假设这一反应是不可逆过程(NO₂ 气体离去),那么第一步(16 → 17 + NO₂)就是速度控制步骤。这种现象很可能出现在开放环境或者低压条件下。第二步是通过 TS3,使 NNO₂ 自由基离子均裂,这个阶段的活化能为 17.7kcal/mol(相对于 17)。这个阶段会产生 N₂O,并留下氧自由基束缚在金属表面(18)。在热力学平衡状态并且假设在一个大气压下,17 和 18 的含量将相等($\Delta\Delta G^0 = 0$)。此外,NO₂ 自由基与 18 结合(18 + NO₂ → 19)的驱动力是非常大的($\Delta G^0 = -68.9$kcal/mol;$\Delta H^0 = -75$kcal/mol)。因此,在低压条件下,没有离开的 NO₂ 自由基很可能在产生的同时就与 18 结合,从而导致最初阶段不可逆。18 和 NO₂ 结合产生硝酸盐 KNO₃(19)。总的来说,此反应过程放热很大($\Delta H^0 = -39$kcal/mol),最终产物为 N₂O 和 NO₃⁻,这与实验结果非常一致[35,37]。

为了更好地解释该过程中的一些现象,例如长程库仑力与实际晶体表面的作用,离子配位的增加对关键速控步骤的影响,计算扩展到含有 12 个二硝酰胺阴离子的聚集体(这也可以应用于 ADN)[15,17]。12 聚体的几何形状是通过优化由实验给出的 KDN 晶体结构[21]得到的。之前的推测认为,由于 NNO₂⁻ 阴离子自由基稳定性的增加可能导致 KDN 裂解能降低。然而,近期研究发现,其幅度是非常小的。

KDN 也可以直接通过 TS4 转化为 N₂O 和 NO₃⁻[图 7.6,式(7.2)]。TS4 的活化能为 43.9kcal/mol,TS4 对于 KDN 的作用与 TS1 对于自由的二硝酰胺阴离子的

作用类似。这两个过程很有可能彼此会产生竞争,这取决于温度和压力。值得注意的是,这两个竞争过程都会经过二硝酰胺阴离子的扭曲构象($\Phi = 90°$),表面的极性对于这两个过程都是极为有利的。

7.2.3.2 二硝酰胺铵(ADN)

与 KDN 相比,ADN 的分解过程更加复杂,所以基于二聚体所建立起来的模型需扩展到四聚体以解释其分解过程[15,17]。图 7.7 所描述的就是发生在四聚体表面固态 ADN 的分解机理。相比于保留在气相中的单个二硝酰胺阴离子裂解的相同反应过程,二硝胺阴离子裂解成 NO_2 原子团和 NNO_2^- 阴离子自由基的势能竟然降低了 19kcal/mol。这个差别非常显著,相当于两者的反应速率有接近 14 个数量级的差异。如果在一个 ADN 的 12 聚体表面模拟这个初始的反应,与四聚体相比,其势能没有显著降低。然而,与 ADN 的情况恰恰相反,KDN 的势能相比于二聚体有显著的降低。

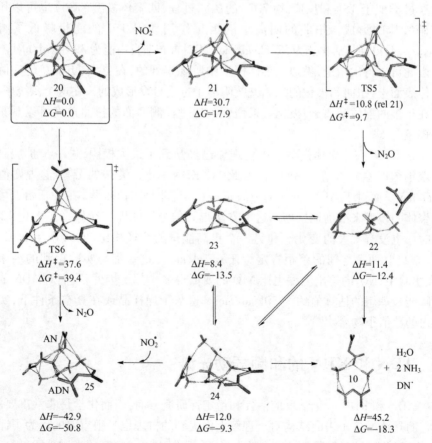

图 7.7 设想的固态 ADN 的分解路径。能量单位是 kcal/mol,相对于 20,除非另有说明,在 B2PLYP/TZV(2d,2p)+水平上计算。文献[17]© 2010 美国化学学会授权转载

如果假设第一步(20→21)是不可逆转的(由于 NO_2 的损失),它成为速控步骤。第一阶段经历 TS5,伴随有 N_2O 的快速释放,并且很可能产生由 OH 自由基、二硝基胺自由基、水和氨气组成的混合物,图中分别为 22、23、24。在这个阶段,OH 自由基会消耗 NO_2 自由基(从而使得此反应不可逆)。24 和 NO_2 结合产生了最终的分解产物:硝酸铵(见 25)。

在这个过程中形成的二硝酰胺自由基(见 22),预测其分解主要是通过 N – N 键的均裂(活化能为 20.1kcal/mol)完成的[17]。在其他自由基存在时,二硝酰胺自由基也能分解形成不同的三硝酰胺 $N(NO_2)_3$ 的同分异构体结构。三硝酰胺的稳定性和实验检测已有详细的论述[8]。二硝基胺(图 7.7)自由基的形成和分解有助于解释实验中观察到的水、氨和一些 NO_x 化合物产生的原因[33,38,39,42,54,55]。总之,假设的分解机理是热力学上非常有利的,其相对吉布斯自由能接近 – 50kcal/mol。

通过类似于 TS1 和反应式(7.2)的协同过程,四聚体模型(TS6)也可以用来研究硝酸盐的形成。扭曲的阴离子的极化作用使得 TS1 的能量降低了将近 9.5kcal/mol,得到其活化能为 37.6kcal/mol,相对吉布斯自由能为 39.4kcal/mol。

由此可以得出结论,类似二聚体模型中所观察到的,在更大、更加接近实际的聚集体表面上,扭曲和极化的二硝酰胺阴离子也是自发形成的。在这个系统中,由于存在很多的配位阳离子,极化效果增强。通过检测两面的扭曲角度可以观察到这些现象。

对于 KDN,在二聚体模型中极化现象已经达到了最大极限,进一步扩展到更大的聚集体时会产生限制效应。因此,对 KDN 来说,最初的分解能估算值为 36kcal/mol。而对于 ADN,最初的分解反应(有可能是限速步骤)在一开始就可以用四聚体的模型来准确地处理。这个方法得到的分解能即使在体系扩大到 12 聚体的时候也没有太大的变化。和另一个更高能量的途径相比[直接产生 N_2O,反应式(7.2)],两者之间的差距肯定大于 6kcal/mol。这些都与实验得到的结果一致,在实验中,NO_2 的检出温度也比 N_2O 的要低得多[39,42]。因此,我们对 ADN 的初始分解能最理想的估算值约为 30kcal/mol。这与干燥样品或在真空条件下,实验中测得的数值很吻合[33,38,39]。

7.3 ADN 和 KDN 的和频振动光谱

在 ADN 和 KDN 的化学反应活性和稳定性研究方面,表面化学是非常重要的,因此它们具体的分子表面结构对于理解上面提到的机理也是很重要的。为了证实前面对于极化二硝酰胺铵阴离子的理论推测,我们应用和频振动光谱仪(VSFS)对这两种盐进行了研究[45]。在这里,主要介绍实验的结论,而研究细节在这里不再重复描述。

VSFS 是一种连贯的二阶非线性激光光谱技术,用来研究可以与激光发生作用的、处于界面上的分子结构。VSFS 的二阶特性使其能够只检测具有净取向的分子。所以,它能检测出处在两个中心对称介质之间的分子,例如处在气液或液固界面的分子。这项技术需要一束具有固定频率的激光束和一束频率可调的红外激光束,这样可以产生一束频率等于所有入射光频率之和的光束。激光束在表面分子中诱导产生红外和拉曼反斯托克斯转换。其要求这些分子的振动在红外和拉曼光谱上都是有信号的,这样才能在和频光谱中产生信号。VSFS 的基础理论在其他文献中已有综述[56-60]。

为了能清晰识别极性表面上的二硝酰胺盐,需要其振动模式与相应的非偏振分子信号相差(频移)越大越好。此外,用于识别的振动模式不能与硝酸盐分解产物的频段相近或重叠,这些产物也会占据部分样品的表面。所以,最适合的振动模式是二硝酰胺阴离子中 NO_2 的对称和异相伸缩振动——$\nu_s(NO_2)$(图7.8)。因为这个振动模式包括大量反对称的 N – N – N 键的伸展,所以它对于 N – N 键强度的改变是非常敏感的。正如本章前面所阐述的,从非偏振的二硝酰胺阴离子变为偏振的二硝酰胺阴离子,其 N – N 键的强度变化是很明显的。因此,在 ADN 中 $\nu_s(NO_2)$ 的相对位移预计将接近 55cm^{-1}(图7.8)。

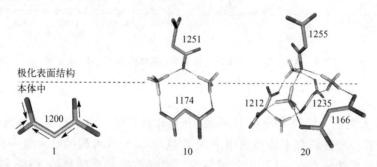

图7.8　当二硝酰胺阴离子被极化(扭曲)时,阴离子中 NO_2 对称和异相伸缩振动的频率会发生蓝移。谐振频率在 B3LYP/6 – 31 + G(D,P)水平计算,结果均乘以0.97以符合 1200cm^{-1} 频谱带的实验数据。文献[45]© 2010 美国化学学会授权转载

最初,对于大量 ADN、KDN、硝酸铵和硝酸钾簇的理论平均取向类 VSFS 频谱可以通过红外和拉曼信号强度(在 B3LYP/6 – 31 + G(D,P)水平计算得到)的乘积获得[45]。极性二硝酰胺阴离子的 $\nu_s(NO_2)$ 伸展的平均和频强度,估计比大多数其他频带要明显更高。

ADN 和 KDN 的晶体可以在2 – 异丙醇中结晶得到。将一些晶体放置在饱和溶液中,另外一些晶体则放置在空气中,我们得到了在不同外部条件(例如真空和氮气)下的 VSFS 谱图。除了 VSFS 之外,我们还得到了 ADN、KDN、NH_4NO_3 晶体的红外和拉曼光谱(图7.9)。同时还采用文献中报道的红外和拉曼实验数据对 VS-FS 谱进行了分峰拟合[61,62]。

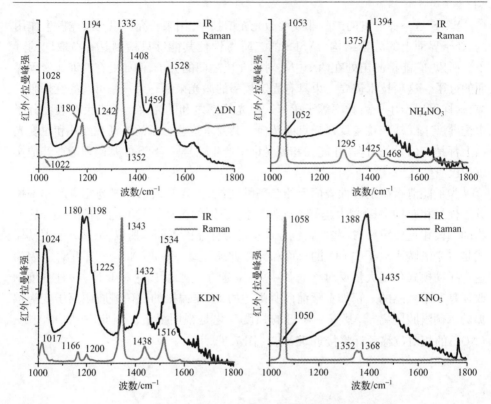

图 7.9　ADN、KDN、NH₄NO₃ 和 KNO₃ 晶体的拉曼和红外光谱。
文献[45] ⓒ 2010 美国化学学会授权转载

KDN 表面被一层薄薄的 KNO₃ 覆盖,并且非常粗糙。由于它的厚度很小,利用红外光谱和拉曼光谱都不能检测出来[45]。这与 XPS 所得到的结果是一致的[35]。由于大量硝酸盐的存在,以及几个相关的二硝酰胺盐和硝酸盐的 VSFS 峰位置相重叠,我们不能确定是否存在扭曲的二硝酰胺盐。相比之下,没有确凿的证据表明 ADN 的表面上有硝酸铵存在。所以,与 KDN 不同,在 ADN 极其不均匀的表面上可以检测到极化的二硝酰胺阴离子(图 7.10)。然而,正如我们已知的,ADN 和 KDN 的主要分解产物都是硝酸盐[22,33,38,41],在 1348cm⁻¹ 和 1044cm⁻¹ 处(图 7.10)所观察到的峰极有可能部分来自硝酸盐。

由于 ADN 表面的不规则性,所以无法对其进行定量测量。样品的制备方法和峰之间没有任何关联,图 7.10 所示的频谱峰包括了所有可能的信号。在 1180cm⁻¹ 和 1210cm⁻¹ 处的峰来自于 ADN 上 NO₂ 的(异相)对称性伸缩振动,ν_s(NO₂)[61,62]。1243cm⁻¹ 和 1271 cm⁻¹ 的峰来自于极性阴离子中 NO₂ 的(异相)对称性伸缩振动,这与计算得到的光谱数据一致。文献[45]对 ADN 和 KDN 的分峰拟合进行了全面讨论。

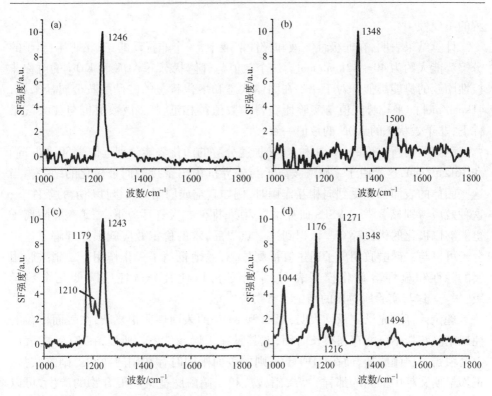

图7.10 四个选择出来ADN的VSFS谱图,证明了当极化的二硝酰胺阴离子存在不同的构象时,ADN表面是高度无序。文献[45]© 2010 美国化学学会授权转载

为了认识 ADN 盐的化学稳定性和反应活性,对 ADN 扭曲表面极性二硝酰胺阴离子进行理论计算和实验研究都是非常重要的。由于不需要的分解可能只是局部反应,这些结果将有望促进更有效的基于 ADN 的表面活性聚合物载体、稳定剂或涂层的研究。

7.4 异常的固态分解

长期以来,二硝酰胺盐的异常行为一直困惑着研究人员。这些异常行为主要包括:在固体状态下的分解速度比其在液体状态下的分解更加迅速;在与硝酸盐的共熔混合物的熔点处,其分解会加速;加入水后,其加速分解能被瞬间抑制[31-33]。

有确凿的实验证实在二硝酰胺盐的分解过程中,有些反应是在其表面发生的。例如,二硝酰胺盐晶体研磨得越细,其分解速度越快[31,35]。研磨过程能增加二硝酰胺盐的表面积,同时产生新的还没有分解的表面。正如早期的工作所推测的[31],共熔混合物的产生也伴随着晶体缺陷的增加,这样很可能会降低晶体缺陷边界区域的稳定性。水蒸气压力和稳定效应对于分解过程的影响也说明了表面过程的重要性。

计算结果表明,在非极性溶液和极性溶液中,一个非扰动的二硝酰胺阴离子的分解势能大约为 $40 \sim 42$kcal/mol。这个数值与气体状态下 ADN 和 KDN 的对称非极性团簇的势能类似。对于一些在固体状态和熔化状态的二硝酰胺金属盐来说,41kcal/mol 的平均势能值与实验所获得的数值很相近[31]。该数值也与在大气条件下,非干燥状态的 ADN 的数值一致[33,38]。

正如前面所讨论的,ADN 和 KDN 加速分解的活化势能分别近似为 30kcal/mol 和 36kcal/mol,这是由于二硝酰胺离子与外界抗衡离子接触而被极化的结果。当这些固体的表面都只受到弱相互作用时,例如真空或周围为非极性环境的条件下,这种效应特别显著[45]。VSFS 研究结果表明,即使在大气环境下,二硝酰胺阴离子也能够以极化的构象存在。认识到这一点以后,水的稳定效应就很好理解了。水分子可以与二硝酰胺阴离子通过氢键配位,有效地抵消了极化作用。二硝酰胺团簇的隐性和显性溶剂化模型表明,水分子可以使其分解速率降低几个数量级[15,17]。这与实验所得出的结论非常吻合[33]。

理论计算和光谱测量均表明,ADN 和 KDN 的表面性质很复杂,在表面覆盖的纯二硝酰胺盐不可能存在很长时间,尤其是在干燥条件下。所以,在 KDN 的表面上会覆盖一层硝酸盐,而在 ADN 不规则的表面则同时存在硝酸盐和二硝酰胺盐。正如早期文献中推测的那样[31,33],硝酸盐和二硝酰胺盐共熔混合物的产生,可以很好地解释 ADN 在 60℃ 和 KDN 在 109℃ 的加速分解过程。然而,由于大量本体和亚表面的拉曼和红外光谱测试结果表明在这两种盐中均没有硝酸盐的迹象,所以我们推测这一异常加速分解反应是由于在这些盐颗粒表面的熔融过程引起的。

在这方面,值得一提的是电荷 – 拓扑相似的硝酸根离子和 NNO_2^- 自由基阴离子,它们在 KDN 和 ADN(可能还有很多其他的二硝酰胺盐)分解的初始阶段形成。$ADN – NNO_2NH_4$ 的混合物可能表现出与 $ADN – NO_3NH_4$ 混合物极其类似的物理性质(例如,接近或相同的熔点)。相比硝酸盐和二硝酰胺盐(参见图 7.6 的 17 和图 7.7 的 21),由于 NNO_2^- 自由基阴离子的稳定性要差很多,将极大的影响整个分解速率。在其短暂的存在过程中,它和周边环境形成类似 $ADN – NO_3NH_4$ 和 $ADN – NNO_2NH_4$ 的混合物。由于这些区域在接近共晶点时熔化,所以在该温度范围内,将加速它们的分解。需要指出的是,对于 NNO_2NH_4,还没有任何实验数据,其物理性质和重要性完全是理论推测的。

在共晶温度时的异常加速分解只发生在这个特定的温度,不会发生在此温度以上。据报道,在低共熔点时,ADN 和 NO_3NH_4 组分的比例是 $1:2$[33]。这样,忽略 NO_3NH_4 纯态的相转变,可以根据 ADN 和 NO_3NH_4 的熔点,大致描绘出二元共晶体系的框架图(图 7.11)。在共晶温度处加速分解可能是由于系统处在这个温度下正好发生相态的变化(熔融)(见图 7.11 水平固相线)。这样的过程将产生新的界面和晶体缺陷,并会产生极化的二硝酰胺盐,从而加速分解。因为在分解过程中产生硝酸盐,这种效果应是可以观察到的,且与 NO_3NH_4 所在系统中的初始浓度无关。当系统温度高于共晶温度时,分解速率的降低是由于系统处于平衡态所致(没有相变)。在 ADN 表面上的硝酸铵结晶也会起到稳定的作用。对于任何液相共存的 ADN – NO_3NH_4,其分解势能大小与本体中的 ADN 基本相当,约为 40 ~ 42kcal/mol。

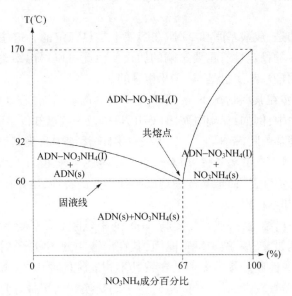

图 7.11　ADN – NO_3NH_4 的低熔点体系的估算(在 60℃ 的加速分解过程是由于熔化过程引起的。如果在表面硝酸盐的浓度超过 67% 时,就会有 NO_3NH_4 缓冲层产生)

7.5　二硝酰胺盐的化学性质

7.5.1　ADN 的相容性和反应活性

二硝酰胺盐异常的反应特性影响了 ADN 在固体火箭推进剂中的应用。例如,在大多数含 AP 的推进剂中,其聚合物粘合剂为端羟基聚丁二烯。该聚合物本身与 ADN 是完全相容的。但是,在制备推进剂时,通常要使用含有异氰酸酯的交联(固化)剂,这在文献中已有大量的报道[63-65]。然而,因为异氰酸酯有毒,且与 ADN 不相容[66],使用这种常规的固化方法难以制备出理想的推进剂。研究人员也尝试了其他许多常用的聚合物粘合剂,但都没有找到合适的替代品。

最近的系统热流量热(HFC)研究[1,16,18] 已经证实,ADN 的反应活性存在着自相矛盾的行为,因此有时也称 ADN 是具有双重特性的分子。

下面举几个例子加以说明。众所周知,含能聚叠氮缩水甘油醚(GAP)和聚 3

－硝酸酯甲基－3－甲基氧杂环丁烷(PNIMMO)与 ADN 是相容的。除了这些材料之外,超支化聚 3－乙基－(羟甲基)氧杂环丁烷(PTMPO)也与 ADN 的相容性极好。TMPO 和 THF 形成一系列共聚物在 ADN 中也表现出良好的稳定性[18]。当醚官能团存在于溶液中的小分子或者 GAP,NIMMO 以及 poly－TMPO 聚合物中时,一般认为它是稳定的。相反,较长的聚乙二醇(PEG)链与 ADN 是完全不相容的[18]。

需要注意的是,羧酸基团和 ADN 在溶液中是热稳定的。这违背了酸(即使是弱酸)会对 ADN 的稳定性有重要影响的假设。由此可以得出结论,存在于各种醇类和聚合物中的羟基基团也是与 ADN 相容的。

研究表明,胺在某些情况下与 ADN 是不相容的。然而,胺基也存在于一些稳定的二硝酰胺盐中,例如,二硝酰胺脲(GUDN)以及一些已知的 ADN 的稳定剂[如 2－甲基－4－硝基苯胺(MNA)]。二甲胺在 DMF 溶液中是极其稳定的,然而当位于苯基上时,如 N－二甲基苯胺,却表现出不相容性。毫无疑问,含有 ADN 的叠氮化合物具有热稳定性,然而羰基却表现出两种不同的特性,当其在羧基上时是稳定的,在酮基上时却不稳定。

由此可以得出结论,一些官能团与 ADN 的相容性很大程度上取决于它们所处的物理环境。例如,羟基、胺和醚官能团,其在溶液中的小分子和嵌入到大分子中时,表现出不同的性质。铵阳离子是导致其不相容性的原因之一。周围的环境需要与 ADN 的表面有较强的作用,以阻碍质子的交换。周围最好是极性环境,并且有形成氢键的能力。这对稳定 ADN 的表面具有决定作用,并可以阻止 HDN 和氨的形成。同时周围的环境不能使 ADN 溶剂化,有可能在 ADN－聚合物界面产生新的活性中心。因为 ADN 主要以团簇的形式存在于介质和低极性的溶剂(表面),前面的推理也可以用于这里的解释。

有多种不同的反应机理可解释二硝酰胺的反应特性。对于含有不同烯烃双键的二硝酰胺来说,包括 HDN 的 1,3－偶极环加成反应和 1,4－共轭加成反应;对于半饱和基团来说,存在以自由基分解中间体和铵为中间体的二硝酰胺铵离子的共轭加成反应[1]。接下来我们将对这些问题进行讨论。

7.5.2　二硝酰胺在合成中的应用

目前为止,关于二硝酰胺在合成中应用的报道是非常有限的,但却报道了大量有机和无机二硝酰胺盐。然而,从理论上讲,在不同的盐中,二硝酰胺阴离子的化学性质是不变的,仅仅是 NO_2 基团的二面曲角发生了变化,所以在这里不再进行详细的论述。

最近,我们在－40℃时,通过熔化的 KDN、ADN 的乙腈溶液和 NO_2BF_4 进行复分解反应,制备了三硝酰胺,且实验检测到了它的存在(trinitramide,TNA)[8]。作为目前所制备的氮氧化物中最大的分子,它具有很高的能量、理论密度和氧平衡,在低温火箭发动机中可以作为高性能的氧化剂。但是,TNA 在溶液中的稳定性较差,在室温下会迅速分解。未来的研究应该能揭示其在低温下固态的性能。

二硝酰胺基团在合成中应用的另外一个例子是二硝酰胺基团取代硼酸盐,化学式为 $BH_{(4-x)}(DN)_x^-$。最近,已经在溶液中合成出了几种类似的化合物,并用[11]B/^{14}N-NMR 进行了表征[67]。

在较早的文献中,报道了在苯中 HDN 与烯烃双键的麦克加成反应[68]。2-丙烯醛、甲基乙烯酮、苯基乙烯酮的反应速度较快,但是电子密度较低的双键,如丙烯腈和丙烯酸甲酯上的双键,被证实没有反应活性。

为了解释这种反应活性,并理解二硝酰胺盐反应活性的矛盾性,我们通过 B3LYP/6-31+G(D,P) 和基组外推 CCSD(T) 方法进行了计算,对一些模型化合物的气体状态进行了分析。我们发现该反应是通过协同 1,4-共轭加成的方式进行的。反应中,烯烃中的羰基从 HDN 上接受一个质子,同时,二硝酰胺基团中心的氮原子会进攻 β-碳原子(图 7.12),随后通过酮-烯醇互变异构得到最终产物,这些过程都已通过[1]H-NMR 得到了证实[68]。

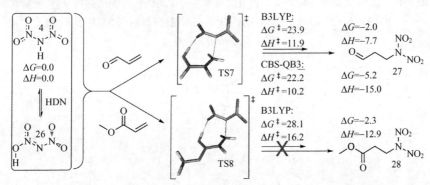

图 7.12　当一个烯烃双键紧邻着一个碱性足够强的羰基时,这个缺电子烯烃双键就可能和 HDN 间发生协同共轭加成反应。能量单位是 kcal/mol,在 B3LYP/6-31+G(D,P) 水平计算。×意味着在室温下不反应[68]

当单独的醛或酮紧邻着双键时,羰基的碱性就足够让反应快速进行。然而,当电负性的基团或者元素紧邻羰基时,例如氧原子,其反应势能将显著增加,明显阻碍了反应的进行(图 7.12)。

理论研究还指出,HDN 可通过一种至今未知的 1,3-偶极环加成反应与烯烃的双键进行反应(图 7.13)。我们用 HDN 来模拟其中八种不同电子亲和势的双键的反应活性,并且将结果与已知的 1,3 偶极叠氮化合物和氧化腈进行了对比。例如,乙烯基醚的富电子双键,经预测比丙烯酸盐的缺电子双键的反应活性要高的多[7]。

ADN 对多种双键的共轭加成反应可以解释其广泛的相容性问题。图 7.14 给出了一些已研究的乙烯基和羰基双键的反应。理论上无取代的烯烃与二硝酰胺铵

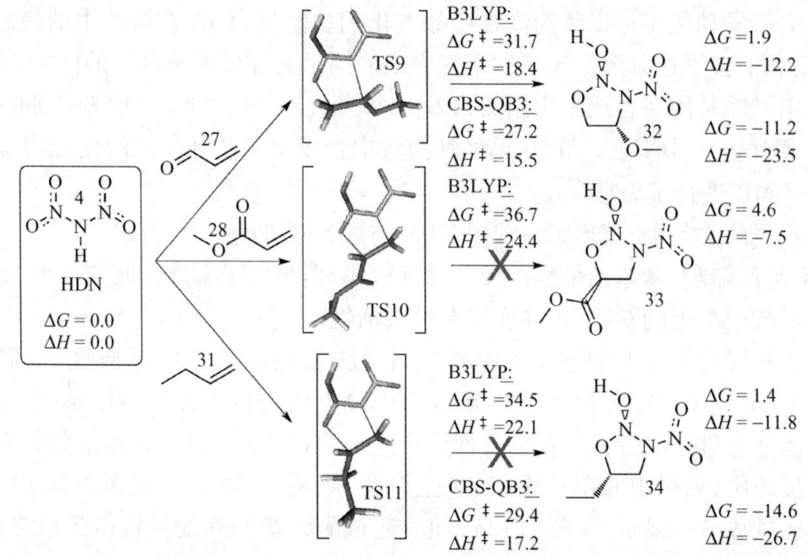

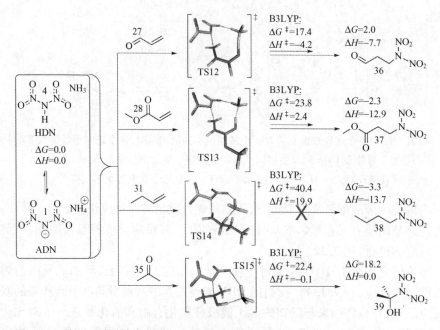

图 7.13 HDN 和富电子烯烃类共价键间可以通过 1,3 偶极环加成进行反应,能量在 B3LYP/6 – 31 + G(D,P)水平计算(× 表示温度保持在 75℃19 天后也很少反应或者不反应)

图 7.14 铵 – 二硝酰胺离子对与乙烯基和羰基碳的共轭加成反应可以解释 AND 的反应活性。能量单位是 kcal/mol,在 B3LYP/6 – 31 + G(D,P)水平计算(× 表示温度保持在 75℃、19 天后也很少反应或者不反应)

的加成反应是动力学上最稳定的，其自由活化能达到40kcal/mol，这一结果与HFC的研究结果一致。ADN和含缺电子双键的化学物如丙烯酸盐之间的反应，可以解释为以铵为中间体的二硝酰胺阴离子对β-碳原子的1,4-共轭加成(TS13,图7.14)。实验中观测到的ADN与酮类的反应活性，也可以解释为类似的羰基上碳原子的1,2-加成反应(TS15,图7.14)。为了清楚地解释这一问题，在图7.14中标出了相关的HDN和氨。然而，由于其熵值较低，其自由活化能与用ADN团簇作为参考是非常相似的。

通过理论模型，关于HDN和ADN的一些反应活性目前已经有了合理的解释。它们的反应性非常有趣，我们可以利用它们来合成一系列新的有机二硝酰胺衍生物。

7.6　二硝酰胺的稳定性

对于二硝酰胺的稳定性来说，其最重要的问题是在阴离子上的电子保持离域状态。存在于界面处极化的二硝酰胺在非极性、干燥和真空状态下会降低ADN的稳定性。通过ADN团簇的隐性和显性溶液模型，可以解释为加入少量水后产生的稳定效应[15,17]。与固态相比，二硝酰胺盐在熔融状态和溶液中有更高的活化能，该现象也支持了上述结论。

对于二硝酰胺盐的稳定性而言，保持其二硝酰胺阴离子的共振稳定性是非常重要的(比如形成氢键)。这表明在二硝酰胺盐，尤其是在ADN中，表面活性物质能作为其稳定剂。胺和含有羟基基团的化合物也应该能起到这样的作用。有较强极性或离子特性，且没有反应活性的化合物也很可能有类似的作用。这与我们已知的硝酸盐在ADN和KDN固体表面上出现的缓冲和保护作用是一致的，类似的化合物还有磷酸钾和氟化铵等[33]。

一个去极化非常有效的方法是改变带正电的平衡离子。经过仔细选择，这也可以作为阻止前面描述的许多胺催化反应的方法。如果二硝酰胺阴离子的几何构象可以固定成平面结构(例如，通过与平衡离子形成很强的氢键作用)，阴离子的稳定性会显著增加。对比ADN和GUDN的晶体结构，就可以发现这样的例子，如图7.15所示。在GUDN中的二硝酰胺阴离子的稳定性是非常好的，经测定其反应能达到了66.2kcal/mol[34]。而在大部分潮湿、溶解状态或以其他方式稳定存在的二硝酰胺金属盐和二硝酰胺铵中，该数值约为40kcal/mol，在干燥的AND的该数值则为30kcal/mol。

对于熔融的二硝酰胺盐来说，其阴离子没有晶体效应，活化能接近40kcal/mol[31]。与该数值相比，固态中的二硝酰胺阴离子，由于有极化作用的影响，其活化能降低了近10kcal/mol[15,17]。基于同样的原因，二硝酰胺金属盐(如KDN)的活化能被降低了近4kcal/mol。如之前提到的，去极化作用的平衡离子(例如GU)可

ADN   GUDN

图 7.15　在 ADN 和 GUDN 中,由于各自晶格单元的作用,二硝酰胺
阴离子会分别呈现不稳定和稳定的状态

以起到相反的稳定作用,从而能提高活化能达 26kcal/mol[34]。因此可以看出,反离子的性质对于二硝酰胺盐的稳定性是极其重要的。未来通过对新型二硝酰胺阴离子的平衡离子的研究,有可能产生一些能在性能和稳定性方面都超过 ADN 的材料。

在考虑到 ADN 稳定性的同时,自由基的形成也是值得考虑的。根据 ADN 分解机理的研究,我们非常清楚地发现其分解形成了许多不同类型的自由基。这说明抗氧化剂可作为 ADN 有效的稳定剂。

最后,还有一个需要考虑的因素是碱性,很多人推测它是 ADN 稳定剂最重要的性质[32,33]。然而,正如在本章中花了很长篇幅来论述的,我们并没有明确的证据证明 ADN 会产生 HDN。有可能碱性分子对于 ADN 的稳定作用仅仅存在于极性特别低的环境中。

为了更好地寻找合适的稳定剂,研究人员尝试了很多种化合物,如各种不同的胺,如六胺、二苯胺、2 - 硝基二苯胺、2 - 甲基 - 4 - 硝基苯胺(MNA)和氨[32,33,69,70],这些物质都会对 ADN 稳定产生一定的有利效果[32,33,70]。在熔融状态[70]和固体状态下[33],酰胺以及各种无机盐也有一定的稳定效果。全氢化 - 1,3,5 - 三嗪 - 2,4,6 - TRION,俗称 Verkades 超强碱[71,72],据报道是一种很好的 ADN 稳定剂[32]。甲基二苯基脲(3 - 甲基 - 1,1 - 二苯基脲)也表现出一定的稳定作用[73]。

对于这些化合物的稳定作用,还有一个可能的解释是它们能与自由基形成络合结构,起到捕获自由基或者稳定自由基的作用。从理论上讲,这对于氨是可能的(例如,图 7.7 的 23)。

我们通过理论计算,研究了几种化合物与二硝基胺自由基的络合能力。有趣的是,六胺和 MNA 在这方面是最好的,这两种化合物同时也是最好的 ADN 稳定剂[1]。我们在 B3LYP 水平上计算得到络合物的生成焓大约在 12 ~ 14kcal/mol,这有效地将二硝基胺自由基的分解能提高到了 30kcal/mol 以上。

除了理论依据之外,还有一些实验证据。我们已知 MNA 可以稳定硝酸纤维素,硝酸纤维素通过产生 NO_x 气体(自由基)而分解。另据报道,当 MNA 被逐渐耗尽之后,ADN 才开始分解,这也使得 ADN 开始分解的温度升高了[74]。我们知道氮氧化物可以氧化胺类化合物[70]，因此，也可以将胺类化合物对 ADN 的稳定作用归结于它们的还原性而非碱性[32,33,69,70]。

由此我们可以得出结论，对二硝酰胺盐，尤其是 ADN，可以通过以下几种方式来稳定：

（1）通过减少二硝酰胺盐在表面和界面的极化。建议使用表面活性物质，如偶极离子或者含氢键的离子，这些物质可以附着在突出的二硝酰胺盐的表面。

（2）使用不提高二硝酰胺阴离子反应活性，但可以降低其极化程度的平衡阳离子。

（3）使用可与自由基络合且具有还原性的化合物溶剂，以减少自由基的形成。

7.7　结论

要对二硝酰胺盐有较深入的认识，需要结合相容性测试、对表面敏感的光谱测量以及量子化学计算等方法来研究。当把这些方法结合在一起来研究二硝酰胺盐时，我们才能在原子反应级别上理解其复杂的分解过程和反应活性，才能为这些材料的最终应用奠定基础。

理论上预测极化的二硝酰胺阴离子存在于二硝酰胺盐的表面，并起到加速分解的作用。应用对表面敏感的和频振动光谱仪来观察在最外层表面的单层 ADN 晶体结构，可以对这些结构进行表征。表面活性稳定剂可以阻碍二硝酰胺阴离子的极化，从而稳定 ADN。本章还讨论了固体状态的 ADN 和 KDN 的自分解机理。发现抗氧化物作为稳定剂对于减少分解时产生的自由基中间产物是非常重要的。同时本章也讨论了很多二硝酰胺盐固体的异常分解现象，并进行了解释。在最后，简要地综述了二硝酰胺基团在合成中的应用，并且讨论了它与几种不同种类的烯烃双键的反应机理。

鉴于以上论述以及最近 ADN 基单元推进剂在卫星操纵方面的应用（第 1 章），与 ADN 相容的聚合物材料进展（第 8 章）、ADN 的可持续制备和提纯方法改进等方面的进展，我们认为，ADN 基火箭推进剂在未来是很有前途的。

参 考 文 献

[1] Rahm, M. (2010) *Green Propellants. [dissertation] Stockholm*, Royal Institute of Technology (KTH), Stockholm, Sweden.

[2] Vandel', A.P., Lobanova, A.A., and Loginova, V.S. (2009) Application of dinitramide salts (Review). *Russian Journal of Applied Chemistry*, **82** (10), 1763–1768.

[3] Luk'yanov, O.A. and Tartakovskii, V.A. (1997) Chemistry of dinitramine and its salts. *Rossiiskii Khimicheskii Zhurnal*, **41** (2), 5–13.

[4] Gorkovenko, A. and Jaffe, S. (2006) Novel enhanced electrochemical cells with solid-electrolyte interphase promoters. [patent] *US Pat Appl Publ*, 2006–328759, 20 pp.

[5] Bottaro, J.C., Petrie, M.A., Penwell, P.E., and Bomberger, D.C. (2003) N,n-dinitramide salts as solubilizing agents for biologically active agents. [patent] *PCT Int Appl*, 2002-US21802, 41 pp.

[6] Luk'yanov, O.A., Shlykova, N.I., and Tartakovsky, V.A. (1994) Dinitramide and its salts. 5. Alkylation of dinitramide and its salts. *Izvestiya Akademii Nauk, Seriya Khimicheskaya*, **10**, 1775–1778.

[7] Rahm, M. and Brinck, T. (2008) Novel 1,3-dipolar cycloadditions of dinitraminic acid: Implications for the chemical stability of ammonium dinitramide. *Journal of Physical Chemistry A*, **112** (11), 2456–2463.

[8] Rahm, M., Dvinskikh, S.V., Furo, I., and Brinck, T. (2011) Experimental detection of trinitramide, N(NO(2))(3). *Angewandte Chemie (International Edition in English)*, **50** (5), 1145–1148.

[9] Blomquist, H.R. (2000) Guanylurea dinitramide-based gas-generating compositions for inflation of vehicle airbags. [patent] *US*, 99-359248, 9 pp., Cont.-in-part of U.S. Ser. No. 123,821.

[10] Persson, S. and Sjöqvist, C. (2000) Guanyl urea dinitramide-based solid propellants with adjustable burning rate for vehicle airbag inflation. [patent] *PCT Int Appl*, 2000-SE864, 26 pp.

[11] Persson, S. and Sjöqvist, C. (2001) Gas-generating composition for automobile airbags. [patent] *Swed*, 98-4610, 15 pp.

[12] Sjöberg, P. (2000) Guanidine dinitramide-guanylurea dinitramide mixture for acutation of vehicle safety devices. [patent] *PCT Int Appl*, 99-SE2496, 16 pp.

[13] Wingborg, N., Eldsäter, C., and Skifs, H. (2004) Formulation and characterization of ADN-based liquid monopropellants. Eur Space Agency, [Spec Publ] SP, **SP-557**(Space Propulsion 2004), 94–99.

[14] Anflo, K. and Möllerberg, R. (2009) Flight demonstration of new thruster and green propellant technology on the PRISMA satellite. *Acta Astronaut*, **65** (9–10), 1238–1249.

[15] Rahm, M. and Brinck, T. (2009) The anomalous solid state decomposition of ammonium dinitramide: a matter of surface polarization. *Chemical Communications*, **20**, 2896–2898.

[16] Rahm, M., Westlund, R., Eldsäter, C., and Malmström, E. (2009) Tri-block copolymers of polyethylene glycol and hyperbranched poly-3-ethyl-3-(hydroxymethyl)oxetane through cationic ring opening polymerization. *Journal of Polymer Science Part A: Polymer Chemistry*, **47** (22), 6191–6200.

[17] Rahm, M. and Brinck, T. (2010) On the anomalous decomposition and reactivity of ammonium and potassium dinitramide. *Journal of Physical Chemistry A*, **114** (8), 2845–2854.

[18] Rahm, M., Malmström, E., and Eldsäter, C. (2011) Design of an ammonium dinitramide compatible polymer matrix. *Journal of Applied Polymer Science*, **122** (1), 1–11.

[19] Talawar, M.B., Sivabalan, R., Mukundan, T. *et al.* (2009) Environmentally compatible next generation green energetic materials (GEMs). *Journal of Hazardous Materials*, **161** (2–3), 589–607.

[20] Rahm, M. and Brinck, T. (2010) Kinetic stability and propellant performance of green energetic materials. *Chemistry - A European Journal*, **16**, 6590–6600.

[21] Gilardi, R., Flippen-Anderson, J., George, C., and Butcher, R.J. (1997) A new class of flexible energetic salts: The crystal structures of the ammonium, lithium, potassium, and cesium salts of dinitramide. *Journal of the American Chemical Society*, **119** (40), 9411–9416.

[22] Russell, T.P., Piermarini, G.J., Block, S., and Miller, P.J. (1996) Pressure, temperature reaction phase diagram for ammonium dinitramide. *The Journal of Physical Chemistry*, **100** (8), 3248–3251.

[23] Eldsäter, C., deFlon, J., Holmgren, E. *et al.* (2009) ADN prills: production, characterization and formulation. Int Annu Conf ICT 40th (Energetic Materials), 24/1-24/10.

[24] Wingborg, N. (2006) Ammonium dinitramide-water: Interaction and properties. *Journal of Chemical and Engineering Data*, **51** (5), 1582–1586.

[25] Cui, J., Han, J., Wang, J., and Huang, R. (2010) Study on the crystal structure and hygroscopicity of ammonium dinitramide. *Journal of Chemical and Engineering Data*, **55** (9), 3229–3234.

[26] Östmark, H., Bemm, U., Langlet, A. et al. (2000) The properties of ammonium dinitramide (ADN): part 1, basic properties and spectroscopic data. Journal of Energetic Materials, 18 (2–3), 123–138.

[27] Hahma, A., Edvinsson, H., and Östmark, H. (2010) The properties of ammonium dinitramine (ADN): Part 2: Melt casting. Journal of Energetic Materials, 28 (2), 114–138.

[28] Venkatachalam, S., Santhosh, G., and Ninan, K.N. (2004) An overview on the synthetic routes and properties of ammonium dinitramide (ADN) and other dinitramide salts. Propellants, Explosives, Pyrotechnics, 29 (3), 178–187.

[29] Teipel, U., Heintz, T., and Krause, H.H. (2000) Crystallization of spherical ammonium dinitramide (ADN) particles. Propellants, Explosives, Pyrotechnics, 25 (2), 81–85.

[30] Bottaro, J.C., Penwell, P.E., and Schmitt, R.J. (1997) 1,1,3,3-Tetraoxo-1,2,3-triazapropene Anion, a new oxy anion of nitrogen: The dinitramide anion and its salts. Journal of the American Chemical Society, 119 (40), 9405–9410.

[31] Babkin, S.B., Pavlov, A.N., and Nazin, G.M. (1997) Anomalous decomposition of dinitramide metal salts in the solid phase. Russian Chemical Bulletin, 46 (11), 1844–1847.

[32] Mishra, I.B. and Russell, T.P. (2002) Thermal stability of ammonium dinitramide. Thermochimica Acta, 384 (1–2), 47–56.

[33] Pavlov, A.N., Grebennikov, V.N., Nazina, L.D. et al. (1999) Thermal decomposition of ammonium dinitramide and mechanism of anomalous decay of dinitramide salts. Russian Chemical Bulletin, 48 (1), 50–54.

[34] Östmark, H., Bemm, U., Bergman, H., and Langlet, A. (2002) N-guanylurea-dinitramide: a new energetic material with low sensitivity for propellants and explosives applications. Thermochimica Acta, 384 (1–2), 253–259.

[35] Lei, M., Zhang, Z.-Z., Kong, Y.-H. et al. (1999) The thermal behavior of potassium dinitramide. Part 1. Thermal stability. Thermochimica Acta, 335 (1–2), 105–112.

[36] Dubovitskii, F.I., Volkov, G.A., Grebennikov, V.N. et al. (1996) Thermal decomposition of potassium dinitramide in solid state. Doklady Akademii Nauk SSSR, 348 (2), 205–206.

[37] Lei, M., Liu, Z.-R., Kong, Y.-H. et al. (1999) The thermal behavior of potassium dinitramide Part 2. Mechanism of thermal decomposition. Thermochimica Acta, 335 (1–2), 113–120.

[38] Tompa, A.S. (2000) Thermal analysis of ammonium dinitramide (ADN). Thermochimica Acta, 357–358, 177–193.

[39] Vyazovkin, S. and Wight, C.A. (1997) Ammonium dinitramide: Kinetics and mechanism of thermal decomposition. Journal of Physical Chemistry A, 101 (31), 5653–5658.

[40] Brill, T.B., Brush, P.J., and Patil, D.G. (1993) Thermal decomposition of energetic materials 58. Chemistry of ammonium nitrate and ammonium dinitramide near the burning surface temperature. Combustion and Flame, 92, 178–186.

[41] Löbbecke, S., Krause, H.H., and Pfeil, A. (1997) Thermal analysis of ammonium dinitramide decomposition. Propellants, Explosives, Pyrotechnics, 22 (3), 184–188.

[42] Vyazovkin, S. and Wight, C.A. (1997) Thermal decomposition of ammonium dinitramide at moderate and high temperatures. Journal of Physical Chemistry A, 101 (39), 7217–7221.

[43] Pinkerton, A.A. and Ritchie, J.P. (2003) Structural trends and variations in dinitramide salts - a balance between resonance stabilization and steric repulsion. Journal of Molecular Structure, 657 (1–3), 57–74.

[44] Ritchie, J.P., Zhurova, E.A., Martin, A., and Pinkerton, A.A. (2003) Dinitramide Ion: Robust molecular charge topology accompanies an enhanced dipole moment in its ammonium salt. The Journal of Physical Chemistry. B, 107 (51), 14576–14589.

[45] Rahm, M., Tyrode, E., Brinck, T., and Johnson, C.M. (2011) The molecular surface structure of ammonium and potassium dinitramide: a vibrational sum frequency spectroscopy and quantum chemical study. The Journal of Physical Chemistry C, 115 (21), 10588–10596.

[46] Politzer, P., Seminario, J.M., and Concha, M.C. (1998) Energetics of ammonium dinitramide decomposition steps. Theochem, 427, 123–130.

[47] Alavi, S. and Thompson, D.L. (2003) Decomposition pathways of dinitramic acid and the dinitramide ion. *Journal of Chemical Physics*, **119** (1), 232–240.

[48] Michels, H.H. and Montgomery J Jr., J.A. (1993) On the structure and thermochemistry of hydrogen dinitramide. *The Journal of Physical Chemistry*, **97** (25), 6602–6606.

[49] Doyle J Jr., R.J. (1993) Sputtered ammonium dinitramide: tandem mass spectrometry of a new ionic nitramine. *Organic Mass Spectrometry*, **28** (2), 83–91.

[50] Politzer, P. and Seminario, J.M. (1993) Computational study of the structure of dinitraminic acid, HN(NO2)2, and the energetics of some possible decomposition steps. *Chemical Physics Letters*, **216** (3–6), 348–352.

[51] Rahm, M. and Brinck, T. (2008) Dinitraminic acid (HDN) isomerization and self-decomposition revisited. *Chemical Physics*, **348** (1–3), 53–60.

[52] Kazakov, A.I., Rubtsov, Y.I., Manelis, G.B., and Andrienko, L.P. (1997) Kinetics of thermal decomposition of dinitramide 1. Decomposition of different forms of dinitramide. *Russian Chemical Bulletin*, **46** (12), 2015–2020.

[53] Brinck, T., Murray, J.S., and Politzer, P. (1991) Relationships between the aqueous acidities of some carbon, oxygen, and nitrogen acids and the calculated surface local ionization energies of their conjugate bases. *The Journal of Organic Chemistry*, **56** (17), 5012–5015.

[54] Oxley, J.C., Smith, J.L., Zheng, W. *et al.* (1997) Thermal decomposition studies on ammonium dinitramide (ADN) and 15N and 2H isotopomers. *Journal of Physical Chemistry A*, **101** (31), 5646–5652.

[55] Yang, R., Thakre, P., and Yang, V. (2005) Thermal decomposition and combustion of ammonium dinitramide (review). *Combustion, Explosives, and Shock Waves*, **41** (6), 657–679.

[56] Bloembergen, N. and Pershan, P.S. (1962) Light waves at the boundary of nonlinear media. *Physical Review*, **128**, 606–622.

[57] Wang, H.F., Gan, W., Lu, R. *et al.* (2005) Quantitative spectral and orientational analysis in surface sum frequency generation vibrational spectroscopy (SFG-VS). *International Reviews in Physical Chemistry*, **24** (2), 191–256.

[58] Bain, C.D. (1995) Sum-frequency vibrational spectroscopy of the solid/liquid interface. *Journal of the Chemical Society-Faraday Transactions*, **91** (9), 1281–1296.

[59] Zhuang, X., Miranda, P.B., Kim, D., and Shen, Y.R. (1999) Mapping molecular orientation and conformation at interfaces by surface nonlinear optics. *Physical Review B: Condensed Matter and Materials Physics*, **59** (19), 12632–12640.

[60] Miranda, P.B. and Shen, Y.R. (1999) Liquid interfaces: A study by sum-frequency vibrational spectroscopy. *The Journal of Physical Chemistry. B*, **103** (17), 3292–3307.

[61] Christe, K.O., Wilson, W.W., Petrie, M.A. *et al.* (1996) The dinitramide anion, N(NO2)2-. *Inorganic Chemistry*, **35** (17), 5068–5071.

[62] Shlyapochnikov, V.A., Tafipolsky, M.A., Tokmakov, I.V. *et al.* (2001) On the structure and spectra of dinitramide salts. *Journal of Molecular Structure*, **559** (1–3), 147–166.

[63] Chakravarthy, S.R., Freeman, J.M., Price, E.W., and Sigman, R.K. (2004) Combustion of propellants with ammonium dinitramide. *Propellants, Explosives, Pyrotechnics*, **29** (4), 220–230.

[64] Hinshaw, C.J., Wardle, R.B. and Highsmith, T.K. (1998) Propellant formulations based on dinitramide salts and energetic binders. [patent] *US*, 96-614303, 7 pp., Cont.-in-part of U.S. 5,498,303.

[65] Hinshaw, C.J., Wardle, R.B. and Higshsmith, T.K. (1994) Propellant formulations based on dinitramide salts and energetic binders. [patent] *PCT Int Appl*, 94-US4270, 16 pp.

[66] Johansson, M., DeFlon, J., Petterson, A. *et al.* (2006) Spray Prilling of ADN and Testing of ADN Based Solid Propellants, 3rd International Conference on Green Propellants for Space Propulsion, France.

[67] Chabot, G.B., Haiges, R., Rahm, M., and Christe, K.O. (2012) High-oxygen Borates: Potential Green Replacements for AP in Rocket Propellants, 243rd ACS National Meeting, San Diego.

[68] Luk'yanov, O.A., Konnova, Y.V., Klimova, T.A., and Tartakovsky, V.A. (1994) Dinitramide and its salts. 2. Dinitramide in direct and reverse Michael-type reactions. *Izvestiya Akademii Nauk, Seriya Khimicheskaya*, **7**, 1264–1266.

[69] Manelis, G.B. (1995) Thermal Decomposition of AND, Int Annu Conf ICT 26th (Pyrotechnics), Karlsruhe 15/1-15/17.

[70] Andreev, A.B., Anikin, O.V., Ivanov, A.P. *et al.* (2000) Stabilization of ammonium dinitramide in the liquid phase. *Russian Chemical Bulletin*, **49** (12), 1974–1976.

[71] Lensink, C., Xi, S.K., Daniels, L.M., and Verkade, J.G. (1989) The unusually robust phosphorus-hydrogen bond in the novel cation [cyclic] HP(NMeCH2CH2)3N+. *Journal of the American Chemical Society*, **111** (9), 3478–3479.

[72] Tang, J., Mohan, T. and Verkade, J.G. (1994) Selective and efficient syntheses of Perhydro-1,3,5-triazine-2,4,6-triones and carbodiimides from isocyanates using ZP(MeNCH2CH2)3N catalysts. *The Journal of Organic Chemistry*, **59** (17), 4931–4938.

[73] Löbbecke, S., Krause, H., and Pfeil, A. (1997) Thermal decomposition and stabilization of ammonium dinitramide, Int Annu Conf ICT 28th (Energetic materials), Karlsruhe, 112.

[74] Clubb, J.W. (2007) 3rd Dinitramide and Fox 7 Seminar, San Remo.

第 8 章

绿色推进剂用粘合剂

Carina Eldsater[1]　　EVA Malmstrom[2]

(1. 瑞典防御研究局,FOI,瑞典;2. 化学科学与工程系,KTH 皇家理工研究所,瑞典)

绿色是一个宽泛的定义,可以从多个方面去定义推进剂是否为"绿色"。目前最通俗的定义是推进剂本身对环境无害,燃烧不会产生有害或有毒的产物。

如果把绿色推进剂的定义进一步延伸,那么就应该考虑推进剂在全寿命周期内对环境的影响,比如原材料的合成与生产,及推进剂的制备、储存、管理、使用、燃烧、老化和回收等。

之所以要讨论"绿色"固体推进剂,是因为目前广泛使用的都是以高氯酸铵为氧化剂的推进剂或者主要是含铅的硝化纤维素/硝化甘油推进剂(也称双基推进剂),这些推进剂对环境是有害的,这正是我们要讨论"绿色"固体推进剂的原因。

在过去的 50 多年时间里,高氯酸铵(AP)因为其高性能、相对较低的危险性和良好的弹道性能可调节性,被广泛用作固体推进剂的氧化剂。然而,AP 对环境和人类的健康是有害的。在美国西南部供应的饮用水中已经检测到了 ClO_4^-[1]。当浓度足够高时,高氯酸盐会被身体误当作碘化物吸收从而影响到甲状腺的功能。基于现在的研究,高氯酸盐可能会威胁美国一些地区的饮用水供应[1]。

最近,在美国国防部组织的关于环境可持续型能源的高级战略研讨会上,将AP 列为影响环境、安全、职业健康的主要问题之一[2]。除了影响人体的甲状腺功能外,AP 燃烧时还会产生大量的盐酸。例如,航天飞机和阿里亚娜 V 型火箭每次发射时分别会产生 580t 和 270t 浓盐酸。

双基推进剂因为其主要原料——硝化纤维素和硝化甘油自身构成了氧化剂和燃料,因此不需要其他固体氧化剂。这类双基推进剂的性能不如含 AP 推进剂的性能(尤其是能量性能),但是它们可用来制备少烟推进剂。然而,为了调节它们的弹道性能,在推进剂中需要添加含铅化合物。众所周知,含铅化合物是有毒的,并会对环境造成影响。研究者们正在努力地寻找合适的替代物[3]。为了减少双基推进剂对环境的影响,也需要努力去探索硝化甘油的替代物[4,5]。

在本章中,我们将分为四个部分来讨论绿色复合固体推进剂和均质固体推进剂用的粘合剂材料,包括粘合剂性能、惰性聚合物、含能聚合物和含能增塑剂。本章的最后部分则对如何设计绿色推进剂用粘合剂进行了展望。

复合固体火箭推进剂包括弹性聚合物基体(也称作粘合剂)、晶体氧化剂和含能填充物。粘合剂仅是构成推进剂的一小部分。一般而言,固体复合推进剂是由70% ~90%的固体填充物和10% ~30%的粘合剂组成的。因此,从燃烧方面定义推进剂是否绿色时,粘合剂并不是一个需要着重考虑的部分。但是,当讨论推进剂的制造和回收时,粘合剂以及它的原料是极其重要的,尽管它在推进剂的最终组成中含量不高。对于硝化棉基均质推进剂,聚合物则占推进剂成分的 40% ~70%[6]。

在过去的 15 年间,有很多新材料被用作推进剂原料。然而本章仅讨论公开文献中所涉及的"绿色"固体推进剂的粘合剂。这些绿色推进剂是指以二硝酰胺铵、硝仿肼、硝酸铵、二硝酰胺脒基脲或者 1,1 - 二氨基 - 2,2 - 二硝基乙烯为原料的推进剂,同时也对更加绿色的双基推进剂进行了讨论。

由于二硝酰胺铵(ADN)具有高的能量和氧平衡,使其成为最令人感兴趣的固体推进剂成分,其晶体结构如图 8.1 所示。ADN 是苏联在 20 世纪 70 年代首次合成的,但其合成技术在当时是严格保密的,直到 1988 年被美国 SRI 国际公司"再发明",其合成技术才被公诸于世[7,8]。在 20 世纪 90 年代初,瑞典的国防研究机构(FOA)为了发展战术导弹用的少烟推进剂而开始研究 ADN。多年以来,研究 ADN的主要工作是为了制备合适的晶体或颗粒[9-21]。2006 年,瑞典国防研究局(FOI)制备出了高品质的 ADN 球形颗粒,并在 2011 年由瑞典 EURENCO Bofors 实现了商业化[22]。ADN 是一种吸湿性很强的化合物,当前发展 ADN 基固体推进剂面临的主要挑战则是要找到一种能给 ADN 基固体推进剂带来良好的固化、力学和弹道性能的粘合剂材料。

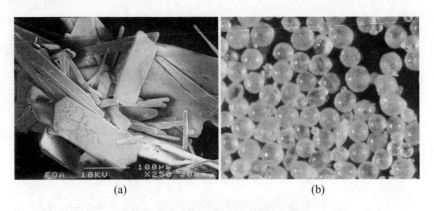

(a)　　　　　　　　(b)

图 8.1　ADN 的晶体(a)和球形颗粒(b)。图片来源于 FOI

就性能来说,硝仿肼(HNF,图8.2)是可以和 ADN 相媲美的物质。早在 1972 年,HNF 就开始用作固体推进剂的氧化剂[23,24]。HNF 应用所面临的问题则是改善它的热稳定性和摩擦感度[23,25],它的热稳定性不如硝化棉和 ADN[26]。HNF 是一种联氨盐,因此它能否被称为"绿色"还有待讨论。联氨的毒性很大,是一种可致癌的物质,使用它时需要特殊的保护设备。2011 年,联氨被列入欧洲化学局的致癌化学物质候选名单[27,28]。

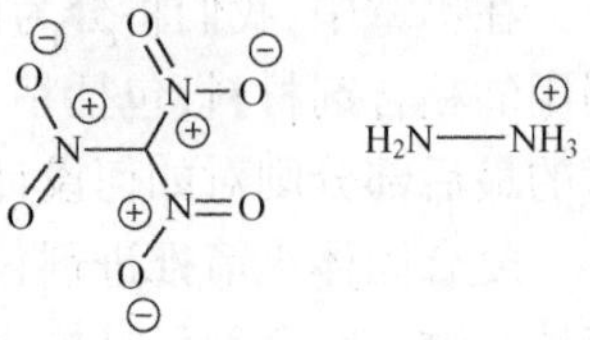

图 8.2　HNF 的化学结构

AN 被认为是绿色固体推进剂氧化剂用第三代的物质。早在 1896 年的文献中[29],就报道了它可用作推进剂的原料。AN 没有 ADN 或者 HNF 的能量高,但具有相当好的氧平衡(表 8.1)。与 ADN 和 HNF 相比,AN 具有较低的感度。AN 的主要缺点则是它在 32℃ 时会发生相变导致体积膨胀[30]。要维持 AN 的相稳定,就必须使用添加剂,例如 KNO_3[30-33]、NiO[33] 和 ZnO[34]。

表 8.1　一些重要的氧化剂性质

(除非另外说明,所有数据均来自 ICT 热力学数据库[35])

氧 化 剂	分 子 式	$M_w/(g/mol)$	$\Omega/\%$	$\Delta H_f/(kJ/mol)$	$\rho/(g/cm^3)$
ADN	$NH_4N(NO_2)_2$	124	+25.8	−135[36]	1.81
NHF	N_2H_5C $(NO_2)_3$	183	+13.1	−72	1.87
AN	NH_4NO_3	80.0	+20.0	−367	1.72
AP	NH_4ClO_4	118	+34.0	−283	1.95

1,1 -二氨基 -2,2 -二硝基乙烯(FOX -7,图8.3),是一种性能与 RDX 非常相似的低感度炸药。FOX -7 是 Latypov 等于 1998 年首次合成的[38]。FOX -7 具有钝感、稳定并且与大部分粘合剂相容性良好等特点,使得它非常适合在低敏感度配方中应用[37]。

图 8.3　FOX -7 晶体的合成(a)和重结晶后(b)的图。图片来自于 FOI

二硝酰胺脒基脲(GUDN,图 8.4)与 ADN 类似,是一种二硝酰胺盐。但与 ADN 不同的是,它不吸湿而且感度较低[39]。低感度和相对较好的氧平衡(表8.2)使得 FOX - 7 很适合在推进剂中使用。与 FOX - 7 一样,GUDN 所面临挑战是如何满足固体火箭推进剂要求的足够高的能量性能。

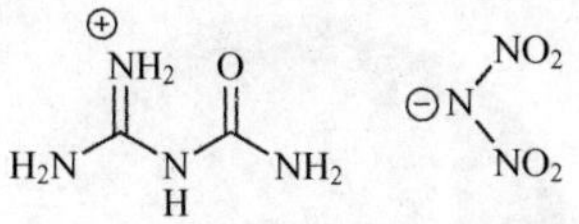

图 8.4　GUDN 的化学结构

表 8.2　固体绿色推进剂中用到的一些爆炸物的性质
(除非另外说明,所有数据均来自 ICT 热力学数据库[35])

爆 炸 物	分 子 式	$M_w/(g/mol)$	$\Omega/\%$	$\Delta H_f/(kJ/mol)$	$\rho/(g/cm^3)$
GUDN	$C_2H_7N_7O_5$	209	-19.1	-356	1.75
FOX - 7	$C_2H_4N_4O_4$	148	-21.6	-359	1.89

在本章中,也对绿色双基推进剂进行了讨论。双基推进剂通常不含有固体氧化剂,因为它的主要原料是硝化纤维素和硝化甘油,本身构成了氧化剂和燃料。这类推进剂已经使用了很长时间,主要用作具有无烟或少烟要求的推进剂。这些推进剂面临的共同挑战是提高能量,调节弹道性能,以及在不加入危险添加剂的情况下改善它们的储存稳定性。

8.1　粘合剂性能

粘合剂又称为聚合物基体,其作用是将推进剂组分粘接在一起形成具有足够力学性能的固态且有弹性的材料。由于粘合剂的成分主要是碳和氢,因此也可用作燃料。良好的力学性能是保证火箭发动机正常工作和足够的储存稳定性所必需的。实际上,推进剂的结构不完整可能会导致固体火箭发动机发射失败[40]。在某些情况下,粘合剂还能改善氧化剂的稳定性。

固体推进剂中的粘合剂主要由聚合物组成,并且与氧化剂相容、稳定共存。它既可以是热固性聚合物,在推进剂制造过程中发生交联;也可以是热塑性弹性体,能够在推进剂制造过程熔化或在溶剂中溶解;或者是热塑性聚合物。除了粘合剂这种聚合物,固体推进剂中还需要添加其他的助剂。一般而言,增塑剂和键合剂是为了获得更好的力学性能,金属粉末和弹道改良剂是为了调节其燃烧性能,稳定剂是为了使推进剂具有更好的长期存储性能。

粘合剂是固体推进剂的重要组成部分。它可使推进剂加工成不同的几何形状,使火箭发动机获得所需的弹道性能。典型的固体推进剂药柱截面图如图 8.5 所示。粘合剂最重要的性能就是它的力学性能及它对含能填充物和外壁的粘结能力。粘合剂的力学性能和粘附性能将直接影响到推进剂的安全性。如果推进剂是脆性材料,就很容易形成裂纹,当固体推进剂燃烧时,就会使得燃烧区域的扩散无法控制,最终可能导致火箭发动机发生爆炸。

图 8.5 推进剂药柱截面图。图片来自于 FOI

从制造的角度来看,粘合剂的流变性能是非常重要的。室温下,热固性预聚物是典型的液体,它们在捏合机或挤出机里与含能填充物、固化剂和其他添加剂混合在一起,如图 8.6 所示。一方面,如果混合物的黏度太大,浇铸时会很困难,并有可能使推进剂药柱产生气孔、裂纹等缺陷;另一方面,如果黏度太低,含能固体填充物会沉积导致分层。这些制造过程中的问题都会影响推进剂的性能和安全性。

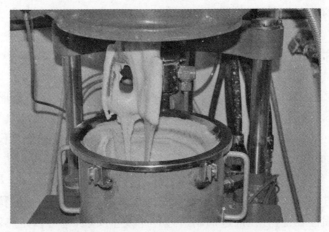

图 8.6 在捏合锅中的推进剂。图片来源于 FOI

与液态的热固性预聚物相比,热塑性弹性体在室温下呈固态,是典型的三嵌段共聚物,由软段(无规、非晶链段)和硬段(半结晶链段)组成。它们并不像热固性聚合物那样产生化学键交联,而是产生物理性交联,聚合物分子链之间是通过分子间作用力缠结在一起的,如氢键作用、形成结晶区等。为了将热塑性弹性体加入到推进剂中,必须通过加热或加入溶剂来破坏其结晶区。如果采用加热熔化的方法,熔化温度不能太高,一般在 60 ~ 120℃。因为温度过高时会导致其他推进剂组分开始分解或发生物理性质的变化。热塑性弹性体嵌段共聚物的强度取决于相分离程度,因此最好嵌段之间混溶性较低。但是,它们又不应该是完全不相容的,因为高的黏度会导致加工性能变差[41]。

粘合剂的另一个重要性能是应该具有良好的化学和热稳定性。在储存过程中,它不能与推进剂的其他原料发生反应。如果它与其他原料发生反应,极有可能加速推进剂的自动放热反应,从而导致热爆炸,或者会使粘合剂降解,导致其力学性能变差,在长期存放后产生裂缝或空隙。

固体推进剂粘合剂可以是惰性的也可以是含能的。对于火箭推进剂来说,其能量性能至关重要,并不断推动着粘合剂的发展。粘合剂应该提高推进剂的比冲,而不是降低推进剂的能量密度。为了提高粘合剂的能量,相继发展了一些骨架上具有含能基团的聚合物,这些含能基团包括叠氮基、硝基、硝酸酯基、硝胺基和二氟胺基等。这些官能团的引入,不仅提高了配方的能量,还增加了推进剂的整体氧平衡[42]。此外,还有一种提高惰性粘合剂能量的方法是使用含能增塑剂。

8.2　惰性聚合物粘合剂

下面主要对几种可用于推进剂粘合剂的聚合物进行介绍。

8.2.1　聚丁二烯

众所周知,端羟基聚丁二烯(HTPB)是一种大量用于复合固体推进剂粘合剂的聚合物[43]。HTPB(R45M)的密度为 $0.95g/cm^3$,氧平衡为 -318%[38]。HTPB 的力学性能好、玻璃化转变温度低,在用作固体推进剂粘合剂方面备受青睐。HTPB 的分子量和官能度不同,其性能不同,拉伸强度可以达到 $0.4 \sim 1.0MPa$,延伸率达到 $250\% \sim 1200\%$[44,45]。HTPB 的玻璃化转变温度接近 $-80℃$。

研究人员已经对 HTPB 在 ADN[46-50]、HNF[51]、AN[52] 和 FOX[53,54] 推进剂中作为粘合剂进行了研究,一般使用含有 NCO 官能团的异氰酸酯固化 HTPB,如异佛尔酮二异氰酸酯(IPDI)[46,49]、4,4 - 二环己基二异氰酸甲酯($H_{12}MDI$ 或 Desmodur W)[46,50]、Desmodur N3300[46] 和 2,4 - 甲苯二异氰酸酯(TDI)[52] 等都可用作 ADN/HTPB 推进剂的固化剂。在含有包覆 ADN 颗粒的推进剂中,所使用的固化剂则是二聚脂肪酸二异氰酸酯(DDI)[48]。端羟基聚合物和异氰酸酯的反应机理见图 8.7。异氰酸酯被归为潜在的致癌物,是已知的可使动物致癌的物质。它们也会引起肺部疾病,对眼睛、鼻子、喉咙和皮肤等黏膜具有刺激性。在使用异氰酸酯时必须采取安全预防措施。需要指出的是,形成的氨基甲酸酯对热很敏感。当反应温度高于150℃时,此反应是可逆的,会产生相应的异氰酸酯。

尽管 HTPB 推进剂的力学性能很好,但近期的研究结果表明,HNF/HTPB 推进剂力学性能不如 GAP/HNF 推进剂,原因是在 HNF/HTPB 推进剂中出现了固体颗粒和粘合剂的分离[51]。

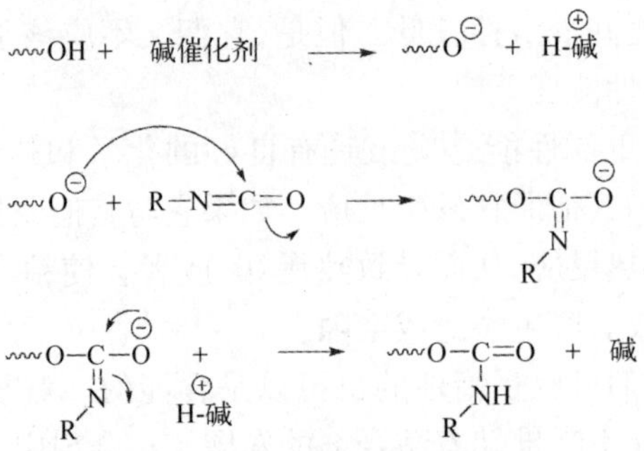

$$\text{wwwOH} + 碱催化剂 \longrightarrow \text{wwwO}^{\ominus} + \text{H-碱}$$

$$\text{wwwO}^{\ominus} + \text{R}-\text{N}=\text{C}=\text{O} \longrightarrow \text{wwwO}-\overset{\underset{\underset{\text{R}}{|}}{\text{N}}}{\overset{\text{O}}{\underset{}{\text{C}}}}-\text{O}$$

$$\text{wwwO}-\overset{\text{O}}{\underset{\underset{\text{R}}{|}}{\text{C}}}-\text{O} + \text{H-碱} \longrightarrow \text{wwwO}-\overset{\text{O}}{\underset{\underset{\text{R}}{|}}{\text{C}}}=\text{O} + 碱$$

图 8.7　羟基和异氰酸酯基团反应的示意图

也有学者开展了以丁二烯和丙烯腈的共聚物 PBAN 作为 ADN 基推进剂粘合剂的研究[49]。在该研究中,PBAN 固化反应使用的是一种环氧树脂固化剂。

HNF/HTPB 推进剂的燃烧实验表明其燃烧速率很高(在 7MPa 下为 20 ~ 25mm/s)。但是,在不使用燃速催化剂的情况下,它的压力指数也很高(0.78 ~ 1.12)[55]。HNF 的颗粒越小,压力指数越低。相反,粒径越大,压力指数越高[51]。ADN/Al/HTPB 推进剂的燃烧实验结果与 HNF/HTPB 推进剂表现出相同的变化规律,但压力指数更高(0.87 ~ 0.91)[46]。Van der Heijden 等[51]对这个现象进行了讨论并且将实验结果与 GAP 推进剂的实验结果进行了比较,发现 GAP 推进剂具有较低的压力指数。他们提出了以下几种解释:首先,相比于 HTPB,GAP 与固体颗粒之间粘附更好,可以在推进剂中产生空隙,从而使得燃烧速率提高。另一种解释是,在分解过程中,GAP 比 HTPB 能产生更多的热量。HNF/HTPB 推进剂的火焰温度与纯 HNF 或 HNF/GAP 推进剂的火焰温度相比要低。Chakravarthy 等在研究 PBAN 粘合剂中 ADN 的燃烧时也提出了类似观点[49]。很明显,只有更深入地对燃烧过程进行研究,才能彻底解释这些现象。

与 ADN 和 HNF 推进剂相比,AN 推进剂的燃烧速率较低。AN/HTPB 推进剂的燃烧速率为 1 ~ 3mm/s(7MPa),压力指数接近 0.6[52,56]。关于 FOX - 7 推进剂燃烧速率研究的相关文献极少。但是,Sinditskii 等[57]估算了 FOX - 7 在 7MPa 压力下的燃烧速率为 12mm/s,压力指数相当高,为 0.85 ~ 0.91。Sinditskii 等认为 FOX - 7 的燃烧速率比 RDX 稍微低一些[57]。Florczak 等的实验则证明,与加入 HMX 相比,加入了 FOX - 7 的 AP 推进剂的燃烧速率会有所降低[54]。Vorde 等开发了一种含 FOX - 7 的气体发生剂配方,并且研究了其燃烧速率[58]。结果表明,加入共混的氧化物后,比如二氧化锰和氧化铝,可以将压力指数降到 0.68。

8.2.2　聚醚

一些聚醚粘合剂已经用于固体推进剂,包括聚乙二醇(PEG)、聚丙二醇(PPG)和聚四氢呋喃(PTHF)(表 8.3)。这些聚醚中有几种已经与绿色含能填充物一起使用。从推进剂的角度来看,聚醚作为粘合剂是令人非常感兴趣的,特别是它们的玻璃化转变温度很低,并且它们的含氧量高,氧平衡也较高(与 HTPB 等相比)。

表 8.3　绿色固体推进剂中所用的聚醚的性质
(除非另有说明,所有数据均来自 ICT 热力学数据库[35])

聚合物	分子式	Ω/%	T_g/℃	ρ/(g/cm³)
PEG		−182	−60[59]	1.13
PPG		−218	−45 to −65①	1.00
PTHF		−244	−60 to −70[60]	0.99
① 在 FOI 测试中得到(未发表)				

　　端羟基聚醚可以与异氰酸酯发生交联。在 FOX‒7/GUDN 推进剂中,用六次甲基二异氰酸酯(HDI)作为聚醚的固化剂[61]。PEG 除了用异氰酸酯固化外,也可以用基于烯丙基溴的固化体系固化,在这个固化体系中,THF 为溶剂,叔丁醇钾作为催化剂[62]。此时,所用 PEG 的端基是炔基。

　　美国的 ATK 和 DuPont 公司共同研制了一种 PEG 和 PTHF 的嵌段共聚物,称为 TPEG。并研制了基于 AP/AN/TPEG 的推进剂,该推进剂的优点之一是具有比 HTPB 基推进剂更低的感度[33]。Caro 等使用 Desmodur N3200 固化剂对 PEG 与 PTHF 的嵌段共聚物进行了固化[34]。这种推进剂的玻璃化转变温度极低(−76 ~ −62℃)。有趣的是,在推进剂中添加 AN 可以将玻璃化转变温度提高 15℃。

　　Reed 等还合成了一系列 PEG 和 PPG 的多官能团共聚物[63],其与 HMX 组成的含能材料具有良好的抗拉伸性能,拉伸强度约为 0.37 ~ 0.64MPa,延伸率为473% ~972%。这些聚合物所使用的固化剂是 Desmodur N100 等异氰酸酯。这些聚合物中有一种聚醚已用于 ADN 基推进剂中。该推进剂的小发动机实验结果表明,其比冲在 230 ~240s 之间[64]。在 7MPa 下,这些推进剂的燃烧速率高达 19mm/s,压力指数为 0.64。

8.2.3　聚酯和聚碳酸酯

　　聚酯和聚碳酸酯也可用作含绿色氧化剂或含能填料的推进剂的粘合剂。如聚 ε‒己内酯和 Desmophen(一种脂肪族聚碳酸酯)[65]、乙烯/醋酸乙烯酯共聚物和聚己二酸乙二醇酯等。这些典型聚酯的氧平衡、密度和玻璃化转变温度见表 8.4。

表 8.4　绿色固体推进剂中用的聚酯和聚碳酸酯的性质
（除非另有说明，所有数据均来自 ICT 热力学数据库[35]）

聚 合 物	分 子 式	$\Omega/\%$	T_g/C	$\rho/(\text{g/cm}^3)$
PCL		−201	−60	1.07
Desmophen 2200	Aliphatic polycarbonate diol[65] 脂肪族聚羧酸二元醇	−167	n. a.①	n. a.②
EVA		−266	−30①	1.01
PGA		−170		n. a.②
PGA		−170		1.19

① a:在 FOI 测试中得到（未发表）；
② n. a. = 资料不全

　　端羟基聚酯使用异氰酸酯交联。Desmophen 2200 已用于 ADN 推进剂中，并用
Desmodur N3400[66]、Desmodur W 和 IPDI[67] 进行固化。另外还有一种不知名的聚
酯，使用 Desmodur N3400 固化，已用作 GUDN 推进剂的粘合剂[61]。

　　聚酯型聚氨酯普遍具有很好的力学性能。推进剂的拉伸性能会随着结晶性含
能填料与粘合剂粘附情况的变化而发生变化。表 8.5 给出了一些绿色固体推进剂
的拉伸性能。

表 8.5　聚氨酯基推进剂在 20 ℃ 的拉伸性能
（除非另有说明，拉伸速率为 50 mm/min，使用 JANNAF Class 哑铃型）

推 进 剂	σ_m/MPa	$\varepsilon_m/\%$	E/MPa	备　注
ADN/Desmophen 2200/TMETN/Al/Desmodur N3400[66]	0.54①	7①	11.2ª	66% 固体
ADN/Desmophen 2200/TMETN/HMX/Desmodur N3400[66]	0.6①	26①	13.6ª	66% 固体
FOX7/AP/Desmophen 2200/Lupranol3300 2200/TMETN/BTTN/异氰酸酯[67]	0.52	12.8	6.97	28% FOX−7 42% AP
FOX7/AP/Desmophen 2200/Lupranol3300 2200/BDNPA−F/异氰酸酯[67]	0.83	10.1	13.95	28% FOX−7 42% AP
① 从拉伸测试中以图示法估算出近似值				

聚 ε-己内酯(PCL)已用在 ADN 基推进剂的燃烧实验中[68]。在研究中使用了两种不同分子量(1000g/mol 和 1250g/mol)的 PCL,所得到推进剂的压力指数较高,使得它们难以在火箭推进剂中实际应用。在低分子量的 PCL 基推进剂中加入 CuO,可以有效地将压力指数从 0.77 降到 0.44。但是,对高分子量的 PCL/ADN 推进剂,就得不到这么低的压力指数。值得注意的是,在该研究中 PCL 粘合剂是没有经过固化的。要得到合适的力学性能,必须对低分子量的 PCL 进行交联固化。

在 Chan 等研制的 ADN 推进剂中也使用了 PCL[69],并用 Desmodur N100 为固化剂,三苯基铋为固化促进剂。初步测试结果表明,该推进剂具有良好的力学性能,在室温条件下的拉伸强度为 0.5MPa,延伸率为 58%。在 7MPa 下,该推进剂的燃速为 16~19mm/s,压力指数为 0.65~0.68。

聚己二酸乙二醇酯(PGA)与 AN 一起用于固体推进剂中,这种推进剂具有极好的力学性能,在 24℃时的延伸率为 51%,在 -40℃时的延伸率为 48%,在 -53℃时的延伸率为 16%。这三个温度下相应的最大拉伸强度分别为 1MPa、3MPa 和 7.7MPa。这种推进剂在 7MPa 下的燃速为 3.3mm/s,压力指数接近 0.7[70]。

聚乙烯酯,如聚醋酸乙烯酯(EVA),也可以作为 ADN 推进剂中的粘合剂[71]。EVA 具有极好的力学性能,拉伸强度为 8MPa,延伸率为 500%。Sandén[71] 使用热塑性的 EVA 弹性体 Escorene UL15019 作为粘合剂,使得其与 ADN 混合物的熔点从接近 90℃下降至 70℃。

Fujisato 等研究了 ADN 含量为 70%~90% 的固体推进剂的燃烧性能,他们使用的粘合剂是一种惰性、低熔点的热塑性弹性体。然而,在文献中没有给出任何关于粘合剂化学结构的信息。与许多使用惰性粘合剂的 ADN 推进剂一样,如果不使用燃速催化剂,这种推进剂的压力指数会很高。当使用纳米铜或纳米铝作为燃速催化剂时,压力指数分别可以降到 0.54 和 0.76[72]。

8.3 含能聚合物

8.3.1 硝化纤维素

硝化纤维素(NC,图 8.8)是最古老的用于固体推进剂的含能聚合物。它是 Schonbein 和 Bottger 于 1846 年首次发现的[73,74],并且目前仍然用在枪炮发射药和少烟固体火箭推进剂中。硝化棉的加工过程包括将棉纤维溶胀在有机溶剂或硝化甘油里,并对其进行揉捏和压延[6]。硝化棉的主要缺点是它的热稳定性较差,储存这种推进剂时必须加入

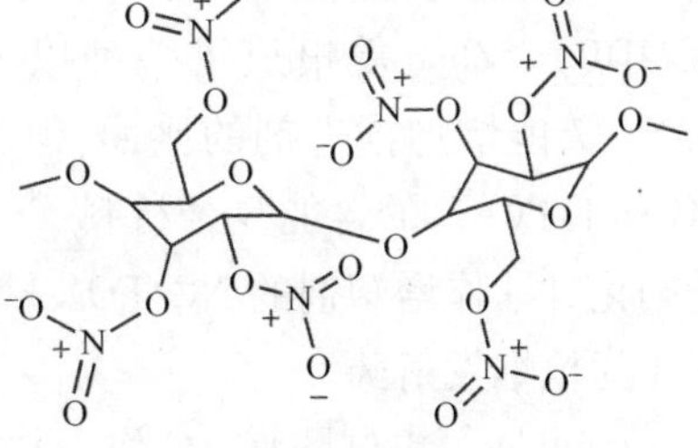

图 8.8 硝化棉中的重复单元

稳定剂。硝化棉的密度是 $1.65g/cm^3$，氧平衡在 $-24\%\sim-85\%$ 之间（取决于硝化度）[35]。

硝化纤维素通常与增塑剂一起使用来改善加工性能并提高推进剂的能量。传统上，很多发射药和推进剂都以硝化甘油作为增塑剂，并且有些现在仍然还在使用。然而，硝化甘油对人体的健康影响很大，且在有些国家已把它列为有害物质[4]。研究人员正试图寻找硝化棉推进剂中硝化甘油的替代物，并且希望由此生产出一种低毒性或更绿色的推进剂[5]。

硝酸钡（BaN）、邻苯二甲酸二丁酯（DBP）和二苯胺（DPA）是常用于硝化纤维素推进剂中的其他功能组分，它们也是有毒的或者是有可能致癌的[75]。Manning等已经研制出了一种不使用有害化合物的改进型硝化纤维素推进剂，并且通过使用挥发性的有机化合物（如乙醚和乙醇）改进了制备过程[75]。

为了调节双基推进剂的弹道性能，往往需要加入含铅化合物，含铅化合物都是有毒的，因此研究人员已经开始尝试寻找替代含铅化合物的催化剂[76]。但是，在文献报道中几乎没有成功的例子。

与使用弹性聚合物基体作粘合剂的复合固体推进剂相比，双基推进剂的力学性能较差。Herve 给出了典型双基推进剂的力学性能，总结在表 8.6 中[6]。

表 8.6 Herve 测得的双基推进剂在不同温度下的拉伸性能

（EDB 压延型双基推进剂，CDB 浇铸型双基推进剂，σ_m 最大拉伸强度，ε_m 在最大拉伸强度下的延伸率，E 弹性模量）

推进剂种类	$-40℃$	$+20℃$	$+60℃$
EDB, σ_m/MPa	51	11	2
EDB, ε_m/%	2.8	2.5	8.0
EDB, E/MPa	1835	439	21
CDB, σ_m/MPa	33	11	3
CDB, ε_m/%	1.0	2.0	10.7
CDB, E/MPa	3279	555	27

NC 也能与晶体含能材料一起使用，这种推进剂称为复合改性双基推进剂（CMDB）。Zhao 等报道了一种以 FOX-7 为含能填料的钝感、少烟推进剂[77]。FOX-7 能增加推进剂的比冲，但其压力指数太高。Muller 等研究出了一种含有 NC 和 FOX-7 的含能复合材料[78]，并报道了一类使用二硝基重氮类增塑剂而不是硝化甘油作增塑剂的 NC/FOX-7 基推进剂，其具有良好的性能和热稳定性[79]，可作为枪炮发射药。

Pontius 等也试图将 NC 作为粘合剂用于 ADN 基推进剂中，但是他们发现 ADN 和硝化棉的化学相容性不好[80]。

8.3.2　聚叠氮缩水甘油醚

聚叠氮缩水甘油醚(GAP)是在推进剂研究领域报道最多的含能聚合物。GAP是由环氧氯丙烷单体或者相应的聚合物合成的聚醚[81,82]，在 1972 年由 Vandenberg首次合成[83]，1976 年 Rocketdyne 公司的 Frankel 等合成了 GAP 三醇，之后又合成了 GAP 二醇[84]。

GAP 的优点是它具有高的生成热，达到 1172kJ/kg[85]，并能生成低分子量的燃烧产物，例如 N_2、CO、CH_4 和 NH_3 等[86]。与 HTPB 相比，GAP 具有较高的氧平衡(−118%)。GAP 的玻璃化转变温度接近 −35℃[87]，使用温度较低，比如 −40℃或者 −50℃，需用增塑剂来维持粘合剂的弹性。

由于 GAP 具有高的生成热，因此与其他惰性粘合剂(比如说 HTPB)相比，GAP推进剂具有更高的比冲。且当氧化剂(比如说 AP)含量较低时，GAP 推进剂仍然可以达到较高的比冲值。含有较少量固体填充物的推进剂更容易浇铸，粘合剂含量高可以提高推进剂的力学性能，并有可能降低推进剂的感度。感度还取决于所使用氧化剂的种类。图 8.9 给出了使用 GAP 或者惰性粘合剂时 AP 基推进剂的理论比冲值。

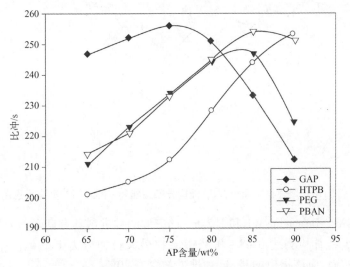

图 8.9　使用不同粘合剂时 AP−基推进剂的理论比冲

(P_e = 1 atm, P_c = 68atm。Cheetah 2.0 Code[88])

与 HTPB 类似，端羟基的 GAP 通常也使用异氰酸酯交联固化的。常用的是多官能度异氰酸酯，如 Desmodur N100 等，在 ADN 推进剂[89]和 GUDN 推进剂[3,61]中也使用 Desmodur 作为固化剂。固化催化剂，如二月桂酸二丁锡、三苯基铋、辛酸锌和 Desmorapid PP，常与 Desmodur N100 一起使用[90,91]。Reed 等[90]的研究结果表明，二月桂酸二丁锡和三苯基铋混合使用的效果更好，因为单独使用二月桂酸二丁锡会使推进剂表面发粘。固化速率和固化质量可以通过改变两种催化剂的比值进行调整。

当使用三官能度的异氰酸酯时,所得到聚合物网络刚性的大小取决于 GAP 二醇分子量的高低。商业化 GAP 二醇的典型分子量约为 2000g/mol,如果不使用扩链剂或长链的异氰酸酯,得到的 GAP 基聚合物的刚性太大。

双官能度的异氰酸酯,如 Desmodur W 和 IPDI,已经用于 FOX – 7/GAP 固体推进剂中[67]。为了得到性能良好的聚合物基体,往往将多官能度的醇与二异氰酸酯和双官能度的 GAP 一起使用(图 8.10)。如 1,2,5 – 己三醇已在 FOX – 7/GAP 固体推进剂的固化中应用[67]。

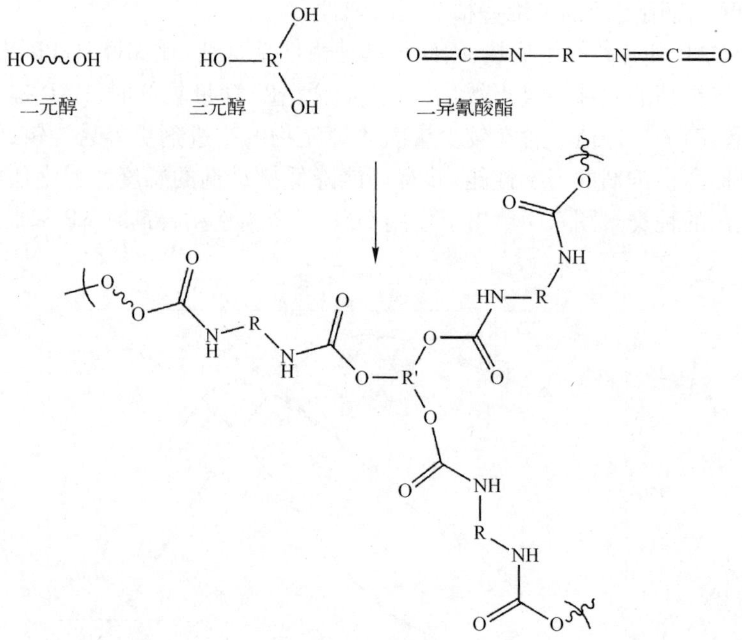

图 8.10 聚合物二元醇,双官能度异氰酸酯和三醇之间的反应示意图

基于 GAP、Desmodur W1 和 1,2,5 – 己三醇的推进剂具有良好的力学性能。在室温下,最大拉伸应力为 0.48 ~ 0.85MPa,在最大拉伸应力下的延伸率为 17% ~ 22%[67]。然而,应该指出的是,这种推进剂含有 20% ~ 42% 的 AP,因而不能认为是"绿色"的。但作者声称他们研究出了类似的但不含 AP 的推进剂。

因为异氰酸酯和 ADN 是不相容性的,因此有必要寻找新的固化剂。2001 年,Sharpless 等首次报道了一种使用二价铜盐催化炔烃和叠氮基发生高效的 1,3 – 偶极环加成反应[92]。反应在没有二价铜盐的情况下也可以进行。GAP 含有大量叠氮基,这使得它可以与乙炔类化合物进行 1,3 – 偶极环加成反应,形成三唑交联结构,如图 8.11 所示。这种固化体系的挑战是必须控制每个 GAP 链交联点的数量,而且需要控制乙炔化合物的量处于较低水平,以形成一种具有合适力学性能的热固型树脂[93]。Eldsater 等开发了一种含有炔烃官能团的杂化树形 - 线性聚酯,其与 ADN 具有很好的相容性,且能和 GAP 通过 1,3 - 偶极环加成反应快速固化[94]。

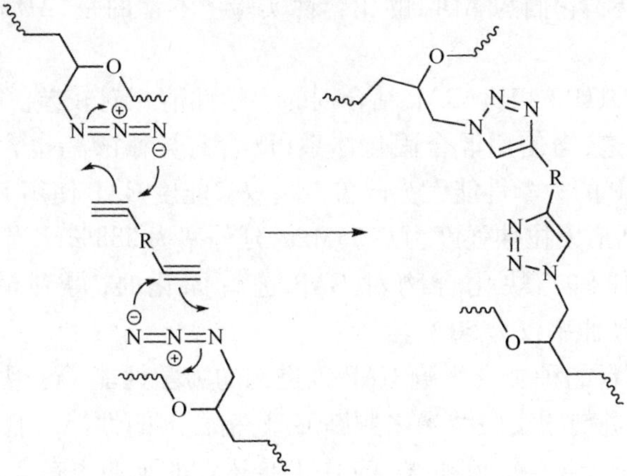

图 8.11　GAP 和双官能度炔基化合物反应示意图

　　已有几种不同的乙炔类化合物用于 GAP 的固化。Min 等[95]使用双 - 炔丙基 - 琥珀酸酯(BPS)固化双官能度或三官能度的 GAP 或两者的混合物,所用的固化催化剂为三苯基铋。最终得到的聚合物胶片的最大拉伸强度为 0.06 ~ 0.69MPa。其中三官能度 GAP 的值高而双官能度的 GAP 值低。最大拉伸强度时的延伸率在 34% ~ 178% 之间。Keicher 等研究了 BPS 和 3,6,9 - 癸三烷癸二酸二炔丙基醚对 GAP 的固化[96]。纯粘合剂的延伸率为 47% ~ 95%,最大拉伸强度为 0.05 ~ 0.32MPa。采用 BPS 对短链双官能度和三官能度 GAP 混合物进行固化,得到的粘合剂基体的最大拉伸强度略低(0.05 ~ 0.21MPa)而延伸率略高(45% ~ 124%)[97]。使用 BPS 固化的 ADN/GAP 推进剂,最大拉伸强度为 0.2 ~ 0.3MPa,在最大拉伸强度时的延伸率为 10% ~ 24%[66]。这些推进剂也含有 10% 的 HMX 或铝粉。因为使用 BPS 固化的 GAP 推进剂比使用异氰酸酯固化的 GAP 具有更高的玻璃化转变温度,所以必须添加增塑剂来满足低温使用要求。Menke 等在他们研制的 ADN/GAP 推进剂中使用了三羟甲基乙烷三硝酸酯(TMETN)作为增塑剂[89]。BPS 的优点在于它与 ADN 是化学相容的,而 ADN 与异氰酸酯的相容性较差。然而,实验结果表明端羟基的 GAP 使用异氰酸酯固化时,也不存在任何化学相容性问题[98]。

　　Min 等也研究了 1,4 - (2 - 羟基丙炔基)苯(BHPB)与 GAP 的交联固化反应[95],发现使用 BHPB 固化的 GAP 和使用 BPS 固化的 GAP 具有相似的力学性能。

　　Manzara 等[99]成功地进行了 GAP 与不同丙烯酸酯的交联反应,例如季戊四醇三丙烯酸酯(PE3A)和 1,6 - 己二醇二丙烯酸酯(HDDA)。对这些丙烯酸酯固化的 GAP,随着使用的丙烯酸酯的种类和数量不同,力学性能在一个很宽的范围内变化。Cunliffe 等[50]研究了 PE3A、HDDA 和四甘醇二丙烯酸酯(TEGDA)与双官能度 GAP 一起使用时的固化情况,材料固化非常好。然后,他们选择了具有最长适应期的材料,开展了它们与 ADN 的相容性实验。不幸的是,ADN 与 GAP/TEGDA 的相容性极差。

与交联后的 HTPB 相比,GAP 粘合剂的力学性能相对较差。Min 等[95]在最近的一篇论文中报道,当使用混合固化体系(既含有异氰酸酯也含有乙炔化合物)时,双官能度 GAP 的力学性能大为改善。当双官能度 GAP 使用 IPDI 和 0.5pph 的 BPS 固化时,得到最大拉伸强度为 0.55MPa,延伸率为 588%。当只使用 Desmodur N100 而不添加任何乙炔化合物对 GAP 进行固化时,得到最大拉伸强度为 0.7MPa,断裂点延伸率仅为 50%。

实验表明填料的种类会影响 GAP 推进剂的力学性能[66],因此仅仅根据含有绿色氧化剂的推进剂的实验结果去判断 GAP 粘合剂的性能是很困难的。Nguyen 等的实验结果表明,含有铝粉和 AP 的 GAP 推进剂的延伸率在 20℃时的变化范围是 30% ~52%[100],这样的力学性能对于许多应用[40,101,102]是可以接受的。相应的数据汇总于表 8.7 中。

研究人员对 GAP 推进剂的燃烧性能进行了研究。ADN/GAP 推进剂的燃速很高,压力指数在 0.42 ~0.54 之间[50,59,103]。Wingborg 等[103]的研究表明,在喷管未经优化的发动机试验中,测得的含有 70% ADN 的推进剂的比冲为 233s (图 8.12)。

图 8.12　ADN/GAP(3kg)的火箭发动机燃烧测试(文献[103]© 2010NASA 授权转载)

Wingborg 等还研究了一种含有 ADN 和 GUDN 混合物的 GAP 推进剂的性能[104]。这种推进剂在 7MPa 下的燃速为 15mm/s,压力指数为 0.55。

GAP 也可用于硝酸铵推进剂中[105]。

TNO、NL 发展了几种基于 GAP/HNF 的推进剂[106]。这些推进剂具有较好的力学性能,一种代号为 K - 1 的推进剂在 20℃下的最大拉伸强度为 0.69MPa,延伸率为 27%。这种推进剂在 7MPa 下的燃速为 17.7mm/s,压力指数很高,为 0.89。但是,使用其他组成时,压力指数可降低到 0.64。

表 8.7　GAP 基绿色推进剂在 20℃时的拉伸性能

(除非另有说明,拉伸速率为 50 mm/min,使用 JANNAF Class 哑铃型)

推　进　剂	σ_m/MPa	ε_m/%	E/MPa	备　　　注
ADN/HMX/GAP/BDNPA - F[66]	0.25[a]	14[①]	3.6[①]	BPS,66%(固体)
ADN/Al/GAP/BDNPA - F[66]	0.23 - 0.27[a]	12[①]	3.6[①]	BPS,66%(固体)
ADN/HMX/GAP/TMETN[89]	0.27	15.7	5.4	N100,66%(固体)
ADN/HMX/GAP[89]	0.25	23.9	1.6	BPS,70%(固体)
ADN/HMX/GAP/TMENT[89]	0.22	10.9	2.8	BPS,69%(固体)
FOX - 7/AP/GAP/TMETN/BTTN[67]	0.48	11.3	6.83	48% FOX - 7 20% AP
FOX - 7/AP/GAP/TMETN/BTTN[67]	0.83	16.2	6.57	33% FOX - 7 36% AP
FOX - 7/AP/GAP/TMETN/BTTN[67]	0.55	29.8	3.4	28% FOX - 7 42% AP
FOX7/AP/GAP/BDNPA - F[67]	0.85	20.9	5.6	38% FOX7 30% AP
① 从拉伸测试中以图示法估算出近似值				

8.3.3　聚 3 - 羟甲基 - 3 甲基氧杂环丁烷

聚 3 - 羟甲基 - 3 - 甲基氧杂环丁烷(PolyNIMMO 或 PNIMMO)是 Manser 等于 20 世纪 80 年代合成出来的[107,108]。与 GAP 相比,PNIMMO 具有较低的生成热(PNIMMO 为 - 2290kJ/kg[109],GAP 为 + 1172kJ/kg),但是它并没有被列为爆炸性物质或推进剂。从制造的角度来看,这是一种优势,但这当然也会降低推进剂的能量性能。PNIMMO 的密度为 1.26g/cm³[35],比惰性粘合剂的密度高。

PNIMMO 的玻璃化转变温度接近 - 30℃[50],因此必须使用增塑剂来提高这种粘合剂的低温性能。将 PNIMMO 双官能度和三官能度的混合物用 Desmodur W 进行固化(以二月桂酸二丁基锡作为催化剂),最终得到的聚合物基体的力学性能非常好,最大拉伸强度为 1.6 MPa,延伸率为 700%。当在粘合剂体系中加入增塑剂癸二酸二辛酯时,延伸率降到了 500%,但改善了其玻璃化转变温度。

还开展了 PNIMMO 在 ADN[50,80]、AN[110] 和 FOX - 7/GUDN[110] 推进剂中作为粘合剂的应用研究。然而,Pontius 等发现 ADN 和 PNIMMO 的化学相容性不好[80]。Cunliffe 等也发现未固化的 PolyNIMMO 和 ADN 具有相容性分界线,但是固化后的推进剂具有化学稳定性[50]。ADN/PolyNIMMO 推进剂的拉伸强度相当低(0.1MPa),但是40%的延伸率是可接受的[50]。

燃速测试表明,使用 BTTN/TMETN 作增塑剂的 ADN/PolyNIMMO 推进剂具有很高的燃速(含有75%的 ADN 推进剂在7MPa 下的燃速为28mm/s)和较低的燃速压力指数(0.5)[50]。

将 PolyNIMMO 作为 HNF/Al 推进剂中的粘合剂[106]时,既研究了 PolyNIMMO 三醇和 PolyNIMMO 二醇的混合物作为粘合剂,也研究了 PolyNIMMO 三醇单独作为粘合剂。与使用 PolyNIMMO 三醇和二醇混合物的推进剂相比,使用 PolyNIMMO 三醇的推进剂拉伸强度较低而延伸率较高。在20℃下的最大拉伸强度为0.44～0.48 MPa,延伸率为21%～23%。HNF/Al/PolyNIMMO 推进剂的燃速较高,在7MPa 下的燃速为19mm/s,同时压力指数也很高,为0.9。研究人员已经开始研究燃速催化剂,并且有望将压力指数降到0.68,但是同时也会将燃速增加到7MPa 时的24mm/s。

8.3.4　聚缩水甘油硝酸酯

聚缩水甘油硝酸酯(PolyGLYN),与 GAP 属于相同的聚合物家族,即聚环氧乙烷家族,其在20世纪90年代已由英国 ICI 诺贝尔公司商品化。PolyGLYN 是先对缩水甘油硝化,再通过聚合得到的端羟基预聚物。PolyGLYN 的玻璃化转变温度为-32℃[111],所以必须加入增塑剂来提高 PolyGLYN 粘合剂的低温性能[50]。PolyGLYN 的密度为1.47g/cm^3[35]。

早期的研究发现,固化后 PolyGLYN 在长期储存时的稳定性很差,并且会随着时间的延长而变软。因此,英国的 DERA 公司和 ICI 公司对 PolyGLYN 的端基进行了改性,大大提了其稳定性[112-115]。PolyGLYN 的力学性能不如 HTPB 好,PolyGLYN 更软,强度更低。Provatas 研究了异氰酸酯混合物对 PolyGLYN 推进剂力学性能的影响[111]。将 Desmodur N3400 和 Desmodur N100 与 IPDI 以不同比例混合,结果表明随着 IPDI 含量的增加,PolyGLYN 推进剂的硬度随之降低。使用75%的 Desmodur N100 和25%的 IPDI 作为固化剂时,得到了具有最大拉伸强度的 PolyGLYN 推进剂(接近0.65MPa)。

Pontius 等将 PolyGLYN 用作 ADN 推进剂中的粘合剂,他们发现 ADN 和 PolyGLYN 的化学相容性不好[80]。Cunliffe 等的研究得到了相同的结果[50],他们指出可能是改性的 PolyGLYN 端基[112]对 ADN 产生了负面作用。Shang 等对 ADN/Al/PolyGLYN 推进剂的燃烧性能进行了测试,得到了令人感兴趣的燃速和压力指数结果[116]。Chan 等[60]以 Desmodur N100 为固化剂,PolyGLYN 为粘合剂制备了 ADN 推进剂。这种推进剂具有高的燃速(在7MPa 下的燃速为21～23mm/s),压力指数为0.59～0.71。

Willer 等制备了 PolyGLYN/ AN 推进剂[117]。AN/PolyGLYN 推进剂采用

Desmodur N100 和 HMDI 的混合物作为固化剂[117]。这类推进剂的拉伸强度为 1 ~ 2MPa,延伸率为 13% ~33%,表现出了良好的力学性能。在 28MPa 下的燃速为 14 ~19mm/s,压力指数为 0.45 ~0.82。

　　还有学者研究过基于 PolyGLYN 和 HNF 的推进剂,但是结果发现 HNF 与 PolyGLYN 不相容[106]。

8.3.5　聚 3,3 - 二叠氮甲基氧丁环

　　聚 3,3 - 二叠氮甲基氧丁环(PolyBAMO)是由 Manser 在 20 世纪 70 年代合成的[118]。PolyBAMO 与 GAP 相比叠氮基含量更高,因此它能提高推进剂的动力学和热力学性质[119,120]。与 GAP 相比,BAMO 均聚物的缺点在于它的熔点高(60 ~ 80℃)[35,121],玻璃化转变温度高(-39℃),加工性能差,因此,BAMO 常常作为共聚物的嵌段使用。

　　已有多种 BAMO 共聚物的例子,其中既有热塑性的弹性体,也有热固性的预聚物。Kimura 等测定了 AN 基推进剂中 BAMO 和 NIMMO 共聚物的燃烧性能和感度[120]。当使用相同的粘合剂时,这种推进剂的感度比 AP 推进剂和 HMX 推进剂都低。

　　Wardle 等合成了 BAMO 和 3 - 叠氮甲基 - 3 - 甲基氧丁环(AMMO)的嵌段共聚物,并对其在低于 60℃的晶态和高于 -20℃非晶态行为进行了研究[122]。发现它们具有较好的力学性能,但与 GAP 相比密度较低(1.2g/cm³)。Sanderson 等因此将 AMMO 嵌段改成了 GAP 嵌段。作者们也建议将 GAP 嵌段换成 PolyGLYN 嵌段,但是在专利文献中没有这些聚合物的数据[41](表 8.8)。

表 8.8　含有 BAMO 共聚物在 20℃ 的拉伸性能,数据来自于文献[41]

共　聚　物	σ_m/MPa	ε_m/%	E/MPa
Poly(BAMO - AMMO)	1.3	251	3.5
Poly(BAMO - NIMMO)	1.3	325	4.0
Poly(BAMO - GAP)	0.7	161	1.9

　　有的研究提到用异氰酸酯 Desmodur N100 固化 BAMO 和 GAP 的共聚物,作为复合推进剂的聚合物基体,如图 8.13 所示[123]。然而,这不是一种绿色推进剂,因为 AP 是主要成分。这种聚合物,含有 30% ~40% 的 PolyBAMO,具有很多有趣的性能,比如低玻璃化转变温度(-55℃),在室温下具有低黏度。

　　Reed 使用 1,4 - 二乙酰基苯和 1,3 - 二氰乙炔基苯等化合物分别与 BAMO 和 NIMMO 的共聚物进行固化交联[93]。发现后者得到的聚合物基体具有很好的弹性,在最大拉伸强度下的延伸率超过 800%。当该粘合剂使用 1,4 - 乙酰基苯作为固化剂,HMX 作为固体填料时,最大拉伸强度为 0.7MPa,在最大拉伸强度处的延伸率为 315%。

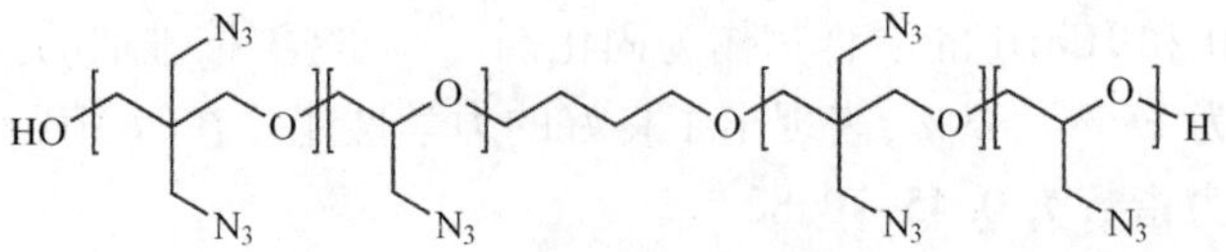

图 8.13 Menke 等所使用的共聚物的化学结构[123,124]

8.4 含能增塑剂

增塑剂通常是固体推进剂粘合剂体系中重要的组成部分,它们常常用于改善粘合剂的低温性能和推进剂的加工性能。惰性增塑剂已在塑料工业中使用了很多年,并且在推进剂生产中起到了重要作用。

含能增塑剂与含能聚合物相似,因为它们都具有含能官能团,且研究的原因也与含能聚合物相同,主要是为了使粘合剂体系具有更高的能量。

一种好的增塑剂应该是有低的玻璃化转变温度,低的黏度和低迁移性。含能增塑剂还应该具有高的氧平衡、低的冲击感度和高的热稳定性。这些要求在很多情况下是相互矛盾的,因此要找到理想的含能增塑剂并不容易。一些含能增塑剂,如硝酸酯乙基硝胺类化合物(NENAs)[115,125,128]、硝酸酯[如硝酸甘油、丁三醇三硝酸酯(BTTN)和三羟甲基乙烷三硝酸酯(TMETN)][129]、叠氮化合物[129-131]、双(2,2-二硝基丙基)缩乙醛/双(2,2-二硝基丙基)缩甲醛(BDNPA/F)[115,127,128,132]、硝基芳香化合物(如2,4/2,6-二硝基乙基苯和2,4,6-三硝基乙基苯)[115,127,128]、硝酸酯基和叠氮基低聚物(GLYN,NIMMO 和 GAP 低聚物)[133-139]已在全世界范围进行了广泛的研究,并在固体推进和塑料粘结炸药中得到了应用。这些增塑剂大部分已经商业化。

8.5 新型绿色粘合剂体系设计展望

随着合成领域的飞速发展,高分子化学家调整所合成聚合物的性质有了更大的空间,这使得设计可用于绿色推进剂的粘合剂聚合物成为可能。然而,需要牢记的是,要想合成满足绿色推进剂所有要求和限制条件的聚合物,确实具有很大的挑战性。

显而易见,氧化剂对粘合剂聚合物来说必须是惰性的,根据所选择的氧化剂的性能,一些化学官能团是不能使用在粘合剂上的。然而,从量子模型上很难完全预测氧化剂和官能团是否合适。这是因为一些参数,比如官能团的浓度、微量的水(或者湿度)和氧化剂的粒径与形态都会对最终组成体系的稳定性产生很大的影响。模型的研究可以提供一些指导,但最终必须要有实验结果的支持。

氧化剂在粘合剂聚合物中的分散本身就是一门科学。使用键合剂能够改善氧化剂的粘附性能或者调节氧化剂的反应活性。然而，随着纳米技术的兴起，如何高效率地使纳米粒子均匀分散以获得稳定的纳米复合材料引起了人们极大的兴趣，这个领域的最新进展是值得关注的[140]。

为了研发出新的具有合适性能的粘合剂，除了稳定性方面，其他方面的性能也需要考虑。其中一个最重要的指标是粘合剂保持力学性能稳定的温度区间，一般的温度区间是 –40~60℃，不同国家的标准会有微小变化，其中弹性是需要重点考虑的参数。此外，在发射过程中推进剂所承受的压力要求粘合剂材料有较高的抗蠕变强度。

最终固化后的粘合剂系统必须具有良好的力学性能，最大拉伸强度应大于0.7MPa，延伸率应高于300%。假如两个临界条件中只能选择一个的话，那么应该优先选择保证足够大的延伸率，这对于获得良好的推进剂性能是至关重要的。

交联体系的玻璃化转变温度也必须足够低，最好在 –40℃以下，以提供足够的分子运动能力。这就要求粘合剂的主体部分应该是基于柔性链的聚合物，典型的是在主链骨架上含有 – C – C – 结构或 – C – O – C – 结构，目前已经报道的粘合剂体系也主要是这类结构。

如果上述主要性能指标能够达到，那么还有一些因素，在设计绿色推进剂用高聚物粘合剂时需要加以考虑，接下来我们将进行简要讨论。

8.5.1　粘合剂聚合物的构筑

粘合剂除了保证能够与氧化剂均匀混合外，还应该具有合适的混合粘度，使推进剂的制备较为容易（如造粒）。传统上，都是用线性聚合物作为推进剂的粘合剂，但当使用高分子量的聚合物时，熔融时的高黏度将使其变得不易分散。然而，随着近几年树形聚合物的发展，使得高分子量聚合物作为粘合剂成为可能，因为它们在分子量低于 20000g/mol 时[141]，不存在链的缠结，因此比相应的线性高分子黏度低。这也许是一种很有发展前景的粘合剂骨架——既含有线性链段也含有高度支化的链段，线性部分提供力学弹性性能，而支化部分作为一种流变学改性助剂，如图 8.14 所示。

传统线性高分子
（形成无规线团）
熔融温度高，两个链端
(a)

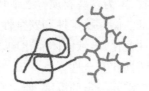

树枝–线性杂化高分子
（不形成无规线团）
熔融温度低，大量链端
(b)

图 8.14　线性高分子(a)和线性 – 树枝形高分子(b)的示意图

8.5.2　化学组成和交联化学

粘合剂的种类不同,可以得到不同性能和设计目标的聚合物——交联(热固性聚合物)或者热塑性弹性体。

可逆失活自由基聚合(RDRP)[142]研究的发展,例如原子转移自由基聚合(AT-RP)[143]、硝基氧介导自由基聚合(NMP)[144]和可逆加成断裂链转移自由基聚合(RAFT)[145],为新型嵌段共聚物的合成提供了条件。这些新的聚合方法,使得用新的聚合物组成(图 8.15)合成新型热塑性弹性体粘合剂成为可能。比如,使用遥爪结构的异氰酸酯嵌段与具有合适结构的聚合物链段聚合。另一种可能的方式是通过 RDRP 合成出遥爪型嵌段结构,然后通过加入第二单体合成出第二个嵌段结构。

路径A: 通过RDRP并使用预先制备的遥爪大分子单体制备三嵌段共聚物

路径B: 通过RDRP从双官能团引发剂制备三嵌段共聚物

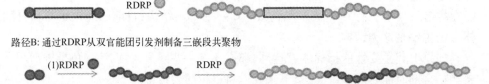

图 8.15　新的嵌段共聚物和新的聚合物结构可以通过可控自由基聚合(RDRP)获得

RDRP 的发展使得采用大量不同的乙烯基单体进行共聚成为可能,而过去很难把它们聚合到嵌段共聚物中。

传统上,推进剂体系的主体部分依赖于热固性的粘合剂,因为粘合剂通常会在推进剂的制造过程中或之后引发化学交联反应。典型的情况是,线性的、遥爪的、柔性的聚合物和与之能发生反应的物质(比如说双官能度或多官能度的异氰酸酯)发生化学交联。另外,粘合剂的结构可以作为提高交联效率的工具;如果粘合剂中的一种组分是支化的,交联会更高效。但是,这也要求过量的官能团不与氧化剂反应。同时,聚合物体系必须要满足一些其他的前提条件:①交联反应时不能形成缩合副产物,因为这些物质存在于固体推进剂中最终会与氧化剂反应,从而会明显影响推进剂的储存稳定性和安全性;②交联反应本身可能会使粘合剂固化时产生收缩和极性变化,导致固体氧化剂表面不易浸润,从而使推进剂内部产生空隙,降低储存稳定性和安全性。

固化反应需要一定的温度,所以在交联时往往通过升高温度来引发交联反应。目前,一些光化学诱导的反应可能会引起绿色推进剂粘合剂研究者们的兴趣。含有双键或巯基的化合物在紫外光照射下能够发生交联反应,在一些具体的情况下甚至不需要光引发剂,这对推进剂体系是有利的。当然,对于紫外光固化体系的挑战则是辐照物的光学透过率必须足够高。在涂料工业中通常是使用光学固化的。

另一种令人感兴趣的固化反应方式则是使用电子束固化。这种光并不特殊，但是它的能量很高，因此对固化样品的厚度不敏感。假定氧化剂对此很稳定，电子束固化可能是制备绿色推进剂的有效技术途径。光诱导固化还可使得制造过程中混合步骤和固化步骤分离开来。目前，在加热引发的交联体系中，会面临在混合过程中就发生交联反应的问题。

参 考 文 献

[1] Urbansky, E.T. (2002) Perchlorate as an environmental contaminant. *Environmental Science and Pollution Research*, **9** (3), 187–192.

[2] DoD Workshop Advanced Strategy for Environmentally Sustainable Energetics. Rockaway, NJ, USA (2009).

[3] Dawley, S.K. and Friedlander, M.P. (2012) End-burning propellant grain with area-enhanced burning surface for rockets and missiles. Patent No. WO2012047322A2.

[4] Vogelsanger, B., Schädeli, U. and Antenen D. (2007) ECL - A New Propellant Family With Improved Safety and Performance Properties, in Proceedings of the 38th International Annual Conference of ICT, Karlsruhe, Germany, pp. V15/1–V15/12.

[5] Vogelsanger, B., Schädeli, U. and Antenen, D. (2011) ECL - A new propellant technology has reached maturity, in Proceedings of the 42nd International Annual Conference of ICT, Karlsruhe, Germany, pp. 33/1–33/9.

[6] Hervé, A. (1993) Double-base propellants, in *Solid Rocket Propulsion Technology* (ed. A. Davenas), Pergamon Press, Oxford, pp. 369–413.

[7] Bottaro, J.C. (1991) Dinitramide salts and method of making same. Patent No. WO9119669.

[8] Bottaro, J.C., Penwell, P.E. and Schmitt, R.J. (1997) 1,1,3,3-Tetraoxy-1,2,3-triazapropene Anion, a new oxy anion of nitrogen: The dinitramide anion and its salts. *Journal of the American Chemical Society*, **119**, 9405–9410.

[9] Langlét, A., Wingborg, N. and Östmark, H. (1996) ADN: a new high performance oxidizer for solid propellants, in *Challenges in Propellants and Combustion 100 Years After Nobel (International Symposium on Special Topics in Chemical Propulsion, 4th, Stockholm, May 27–31, 1996)* (ed. K.K. Kuo), Begell House, New York, pp. 616–626.

[10] Chan, M.L., Turner, A., Merwin, L. *et al.* (1997) ADN propellant technology, in *Challenges in Propellants and Combustion 100 Years After Nobel (International Symposium on Special Topics in Chemical Propulsion, 4th, Stockholm, May 27–31, 1996)* (ed. K.K. Kuo), Begell House, New York, pp. 627–635.

[11] Östmark, H., Bemm, U., Langlét, A. *et al.* (2000) The properties of ammonium dinitramide (ADN): Part 1, basic properties and spectroscopic data. *Journal of Energetic Materials*, **18**, 123–128.

[12] Teipel, U., Heintz, T. and Krause, H.H. (2000) Crystallization of spherical ammonium dinitramide (ADN) particles propellant explosives pyrotechnics. *Propellants, Explosives, Pyrotechnics*, **25** (1), 81–85.

[13] Ramaswamy, A.L. (2000) Energetic-material combustion experiments on propellant formulations containing prilled ammonium dinitramide. *Combustion, Explosion and Shock Waves*, **36** (1), 119–124.

[14] Heintz, T. and Fuchs, A. (2010) Continuous production of spherical ammonium dinitramide particles (ADN-Prills) by microreaction technology, in Proceedings of the 41th International Annual Conference of ICT, pp. 100/1–100/11.

[15] Muscatelli, F., Renouard, J. and Bouchez, J.-M. (2010) Crystallization of ADN (ammonium dinitramide) by crystallization in protic viscous solvent. Patent No. WO 2010031962, A1.

[16] Eldsäter, C., deFlon, J., Holmgren, E. *et al.* (2009) ADN prills: production, characterization and formulation, in Proceedings of the 40th International Annual Conference of ICT, pp. 24/ 1–24/10.

[17] Heintz, T., Pontius, H., Aniol, J. *et al.* (2009) Ammonium dinitramide (ADN) - prilling, coating, and characterization. *Propellants, Explosives, Pyrotechnics*, **34** (3), 231–238.

[18] Heintz, T., Pontius, H., Aniol, J. *et al.* (2008) ADN - prilling, coating and characterization, in Proceedings of the 39th International Annual Conference of ICT, pp. V11/1–V11/14.

[19] Fuhr, I. and Reinhard, W. (2007) Crystallization of Ammonium Dinitramide - Part 1: Solvent Screening, in Proceedings of the 38th International Annual Conference of ICT, pp. 73/1–73/6.

[20] Benazet, S. and Jacob, G. (2006) Process for production of ammonium dinitroamide (ADN) crystals, the obtained ADN crystals and energetic composites containing them. Patent No. FR 2884244A1.

[21] Heintz, T., Leisinger, K. and Bohn, M. (2012) Advanced stabilization of ADN-prills by preparation of raw materials by means of fluidized bed technology, in Proceedings of the 43rd International Annual Conference of ICT, Karlsruhe, Germany, pp.

[22] Johansson, M., Flon, J.d., Petterson, A. *et al.* (2006) Spray prilling of ADN and testing of ADN-based solid propellants, in Proceedings of the 3rd Int. Conf. on Green Propellant for Space Propulsion and 9th Int. Hydrogen Peroxide Propulsion Conference, Poitiers, France, pp. ESA SP-635.

[23] Haury, V.E. (1972) Hydrazinium nitroformate propellant stabilized with nitroguanidine. Patent No. US 3658608, A.

[24] Flynn, J.P., Lane, G.A. and Plomer, J.J. (1975) Plasticized nitrocellulose propellant compositions containing hydrazinium nitroformate and aluminum hydride. Patent No. US 3862864, A.

[25] Brown, J.A. and Knapp, C.L. (1968) Stabilization of nitroform salts. Patent No. US3384675A.

[26] Bohn, M. (2005) Thermal stability of Hydrazinium Nitroformate (HNF) Assessed by Heat Generation Rate and Heat Generation and Mass Loss, in Proceedings of the International Symposium on the Heat Flow Calorimetry of Energetic Material Indiana, USA, pp.

[27] European Chemicals Agency ECHA (2011) Inclusion of substances of very high concern in the candidate list (Decision of the European Chemicals Agency). Vol. ED/31/2011.

[28] European Chemicals Agency ECHA (2011) Member state committee support document for identification of hydrazine as a substance of very high concern because of its CMR properties.

[29] Munroe, C.E. (1896) On the development of smokeless powder. *Journal of the American Chemical Society*, **18** (9), 819–846.

[30] Oommen, C.J. and R, S. (1999) Ammonium nitrate: a promising rocket propellant oxidizer. *Journal of Hazardous Materials*, **A67**, 253–281.

[31] Talley, S.K. (1961) Ammonium nitrate rocket-fuel compositions. Patent No. US 2984556.

[32] Bice, C.C. and Reynolds, W.B. (1961) Solid propellants. Patent No. US 2993769.

[33] van Zyl, G.J. (2011) Insensitive composite propellants based on a HTPE binder, in Proceedings of the 42nd International Annual Conference of the Fraunhofer ICT, Karlsruhe, Germany, pp. 48/1–48/9.

[34] Caro, R.I. and Bellerby, J.M. (2008) Preparation of hydroxy terminated polyether (HTPE) composite rocket propellants, in Proceedings of the 39th International Annual Conference of ICT, Karlsruhe, Germany, pp. 78/1–78/12.

[35] Bathelt, H. and Volk, F. (2004) Thermochemical database of ICT, 7.0; Fraunhofer Institut für Chemiche Technologie: Germany.

[36] Kon'kona, T.S., Matsyushin, Y.N., Miroshnichenko, E.A. and Vorob'ev, A.B. (2009) Thermochemical properties of dinitramidic salts. *Russian Chemical Bulletin, International Edition*, **58** (10), 2020–2027.

[37] Kjellström, A. (2003) 'The insensitive energetic material FOX-7', FOI-R–0916–SE.

[38] Latypov, N.V., Bergman, J., Langlét, A. *et al.* (1998) Synthesis and reactions of 1,1-Diamino-2,2-dinitroethylene. *Tetrahedron*, **54** (38), 11525–11536.

[39] Östmark, H. (2002) N-guanylurea-dinitramide: a new energetic material with low sensitivity for propellants and explosives applications. *Thermochimica Acta*, **384**, 253–259.

[40] Davenais, A. (1993) *Solid Rocket Propulsion Technology*, Pergamon Press., Oxford.

[41] Sanderson, A.J., Edwards, W.W., Cannizzo, L.F. and Wardle, R.B. (2000) Synthesis of thermoplastic polyoxirane-polyoxetane block copolymers as energetic binders for propellants and explosives. Patent No. WO 2000034209, A2.

[42] Provatas, A. (2000) 'Energetic polymers and plasticisers for explosive formulations - A review of recent advances', DSTO-TR-0966.

[43] Sutton, G.P. and Biblarz, O. (2001) *Rocket Propulsion Elements*, John Wiley & Sons, Inc., New York.

[44] Rama Rao, M., Scariah, K.J., Varghese, A. *et al.* (2000) Evaluation of criteria for blending hydroxy terminated polybutadiene (HTPB) polymers based on viscosity build-up and mechanical properties of gumstock. *European Polymer Journal*, **36**, 1645–1651.

[45] Wingborg, N. (2002) Increasing the tensile strength of HTPB with different isocyanates and chain extenders. *Polymer Testing*, **21**, 283–287.

[46] Andreasson, S., de Flon, J., Liljedahl, M. *et al.* (2010) 'Initial evaluation of ADN as an oxidizer in solid propellants for large space launcer boosters', FOI-R–2988–SE.

[47] de Flon, J., Andreasson, S., Liljedahl, M. *et al.* (2011) Solid Propellants based on ADN and HTPB, in Proceedings of the 47th AIAA/ASME/SAE/ASEE Joint Pro-pulsion Conference, San Diego, USA, pp. AIAA2011-6136.

[48] Heintz, T., Leisinger, K. and Pontius, H. (2006) Coating of spherical ADN particles, in Proceedings of the 37th International Annual Conference of ICT, Karlsruhe, Germany, pp. 150/1–150/12.

[49] Chakravarthy, S.R., Freeman, J.M., Price, E.W. and Sigman, R.K. (2004) Combustion of propellants with ammonium dinitramide. *Propellants, Explosives, Pyrotechnics*, **29** (4), 220–230.

[50] Cunliffe, A., Eldsäter, C., Marshall, E. *et al.* (2002) 'United Kingdom/Sweden Collaboration on ADN and PolyNIMMO/PolyGLYN Formulation Assessment', FOI-R–0420–SE.

[51] van der Heijden, A.E.D.M. and Leeuwenburgh, A.B. (2009) HNF/HTPB propellants: Influence of HNF particle size on ballistic properties. *Combustion and Flame*, **156**, 1359–1364.

[52] Pandey, M., Jha, S., Kumar, R. *et al.* (2012) The pressure effect study on the burning rate of ammonium nitrate-HTPB-based propellant with the influence catalysts. *Journal of Thermal Analysis and Calorimetry*, **107** (1), 135–140.

[53] Chen, Z.-e., Li, Z.-y., Yao, N. *et al.* (2010) Safety property of FOX-7 and HTPB propellants with FOX-7 (chinese, abstract in english). *Hanneng Cailiao*, **18** (3), 316–319.

[54] Florczak, B. (2008) A comparison of properties of aluminized composite propellants containing HMX and FOX-7. *Central European Journal of Energetic Materials*, **5** (3–4), 103–111.

[55] Tummers, M.J., van der Heijden, A.E.D.M. and van Veen, E.H. (2012) Selection of burning rate modifiers for hydrazinium nitroformate. *Combustion and Flame*, **159**, 882–886.

[56] Sinditskii, V., Egorshev, V., Tomasi, D. and DeLuca, L. (2008) Combustion mechanism of ammonium-nitrate-based propellants. *Journal of Propulsion and Power*, **24** (5), 1068–1078.

[57] Sinditskii, V.P., Levshenkov, A.I., Egorshev, V.Y. and Serushkin, V.V. (2003) Study on combustion and thermal decomposition of 1,1-diamino-2,2-dinitroethylene (FOX-7) International Pyrotechnics Seminar, Volume: 30th, 1, 299–311.

[58] Vörde, C., Roestlund, S., Sjöqvist, C. and Klaw, A. (2007) Development of a moisture insensitive gas generating composition, 38th International Annual Conference of ICT, 11/1–11/7.

[59] Törmälä, P. (1974) Determination of glass transition temperature of poly(ethylene glycol) by spin probe technique. *European Polymer Journal*, **10** (6), 519–521.

[60] Shirasaka, H., Inoue, S.-i., Asai, K. and Okamoto, H. (2000) Polyurethane urea elastomer having monodisperse Poly(oxytetramethylene) as a soft segment with a uniform hard segment. *Macromolecules*, **33**, 2776–2778.

[61] Menke, K. and Eisele, S. (2012) Gas generators and propellants based on guanylurea dinitramide with additional energetic components. Patent No. DE 102011100113, A1.

[62] Qu, Z., Zhai, J., Zhang, H. and Yang, R. (2010) XX (chinese, abstract in english). *Huozhayao Xuebao*, **33** (6), 61–64.

[63] Reed, R. (1989) Multifunctional polyalkylene oxide binders. Patent No. US 4799980, A.

[64] Reed, R. (2003) High-energy propellant with reduced hydrogen chloride pollution containing ammonium dinitramide oxidizer and energetic binders and plasticizers. Patent No. US 20030024617, A1.

[65] Bayer Material Science, Product information Desmophen C2200 http://www.bayermaterials-ciencenafta.com (2012-07-17).

[66] Cerri, S. and Bohn, M.A. (2011) Ageing behaviour of rocket propellant formulations with ADN as oxidiser, in Proceedings of the 14th Seminar 'New Trends in Research of Energetic Materials', Pardubice, Czech Republic, pp. 88–105.

[67] Lips, H., Helou, S., Kentgens, H. *et al.* (2012) Less Sensitive Smoke Reduced Rocket Propellants based on FOX 7, in Proceedings of the 43rd International Annual Conference of the Fraunhofer ICT, Karlsruhe, Germany, pp. 22/1–22/11.

[68] Korobeinichev, O.P., Paletsky, A.A., Tereschenko, A.G. and Volkov, E.N. (2003) Combustion of ammonium dinitramide/polycaprolactone propellants. *Journal of Propulsion and Power*, **19** (2), 203.

[69] Chan, M.L. and Turner, A. (2005) Minimum signature propellant. Patent No. US 6863751, B1.

[70] Fleming, W., McSpadden, H. and Olander, D. (2000) Phase stabilized ammonium nitrate propellants, in Proceedings of the 36th AIAA/ASME/SAE/ASEE Joint Propulsion Conference and Exhibit, Huntsville, AL, USA, pp. AIAA-2000-3179.

[71] Sandén, R. (2007) Composite gunpowder based on ammonium dinitramide and ethene-vinyl-acetate copolymer. Patent No. SE 529096, C2.

[72] Fujisato, K., Habu, H., Hori, K. *et al.* (2012) Combustion mechanism of ADN-based composite propellant, in Proceedings of the 43rd International Annual Conference of the Fraunhofer ICT, Karlsruhe, Germany, pp.

[73] Schönbein, C.F. (1846)

[74] Urbansky, E.T. (1965) *Chemistry and Technology of Explosives*, Pergamon Press, New York.

[75] Manning, T.G., Rozumov, E., Adam, C.P. *et al.* (2011) The system level approach final assessment of insensitive munitions (IM) response of deterred double base propellant through optimized ignition and venting, in Proceedings of the 42nd International Annual Conference of ICT, pp. 67/1–67/12.

[76] Pi, W.-f., Song, X.-d., Zhang, C. *et al.* (2011) Combustion performance of double-based propellant with a lead-free catalyst Gal-BiCu (chinese, abstract in english). *Hanneng Cailiao*, **19** (4), 405–409.

[77] Zhao, F., Gao, H., Xu, S. *et al.* (2010) Energy parameters and combustion characteristics of the insensitive and minimum smoke propellants containing 1,1-diamino-2,2-dinitroethylene (FOX-7) (Chinese, abstract in English). *Huozhayao Xuebao*, **33** (4), 1–4.

[78] Müller, D. and Langlotz, W. (2011) Double-base gun propellants containing nitrocellulose and cellulose acetate butyrate. Patent No. EP 2388244, A1.

[79] Bohn, M.A. and Mueller, D. (2006) Insensitivity aspects of NC bonded and DNDA plasticizer containing gun propellants, in Proceedings of the 37th International Annual Conference of ICT, Karlsruhe, Germany, pp. 47/1–47/11.

[80] Pontius, H., Aniol, J. and Bohn, M.A. (2004) Compatibility of ADN with components used in formulations, in Proceedings of the 35th International Annual Conference of ICT, Karlsruhe, Germany, pp. 169/1–169/19.

[81] Frankel, M.B., Witucki, E.F. and Woolery, E.O. (1983) Aqueous process for the quantitative conversion of polyepichlorohydrin to glycidyl azide polymer. Patent No. US 4379894, A.

[82] Earl, R.A. (1984) Use of polymeric ethylene oxides in the preparation of Glycidyl azide polymer. Patent No. US 4486351, A.

[83] Vandenberg, E.J. (1972) Polyethers containing azidomethyl side chains. Patent No. US 3645917, A.

[84] Frankel, M.B., Grant, L.R. and Flanagan, J.E. (1992) Historical development of glycidyl azide polymer. *Journal of Propulsion and Power*, **8**, 560–563.

[85] Finck, B. and Graindorge, H. (1996) New molecules for high energetic materials, in Proceedings of the 27th International Annual Conference of ICT, Karlsruhe, Germany, pp.

[86] Arisawa, H. and Brill, T.B. (1998) Thermal decomposition of energetic materials 71: Structure-decomposition and kinetics relationships in flash pyrolysis of glycidyl azide polymer (GAP). *Combustion and Flame*, **112**, 533–544.

[87] Materials, M.S. GAP-5527 Polyol - Product Information http://www.machichemicals.com/pdf/3M_GAP-5527.pdf (2012-07-05).

[88] Energetic Materials Center Cheetah 2.0, Lawrence Livermore National Laboratory.

[89] Menke, K., Heintz, T., Schweikert, W. *et al.* (2009) Formulation and properties of ADN/GAP propellants. *Propellants, Explosives, Pyrotechnics*, **34** (3), 218–230.

[90] Reed, R. and Chan, M.L. (1983) Propellant binders cure catalyst. Patent No. US 4379903.

[91] Bayer Material Science, Product information Desmodur N100 http://www.bayermaterialscien-cenafta.com (2012 -07-17).

[92] Kolb, H.C., Finn, M.G. and Sharpless, K.B. (2001) Click Chemistry: Diverse chemical function from a few good reactions. *Angewandte Chemie International Edition*, **40** (11), 2004–2021.

[93] Reed, R. (2000) Triazole crosslinked polymers. Patent No. US 6103029, A.

[94] Rahm, M., Malmström, E. and Eldsäter, C. (2011) Design of an Ammonium Dinitramide Compatible Polymer Matrix. *Journal of Applied Polymer Science*, **122**, 1–11.

[95] Min, B.S., Park, Y.C. and Yoo, J.C. (2012) A study on the triazole crosslinked polymeric binder based on glycidyl azide polymer and dipolarophile curing agents. *Propellants, Explosives, Pyrotechnics*, **37** (1), 59–68.

[96] Keicher, T., Kuglstatter, W., Eisele, S. *et al.* (2010) Isocyanate-free curing of glycidyl-azide-polymer (GAP), in Proceedings of the 41st International Annual Conference of ICT, pp. 12/1–12/10.

[97] Keicher, T., Kuglstatter, W., Eisele, S. *et al.* (2008) Isocyanate-free curing of glycidyl-azide-polymer (GAP) with bis-propargyl-succinate, in Proceedings of the 39th International Annual Conference of ICT, Karlsruhe, Germany, pp. 66/1–66/13.

[98] Pontius, H., Bohn, M.A. and Aniol, J. (2008) Stability and compatibility of a new curing agent for binders applicable with ADN evaluated by heat generation rate measurements, in Proceedings of the 39th International Annual Conference of ICT Karlsruhe, Germany, pp. 129/1–129/34.

[99] Manzara, A.P. (1997) Azido polymers having improved burn rate. Patent No. US 5681904,A.

[100] Nguyen, C., Morin, F., Hiernard, F. and Guengant, Y. (2010) High Performance Aluminized GAP-based Propellants – IM Results, in Proceedings of the 2010 Insensitive Munitions & Energetic Materials Technology Symposium, Munich, Germany, pp.

[101] (1971) Solid propellant selection and characterization. NASA Space Vehicle Design Criteria (Chemical Propulsion), National Aeronautics and Space Administration (NASA): Vol. SP-8064.

[102] Bivin, R.L., Johnson, J.T., Markovitch, I.L. and Mehrotra, A.K. (1992) Development of a class 1.3 minimum smoke propellant, in Proceedings of the 28th AIAA/ASME/SAE/ASEE Joint Propulsion Conference and Exhibit, Nashville, TN, USA, pp. AIAA-1992-3724.

[103] Wingborg, N., Andreasson, S., de Flon, J. et al. (2010) Development of ADN-based Minimum Smoke Propellants, in Proceedings of the 46th AIAA/ASME/SAE/ASEE Joint Propulsion Conference Exhibit, Nashville, TN, USA, pp. AIAA2010-6586.

[104] de Flon, J., Johansson, M., Liljedahl, M. et al. (2012) Overview of ADN propellants development, in Proceedings of the Space Propulsion 2012, Bordeaux, France, pp. SP2394088.

[105] Oyumi, K.E. (1996) Insensitive munitious and combustion characteristics of GAP/AN composition propellant. Propellant Explosives Pyrotechnics, 121 (5), 271–276.

[106] Schöyer, H.F.R., Korting, P.A.O.G., Veltmans, W.H.M. et al. (2000) An overview of the development of HNF and HNF-based propellants, in Proceedings of the 36th AIAA/ASME/SAE/ASEE Joint Propulsion Conference and Exhibit, Huntsville, AL, USA, pp. AIAA-2000-3184.

[107] Manser, G.E. (1984) Energetic copolymers and method of making same. Patent No. US 4483978, A.

[108] Manser, G.E. (1987) Nitramine oxetanes and polyethers formed therefrom. Patent No. US 4707540, A.

[109] Diaz, E., Brousseau, P., Ampleman, G. and Prud'homme, R.E. (2003) Heats of combustion and formation of new energetic thermoplastic elastomers based on GAP, polyNIMMO and polyG-LYN. Propellant Explosives Pyrotechnics, 28 (3), 101–106.

[110] Powell, I. (2005) Reduced Vulnerability Minimum Smoke Propellants For Tactical Rocket Motors, in Proceedings of the 41st AIAA/ASME/SAE/ASEE Joint Propulsion Conference and Exhibit, Tucson, Arizona, USA, pp. AIAA-2005-3615.

[111] Provatas, A. (2001) 'Characterisation and Polymerisation Studies of Energetic Binders', DSTO-TR-1171.

[112] Leeming, W.B.H., Marshall, E., Bull, H. and Rodgers, M.J. (1996) An investigation into polyGLYN cure stability, in Proceedings of the 27th International Annual Conference of ICT, Karlsruhe, Germany, pp. 99/1–99/5.

[113] Bunyan, P.F., Clements, B.W., Cunliffe, A.V. et al. (1997) Stability studies on end-modified polyGLYN, in Proceedings of the Insensitive Munitions and Energetic Materials Technology Symposium, Tampa, Florida, USA, pp. 1–6.

[114] Cumming, A.S. (1995) Characteristics of novel United Kingdom energetic materials, in Proceedings of the International Symposium in Energetic Materials Technology, Phoenix, USA, pp. 69–74.

[115] Flower, P. and Garaty, B. (1994) Characterisation of PolyNIMMO and Polyglycidyl Nitrate Energetic Binders, in Proceedings of the 25th International Annual Conference of ICT, Karlsruhe, Germany, pp. 70/71-78.

[116] Shang, D.-q. and Huang, H.-y. (2010) Combustion properties of PGN/ADN propellants (chinese, abstract in english). Hanneng Cailiao, 18 (4), 372–376.

[117] Willer, R.L. and McGrath, D.K. (1997) Clean space motor/gas generator solid propellants. Patent No. US 5591936.

[118] Manser, G.E. (1983) Cationic polymerization. Patent No. US 4393199, A.

[119] Oyumi, Y., Inokami, K., Yamazaki, K. and Matsumoto, K. (1994) Burning rate augmentation of BAMO based propellants. Propellant Explosives Pyrotechnics, 19 (4), 180.

[120] Kimura, E. and Oyumi, Y. (1996) Insensitive munitions and combustion characteristics of BAMO/NMMO propellants. Journal of Energetic Materials, 14 (3–4), 201–215.

[121] Colclough, M.E., Desai, H., Millar, R.W. et al. (1993) Energetic polymers as binders in composite propellants and explosives. Polymers for Advanced Technologies, 5, 554–560.

[122] Wardle, R.B. (1989) Method of producing thermoplastic elastomers having alternate crystalline structure for use as binders in high-energy compositions. Patent No. US 4806613, A.

[123] Menke, K., Kempa, P.B., Keicher, T. *et al.* (2007) High energetic composite propellants based on AP and GAP/BAMO copolymers, in Proceedings of the 38th International Annual Conference of ICT, Karlsruhe, Germany, pp. 82/1–82/10.

[124] Kawamoto, A.M., Barbieri, U., Polacco, G. *et al.* (2007) Synthesis and characterization of glycidyl azide-r-(3,3-bis(azidomethyl)oxetane) copolymers, in Proceedings of the 38th International Annual Conference of ICT, Karlsruhe, Germany, pp. 71/1–71/11.

[125] Arber, A., Bagg, G., Colclough, E. *et al.* (1990) Novel Energetic Polymers Prepared Using Dinitrogen Pentoxide Chemistry, in Proceedings of the 21st International Annual Conference of ICT, Karlsruhe, Germany, pp. 3/1–3/11.

[126] Licht, H.-H. and Ritter, W.B. (1996) NENA-sprengstoffe, 28th International Annual Conference of ICT, 28/21-29.

[127] Mäder, P. (1997) Polymere Binder für Zukünftige Treibmittel, in Proceedings of the 28th International Annual Conference of ICT, Karlsruhe, Germany, pp. 49/41-47.

[128] Bunyan, P., Cunliffe, A. and Honey, P. (1998) Plasticizers for New Energetic Binders, in Proceedings of the 29th International Annual Conference of ICT, Karlsruhe, Germany, pp. 86/1-14.

[129] Drees, D., Löffel, D., Messmer, A. and Schmid, K. (1999) Synthesis and characterization of azido plasticizer. *Propellant Explosives Pyrotechnics*, **24**, 159–162.

[130] Ou, Y., Chen, B., Yan, H. *et al.* (1995) Development of energetic additives for propellants in china. *Journal of Propulsion and Power*, **4**, 838–847.

[131] Rindone, R.R., Huang, D.-S. and Hamel, E.E. (1996) Energetic azide plasticizer. Patent No. US 5532390, A.

[132] Hamel, E.E. (1982) Research in Polynitroaliphatics for Use in Solid Propellants, in Proceedings of the Internationale Jahrestagung ICT, Karlsruhe, Germany, pp. 69–84.

[133] Flanagan, J.E. and Wilson, E.R. (1990) Glycidyl azide polymer diacetate. Patent No. US 4970326, A.

[134] Flanagan, J.E. and Wilson, E.R. (1990) Glycidyl azide polymer esters. Patent No. EP 0403727, A2.

[135] Ampleman, G. (1992) Synthesis of a diazido terminated energetic plasticizer. Patent No. US 5124463, A.

[136] Ampleman, G. (1993) Glycidyl azide polymer. Patent No. US 5256804, A.

[137] Desai, H., Cunliffe, A.V., Honey, P.J. and Stewart, M.J. (1994) Synthesis and characterisation of a,w-nitrato telechelic oligomers of 3,3-(nitratomethyl)-methyl oxetane (NIMMO) and glycidyl nitrate (GLYN), in Proceedings of the International Symposium on Energetic Materials Technology, pp. 272–301.

[138] Desai, H., Cunliffe, A.V., Hamid, J. *et al.* (1996) Synthesis and characterisation of a,w-nitrato telechelic oligomers of 3,3-(nitratomethyl)-methyl oxetane (NIMMO) and glycidyl nitrate (GLYN). *Polymer*, **37**, 3461–3469.

[139] Cliff, M.D. and Cunliffe, A.V. (1999) Plasticised polyGLYN binders for composite energetic materials, in Proceedings of the 29th International Annual Conference of ICT, Karlsruhe, Germany, pp. 85/1-14.

[140] Hussain, F., Hojjati, M., Okamota, M. and Gorga, R.E. (2006) Review article: Polymer-matrix nanocomposites, processing, manufacturing and application: An overview. *Journal of Composite Materials*, **40** (17), 1511–1575.

[141] Tonhauser, C., Wilms, D., Korth, Y. *et al.* (2010) Entanglement transition in hyperbranched polyether-polyols. *Macromolecular Rapid Communications*, **31**, 2127–2132.

[142] Jenkins, A.D., Jones, R.G. and Moad, G. (2010) Terminology for reversible-deactivation radical polymerization previously called "controlled" radical or "living" radical polymerization (IUPAC Recommendations 2010). *Pure and Applied Chemistry*, **82** (2), 483–491.

[143] Matyjaszewski, K. and Tsarevsky, N.V. (2009) Nanostructured functional materials prepared by atom transfer radical polymerization. *Nature Chemistry*, **1**, 276–288.

[144] Hawker, C.J., Bosman, A.W. and Harth, E. (2001) New polymer synthesis by nitroxide mediated living radical polymerizations. *Chemical Reviews*, **101**, 3661–3688.

[145] Moad, G., Rizzardo, E. and Thang, S.H. (2008) Radical addition-fragmentation chemistry in polymer synthesis. *Polymer*, **49**, 1079–1131.

第 9 章

含能材料环境可持续制造技术的研究进展

David E. Chavez

(WX 部门,美国洛斯阿拉莫斯国家实验室)

9.1 概述

目前,开发新型可用的含能材料变得越来越困难,这在很大程度上是受到了赋予这类材料的许多因素的制约。除了追求更高的能量、更好的安全性,还要求材料及其工艺不能对环境有害。由于含能材料是在开放的环境中测试和使用的,所以材料本身、残留物及其分解产物均暴露于自然环境中。有些材料,例如高氯酸盐或RDX,还会进入供水系统并持续存在。在某些弹药中所使用的铅底火(含铅点火药)也会造成环境中铅的聚集和污染,尤其是在军用或者民用的射击场这类地方。

在含能材料的生产工艺领域,环境友好的生产工艺能够有效地减少生产废物的排放。特别是当含能材料的生产规模极其庞大时,这一点显得尤为重要。因此,能够开发出环境友好的生产工艺生产现有的含能材料,或发展新型替代材料,可有效地减少在含能材料生产过程中产生的危险废物。

合成含能材料很少单独使用,往往需要复合到各种配方中,例如推进剂,烟火剂或塑料粘结炸药的配方。这些材料在使用时都需要经过某种形式的处理,在处理过程中都有可能会使用有机溶剂。研究在配制阶段能够减少有机溶剂用量的工艺,也将有助于降低生产含能材料时产生的废弃物量。

在追求含能材料可持续发展制造工艺的目标时,也必须要考虑每个步骤中使用的前驱体化合物。即使前驱体化合物易得、价格低廉,但它是通过一个危险的过程生产的,或者在生产过程中会产生危险的废弃物,那么任何以此化合物来生产含能材料的方法似乎也不是一个可持续发展的长远之计。因此,前驱体化合物的可持续生产也是含能材料可持续发展技术的一个重要方面。前驱体化合物最好是来源于可再生资源,尽量减少有机溶剂的使用、无废物产生或至少是无有害废弃物产生。

在美国,战略环境研究发展计划(SERDP)[1]和环境安全技术认证计划(ES-TCP)[1]都提供资金致力于开发新的环境可持续的含能材料技术。而且,这个概念目前变得越来越重要,世界各国的科研人员都在努力促进含能材料可持续生产工艺的发展。

本章将详细介绍几种不同的可持续发展的制造技术,以及这些技术在炸药、推进剂、烟火剂及其前驱体化学品的应用情况。此外,本章还对几个可持续发展的含能材料配方技术进行了讨论。然而,对一些化学工艺设备和技术,例如连续生产工艺和微反应器技术,尽管它们也是含能材料可持续发展制造工艺的重要内容,但本章没有对它们进行详细介绍。

9.2 炸药

9.2.1 炸药的可持续生产

1981 年, Solodyuk 首次报道了 3,3' – 二氨基 – 4,4' – 氧化偶氮呋咱(DAAF)[2]。虽然在最初的文献中没有把 DAAF 作为含能材料来描述,但是随后 Hiskey 及其同事证实了 DAAF 为含能材料[3,4]。DAAF 具有非常独特的安全性能,尽管其在室温条件下的密度仅为 1.75g/cm³(表 9.1 和表 9.2),但仍然表现出很多优异的性能。该材料对撞击、火花和摩擦不敏感,但它与 HMX 类似,对冲击敏感。与传统的含能材料相比,具有这种安全和能量性能的炸药材料是个特例。因此,研究人员希望对这种分子进行深入的研究,以制备出更多类似的含能材料。

表 9.1 DAAF 的爆炸性能

DAAF 的爆炸性能
$D_v = 7.93$km/s at $\rho = 1.685$
$P_{ej} = 306$kbar at $\rho = 1.685$
临界直径 < 3mm
$\Delta H_f = 106$kcal/mol 爆轰距离与 HMX 相近
密度 $= 1.747$g/cm³

表 9.2 DAAF 通过小规模测试得到的感度

感度数据
DSC 起始@220℃(Peak exotherm@200℃)放热峰
落锤冲击感度 $\geqslant 78$J(PETN $= 3.7$J)
摩擦感度 $\geqslant 360$N(PETN $= 80$N)
静电火花感度 $= 0.0625$J(PETN $= 0.0625$J)

最初报道的制备方法是使用 96% 的硫酸和 30% 的过氧化氢氧化 3,4 - 二氨基呋咱(DAF,1)制备 DAAF(2)[反应式(9.1)]。虽然这个过程可以按比例放大,但是所产生的废物也带来了两方面的危害:①废弃物具有强酸性和强氧化性;②所产生的废弃物不能放在密封容器中,因为剩余的过氧化氢会继续分解放出分子氧并随着时间的推移积聚压力。除了废弃物的问题,用这种方法生产的材料含有少量的杂质时会降低 DAAF 的热稳定性和热安全性。这些杂质包括 3 - 氨基 - 4 - 硝基呋咱、3 - 氨基 - 4 - 硝基呋咱及其二聚体以及其他不明杂质。这些杂质可能会混在分离的产品中,这就需要后续的纯化步骤,从而产生大量的有机溶剂废液。

2010 年,有文献中报道了一种新的合成 DAAF 方法[5]。过硫酸氢钾是一种在游泳池中常用的消毒剂,Francois 等用它作为 DAF 的氧化剂。过硫酸氢钾是 K_2SO_4、$KHSO_4$ 和 2 当量 $KHSO_5$ 的混合物。在水中溶解时,过硫酸氢钾溶液的 pH 值呈较强的酸性,但溶液在一定程度上可以缓冲至略高于中性条件并维持其氧化能力。在没有使用缓冲液的条件下,结果与 Solodyuk 方法的结果非常相似,但是,当过硫酸氢钾溶液向上缓冲至 pH = 7 时,结果得到了显著改善[反应式(9.2)]。而且,分离得到的产物具有很好的收率(> 80%),并且纯度很高,因此最终产品的热稳定性得到了较大的改善(图 9.1)。此外,这种方法得到的材料,其粒径不需要进一步的改变就可以进行后续的性能测试和表征。

反应式(9.1)DAAF(2)的最初合成方法

反应式(9.2)过硫酸氢钾在 pH = 7 时氧化 DAF 的过程

该方法的另一个优点是其废弃物不再具有危险性。当产物分离后,滤液基本上是含硫酸盐的中性水溶液。总的来说,该方法以水作为溶剂,反应条件温和,采用商业上大规模生产和使用的氧化剂。

研究人员也对使用过硫酸氢钾大规模生产 DAAF 的方法进行了研究[6]。在最初的批量生产中,出现了一些工艺上的问题,需要进一步的改善。这些问题包括使用过硫酸氢钾和碳酸氢钠中和时会产生泡沫,热流不易管理,消耗大量的水,产品的粒径难以控制等。相对于间接法批量生产工艺,连续法生产工艺具有如下优

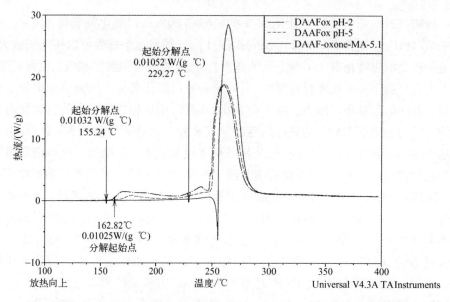

图 9.1 由过硫酸氢钾分别在 pH = 2,5,7 时生产的 DAAF 的热稳定性

点:减少了工艺操作人员,消除了在间断工艺中观察到的 pH 值的变化,热流管理更容易,粒径分布控制更严格,并降低了生产成本。为了开发连续法合成 DAAF,必须对反应器进行设计。这方面的工作包括开发混合模型和动力学模型。

开发这些模型的工具有 Visimix 和 Dynochem 软件[7,8],以及利用反应量热法确定该工艺中的热流。Visimix 软件在早期开发阶段用于识别和解决不同的问题。使用该软件解决的主要问题是确定 pH 探针的位置和设计叶轮。Dynochem 是一种软件,采用了可视化的工具,可模拟某些特定的反应动力学问题。该工具还可用于开发 DAAF 的连续生产方法。总体而言,这些工具有助于创造更加高效、安全和生态友好的工艺来规模化生产化工产品。

在 DAAF 合成过程中还研究了一些改进措施,包括以水为溶剂配成溶液,用碳酸钠取代碳酸氢钠作为碱。通过对连续过程的优化,发泡明显减少,且单位体积的溶剂可以生产更多的产品。另外,更好地控制 pH 值也可以增加产量和减少变化波动。总的来说,相比原来的间断法生产过程,连续法生产工艺能够使总的生产时间降低到原来的 1/4。

过硫酸氢钾的另一个有趣的性质是其在氧化方面具有多功能性。例如,在有氯离子存在时,过硫酸氢钾能够原位氧化成为可进一步氧化的底物[9]。过硫酸氢钾的这一特性可以应用在氧化 DAF 生成 3,3′二氨 – 4,4′偶氮呋咱(DAAzF,3)的反应中。

Solodyuk[2] 和 Hiskey[3,4] 也在文献中报道了 DAAzF。它作为一种具有优异热稳定性(在 315℃分解)的炸药,性能优于六硝基芪(HNS)(DAAzF 的爆速为

7.42km/s,爆压为 26.2 GPa;HNS 的爆速为 6.8 km/s,爆压为 200GPa)。这种材料也对撞击、火花和摩擦不敏感,但其临界直径小[3,4]。然而,合成 DAAzF 的效率较低,或者需要多个纯化步骤。

在氯化钠存在的条件下,采用过硫酸氢钾作为氧化剂,DAF 可有效地氧化成 DAAzF,如反应式(9.3)所示。且产品的纯度高,对其粒度也不需要做进一步的处理(ChavezDE,未发表的结果)。

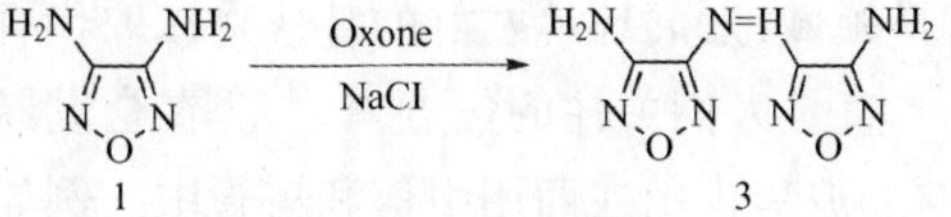

反应式(9.3)NaCl 存在时用硫酸氢钾制备 3

生产环境友好炸药的一个有趣方向是发展有"自修复"性质的含能材料。无论是训练还是作战情况下,都有可能出现未爆弹药(UXO)的问题。未爆弹药中的含能材料不仅存在安全隐患,而且还可能危害环境。这类含能材料的代表之一是 RDX。一般认为,RDX 能够进入水体系,如河流或地下蓄水层。其天然生物降解速度非常缓慢,但它具有较高的土壤迁移性。对于 RDX,饮用水中的 EPA 限量是 2mg/L(ppb)。

2009 年有一篇论文介绍了关于"自修复"弹药用炸药的研究[10]。该工作的目的是制备暴露于环境时能够发生降解,而在控制条件下储存时又能保持稳定的含能材料。设计满足这些要求的分子的关键是这些材料在使用时足够稳定,但当其暴露在环境中时能在一定时间内发生降解。

这篇论文中的材料包括四硝基甘脲(TNGU,4)和六硝基六氮杂三环十二烷二酮(HHTDD,5)(图9.2)。这些材料都在文献中已有报道。它们的水解活性远远高于简单的硝胺,如 HMX 和 RDX。

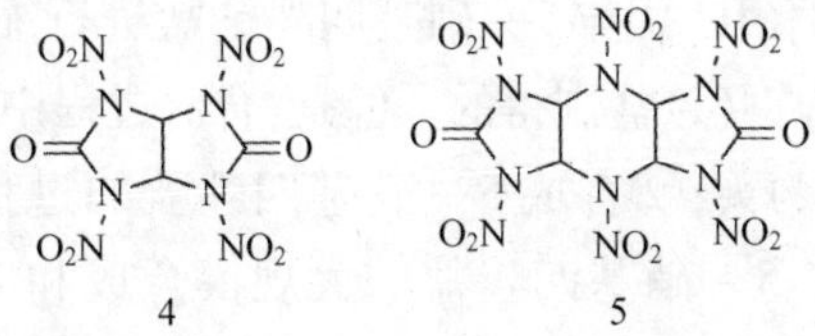

图 9.2　TNGU 和 HHTDD 的化学结构

将 TNGU 和 HHTDD 分别放置在各种不同的环境中进行了实验,包括潮湿空气(相对湿度为 85%)和干燥空气(相对湿度为 28%),以及湿润和干燥土壤。在干燥空气和干燥土壤中,TNGU 和 HHTDD 的降解相当缓慢。在干燥空气中,TNGU 降解到原来一半浓度(t_{50})所需的时间为 240 天,而 HHTDD 的 t_{50} 为 217 天。在干燥土壤中,TNGU 需要消耗更长的时间来降解(t_{50} 为 294 天),而 HHTDD 在干燥土壤中降解稍快($t_{50} = 202$ 天)。

潮湿空气和土壤中,TNGU 和 HHTDD 的降解都更迅速。在潮湿空气条件下,TNGU 的 t_{50} 为 3.67 天,而 HHTDD 的 t_{50} 为 0.95 天。在湿润土壤条件下,它们的降解速度则更快(TNGU 的 $t_{50} = 1.73$h,HHTDD 的 $t_{50} = 0.384$h)。

9.2.2 用于起爆药的环境友好型材料

近年来在含能材料领域,发展环境友好的替代物以取代叠氮化铅、三硝基间苯二酚铅和雷汞的研究一直是人们关注的焦点[11-14]。在全世界范围内,因为其对环境有危害,雷酸汞基本上被禁止用在商用引信和雷管中。例如,汞及其衍生物对许多生物系统都具有负面作用,特别是对温血动物有毒。汞盐在水中具有形成有机汞化物的倾向,会产生重大的环境和健康问题。由于工业和军事上的应用需求,在底火和雷管中需要使用斯蒂芬酸铅和叠氮化铅,使得每年进入到环境中的铅的数量大幅增加。铅及其化合物会对环境构成巨大危害。儿童和青年人容易受到铅的影响,可能会导致智力发育不正常。铅会对人体的血液、骨骼及人体内含硫的酶有不利的影响。

用 5-硝基四唑铜(I)盐(6)(DBX-1)(图 9.3)替换雷管中的叠氮化铅引起了研究人员的特别兴趣。该材料由太平洋科学公司研制,并称可以替代叠氮化铅[12]。

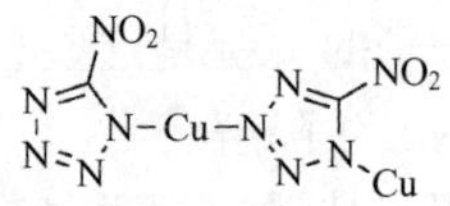

6

图 9.3 DBX-1(6)的结构

DBX-1 是首先由铜(II)盐与 5-硝基四唑钠盐进行缩合反应,然后使用抗坏血酸原位将铜(II)还原为铜(I)盐制得的。但是,合成过程中存在一些不足:①5-硝基四唑盐不能从市场上购买;②合成 5-硝基四唑盐的过程涉及一种危险的中间体需要分离,从而限制了 5-硝基四唑盐的大规模合成和应用。除此之外,5-硝基四唑盐的合成过程中会产生未知杂质。这些杂质会干扰 DBX-1 的生产,使合成过程变得更加复杂。

最近,Nalas 工程公司、太平洋科学公司与德国的 Klapöetke 研究组合作,开发出了一种新的 5-硝基四唑钠盐的制备方法(8)[15]。研究人员首先确定了 NaNT 合成过程中的一种主要杂质 5-氨基四唑(7),这种杂质会对 DBX-1 合成过程的可重复性产生不利影响。研究人员使用强碱(氢氧化钠)对混合物进行原位处理,避免了危险的 5-硝基四唑 Cu(II)盐/5-硝基四唑所形成配合物的分离操作,得到了含 NaNT 的水溶液,然后将水蒸发掉,并用丙酮对其进行萃取,得到 NaNT 的产率为 80%[反应式(9.4)]。通过这种方法和最初合成方法生产的 DBX－1 的产率大致相当。总之,新的工艺应该可以满足更大规模制造 DBX－1 和 NaNT 的需求,这为将来在替代叠氮化铅的应用方面奠定了基础。

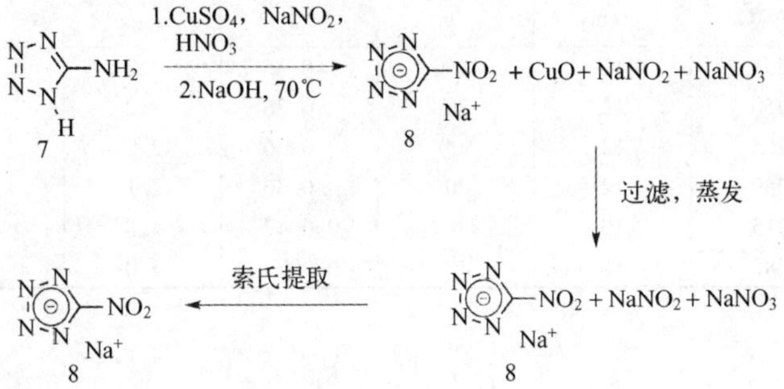

反应式(9.4)改进的合成 NaNT 的工艺

随着 NaNT 合成方法的改进,其他依赖于 NaNT 的材料也可以作为发展无铅起爆药的候选材料。2006 年,Huynh 及其同事就报道了这样的技术[13]。他们所开发的材料包括含 5－硝基四唑离子作为配体的铜(Ⅱ)和铁(Ⅱ)盐,还研究了相应的铵盐和钠盐[反应式(9.5)]。研究人员分离出了 5－硝基四唑的铜(Ⅱ)和铁(Ⅱ)盐的二水合物。目前文献中尚未报道这些复合物的晶体结构。这些材料的密度都是通过气体比重计测定的。

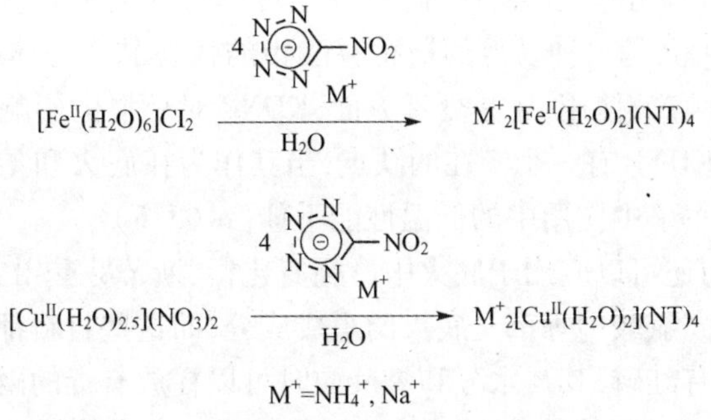

反应式(9.5)合成 5－硝基四唑的铜(Ⅱ)和铁(Ⅱ)盐

5－硝基四唑的铵盐和钠盐具有相似的热稳定性和冲击感度,但在摩擦感度方面却有明显的不同。钠盐表现出与斯蒂芬酸铅(LS)相似的摩擦感度。所研究的盐对火花均不敏感,而叠氮化铅(LA)和斯蒂芬酸铅(LS)对火花相当敏感。表征数据列于表 9.3。

Fronabarger 及同事还开发了针对斯蒂芬酸铅的无铅替代物[16]。该化合物是 5,7－二硝基苯[2,1,3]－苯并噁二唑－4－酚盐－3－氧化物(KDNP)的钾盐

（图9.4）。斯蒂芬酸铅具有多种应用,包括作为雷管桥丝、针刺雷管和起爆管等。斯蒂芬酸铅的使用和生产都会导致环境中铅的污染。

表9.3　5－硝基四唑的铜(Ⅱ)和铁(Ⅱ)盐的表征数据

爆炸物	DSC放热峰/℃	冲击感度/cm	摩擦感度/g	火花感度/J	密度/(g/cm³)	V_D/(km/s)
NH₄Fe(5NT)	255	12	2800	>0.36	2.2	7.7
NaFe(5NT)	250	12	20	>0.36	2.2	N/A
NH₄Cu(5NT)	265	12	500	>0.36	2.0	7.4
NaCu(5NT)	259	12	40	>0.36	2.1	N/A
LA	315	10	6	0.0047	4.8	5.5
LS	282	14	40	0.0002	3.0	5.2

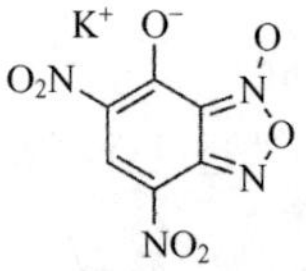

图9.4　KDNP的结构

KDNP具有良好的热稳定性(差示扫描量热法放热峰位于558K)。它是利用3－溴茴香醚直接硝化然后与叠氮化钾在加热条件下制备的。它的晶体密度为1.945g/cm³。研究人员已经对KDNP进行了各种不同的测试表征,包括强约束测试、热丝点火测试、密闭爆发器测试等,并且也对作为点火药的组分开展了应用研究。结果表明,KDNP是一种易得的斯蒂芬酸铅的代替品。总体而言,KDNP不含铅,并且无论是在生产、使用,还是处理方面,KDNP对环境的影响都要比斯蒂芬酸铅小。可惜的是,KDNP有一个潜在的缺点,当其作为在底火和雷管中的铅基初级炸药的替代品,在军事中应用中的低温性能不佳(－65°F)。

铅基初级炸药还可以应用于底火中。叠氮化铅、斯蒂芬酸铅、三硝基间苯二酚铅、硫氰酸雷汞和高氯酸钾等都是底火的组成成分,而这些材料都对环境有害。此外,一些配方中含有红磷,其与水分和氧反应时可以释放有毒的磷化氢气体。为了消除这些有害物质,可能的方法之一是使用亚稳态分子间复合材料(MIC)。MIC基本上是铝热剂材料,其包括燃料(例如,铝)与氧化剂(如三氧化钼)。但在底火中应用时,MIC材料的缺点是它们产生不了足够的气体,不能使中等口径弹药达到应有的性能,尤其是在寒冷的条件下[17]。当使用MIC材料时,需要考虑的另一个重要问题是它们的组成成分都是纳米尺寸的化合物颗粒,这些材料的环境与职业卫生风险尚未阐述清楚。

已有文献报道了MIC在底火应用方面的开创性工作[18,19]。在2012年,也有专利报道了含有MIC的电底火技术[20]。简而言之,这个技术是以季戊四醇四硝酸酯(PETN)和 MIC 为主要成分,以阿拉伯胶作为粘合剂复合而成。同时,还有一层由二磷酸铵(0.5wt%)组成的抗氧化剂涂层。这种抗氧化剂涂层最初是由 Pusynski 和 Swiatkiewicz 研制的,他们将其涂覆在纳米 Al 上,目的是能在以水为介质的条件下制备 MIC[21]。如果没有涂层,纳米铝会与水剧烈反应;如果使用有机溶剂的话,制备过程又太不环保。此外,现在的铅基底火工艺都是在水中进行的,所以替代技术也最好是水基工艺。

9.2.3　合成炸药的前驱体

含能材料用前驱体化合物的生产是含能材料可持续发展制造工艺的关键所在。如果不能用可持续的方式制备含能材料用前驱体化合物,含能材料的环境友好型工艺将是一句空话。将来不仅在含能材料领域,而且在一般的化工行业中,采用可再生资源的前驱体化合物并通过可持续方法制造化学前驱体将变得愈来愈重要。

9.2.3.1　过硫酸氢钾的使用

过硫酸氢钾可用于含能材料前驱体芳香族衍生物的氯化反应。如上所述,在氯离子存在的条件下,过硫酸氢钾是一种产生氯原子的非常有效的氧化剂。这个方法已在一些文献中进行了描述[9]。用过硫酸氢钾和氯离子对苯胺进行氯化,在文献中并没有报道。苯胺(10)氯化成 2,4,6 - 三氯苯胺(11)是合成 1,3,5 - 三氯苯的关键步骤,而 1,3,5 - 三氯苯是合成 1,3,5 - 三氨基 - 2,4,6 - 三硝基苯的前驱体(TATB,12)。

在氯离子存在的条件下,过硫酸氢钾能将苯胺(10)氯化成 2,4,6 - 三氯苯胺[反应式(9.6)](Chaves D E,未发表的研究结果)。该反应在乙腈中进行,也可以使用其他溶剂,例如甲醇。虽然该反应不能在水中进行,但该方法仍对 2,4,6 - 三氯苯胺的合成有潜在用途。这种氯化方法整体上具有环境可持续的优点,因为其用于氯化反应的氯源是一种无毒的盐酸盐。虽然只需用氯气即可有效地完成相同的反应,但是氯气的极高反应性和极强的毒性限制了这个反应的实用价值。

反应式(9.6)使用过硫酸氢钾和 NaCl 对苯胺进行氯化反应

2004 年,Frost 及其同事报道了将葡萄糖(13)转化为间苯三酚(14)[22]的生物合成方法,间苯三酚是 1,3,5 - 三氨基 - 2,4,6 - 三硝基苯(TATB)的前驱体。间苯三酚是存在于自然环境中,是一类天然替代物[23]。Frost 发现荧光假单胞菌Pf–5/pME6031 在培养物上清液中产生了间苯三酚,并优化了间苯三酚的生产。他通过对荧光假单胞菌 Pf–5 进行改性,最终实现了以葡萄糖为原料,使用大肠杆菌 JWF1(DE3)pJA3.131A 生产间苯三酚[反应式(9.7)]。总的来说,该方法代表了一种环境可持续的生产含能材料前驱体的工艺,这些前驱体来源于植物中的葡萄糖。随后,Frost 及其同事证实了间苯三酚和间苯三酚衍生物(15)可以转化成 TNT(17)和 TATB[24]。这种合成工艺称为 TNT 的无污染制备工艺[反应式(9.8)]。

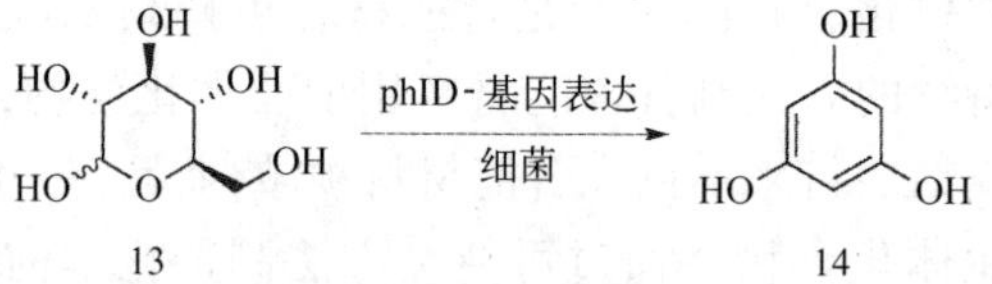

反应式(9.7)由葡萄糖合成间苯三酚

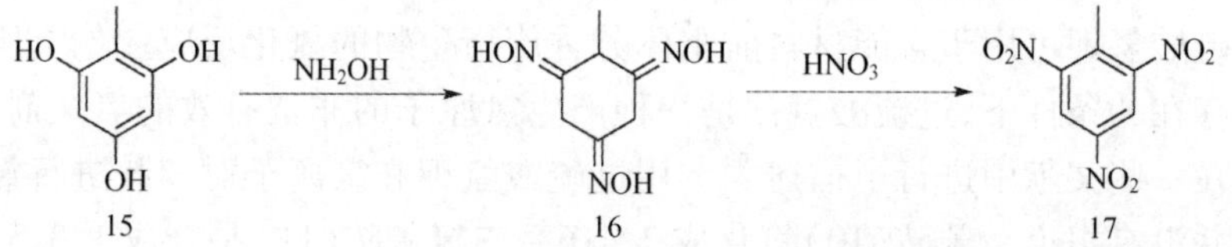

反应式(9.8)由 2,4,6–三羟基甲苯合成 TNT

Frost 还研究了一种微生物合成 1,2,4–丁三醇的方法,1,2,4–丁三醇是含能材料 1,2,4–丁三醇三硝酸酯的前驱体化合物(BTTN,18)(图 9.5)[25]。BTTN 是推进剂的重要组分之一,因为它具有冲击感度低、热稳定性好的特点,且与硝酸甘油相比不易挥发。然而,由于 1,2,4–丁三醇来源有限,研究人员需要寻找这种化合物的其他来源。工业上制造 1,2,4–丁三醇的主要方法是使用硼氢化钠的还原法,但这种方法会产生大量的废物。

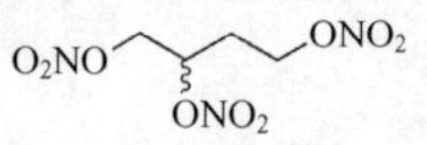

图 9.5 BTTN 的结构

在此特定的应用中存在着这样一个有趣的问题,即在推进剂配方中 BTTN 是以一种外消旋混合物的形式存在的。相对于外消旋的 BTTN,推进剂配方中使用单一对映异构的 BTTN 将具有不同的性能。然而,微生物合成的 BTTN 前驱体可能更偏向于其中一种对映体,这就需要发展一种能够产生两种对映体的微生物合成工艺。

Frost 通过使用 D–木糖(19)和 L–阿拉伯糖(20)两种不同的原料解决了这

一立体化学问题。在 4 步的酶解过程中，这两个起始原料被转化为 D - 和 L - 1，2,4 - 丁三醇(24)［反应式(9.9)］。虽然该合成工艺还需要进一步优化，但它是另一个利用无毒和可再生原料，在可持续发展和环境友好的工艺中进行生物合成来制备含能材料前驱体的典型例子。

反应式(9.9)生物合成 1,2,4 - 丁三醇(a) D - 木糖脱氢酶(P. fragi)；(a') L - 阿拉伯糖脱氢酶(P. fragi)；(b) D - 木糖脱水酶(大肠杆菌)；(b') L - 阿糖脱水酶(P. fragi)；(c) 苯甲酰脱羧酶(恶臭假单胞菌)；(d) 脱氢酶(大肠杆菌)

9.3　烟火剂

9.3.1　商业烟火剂的制造

用于室内设施的商业烟火剂必须产生尽可能少量的烟雾和有害的燃烧产物，既可提高视觉效果，又能降低燃烧产物对观众的影响。2002 年，Hiskey 和 Naud 在一篇专利中介绍了他们在生产低烟烟火剂所做的工作[26]。

这些烟火药的主要成分是硝酸纤维素、硝基胍、氧化剂、火焰着色剂，某些情况下还需要在配方中加入金属粉末。我们认为该专利的一些关键内容与本章的主题是一致的。第一是该专利的目标是制造基于新配方的低烟烟火剂。这个因素很重要，因为该配方比传统配方对环境更友好。第二个考虑的因素也非常重要，即该专利描述的制造工艺中，整个制造过程只需要用水作为溶剂，并没有使用有机溶剂。更重要的是使用水作为溶剂制造烟火剂还有另外一个优点：改善了烟火剂产品制造过程的安全性。水减少了可燃性的问题，并提高了制剂在撞击、火花和摩擦方面的安全性。最后一点，在开发烟火制剂的过程中使用了水溶性的粘合剂。其中所选择的粘合剂是聚乙烯醇，它是一种无害、无毒的粘合剂，可溶于水并且不需要用有机溶剂进行处理。

虽然专利中描述的所有例子在增强火焰色彩时都使用高氯酸铵作为氧化剂和氯的供体，但是，该专利认为其他氧化剂也同样有效，其中包括碱金属硝酸盐。配方中使用碱金属硝酸盐作为氧化剂时,不会产生高氯酸,并具有低烟雾特性。此技术目前已用于大规模制造商用低烟烟火剂,并且所制备的产品多数已用于室内商业烟火表演中(资料来源于与 M. A. Hiskey 的私人通信)。

2012 年又公开了一篇专利申请,描述了一种烟火剂的制备方法[27]。该烟火成分包括水溶性的纤维素醚粘合剂。该粘合剂是由湿的纤维状硝化纤维素与一种或多种水溶性纤维素醚粘合剂混合而成。这些粘合剂包括羟乙基纤维素、羟丙基纤维素、羟丙基甲基纤维素等。

该专利申请认为纤维素醚粘合剂适用于低烟烟火剂。该专利指出,Hiskey 专利产品的缺点是使用了硝基胍和高氯酸盐等成分。该发明的目的是发展一种水溶的纤维素醚粘合剂。这种方法的优点包括水的不可燃性、价廉、环境友好性。此外,人们发现,残留在纤维素醚粘合剂中的水使得制造的烟火剂具有所需的孔隙率和高机械强度。通常,粘合剂的总浓度为 1% ~5%。

除了工作环境的友好性,作者还指出在烟火剂制备过程中的安全性得到了加强。因为其在湿态(水中)进行操作,硝化纤维素的易燃性得到抑制,随后在加工过程中所遇到的风险也相应地减少了,这与 Hiskey 专利所描述的大致相同。一个典型的烟火剂组成如表 9.4 所示。值得注意的是,尽管其表现出无烟燃烧行为,但使用硝化纤维素都有一个共同的缺点,即长期储存或保质期的问题,该材料随着时间的推移具有降解并释放酸性副产物的倾向。在该专利中提出的技术,即采用碱性金属盐作为着色剂,有助于解决产生酸的问题。但是,这些碱也不会阻止硝化纤维素的分解。未来的发展方向是采用更稳定的低烟粘合剂或开发无粘合剂的配方。

表 9.4　使用纤维素醚作为粘结剂烟火剂的示例

成　　分	Wt%
纤维状硝化纤维素(13.5% N)	85
甲基 – 2 – 羟乙基纤维素 cellulose	3.5
Ba(CLO$_3$)$_2$	4.5
Ba(NO$_3$)$_2$	4.5
聚氯乙烯	2.5
总计	100

2012 年,美国海军获得了一项无高氯酸盐信号弹配方的专利授权[28]。该配方由镁、锶的硝酸盐、聚氯乙烯和双组分粘合剂组成,双组分粘合剂由环氧树脂和固化剂组成。

该配方既可用于直径为 0.75 英寸的线性燃烧,且自支撑的红色信号弹,也可用于直径 1.2 英寸的线性燃烧的红色信号弹。与目前正在使用的红色信号弹相比,发明者声称所发明的照明弹具有相同的或者更佳的发光强度、燃烧时间,更加集中的发光波长以及颜色纯度。

与目前所用的材料相比,该发明的另一个重要特点是,配方没有对烟火剂的感度产生负面影响。总之,这些成分可以降低偶然引发信号弹的可能性。

2010 年,一篇公布的专利中描述了烟火剂的色彩构成[29]。这项发明的总体目标是在大规模生产的烟花爆竹中使用低烟和无高氯酸盐的组分,减少烟花对环境的影响。该发明公开的内容是使用现有的材料和技术[26],将几个新的高氮、低碳含量的燃料用于低烟烟火剂的生产中。这项技术的主要缺点是,所用的高氮材料不能直接购买,并且其中一些材料是通过用有毒或对环境有害的化学前驱体合成的。

为了克服上述缺点,发明者采用了 5 – 氨基四唑作为潜在的制备各种金属盐的前驱体。制备的实例包括 5 – 氨基四唑(5 – AT)的锶盐和钡盐。这些盐在操作时是安全的,无自燃危险。制造这些金属盐的典型步骤是在水溶剂中用金属氢氧化物对 5 – 氨基四唑进行处理。

在烟火剂配方中需要加入氯供体,这些氯供体可以是一些通用材料,如聚氯乙烯等。此外,作者声称,如果 5 – 氨基四唑先用盐酸处理可以作为生成 5 – 氨基四唑鎓酸盐的氯供体。典型的配方见表 9.5。虽然作者声称通过酸/碱化学反应,5 – AT 的盐酸盐可用作氯供体,但是这种材料很可能与 5 – AT 的碱金属和碱土金属盐不相容。但在已公开的专利中,并没有数据可以说明其具长期的稳定性。

表 9.5　烟火颜色组成

组　　分	配方1/%	配方2/%
硝酸铵	83	
5 – AT 钡盐 + 5 – AT – HCl	6	
硝化纤维素	11	94.8
氯化铵		0.2%
5 – AT 锶盐		5

9.3.2　军用烟火剂

在过去的十年中,研究人员为了改善烟火剂材料与设备的环境可持续性发展进行了大量的工作,这些材料都是为美国军方制造的。主要的进展 Jesse Sabatini 博士在本书的第 4 章中已经叙述过了,这里不再重复。

9.4　推进剂

9.4.1　"绿色导弹"计划

在 2001 年,美国制定了"绿色导弹"发展计划[30]。"绿色导弹"计划的最终目标是消除固体火箭推进剂中的有毒或有害物质。这些目标包括无铅微烟浇铸推进剂和无铅微烟压伸推进剂,燃烧完全、清洁且无 HCl 的推进剂,以及含能氧化剂的无溶剂法加工工艺。

在无铅浇铸推进剂领域,美国陆军开发了两个含铋化合物用于代替在固体推进剂配方中使用的含铅化合物,以调节弹道性能。这两个铋化合物是水杨酸铋和柠檬酸铋。它们在推进剂中应用时表现出优异的弹道性能、燃烧速度、燃速压力指数和温度敏感性(表9.6)。

表 9.6 无铅推进剂与目前的最先进的含铅推进剂比较

催 化 剂	水 杨 酸 铋	柠 檬 酸 铅	氧 化 铅
燃烧速率	0.46	0.35	0.35
燃烧速率/压力	0.3	0.3	0.45
密度/(lb/in^3)	0.0609	0.062	0.0614
推力/(lb－sec/lb)	248	246	246
推力密度	15.1	15.3	15.1

研究人员还探索了无铅压伸推进剂。双基推进剂通常使用溶剂法的浇铸制造工艺,或者使用无溶剂法的挤出工艺。第三种方法是在"绿色导弹"计划中研究的,被称为"替代进料"(AF)法。AF 的优点是采用挤出和浇铸工艺,生产的双基推进剂都不使用溶剂。AF 使用硝化纤维素/硝酸酯配方。硝化纤维素以增塑溶胶的形式使用,通常称为 PNC。PNC 推进剂不需交联,这使得其在挤出过程中具有更好的流散性。

研究人员研制出了使用 PNC 和 BTTN 的配方。这类配方也使用铜或铋基弹道调节剂。可惜的是,这类推进剂也存在明显的问题。比起硝化甘油,BTTN 的价格明显高很多,由于劳动力成本的关系,PNC 也比较昂贵。然而研究人员对这种推进剂的工艺还是很感兴趣,因为它们能制造出高能量、低感度和微烟的推进剂。在环境方面,无溶剂挤出工艺和无铅弹道改性剂使整个工艺成为具有吸引力的和环境可持续的方法。

另一种制备无铅推进剂的方法是使用不需要铅基化合物作为弹道改性剂的推进剂组分。二硝酰胺铵基推进剂不需要加入铅化合物就可以达到良好的燃烧性能。有很多因素使得二硝酰胺铵(ADN)成为很有吸引力的氧化剂,特别是该材料比高氯酸铵(AP)更加环保,因为它可自然地降解成硝酸铵等。"绿色导弹"计划中的一项研究发现,ADN 推进剂的燃烧速率得到了提高。研究人员发现使用聚叠氮缩水甘油醚(GAP)和 Formrez 可以得到很好的推进剂配方。可惜的是,GAP/ADN 推进剂配方的摩擦感度非常不理想。Formrez 基配方在摩擦感度上有所降低,并表现出很有希望的性能。

找到一种替代 GAP 聚合物的粘合剂体系也是很有必要的。和其他体系一样,该体系依赖于有毒的异氰酸酯作为固化剂。最近发布的 SERDP 声明呼吁消除含能粘合剂系统中的固化剂[31]。

另一项对 ADN 基推进剂的独立研究也致力于发展无铅、无 HCl 燃烧产物的配方。该工作研究了 ADN 和 ADN/CL20 的配方,并且发现 ADN 和 CL20 彼此相容。研究人员通过差示扫描量热法和真空热安定性试验证实了这一结果。燃速性能研究表明,推进剂在 1000psi 时的燃烧速度为 0.6 ~ 0.7in/s。该类配方表现出一定的压力敏感性,这主要归因于 CL20 的燃烧性能。另外,这些配方的其他性能特点还包括具有较低的撞击感度(< 70 卡,NOL 卡缺口测试)、良好的加工性能,且无压力突变。

9.4.2　火箭推进剂领域的其他进展

铝是火箭推进剂的常用成分。通常,铝与强氧化剂(如高氯酸铵)组合使用以提供固体火箭推进器所需的能量。在过去的十年中,研究人员花费了大量的精力来大规模地制备纳米铝粉。随着纳米铝粉的制备越来越容易,促进了其在固体火箭推进剂中的应用研究。

纳米铝一般比微米级铝具有更高的反应活性。这种性质使得研究人员开始研究其与比高氯酸盐活性低的氧化剂的反应活性,比如水。纳米铝在与水接触时,被氧化成氧化铝,同时产生氢气。Son 等详细研究了该过程来确定制造铝/水火箭,或更特别的铝/冰火箭的可行性[32]。

在水的存在下,纳米铝随着时间的推移会发生降解,其储藏寿命为几个星期。然而,如果水/纳米铝混合物在 - 25℃ 下储存,活性铝含量能够保持 40 天,其他的数据表明该活性铝含量可以在长达 6 个月的时间内保持稳定。除了混合物在低温环境中的稳定性,纳米铝/冰(ALICE) 混合物还表现出很好的抗静电火花、抗撞击和抗冲击起爆的性能。

在 4MPa 和 30MPa 压力下时,对纳米铝/冰(ALICE) 混合物的燃速进行了测试。结果表明,该混合物在此压力范围内的压力指数为 0.57,燃速在 1 ~ 3cm/s 之间变化。也开展了包括发动机性能预测、静推力架实验、火箭的设计和发射等其他性能的研究。

目前在美国,开发用于推进剂的环境友好型氧化剂是非常有吸引力的。具体地说,因为高氯酸根阴离子对生物和生态都是有害的,需要找到合适的高氯酸铵替代品。广为人知并且研究最多的符合取代 AP 要求的氧化剂是 ADN[33]。在环境可持续性方面,众多的因素使得 ADN 成为一种很有前途氧化剂。随着时间的推移,ADN 可分解成硝酸铵和 N_2O,留下相对良性的副产物。其次,ADN 具有优异的氧化能力。

ADN 常用氨基磺酸盐制备,该方法涉及氨基磺酸盐的发烟硝酸/硫酸硝化过程。反应用水淬灭并用氢氧化钾中和,以得到二硝酰胺钾溶液,然后通过离子交换树脂将其转化成铵盐。但该工艺产生了大量的废物。最近,开发了更加环保的用于生产 ADN 的工艺[34,35]。这个工艺包括用最小量的水淬火反应混合物,并用胍基脲中和得到的二硝酰胺阴离子。总体而言,这种新方法可以回收高浓度的废酸,这对原先的方法是不可能的,并且该方法可以减少高达75%的废物。

使用 ADN 溶液替代肼作为液体推进剂已有文献报道[36]。肼是一种液体推进剂的燃料,它有多种应用但同时具有相当大的毒性。ADN 溶液通常含有一种燃料,如甲醇或氨,这些溶液的性质要强于肼基推进剂。

9.4.3 发射药

2006 年美国军方在一份报告中指出,他们在开发用于中等口径训练弹的环境友好型"绿色"发射药发面取得了进展[37]。在中等口径的枪炮发射药组分中,硝酸钡、邻苯二甲酸二丁酯和二苯基胺对环境和人体是有害的。这些材料都具有毒性、危险性和致癌性。

具体而言,邻苯二甲酸二丁酯是一种已知的致癌物质,使用它是因为它可以起到增塑剂的作用。在发射药的制造过程中,工人们不断地接触该化合物。目前,欧盟基于 REACH 规定(注册,评估,授权和化学物质限制),正在严格审议邻苯二甲酸酯的使用[38]。美国国防部副部长办公室近日呼吁将它们从发射药配方中去除,并于 2012 年 3 月就邻苯二甲酸酯发出危险警报[39]。邻苯二甲酸酯也有可能干扰内分泌系统。二苯胺是阻止硝酸酯降解的稳定剂,但它也是一类有名的有毒物质。巧合的是,二苯胺中也含有致癌杂质 4 - 氨基联苯,其在推进剂的制造过程中可以通过皮肤或呼吸吸收。硝酸钡是一种重金属化合物,它也具有一定的毒性,可引起皮炎,同时刺激粘膜。

除了对于工人在制造过程中的影响,在材料的试验场中对环境也有影响。随着时间的推移,射击场的污染会越来越严重。当发射药老化以后产生的相关危害会使得环境的清理问题更加复杂化。

解决发射药带来的环境问题的方法之一是使用发射药无溶剂法的制造工艺。这个过程依赖于硝化棉和硝酸酯增塑剂,如硝酸甘油或二甘醇二硝酸酯。PAP - 8386 配方正是基于这些原则开发的,但该报告没有说明精确的配方成分。研究人员使用密闭爆发器对这种配方进行了测试,结果发现需要使用缓燃层钝感包覆材料改善内弹道效率。研究人员也对该配方的感度和压缩强度进行了测试。

总体而言,PAP - 8386 配方作为应用于中等口径武器的发射药是很有前途的。配方中除去了有害成分,无溶剂生产工艺也避免了挥发性溶剂的使用。该配方在力学性能和冲击感度方面也优于 JA2 配方。

　　类似的在中等口径火炮发射药中消除二苯胺和硝酸钡的研究也已经开始了，但是这种方法涉及使用含能热塑性弹性体代替硝酸酯基配方[40]。这项研究的最终目标是得到一种环境友好、安全性能改善、能量高、成本低的发射药。

　　与硝化纤维素发射药相比，热塑性弹性体发射药的优势之一是其可以制造出复杂几何形状的发射药颗粒。另外，以硝化纤维素为基础的配方中，为了获得适当的力学性能，往往需要添加硝酸酯增塑剂。但随着时间的推移，在这类配方可能产生增塑剂迁移的问题。硝酸酯类还需要稳定剂，而含能热塑性弹性体则不需要。此外，含能热塑性弹性体可以回收再利用，从而减少发射药的浪费。

　　所研究的含能热塑性弹性体是基于聚[3,3-（双叠氮甲基）氧杂环丁烷]（BAMO）和聚[3-（叠氮甲基）-3-（甲基）氧杂环丁烷]（AMMO）的共聚物（图9.6）以及BAMO和GAP的共聚物（图9.7）。BAMO链段作为弹性体的"硬"链段，而AMMO链段作为弹性体的"软"链段。

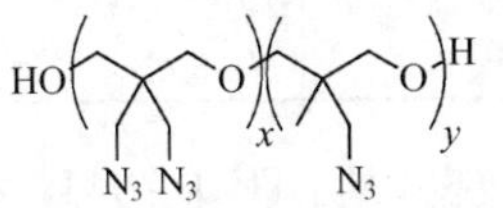

图9.6　BAMO-AMMO的化学结构 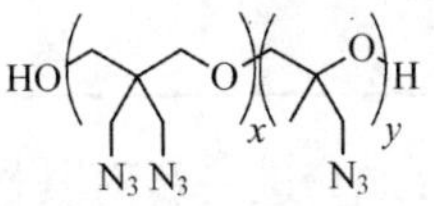　　图9.7　BAMO-GAP共聚物的化学结构

　　为了深入研究，研究人员制备了两种不同的发射药配方：TGD-043（70.75%的RDX，14.625%的BAMO-AMMO，14.625%BAMO-GAP）和TGD-044（75%RDX，25%BAMO-AMMO）。这些配方的性能计算值如表9.7所示。相比于传统的硝化纤维素发射药配方，这些新配方的能量明显提高，另外发射药的装药量也能降低16%~22%。研究人员还计算了在武器中应用时的最大压力和弹丸初速度。数据表明，新配方可以满足军用标准MIL-PRF-71140A和MIL-P-3984J的要求。

表9.7　TGD-043和TGD-044的计算性能

推　进　剂	TGD-043	TGD-044
口径/mm	25/30	25/30
密度/(g/cm³)	1.592	1.5901
火药力/(J/g)	1177	1175
火焰温度/K	2800	2800
爆热/(J/g)	4259	4268
25mm装药量/g	77	77
30mm装药量/g	122	122

　　发射药的一个重要内容是发射药的颗粒结构。研究人员在优化后，得到的最佳结构是多层带状结构（044条带）。该结构包括一个快速燃烧组分和一个缓慢燃

烧组分。基于多层带状的颗粒,研究人员重新计算确定了 TGD – 043 和 TGD – 044 的初速度。数据表明,其性能满足应用要求。

研究人员还测定了该配方的安全性,相关数据列于表 9.8 中。相比于标准的硝化纤维素基发射药,热塑性弹性体发射药的安全性能有所改善。多层带状颗粒的安全性能也与标准的硝化纤维素基发射药相似。

表 9.8 TGD – 043 和 TGD – 044 的安全性数据

	TGD – 043	TGD – 044	044 样条
ABL 冲击/cm	21	33	26
ABL 摩擦/Lbs	800	800	800
ESD unconfined/J	>8	>8	>8
SBAT 起始/°F	307	313	315
TC 冲击/in	31.6	28.6	25.1
TC 摩擦/Lbs	>64	>64	

在这个项目中,进一步对其性能进行了测试,数据表明 TGD – 044 发射药可以作为中等口径武器特别是 25mm 的 M – 39 中使用的性能优异的候选发射药。该发射药的加工,安全,性能和环保特性是非常好的。

9.5 配方

含能材料的配方研究是一个关键的过程。在这个过程中,将爆炸性组分与惰性或含能粘合剂组分混合,制备出最终可以使用的产品。配方加工中通常需要使用有机溶剂来溶解粘合剂,随后通过溶剂蒸发,粘合剂可直接涂覆在含能材料上,或者是将粘合剂快速沉淀在含能材料的浆料上。这两种方法都会产生大量的废溶剂。

声波共振混合法是一项可用于制备配方混合物的新技术。由 Resodyne 声学混炼机公司开发的搅拌机使用声波能可以混合多种材料,例如粉料、糊剂和泥浆料[41]。这种技术能够混合配方,并去除传统配方技术中所使用的大量有机溶剂。

9.6 结论

在开发环境可持续发展的含能材料制造技术时,开发新的、环境友好型的含能材料只是其整个周期中需要考虑的一个方面,环境可持续的前驱体化合物的成本和易得性也很重要,使用无害的溶剂和试剂也是一个重要的组成部分。最后,一个工艺产生的废物的数量和类型也可能对整体过程的可持续性产生巨大的影响。本章介绍的几种方法,涵盖了旨在开发环境可持续的含能材料制造技术的所有领域。与本书的其他章节一样,大部分方法的目标是消除制造或使用含能材料时的有害或有毒成分。所举实例来自于含能材料的三个主要领域,即炸药、火药和烟火剂。

展望未来,政府的法规将会变得越来越严格,不仅是对最终产品含能材料,对于在目前制造技术中所需的化学品(溶剂,前驱体,试剂)的易得性和使用情况也一样。旧的工艺很可能由于无法获得或使用一些关键的化学品,无法继续使用下去。这样的主要例子之一是在美国制造的TATB。Benziger 的 TATB 合成工艺需要1,3,5 – 三氯苯作为前驱体化合物。由于环境问题,其不能在美国国内生产,因此需要新的环境友好的合成方法。类似的挑战将一直持续下去。最终,关键还是科学家和工程师需要继续开发新的环境可持续的制造和加工技术,以迎接未来含能材料生产的挑战。

参 考 文 献

[1] www.serdp.org/ (last accessed in May 2013).

[2] Solodyuk, G.D., Boldyrev, M.D., Gidaspov, B.V., and Nikolaev, V.D. (1981) Oxidation of 3,4-Diaminofurazan by some peroxide reagents. *Zhurnal Organicheskoi Khimii*, **17**, 1756.

[3] Chavez, D., Hill, L., Hiskey, M., and Kinkead, S. (2000) Preparation and properties of azo- and azoxy-furazans. *Journal of Energetic Materials*, **8**, 219.

[4] Hiskey, M.A., Chavez, D.E., Bishop, R.L. *et al.* (2000) US Patent 6358339.

[5] Francois, E.G., Chavez, D.E., and Sandstrom, M.M. (2010) The development of a new synthesis process for 3,3′-diamino-4,4′-azoxyfurazan (DAAF). *Propellants, Explosives, Pyrotechnics*, **35**, 529.

[6] Francois, E. and Hanson, K. (2013) Task 09-2-29 Insensitive explosive formulations containing diaminoazoxyfurazan (DAAF) as replacements for PBXN-7 http://www.osti.gov/scitech/biblio/1080346 (last accessed May 2013).

[7] Salan, J. and Jorgensen, M. (2013) Utilizing Visimix to assist energetic materials process development http://www.visimix.com/wp-content/uploads/2011/07/VisiMix-2011-Boston-Salan-Chemical-Processing-in-the-Energetic-Community.pdf (Last accessed May 2013).

[8] Hanson, K., Salan, J.S., Pearsall, A.G. *et al.* and (2011) Automated pilot plant system producing 3,3-diamino-4,4-azoxyfurazan 11th American Institute of Chemical Engineers Conference Proceedings, Particle Technology Forum.

[9] Narender, N., Srinivasu, P., Kulkarni, S.J., and Raghavan, K.V. (2002) Para-selective oxy-chlorination of aromatic compounds using potassium chloride and Oxone. *Synthetic Communications*, **32**, 279.

[10] Chapman, R.D., Quintana, R.L., Baldwin, L.C., and Hollins, R.A. (2009) Cyclic dinitroureas as self-remediating munition charges, Final Report, SERDP Project WP-1624.

[11] For a review, see: Ilyushin, M.A., Tselinksy, I.V., and Shugalei, I.V. (2012) Environmentally friendly energetic materials for initiation devices. *Central European Journal of Energetic Materials*, **9**, 293.

[12] Fronabarger, J.W., Williams, M.D., Sanborn, W.B. *et al.* (2011) DBX-1 – A lead free replacement for lead azide. *Propellants, Explosives, Pyrotechnics*, **11**, 36.

[13] Huynh, M.H.V., Hiskey, M.A., Meyer, T.J., and Wetzler, M. (2006) Green primaries: Environmentally friendly energetic complexes. *PNAS*, **103**, 5409.

[14] Huynh, M.H.V., Coburn, M.D., Meyer, T.J., and Wetzler, M. (2006) Green primary explosives: 5-Nitrotetrazolato-N^2-ferrate hierarchies. *PNAS*, **103**, 10322.

[15] Klapotke, T.M., Piercey, D.G., Mehta, N. *et al.* (2013) Preparation of high purity sodium 5-nitrotetrazolate (NaNT): An essential precursor to the environmentally acceptable primary explosive, DBX-1. *Zeitschrift fur Anorganische Und Allgemeine Chemie*, **639**, 681–688.

[16] Fronabarger, J.W., Williams, M.D., Sanborn, W.B. *et al.* (2011) KDNP- A lead free replacement for lead styphnate. *Propellants, Explosives, Pyrotechnics*, **36**, 459.

[17] Dixon, G.P., Martin, J.A., and Thompson, D. (1998) US Patent 5717159.

[18] Hirlinger, J. and Bichay, M. (2009) Demonstration of Metastable Interstitial Composites (MIC) on Small Caliber Cartridges and CAD/PAD Percussion Primers, ESTCP Project WP-200205.

[19] Ellis, M. (2007) Environmentally Acceptable Medium Caliber Ammunition Percussion Primers, SERDP Project WP-1308.

[20] Yalamanchili, R., Hirlinger, J., and Csernica, C. (2012) US Patent 8277585.

[21] Puszynski, J. and Swiatkiewicz, J.J. (2008) Low Cost Production of Nanstructured Superthermites, SBIR Final Report, Contract No. N68939-08-C-0046.

[22] Achkar, J., Xian, M., Zhao, H., and Frost, J.W. (2005) Biosynthesis of Phloroglucinol. *Journal of the American Chemical Society*, **127**, 5332.

[23] Yang, F. and Cao, Y. (2012) Biosynthesis of phloroglucinol compounds in microorganisms-review. *Applied Microbiology and Biotechnology*, **93**, 487.

[24] Frost, J.W. (2010) Manufacture of TATB and TNT from biosynthesized phloroglucinols, Final Report SERDP Project WP-1582.

[25] Nie, W., Molefe, M.N., and Frost, J.W. (2003) Microbial synthesis of the energetic material precursor 1,2,4-butanetriol. *Journal of the American Chemical Society*, **125**, 12998.

[26] Hiskey, M.A. and Naud, D.L. (2003) US Patent 6599379.

[27] Van Rooijen, M.P., Webb, R., and Zebregs, M. (2012) EP2526077 A1.

[28] Shortridge, R.G. and Yamamoto, C.M. (2012) US Patent 82777583 B2.

[29] Van Rooijen, M.P., Webb, R., and Zevenbergen, J.F. (2010) EP2155631 A2.

[30] Stanley, R., Melvin, W., McDonald, J. *et al.* (2001) Elimination of toxic materials and solvents from solid propellant components, SERDP Project PP-1058.

[31] http://www.serdp.org/Funding-Opportunities/SERDP-Solicitations/SEED-SONs-FY14 (Last accessed May 2013).

[32] Pourpoint, T.L., Wood, T.D., Pfeil, M.A. *et al.* (2012) Feasibility Study and demonstration of an aluminum and ice solid propellant. *International Journal of Aerospace Engineering*, Article ID 874076.

[33] Nagamachi, M.Y., Oliveira, J.I.S., Kawamoto, A.M., and de Dutra, R.C.L. (2009) ADN-The new oxidizer around the corner for an environmentally friendly smokeless propellant. *Journal of Aerospace Technology and Management*, **1**, 153.

[34] Skifs, H., Stenmark, H. and Thormaehlen, P. (2012) Development and scale-up of a new process for production of high purity ADN. International Conference of ICT, 43rd (Energetic Materials) 6/1-6/4, Karlsruhe, Germany.

[35] Stenmark, H., Skifs, H., and Voerde, C. (2010) Environmental improvements in the dinitramide production process, International Conference of ICT, 41st (Energetic Materials: for High Performance, Insensitive Munitions and Zero Pollution) 1/1-1/5, Karlsruhe, Germany.

[36] Sjoberg, P. and Skifs, H. (2009) A stable liquid monopropellant based on ADN, Proceedings of the 40th International Annual Conference of ICT, Karlsruhe, Germany.

[37] Manning, T.G., Thompson, D., Ellis, M. *et al.* (2006) Environmentally friendly "green" propellant for the medium caliber training rounds, DTIC report, Accession number ADA481741.

第 10 章

电化学方法在含能材料合成及
废水处理方面的应用

Lynne Wallace

（新南威尔士大学国防军事学院,堪培拉,澳大利亚）

10.1　引言

　　电化学可以为创造更加绿色的含能材料提供很多帮助。总体来说,电化学方法已经广泛应用于合成新的和现有材料,比如现有生产过程的废物整治修复过程,以及环境样品和废物流的样品分析。虽然到目前为止,这项技术在工业上的应用有限,有关这一方法的有效性的研究和扩展其应用方面的研究仍在继续[1-5]。

　　很长时间以来,电化学合成被认为是一种环保的方法,体现了绿色化学的十二原则[6]。电子为氧化还原反应提供了清洁而高效的反应物,尤其是用于替代有危险的氧化还原剂时更是如此[2-4]。在很多情况下,电子比化学氧化还原剂在每摩尔成本上更加经济[3,4]。与传统合成相比,控制电压可以使产物合成具有更大的选择性,且（电化学合成）主要以水为溶剂体系。因为体系提供的能量是受外加电压和电流密度控制的,而不是来自于热量和高压,所以反应的条件可以很温和。此外,在电化学反应中,不同类型的转换过程也是可能的。这也许会有利于由从不同原料出发合成特定的产物,或者减少反应步骤。电极表面可以催化一些反应过程,促进非化学计量的反应,提高效率,节约成本。在非直接的反应过程中,电化学反应产生的具有反应活性的中间产物可以在原位被利用,这就不需要储存和运输有毒的原材料。

　　到目前为止,除了工业生产高氯酸盐以外,电化学方法还没有广泛用于生产含能材料。然而,在实验室的研究中,已经出现了几个包含一系列化学转变的例子。电化学修复方法则更广泛用于处理含能材料的生产和使用过程中产生的废物。研究人员使用了一系列令人印象深刻的直接和间接方法,以解决这一重要的环境问题。这些方法已经达到了中试规模和半工业化程度。本章主要介绍了利用不同电化学法制备含能材料,并对修复含能材料生产和使用过程产生的废物等方面的工作进行了综述,并简要介绍了一些最近的研究进展,比如使用离子液体和电极材料、反应介质来提高效率和降低成本等。

10.2 实践层面

关于电化学技术的应用,已经有了许多非常详细的综述。这也表明了这项方法的重要性和有效性。我们在这里提出的是关于这项技术的一个提纲式总结。同时,读者可以通过以下详尽的综述对该项技术有一个综合性的认识[2,4,7]。

最简单的一个例子是原电池,将两个电极浸入到导电介质(通常为电解液)中,两极之间便有电流产生[图10.1(a)]。电子传输发生在电极表面,通过氧化或还原物质,并发生化学变化生成最终产物。在这个最基本的装置中,恒流器控制着电池电流,电池电势不是恒定的。发生反应的电极称为工作电极,另一个称为对电极或辅助电极。通常情况下还要有一个隔膜电解槽,在这个槽中,电极与对电极被隔离开来,避免发生副反应。这个隔膜障碍物必须能够让电荷通过,它可以有多种形式,如多孔性熔块、盐桥、半渗透膜。某些情况下,也会用到无隔膜电解槽,因为它电阻低,可提高能效。

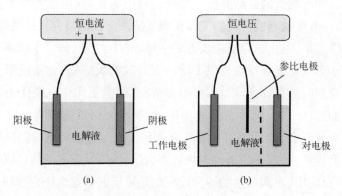

图 10.1 恒电流、无隔膜电解槽(a)和恒电压、隔膜电解槽(b)

实验室合成中应用更普遍的是静电势电解,它利用的是三电极体系。工作电极的电压由稳压器控制,与对电极接通电流形成回路,但对电极的电压不受控制,因此更有选择性。无隔膜电解槽和隔膜电解槽也可以在这里应用。在工业化生产中这种装备比恒电流装置成本高,因此经济性较差。

电化学体系存在的主要问题是质量传输,因为电子转移发生在电极表面,反应物通过移动、扩散、对流而被传输到电极表面,通常还需使用机械搅拌助力。电解规模越大,质量传输的问题越显著。目前已经发展了一系列的技术来解决这个问题,例如可以使用不同的电极构型,如同心电极和移动床电极;同时,三维电极(网格、织物、泡沫或者堆积的颗粒)则可提供更大的反应表面。移动床电极由很多粒子构成,电解液在流动时这些粒子也会发生移动,从而提供了更大的比表面。电化学方法的效率也受电解槽电阻的影响,因素影响力依次为:介质的导电性,阴极部分和阳极部分分隔器性能。

在使用电化学方法之前,有许多因素需要考虑。其中一个重要的参数就是电流效率,定义为式(10.1),即

$$CE(电流效率) = 生成产物消耗的电荷 / 总电荷消耗 \tag{10.1}$$

电极材料在决定反应效率方面起着至关重要的作用。通常情况下可以使用便宜简单的电极,但对于不同化学反应,有些贵的材料更适合。在任何溶剂中,电化学传质电势窗口的范围取决于氧化还原反应所使用的溶剂,如果溶剂可以电解,则会降低反应效率。

在水介质中的一个重要因素是过电压,它是水在热力学上发生氧化[反应式(10.2)]或还原[反应式(10.3)]反应的理论电压值和实验观察到的数值之间的差值。

$$2H_2O \rightarrow O_2 + 4H^+ + 4e^- \tag{10.2}$$

$$2H_2O + 2e^- \rightarrow H_2 + 2OH^- \tag{10.3}$$

过电压(超电势)在很大程度上取决于电极材料,这与材料催化某些反应步骤的能力有关。因此有必要选择具有高过电压值的材料,从而避免水的电解。但在其他一些情况下,整个反应过程中都会用到电解水所产生的活性中间体。

10.3　电化学合成法

目前,电化学合成法在合成含能材料方面还没有广泛应用,但一些例子表明该方法可以用于含能材料的合成。已经有了关于直接采用电化学合成法合成含能材料的文献报道,文献中研究人员通过改变传统合成路线中的原料,甚至利用废水作为前驱体来合成含能材料。现在已经可以利用电化学合成法制备反应的起始原料,并且用电化学合成法合成硝化反应的原料在含能材料合成中有重要的作用。

在直接电化学合成法中,目标产物是通过电解氧化或还原某个前驱体得到的。通常情况下,为了避免在对电极上发生逆向反应,需要在一个分隔池中进行反应。但某些情况下,设计成对的电化学合成路线也是可行的方法。为了合成目标产物,在两个电极同时发生合成反应,这样更高效、经济,且有利于绿色环保[2]。间接的或者有介质的电化学合成法涉及活性反应组分的生成,可以作为氧化还原反应的催化剂。

10.3.1　含能材料和含能材料前驱体的电化学合成法

　　目前的含能材料大多为含有硝基的有机化合物。电化学还原硝基化合物可以生成不同的产物,这取决于反应物和合成条件,如外加电势、溶液的 pH 值、电极材料等[8]。亚硝基化合物、羟胺和胺都可以用这种方法合成出来。并且,初始的电极产物可以进行双分子偶合反应(比如亚硝基和羟胺)生成氧化偶氮基、偶氮基和酰肼的衍生物(图 10.2)。

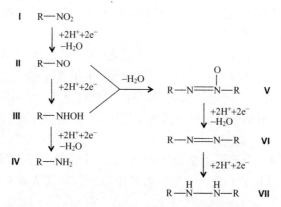

图 10.2　硝基芳香化合物(Ⅰ)可能的还原产物,包括亚硝基(Ⅱ)、羟胺(Ⅲ)、
胺(Ⅳ)、氧化偶氮基(Ⅴ)、偶氮基(Ⅵ)和酰肼衍生物(Ⅶ)

　　最近报道了一个在实验室中使用电化学合成法,通过在隔膜槽中还原电解硝基三唑酮(NTO)的酸溶液合成高氮化合物氧化偶氮基三唑酮(AZTO)[9]。高氮化合物被认为是绿色的含能材料[10,11],与普通炸药相比,高氮化合物含氮量高,能量来自于其高氮量而不是燃料组分(C,H)的氧化反应,爆炸产物主要是氮气,因此高氮化合物比其他有机炸药分子的燃烧产物更洁净。

　　使用 NTO 的合成路线时,偶合效率非常高,获得 AZTO 沉淀物的产率很高,且留下的溶剂相基本没有有机材料(图 10.3,反应 1)。在碱性溶液(图 10.3,反应 2)中,进一步对 AZTO 进行电化学还原可得到氨基三唑酮(azoTO),其比 A270 的热稳定性更好,但是能量稍微低些。

　　前驱体 NTO 本身也是一种高能钝感炸药(IHE),在某些应用中可取代 RDX,但其高水溶性给处理生产产生的废水带来了困难。电化学法可以将其转化为不溶的 AZTO,针对这一问题给出了更经济的解决方案,同时创造出了新的绿色含能材料。另外,因为化学还原 NTO 得到的产物是氨基三唑酮而不是 AZTO,这个反应也说明电化学法可以有不同的反应活性。

　　许多偶氮基和氧化偶氮基化合物在含能材料上具有潜在的应用价值[12-15],电化学合成方法在合成这些材料时可能是十分有用的。但是,电化学合成的产率取决于初始还原产物发生偶合反应的倾向:在与 NTO 本体电解还原相同的条件下,

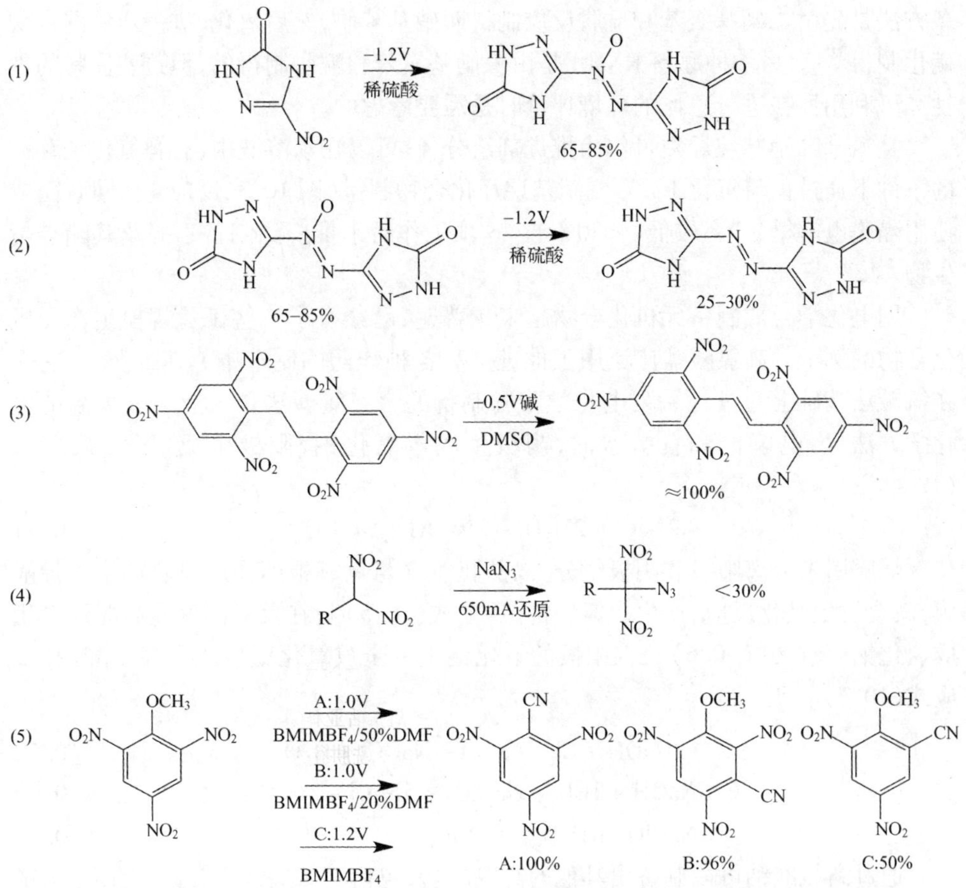

图 10.3 电化学合成几种有机含能材料

3-硝基三唑只能生产很少量的偶氮三唑和氧化偶氮三唑,主要产物是羟胺三唑[9]。

六硝基芪(HNS)一般由三硝基甲苯(TNT)在有机溶剂中用 NaOCl 氧化偶合制得[16]。虽然产率只有 40%,但还是最经济的合成路线[17]。有报道指出,通过先分离中间产物 2,2'4,4'6,6'-六硝基联苄(HNBB),然后化学氧化可以大幅提高 HNS 的产率。对各种不同的氧化剂进行试验,结果表明产率范围在 0~92% 之间。但后来发现,后一步的氧化反应可以通过电化学法实现(图 10.3,反应 3)。尽管产品并未从溶剂中分离,但在 DMSO 溶液中电解氧化 HNBB 几乎可以完全转化为六硝基芪(HNS)[19]。在优化电化学步骤、提高成本效率后,可以考虑对反应进行放大。

电化学法同样可适用于另外一种偶氮炸药——六硝基偶氮苯(HNAB)[20]。已有证据表明,在 DMSO 溶液中电解氧化六硝基氢化偶氮苯(HNHB)可生成 HNAB,但是同样的,这个化合物也没有从溶剂中分离。一般情况下,HNAB 的制备方法是先由二硝基氯苯和酰肼反应制得四硝基苯肼,然后氧化,进一步用混合酸硝化制得[21]。另一种原料 HNHB 是由三硝基氯苯和酰肼制得的,但这些原料的毒性和可利用性在进行总体的环境评价时是需要考虑的。

叠氮基二硝基烷烃类可作为推进剂组分,它可以在水溶液中,有叠氮化钠存在的条件下通过恒流氧化 1,1 – 二硝基烷烃化合物制得(图 10.3,反应 4),同时需要使用隔膜电解槽,产率较低(<30%)。这项工作后来推广到制备乙醇及其酯类衍生物[24]。

用电化学合成制备无机化合物越来越普遍,已经有了一些工业规模生产无机化合物的例子。高氯酸盐广泛用于推进剂和各种炸药的制造中。在工业上,它是在氯碱法基础上通过一系列电化学步骤制备的[4]。氯碱法是工业上最著名的电化学方法,当电解饱和食盐水时,阴极生成氢氧化钠,阳极生成氯气[反应式(10.4)]。

$$2NaCl + 2H_2O \rightarrow 2NaOH + H_2 + Cl_2 \tag{10.4}$$

隔膜用来分离阳极和阴极组分,以防止氯气与氢氧根离子反应。如果去掉隔膜,就会发生歧化反应,产生次氯酸钠[反应式(10.5)];在反应温度较高时还会生成氯化钠[反应式(10.6)],在阳极的氯化钠进一步被氧化就生成了高氯酸钠[反应式(10.7)]。

$$2NaOH + Cl_2 \rightarrow NaCl + NaOCl + H_2O \tag{10.5}$$

$$6NaOH + 3Cl_2 \rightarrow NaClO_3 + 5NaCl + 3H_2O \tag{10.6}$$

$$NaClO_3 + H_2O \rightarrow NaClO_4 + 2H^+ + 2e^- \tag{10.7}$$

通过高氯酸钠可以制备出其他的高氯酸盐,包括高氯酸铵,它已广泛用于火箭推进剂。其他的一些高氯酸盐则可用于各种烟火剂的制备。近年来,氯碱法的设备和条件已有很大改善,在很大程度上提高了生产效率,同时降低了对环境的影响[5]。

另外一个采用大规模电化学合成法的例子是液体推进剂组分硝酸羟胺的制备(HAN)。在分隔池中还原电解硝酸,通过一步反应就制得了高纯度的目标产物[反应式(10.8)]。而且试验工厂可以安全、稳定地生产出产品,产量达70000kg/年。

$$2HNO_3 + 6H^+ + 6e^- \rightarrow NH_3OH \cdot NO_3 + 2H_2O \tag{10.8}$$

利用电化学方法还可以制备出一些用于合成含能材料的原料。例如,可以通过电化学还原葡萄糖的方法制备甘露醇[26],其完全硝化后可得到具有爆炸性的六硝基甘露醇,但这种方法已经被废弃了。目前电化学技术已经得到了改进和提高,许多新的方法正处在研究或者工厂试验阶段。乙二醇可用于制备乙二醇硝酸酯(EGDN),其可以通过电解甲醛制备,这种方法与传统方法相比有很多优点,例如其原料是低毒的甲醛[5]。工业上由环氧乙烷制备 EGDN,环氧乙烷毒性高,而且易燃。目前采用清洁的电化学方法的合成路线还处于工厂试验阶段。

10.3.2　有用试剂的电化学合成

制备硝化反应用的 N_2O_5 是电化学合成方法用于含能材料合成方面的一个典型例子。N_2O_5 被认为是通用的硝化试剂,而且在一些溶剂中对于混合酸来讲是更绿色的选择[27,28]。在有机溶剂中,N_2O_5 是一种温和的、具有选择性的硝化试剂。N_2O_5/HNO_3 体系与混合酸体系有相近的硝化能力,但它没有含硫酸的混酸硝化的缺点。因此 N_2O_5/HNO_3 体系适于制备一些对硫酸敏感,易被其降解的硝化产物,如硝胺。

N_2O_5 可以通过在硝酸中氧化 N_2O_4 制得[29]。在阳极和阴极发生的反应如下所示:

阳极:　　　　　　$N_2O_4 + 2HNO_3 \rightarrow 2N_2O_5 + 2H^+ + 2e^-$　　　　　(10.9)

阴极:　　　　　　$HNO_3 + 2H^+ + 2e^- \rightarrow N_2O_4 + 2H_2O$　　　　　(10.10)

总反应　　　　　　$4HNO_3 \rightarrow 2N_2O_5 + 2H_2O$　　　　　　　(10.11)

在阴极生成的 N_2O_4 可以循环到阳极,以提高整体的产率。这种方法制备的 N_2O_5/HNO_3 混合体系可以得到一系列不同浓度的目标产物,而且可以在 0℃ 以下永久储存[30]。

通过用 N_2O_5/HNO_3 进行硝化,可以得到几种爆炸物,主要是硝胺,如 RDX 和 HMX[28,30]。与传统方法相比,该方法可以提高产率,减少副产物甚至没有副产物。如工业上由环六亚甲基四胺合成 HMX,HMX 的产率中等,而 RDX 产率却较高,但分离这两种产物比较困难。而使用 N_2O_5 时,这两种产物可以分别合成出来,对产品的纯化有很大帮助。

N_2O_5 也可以由臭氧氧化 N_2O_4 来制备,这种方法主要用来制备用于有机溶剂中的固体材料,为此,也开发了从硝酸混合物中提取纯的 N_2O_5 的方法[31]。按这种方式,电化学法可以适用于以下两类反应物体系:强有力的,但不具有选择性的 N_2O_5/HNO_3 混合物;或者温和的,有选择性 $N_2O_5/$ 有机溶剂体系。研究人员对相对生产成本进行了评估[27],数据表明,对小规模的生产,臭氧化方法更经济,其中有部分成本用于提纯硝酸混合物中的 N_2O_5。但对于大规模生产(超过 100t/年),电解硝酸法成本明显更低,对比臭氧氧化 N_2O_4 法,电解的方法是更好的选择。

最近相继报道了一些的新的、改良的方法,包括在有机溶剂中使用 N_2O_5,而且有许多含能材料也是通过这种方式制备出来[27,28]。有一篇报道了使用清洁的方法制备 TNT——在二氯甲烷中使用 N_2O_5 硝化甲苯,可以抑制不对称 TNT 同分异构体的生成,产率低于 2%。这些副产物一般必须通过亚硫酸化的方法除去,这就会产生臭名昭著的 TNT 红色废水,但使用 N_2O_5 硝化法就有可能去掉这一步骤。

10.4　电化学修复

对于含能材料,电化学法可广泛用于废水和废物的处理及污染修复。环境修复对于含能材料工业来讲是一个重要的任务[33]。有许多研究是关于工厂废水处理和废物循环利用的,还有一些是含能材料在测试和使用时带来的环境污染。大多数含能材料都是有毒的,至少在一定程度上是有毒的,并且在环境中降解很慢,因此污染物就会留存并聚集在土壤和地下水中。对于弹药废水,成分主要有几种,分别是 RDX、TNT 和二硝基甲苯(DNT)[34],目前主要的研究工作也集中在这几种物质。DNT 毒性高,并且致癌。此外,土壤和地下水也有可能因为含能材料的储存装置泄漏或者测试带来的废弃物而受到污染。目前正在研究的含能材料废弃物主要是:

(1)废硝酸;

(2)洗涤产生的废水;

(3)TNT 生产造成的红色或粉红色废水;

(4)受污染的土壤和地下水。

许多电化学技术对修复有机和无机污染物都是非常有效的[1,35-38]。在不同的修复技术中,污染物的除去方式不同,如完全降解为无毒物质,或者转化为低毒或可以进行进一步处理的物质,或者转换成不同但容易处理的物理形式(如固态)。评价修复效率的相关参数有电流效率、目标污染物去除百分率、总有机碳含量(TOC)和废水的化学需氧量(COD)。

直接电化学修复包括目标物质阴极还原或阳极氧化(或者在分隔池中同时发生两种反应),间接法主要是原位电解生成可以作用于目标物质的氧化还原剂。这两种方法都已用于含能材料废水的处理。已有许多实验室规模的研究成果报道,也有一些已经处于小规模试验工厂规模和规模化处理阶段。多数情况下电化学法优于现有的处理方法,如焚烧。

10.4.1 直接电解法

直接电解法适用于在溶剂中能够较容易发生氧化还原反应的基体材料。大多数基于直接电化学转化的处理方法为阴极还原,因为作为主要污染物的硝基化合物氧化程度很高。另外,氧化和还原反应也可以结合使用(依次或者同时)。

10.4.1.1 阴极还原法

阴极还原法能将硝基芳香化合物,如 TNT 和 DNT 的硝基转化为相应的胺类衍生物(图 10.2)。虽然芳香胺类化合物也有毒,但与母体硝基化合物相比,更易进一步降解,如可通过好氧生物降解。

Rodgers 和 Bunce 的研究发现[39],在酸性溶剂中,以羟胺和氨基硝基甲苯作为中间体,DNT 可以还原生成二氨基甲苯。在接下来的电解过程中将生成各种固态的氧化偶氮基化合物,但这些都是氨基甲苯的空气氧化产物而不是电化学转换产物。研究表明完全还原 TNT 很困难,因为不论电解时间多长,三氨基甲苯(TAT)都会作为副产物生成,而 80% 的 TNT 在 2.5 h 内还原生成氨基硝基甲苯。这些研究人员建议氧化和还原法结合使用来处理这些含有硝基甲苯的废水,即在氧化这些胺的衍生物成为不溶解的低聚物的基础上,在相同的电解池里发生还原反应。电化学氧化对于除去胺的化合物比空气或酶的氧化效率要高,而且更经济。

基于含能材料还原反应的反应器正处于实验室研究和工厂小试试验阶段。模拟在分隔池中处理包含 TNT、DNT 和 RDX 的弹药废水,实验表明三种污染物均可被有效转化[40]。将该方法用于含 DNT 弹药废水处理的放大试验,以分批和连续加料两种形式向反应器中加料[34]。摩尔平衡可以达到 100%,80% 的产物是固体氧化偶氮基化合物,大概有 20% 的氨基甲苯存在于溶剂中。连续式反应器可以留存 80% 的 DNT 还原产物超过 14 天,然后才需要清理反应器中的固体。在实验室规模的反应器中,可以用同样的方法对于 TNT 的废水进行处理[41],向溶剂中加入亚硫酸钠有助于维持无氧条件,这在很大程度上阻止了空气氧化,而且溶剂相中只有 TAT 一种产物。

对于脂肪族硝基化合物,如硝胺和硝酸酯,阴极还原法可能使其降解。Bonin 等指出[42],在乙腈/水溶液中,通过恒流还原法可以很容易地将 RDX 转化成为易分解的小分子。该方法需要使用流入式分隔池反应器,膜作为分隔阳极与阴极的介质。实验的溶液要多次通过反应池,直到基质全部被消耗掉。

FOX-7(1,1-二氨基-2,2-二硝基乙烯)可以在水中通过大容量的电化学还原而分解,主要在溶剂相中生成铵离子和硝酸根离子,并伴有气体生成[43]。作为修复技术,这项工作没有更详细的报道,但这说明大容量电解与分析量(小量)反应生成的产物是不同的(在小量反应中,该条件下的还原产物是 1,2-乙二胺,但大容量电解反应机理不同,生成的产物也不同)。硝化甘油和其他硝酸酯同样可以在水中被电解还原转化[44],还原反应消除了亚硝酸根离子,生成相应的醇类。

阴极还原反应也可将炸药导火索中的叠氮化铅还原成铅。在 80℃ 左右,叠氮化铅的碱性溶液电解时,铅金属在阴极析出,反应的效率很高[45]。放大试验中(18 加仑),铅的回收率达 97%,但生产成本只是标准化学降解方法的 1/10。

10.4.1.2　氧化还原组合法

虽然阴极还原法在转化硝基化合物方面效果良好,但它还不能消除所有的有毒有机物。氧化还原组合法在这方面效果更加明显,因为还原反应产生的有机化合物可以被氧化降解。

连续氧化和还原电解的方法可对水相含能化合物进行处理,也适用于地下水的原位修复[46]。被污染的水流经一系列装有电极的沙桩,进行有选择的氧化和还原。经过氧化还原过程以后,可除去 97% 的 TNT 和 93% 的 RDX。直接氧化还原过程及电解生成的中间产物和碱解有助于降解反应过程。对 RDX 的沙桩电解实验表明,大部分分解(75%)发生在阴极附近,而在两电极之间的碱解进一步增加了 23% 的分解量[47]。

红水是含能材料工厂造成的最大的污染问题之一,它是在纯化 TNT 的过程中产生的,红水中有很多种物质,包括硝基芳香化合物和可溶的磺酸盐,有机物含量高,约有 8%,COD 值达 120000 mg/L[48]。Li 等报道了处理红色废水的电化学方法[48]。使用分隔池,将稀释的红水(COD = 1300mg/L)分批在不同的电极电解,同时用阴离子交换膜或者阳离子交换膜,将电解池分隔为阳极部分和阴极部分。然后可以测量阳极电解液和阴极电解液的 COD 值。在最优化的条件下,阴极电解液中 99% 的颜色在 6h 内除去,COD 可降低 52%。另外向电解池中加入少量的过氧化氢能够提高反应效率,可以在低槽电压(3V)下得到同样的 COD 移除效率。有研究人员指出,污染物的氧化是两种方式共同作用的结果,即直接阳极氧化法和电化学生成的氧化剂(如氢氧自由基)的间接氧化法(见下节)。

10.4.1.3 阳极氧化法

对于有机材料,直接氧化往往会导致基质的矿化,分解成无机材料。这种方法已成功用于有机污染物的修复。

NTO 即使在很高的浓度下(高达 6g/L),在酸溶液中通过阳极氧化也可以被完全矿化[49]。如前所述,NTO 有很好的水溶性,20℃时可达 15g/L,这就给传统方法(如炭过滤器)处理废水带来了困难。但在分隔池中通过控制电压可以使 NTO 全部分解,溶液中只剩下硝酸根离子和铵离子。碳在工作电极被转化成气体(CO_2、CO)。

但是,许多其他硝基有机化合物由于其氧化度很高,很难被直接氧化,因此更适合于使用间接氧化法。

10.4.2 间接电解方法

在这种方法中,先通过电化学法生成活泼的氧化还原剂,然后再与基质反应。该过程生成了强氧化剂,如过氧化氢和氢氧自由基;这些特别的电化学法因此称为"先进氧化法"(AOP),该方法广泛用于有机污染物的矿化处理[50,51]。AOP 用于处理那些不易被传统方法降解的"顽固"的有机废物。其他非电化学法生成过氧化氢或氢氧自由基的方法,包括 UV 光分解、TiO_2 光催化降解、芬顿试剂、臭氧化和超声波分解等[51]。最近有一篇文献综述了 AOP 法在处理 TNT 方面的应用[50]。电解生成的活泼氧化剂包括氧化氢、次氯酸盐、氯、臭氧和氢氧自由基等。

过氧化氢可以通过在阴极还原酸性溶液中溶解的氧气得到[反应式(10.12)]。这种方法($E^0 = 0.7V$, vs 标准氢电极 SHE)比在水中还原氧气更容易($E^0 = 1.23V$ vs SHE)。

$$O_2 + 2H^+ + 2e^- \rightarrow H_2O_2 \tag{10.12}$$

过氧化氢是一种温和的氧化剂,本身就可以处理一些有机污染物。氢氧自由基比过氧化氢的氧化性更强,它可以通过阳极(A)氧化水制得:

$$A + H_2O \rightarrow A - OH^{\cdot} + H^+ + e^- \tag{10.13}$$

吸附氢氧自由基的程度取决于阳极材料。阳极具有高的过电压时,有利于促进吸附氢氧自由基,因此有机物更有可能在阳极上被完全氧化生成 CO_2。在过电压低的阳极上,有机物更可能发生选择性的氧化[37]。

已有研究表明,可通过间接电化学法氧化几类典型的硝胺炸药[52]。用掺硼钻石做电极,恒流氧化 RDX,HMX 和 CL20 的水溶液,可以完全将它们降解为小分子。这些电极提供了更宽的电势区间,可以在表面大量生成一些电活泼的物质,如氢氧自由基等。最近,已经将电致过氧化氢用于降解废酸中的硝基芳香化合物,这些废酸是在甲苯硝化过程中产生的[53]。在未分隔的电解池中,以铂做电极,DNT 的同分异构体和 TNT 可以被完全矿化。在最高电极电势下,12h 内 TOC 几乎降到零,主要产物为二氧化碳、硝酸根离子和水。

间接电化学法在与其他方法共同使用时效果会更好,这些方法包括光降解、超声降解和生物降解等。文献[54]报道了一种在酸溶液中降解 TNT 的方法,用的就是电解产生的过氧化氢和酶降解两种方法的组合。在另一项研究工作中,由于联合使用了超声降解和臭氧降解,电化学法降解二硝基苯和 DNT 的效率得到了提高[55]。RDX 工厂生产的废水可先经过电化学法催化降解,然后再进行生物降解[56],这将使得生物降解效率大大提高。

在电化学修复技术中,另一种广泛使用的方法是电芬顿法(EF)。传统的芬顿试剂由过氧化氢和亚铁盐组成,已广泛用于化学物质和工业废物的处理,包括一些典型的含能材料,如硝胺[57-59]、硝基芳香族化合物[58,59]、NTO[60] 和 TNT 废水[61]、粉红色废水[62]。反应物体系生成一些活泼的化学氧化剂,包括氢氧自由基和三价铁离子络合物的混合物等。氢氧自由基比过氧化氢的氧化性更强,它可由过氧化氢和亚铁盐反应产生:

$$Fe^{2+} + H_2O_2 \rightarrow Fe^{3+} + OH^- + HO^{\cdot} \tag{10.14}$$

在合适的 pH 值条件下,Fe^{2+} 和 Fe^{3+} 通过中间介质可以相互转化,如过氧自由基和超氧化物自由基,但反应需要催化。

在电芬顿法中,电化学法通过还原氧气产生过氧化氢[反应式(10.12)],同时,阴极持续不断地产生 Fe^{2+}。氧气通常在阴极引入并转化成过氧化氢。在分隔电解池中,阳极产生的氢氧自由基也可以用来降解有机物[35]。由于在两个电极同时产生氧化剂,这种“双电催化”法显著提高了电解效率。

电芬顿法与传统芬顿反应法相比有很多优点,是一种绿色化学方法。过氧化氢是一种很危险的化学试剂,且它在原位生成避免了运输和储存的危险性。电化学法可再生亚铁盐,降低了对试剂的需求量—有报道指出,电芬顿法需要的铁量是传统芬顿法的 $1/5$[63],此外,增加了对有机物的降解效率[63,64]。电芬顿法已经被广泛应用于工业废水的处理[35,65]。

TNT 生产带来的废酸,主要是含有 DNT 的同分异构体,可用实验室电芬顿法进行处理[66]。在最优条件下,TOC 几乎可以全部除去。重要的是整个还原过程使得混合物中的水含量下降,增加了硫酸在废酸中的浓度,因此这些废物有可能重新回收利用。同样的方法也可用于硝基甲苯纯化产生的废水处理[67]。在303K下5h后TOC被100%除掉,343K时仅除掉50%,这是因为在低温下氧气的溶解度较低。

Ayoub等[68]也对电芬顿法去除TNT进行了研究,他们用炭毡做阴极,铂金做阳极。实验结果表明,TNT能在20min内全部除去,同时生成许多芳香族中间体。大部分中间产物是在阴极直接还原产生的,进一步降解则生成短链的羧酸,12h后TOC降低了90%,但会残留有机物。

其他的修复技术也可与电芬顿法联合使用,以提高降解效率或者提高降解程度。例如,电芬顿法可以与UV光降解(光辅助EF法)、非均相光催化[35]、零价铁还原剂等相结合[69]。研究发现,如果使用太阳光源,电芬顿法与光降解法联合使用可大大降低成本[70],如果能用太阳能提供电解池的电流就会使成本变得更低。已经报道了一些基于电芬顿法的工厂中试结果,例如,电芬顿法与太阳能联合使用可以使芳香族污染物(包括硝基苯)几乎完全矿化[71]。

10.4.3　电动修复土壤技术

电化学技术处理污染物最有前景的应用方向之一便是电动修复被污染的土壤[72-74]。这对于含能材料来说是一个重要的课题,因为许多军工厂和训练基地已经被危险的残留物严重污染[33]。电动修复技术已列入美国环境保护局指定的修复技术名录[75],而且已成功用于被硝基芳香化合物(包括DNT)污染土壤的修复。这种方法最大的优点是可以在现场使用,不需要转移或焚化受污染的土层,显著降低了运输及其相关成本。

在这项技术中,地下水作为导电介质,使得低强度的直流电可以在安插于土壤中的电极间流通(图10.4)。电流使得污染物以不同的方式被移动和转化,包括离子运输、分解、电渗透、电沉积、直接或间接的氧化还原反应、沉淀等。还可以通过加入外部液体来促进过程的进行,这种方法称为增强型电动修复。如果某些被污染的土壤不能通过这种方法降解,未降解的污染物也会在土壤中移动至集中的区

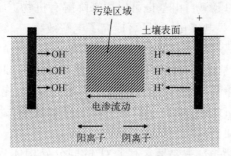

图10.4　原位电动修复技术示意图

域,然后再通过其他方法处理。但多数的污染物是可以通过这种方法处理的[72],并且已经建立了中试实验技术,如土壤中钚[76]和硝酸盐[77]的去除。

已有一些电动修复技术用于处理被炸药或者被爆炸性化学物质污染的土壤的例子。Ho 等[78]在实验室研究了电动法对含有硝基芳香化合物(硝基苯酚)污染土壤的修复,证明了该方法的可行性。这一方法也称为"千层面法",具体过程是分层放置电极和处理区域,颗粒状的炭或固体石墨电极分别放在污染土壤的两侧(或上面和下面),夹在电极之间的就是处理区域。处理区包括沙子和活性炭混合物,用来收集有机污染物。通过电流的输入,污染物从污染区传输到处理区,从而收集在一起,超过 99% 的硝基苯酚可通过这种方式除去,90% 集中在处理区。这种千层面的方法还应用于大面积的污染的土壤修复,95% ~ 99% 的"顽固"污染物三氯乙烯也能去除掉[79],更多的应用研究仍在进行中[74]。最近,电动法也开始用于处理含有 DNT 的污染土壤[80],结果表明,40% 的 DNT 能被除去,主要是通过直接电化学法将其还原成了氨基甲苯。无机物也可以通过这种方法处理。如在一处军用设施内,已经成功开展了处理含铅污染土壤的中试实验[81]。通过几个月的处理,土壤里铅的浓度减少了 70% ~ 85% ,使用的电能成本在 15 - 20 美元/(m^3 ·月),具体效果与土壤的种类有关。

已有多种用于增强电动修复技术的方法,目的主要是溶解污染物,或者提高其他方法不易处理的低渗透性土壤的处理效率[82,83]。被炸药污染土壤的修复是一个严重的问题,未来电动修复法将在这一领域发挥重要作用。

10.4.4　电渗析

电渗析是另一种处理废水和回收有用试剂的方法。在这项技术中,至少使用一种离子选择性的膜来隔离阳极和阴极部分。这种膜只允许阳离子或只允许阴离子通过,以使不同物质分隔开来。例如,利用装有阳离子交换膜的隔离池可以将硫酸从硫酸钠的盐溶液中回收[4]。

硝酸和硫酸是含能材料生产中的重要试剂,每年会产生大量的废酸[84]。尽管目前含能材料的工厂没有回收废硝酸,但在其他工业生产中对废酸的回收和利用已经进行了广泛的研究。例如,通过电渗析的方法可以处理二氧化铀废水,并回收硝酸[85]。硝酸铵废水通过隔膜电解和电渗析可再生为硝酸铵和硝酸[86]。

10.5　现状和发展趋势

目前,电化学取得的可喜进展表明它将是未来绿色化学的主要贡献者。其中的一些方法已经开始在含能材料领域应用。

这其中发展最快的领域就是电化学在室温离子液体(RTIL)领域的应用。

RTIL 已用于很多合成领域,但它本身的导电性使其成为天然的导电介质[87]。大多数离子液体可以耐氧化和还原反应,因此它们能为电化学法提供很宽的溶剂选择范围。此外,它们还具有许多优异的性质,包括低蒸汽压、不可燃、对空气和水稳定性好等,从而使得电化学过程变得更加绿色和安全。许多有机和无机物均可以溶解在离子介质中。电化学在离子液体中的反应性与在水溶性电解质中的反应性有着明显的区别,因此有可能开发出不同(有时是偶然的)的电合成方法。

销毁火箭发动机燃料时会大量产生高氯酸铵废液,基于电化学方法可处理高氯酸铵废液得到液体的高氯酸盐[88]。高氯酸盐是一种有毒和危险的物质,已被美国环境保护局列为新型有机污染物[89]。向氯化膦的液体中加入高氯酸铵,通过置换可生成另外一种离子液体——高氯酸膦。电解这种室温离子液体可把高氯酸盐转换成无害的氯化物,再生的氯盐可重复利用。室温离子液体在电解过程中既是反应物又是导电介质。但这个方法有个缺点,就是铂电极同时被氧化,作者建议使用廉价的镍代替铂做为阳极。

利用室温离子液体可以高效降解硝基芳香族化合物,该方法是通过电化学法辅助芳香族亲核取代反应进行的[90],是一种更环保的方法。该合成方法可能会开发出新的硝基芳香族含能材料。例如,在 1 - 丁基 - 3 - 甲基咪唑阳离子(BMIM)的离子液体中电解三硝基苯甲醚,当有氰化物存在时,可进行选择性的氰化反应[90],且在不同的介质中,得到的产物不同(图 10.3,反应 5)。通过类似于由 TNT 合成 HNBB 的方法,甲苯衍生物的电化学氧化偶合反应已经成功进行了小量反应。如上所述,HNBB 可用于电化学合成 HNS[19]。

在室温离子液体中的电解反应可生成不同的反应中间体,如还原氧气生成超氧自由基和氯离子被氧化成 Cl_3^- 而不是氯气[87]。在室温下,以离子液体为介质的电化学合成过氧化氢已有文献报道,而且生成的反应试剂可以原位环氧化烯烃[92]。室温离子液体可以重复使用多次,直至过氧化氢的产率降低。

研究人员正在开发新的电极材料,同时也在不断优化现有的电极材料。先进的碳材料引起了人们高度关注[93],如硼掺杂金刚石(BDD)、精密加工的炭薄膜和碳复合材料。由于力学性能和化学性能稳定,且在液体中的电势窗口较宽,所以对于硼掺杂金刚石作为电极材料的研究很多[94]。

有研究表明,用硼掺杂金刚石作为阳极,可以由氯盐通过电化学法直接合成高氯酸盐[95]。这大大简化了目前工业上用电化学法制备高氯酸盐的步骤,这种方法可以更高效、更环保地制备高氯酸铵。

光化学活性电极可通过对传统电极涂覆光催化材料制得,如二氧化钛等,RDX可以在这种体系中进行矿化[96]。电化学方法与光解和太阳能降解方式相结合的方法正得到越来越广泛的应用。这是一种更为高效、经济的处理方法。

一段时间以来,电化学法被认为是绿色合成方法和清洁环境的重要贡献者。

许多电化学法已经用于含能材料领域,且在不断揭示出此方法新的潜能。虽然这种技术仍有不足,但优势已相当明显。这是一个快速发展的领域,而且技术的完善和电解池的创新设计将会使电化学法具有更广阔的应用前景。

参 考 文 献

[1] Chen, G.H. (2004) Electrochemical technologies in wastewater treatment. *Separation and Purification Technology*, **38**, 11–41.

[2] Frontana-Uribe, B.A., Little, R.D., Ibanez, J.G. *et al.* (2010) Organic electrosynthesis: a promising green methodology in organic chemistry. *Green Chemistry*, **12**, 2099–2119.

[3] Schäfer, H.J. (2011) Contributions of organic electrosynthesis to green chemistry. *Comptes Rendus Chimie*, **14**, 745–765.

[4] Scott, K. (1995) *Electrochemical Processes for Clean Technology*, The Royal Society of Chemistry, Cambridge.

[5] Sequeira, C.A.C. and Santos, D.M.F. (2009) Electrochemical routes for industrial synthesis. *Journal of the Brazilian Chemical Society*, **20**, 387–406.

[6] Anastas, P.T. and Warner, J.C. (1998) *Green Chemistry: Theory and Practice*, Oxford University Press, Oxford.

[7] Pletcher, D. (1982) *Industrial Electrochemistry*, Chapman and Hall Ltd, London.

[8] Lund, H. (1973) *Cathodic reduction of nitro groups*, in *Organic Electrochemistry* (ed. M.M. Baizer), Marcel Dekker Inc., New York, pp. 315–345.

[9] Wallace, L., Underwood, C.J., Day, A.I. and Buck, D.P. (2011) Electrochemical reduction of nitrotriazoles in aqueous media as an approach to the synthesis of new green energetic materials. *New Journal of Chemistry*, **35**, 2894–2901.

[10] Steinhauser, G. and Klapötke, T.M. (2008) "Green" pyrotechnics: A chemists' challenge. *Angewandte Chemie-International Edition in English*, **47**, 3330–3347.

[11] Talawar, M.B., Sivabalan, R., Mukundan, T. *et al.* (2009) Environmentally compatible next generation green energetic materials (GEMs). *Journal of Hazardous Materials*, **161**, 589–607.

[12] Chavez, D., Hill, L., Hiskey, M. and Kinkead, S. (2000) Preparation and explosive properties of azo- and azoxyfurazans. *Journal of Energetic Materials*, **18**, 219–236.

[13] Liu, Y., Gong, X.D., Wang, L.J. *et al.* (2011) Substituent effects on the properties related to detonation performance and sensitivity for 2,2′,4,4′,6,6′-hexanitroazobenzene derivatives. *Journal of Physical Chemistry A*, **115**, 1754–1762.

[14] Oxley, J.C., Smith, J.L. and Moran, J.S. (2009) Decomposition of Azo- and Hydrazo-Linked Bis Triazines. *Journal of Energetic Materials*, **27**, 63–93.

[15] Sivabalan, R., Anniyappan, M., Pawar, S.J. *et al.* (2006) Synthesis, characterization and thermolysis studies on triazole and tetrazole based high nitrogen content high energy materials. *Journal of Hazardous Materials*, **137**, 672–680.

[16] Shipp, K.G. and Kaplan, L.A. (1966) Reactions of alpha-substituted polynitrotoluenes .2. Generation and reactions of 2,4,6-trinitrobenzyl anion. *The Journal of Organic Chemistry*, **31**, 857–861.

[17] Bellamy, A.J. (2010) Identification of α-chloro-2,2′,4,4′,6,6′-hexanitrobibenzyl as an impurity in hexanitrostilbene. *Journal of Energetic Materials*, **28**, 1–16.

[18] Gilbert, E.E. (1980) The preparation of hexanitrostilbene from hexanitrobibenzyl. *Propellants Explosives, Pyrotechnics*, **5**, 168–172.

[19] Firsich, D.W. (1986) "An electrochemical preparation of hexanitrostilbene (HNS) from hexanitrobibenzyl (HNBB)" Report.

[20] Firsich, D.W. (1985) "The electrochemistry of hexanitroazobenzene: reactivity with metals and synthetic implications" Report.

[21] Meyer, R., Köhler, J. and Homburg, A. (2002) *Explosives*, 5th edn, Wiley-VCH, Weinheim.

[22] Badgujar, D.M., Talawar, M.B., Harlapur, S.F. *et al.* (2009) Synthesis, characterization and evaluation of 1,2-bis(2,4,6-trinitrophenyl) hydrazine: A key precursor for the synthesis of high performance energetic materials. *Journal of Hazardous Materials*, **172**, 276–279.

[23] Wright, C.M. (1975) 1 Azido-1,1-dinitroalkanes, useful as propellants, United States Patent 3883377.

[24] Weber, J.E. and Frankel, M.R. (1990) Synthesis of novel energetic compounds. 8. Electrosynthesis of azidodinitromethyl compounds. *Propellants, Explosives, Pyrotechnics*, **15**, 26–29.

[25] Dotson, R.L. (1994) Electrosynthesis of HAN-liquid propellants. *Electrochemical Society Interface*, **3**, 35–37.

[26] Killeffer, D.H. (1937) Alcohols from sugar by electrolytic reduction. *Industrial & Engineering Chemistry*, **15**, 489–490.

[27] Millar, R.W., Colclough, M.E., Arber, A.W. *et al.* (2010) Clean nitrations using dinitrogen pentoxide - a UK perspective, in *Energetic Materials* (eds J. Howell, T.E. Fletcher), Nova Science, New York, pp. 77–106.

[28] Talawar, M.B., Sivabalan, R., Polke, B.G. *et al.* (2005) Establishment of process technology for the manufacture of dinitrogen pentoxide and its utility for the synthesis of most powerful explosive of today - CL-20. *Journal of Hazardous Materials*, **124**, 153–164.

[29] Harrar, J.E. and Pearson, R.K. (1983) Electrosynthesis of N_2O_5 by controlled-potential oxidation of N_2O_4 in anhydrous HNO_3. *Journal of the Electrochemical Society*, **130**, 108–112.

[30] Fischer, J.W. and Atkins, R.L. (1986) Direct preparation of 1,3,5- triaza-1,3,5-trinitrocyclohexane from hexamethylenetetramine. *Organic Preparations and Procedures International*, **18**, 281–283.

[31] Bagg, G.E.G., Salter, D.A. and Sanderson, A.J. (1992) Method of extracting dinitrogen pentoxide from its mixture with nitric acid, United States Patent 5266292.

[32] Millar, R.W., Arber, A.W., Endsor, R.M. *et al.* (2011) Clean manufacture of 2,4,6-trinitrotoluene (TNT) via improved regioselectivity in the nitration of toluene. *Journal of Energetic Materials*, **29**, 88–114.

[33] Chen, J.P., Zou, S., Pehkonon, S.O. *et al.* (2007) Explosive waste treatment, in *Hazardous Industrial Waste Treatment* (ed. L.K. Wang), Taylor & Francis, Boca Raton, pp. 429–440.

[34] Doppalapudi, R., Palaniswamy, D., Sorial, G. and Maloney, S. (2003) Electrochemical pilot scale study for reduction of 2,4-DNT. *Water Science and Technology: A Journal of the International Association on Water Pollution Research*, **47**, 173–178.

[35] Brillas, E., Síres, I. and Oturan, M.A. (2009) Electro-fenton process and related electrochemical technologies based on fenton's Reaction Chemistry. *Chemical Reviews*, **109**, 6570–6631.

[36] Martínez-Huitle, C.A. and Brillas, E. (2009) Decontamination of wastewaters containing synthetic organic dyes by electrochemical methods: A general review. *Applied Catalysis B*, **87**, 105–145.

[37] Panizza, M. and Cerisola, G. (2009) Direct and mediated anodic oxidation of organic pollutants. *Chemical Reviews*, **109**, 6541–6569.

[38] Rajeshwar, K., Ibanez, J.G. and Swain, G.M. (1994) Electrochemistry and the environment. *Journal of Applied Electrochemistry*, **24**, 1077–1091.

[39] Rodgers, J.D. and Bunce, N.J. (2001) Electrochemical treatment of 2,4,6-trinitrotoluene and related compounds. *Environmental Science & Technology*, **35**, 406–410.

[40] Doppalapudi, R.B., Sorial, G.A. and Maloney, S.W. (2002) Electrochemical reduction of simulated munitions wastewater in a bench-scale batch reactor. *Environmental Engineering Science*, **19**, 115–130.

[41] Palaniswamy, D.K., Sorial, G.A. and Maloney, S.W. (2004) Electrochemical reduction of 2,4,6-trinitrotoluene. *Environmental Engineering Science*, **21**, 203–218.

[42] Bonin, P.M.L., Bejan, D., Schutt, L. *et al.* (2004) Electrochemical reduction of hexahydro-1,3, 5-trinitro-1,3,5-triazine in aqueous solutions. *Environmental Science & Technology*, **38**, 1595–1599.

[43] Simková, L., Klíma, J., Sazama, P. and Ludvík, J. (2011) Electrochemical investigation of 2,2-dinitroethene-1,1-diamine (FOX-7) in aqueous media. *Journal of Solid State Electrochemistry*, **15**, 2133–2139.

[44] Miles, M.H. and Fine, D.A. (1981) The reduction of propylene-glycol dinitrate and other related nitrate esters on silver electrodes. *Journal of Electroanalytical Chemistry*, **127**, 143–155.

[45] Polson, J.R. (1980) Electrolysis of lead azide, United States Patent 4236982.

[46] Gilbert, D.M. and Sale, T.C. (2005) Sequential electrolytic oxidation and reduction of aqueous phase energetic compounds. *Environmental Science & Technology*, **39**, 9270–9277.

[47] Gent, D.B., Wani, A.H., Davis, J.L. and Alshawabkah, A. (2009) Electrolytic redox and electrochemical generated alkaline hydrolysis of hexahydro-1,3,5-trinitro-1,3, 5 triazine (RDX) in sand columns. *Environmental Science & Technology*, **43**, 6301–6307.

[48] Li, Y.P., Lu, Z.Y., Mu, J.H. *et al.* (2007) Treatment of TNT red-water by electrolytic method. *Progress in Environmental Science and Technology*, **I**, 1133–1136.

[49] Wallace, L., Cronin, M.P., Day, A.I. and Buck, D.P. (2009) Electrochemical method applicable to treatment of wastewater from nitrotriazolone production. *Environmental Science & Technology*, **43**, 1993–1998.

[50] Ayoub, K., vanHullebusch, E.D., Cassir, M. and Bermond, A. (2010) Application of advanced oxidation processes for TNT removal: A review. *Journal of Hazardous Materials*, **178**, 10–28.

[51] Wang, J.L. and Xu, L.J. (2012) Advanced oxidation processes for wastewater treatment: formation of hydroxyl radical and application. *Critical Reviews in Environmental Science and Technology*, **42**, 251–325.

[52] Bonin, P.M.L., Bejan, D., Radovic-Hrapovic, Z. *et al.* (2005) Indirect oxidation of RDX, HMX, and CL-20 cyclic nitramines in aqueous solution at boron-doped diamond electrodes. *Environmental Chemistry*, **2**, 125–129.

[53] Chen, W.S. and Liang, J.S. (2009) Electrochemical destruction of dinitrotoluene isomers and 2,4,6-trinitrotoluene in spent acid from toluene nitration process. *Journal of Hazardous Materials*, **161**, 1017–1023.

[54] Lee, K.B., Gu, M.B. and Moon, S.H. (2001) In situ generation of hydrogen peroxide and its use for enzymatic degradation of 2,4,6-trinitrotoluene. *Journal of Chemical Technology and Biotechnology (Oxford, Oxfordshire: 1986)*, **76**, 811–819.

[55] Abramov, V.O., Abramov, O.V., Gekhman, A.E. *et al.* (2006) Ultrasonic intensification of ozone and electrochemical destruction of 1,3-dinitrobenzene and 2,4-dinitrotoluene. *Ultrasonics Sonochemistry*, **13**, 303–307.

[56] Chen, Y., Hong, L., Han, W.Q. *et al.* (2011) Treatment of high explosive production wastewater containing RDX by combined electrocatalytic reaction and anoxic-oxic biodegradation. *Chemical Engineering Journal*, **168**, 1256–1262.

[57] Zoh, K.D. and Stenstrom, M.K. (2002) Fenton oxidation of hexahydro-1,3,5-trinitro-1,3, 5-triazine (RDX) and octahydro-1,3,5,7-tetranitro-1,3,5,7-tetrazocine (HMX). *Water Research*, **36**, 1331–1341.

[58] Liou, M.J., Lu, M.C. and Chen, J.N. (2003) Oxidation of explosives by Fenton and photo-Fenton processes. *Water Research*, **37**, 3172–3179.

[59] Oh, S.Y., Chiu, P.C., Kim, B.J. and Cha, D.K. (2003) Enhancing Fenton oxidation of TNT and RDX through pretreatment with zero-valent iron. *Water Research*, **37**, 4275–4283.

[60] LeCampion, L., Giannotti, C. and Ouazzani, J. (1999) Photocatalytic degradation of 5-nitro-1,2,4-triazol-3-one NTO in aqueous suspention of TiO_2. Comparison with Fenton oxidation. *Chemosphere*, **38**, 1561–1570.

[61] Barreto-Rodrigues, M., Silva, F.T. and Paiva, T.C.B. (2009) Combined zero-valent iron and fenton processes for the treatment of Brazilian TNT industry wastewater. *Journal of Hazardous Materials*, **165**, 1224–1228.

[62] Oh, S.Y., Cha, D.K., Chiu, P.C. and Kim, B.J. (2004) Conceptual comparison of pink water treatment technologies: granular activated carbon, anaerobic fluidized bed, and zero-valent iron-Fenton process. *Water Science and Technology: A Journal of the International Association on Water Pollution Research*, **49**, 129–136.

[63] Le, T.G. and Bermond, A. (2006) Experimental and modelling approach for the comparison of Fenton and Electro-Fenton processes - Preliminary results. *Journal of Advanced Oxidation Technologies*, **9**, 35–42.

[64] Oturan, M.A., Oturan, N., Edelahi, M.C. *et al.* (2011) Oxidative degradation of herbicide diuron in aqueous medium by Fenton's reaction based advanced oxidation processes. *Chemical Engineering Journal*, **171**, 127–135.

[65] Rosales, E., Pazos, M. and Sanromán, M.A. (2012) Advances in the Electro-Fenton process for remediation of recalcitrant organic compounds. *Chemical Engineering & Technology*, **35**, 609–617.

[66] Chen, W.S. and Liang, J.S. (2008) Decomposition of nitrotoluenes from trinitrotoluene manu-facturing process by Electro-Fenton oxidation. *Chemosphere*, **72**, 601–607.

[67] Chen, W.S. and Lin, S.Z. (2009) Destruction of nitrotoluenes in wastewater by Electro-Fenton oxidation. *Journal of Hazardous Materials*, **168**, 1562–1568.

[68] Ayoub, K., Nelieu, S., vanHullebusch, E.D. *et al.* (2011) Electro-Fenton removal of TNT: Evidences of the electro-chemical reduction contribution. *Applied Catalysis B*, **104**, 169–176.

[69] Zhu, X.P. and Ni, J.R. (2011) The improvement of boron-doped diamond anode system in electrochemical degradation of p-nitrophenol by zero-valent iron. *Electrochim Acta*, **56**, 10371–10377.

[70] Flox, C., Cabot, P.L., Centellas, F. *et al.* (2007) Solar photoelectro-Fenton degradation of cresols using a flow reactor with a boron-doped diamond anode. *Applied Catalysis B*, **75**, 17–28.

[71] Casado, J. and Fornaguera, J. (2008) Pilot-scale degradation of organic contaminants in a continuous-flow reactor by the Helielectro-Fenton method. *Clean-Soil Air Water*, **36**, 53–58.

[72] Acar, Y.B., Gale, R.J., Alshawabkeh, A.N. *et al.* (1995) Electrokinetic remediation - basics and technology status. *Journal of Hazardous Materials*, **40**, 117–137.

[73] Acar, Y.B. and Alshawabkeh, A.N. (1993) Principles of electrokinetic remediation. *Environ-mental Science & Technology*, **27**, 2638–2647.

[74] Huang, D.Q., Xu, Q., Cheng, J.J. *et al.* (2012) Electrokinetic remediation and its combined technologies for removal of organic pollutants from contaminated soils. *International Journal of Electrochemical Science*, **7**, 4528–4544.

[75] Superfund, US Environmental Protection Agency (2013) Remediation technologies:, http://www .epa.gov/superfund/remedy/tech/remed.htm (accessed C 9 Sept 2013).

[76] Agnew, K., Cundy, A.B., Hopkinson, L. *et al.* (2011) Electrokinetic remediation of plutonium-contaminated nuclear site wastes: Results from a pilot-scale on-site trial. *Journal of Hazardous Materials*, **186**, 1405–1414.

[77] Lee, Y.J., Choi, J.H., Lee, H.G. *et al.* (2011) Pilot-scale study on in situ electrokinetic removal of nitrate from greenhouse soil. *Separation and Purification Technology*, **79**, 254–263.

[78] Ho, S.V., Sheridan, P.W., Athmer, C.J. *et al.* (1995) Integrated in-situ soil remediation technology - the lasagna process. *Environmental Science & Technology*, **29**, 2528–2534.

[79] Ho, S.V., Athmer, C., Sheridan, P.W. *et al.* (1999) The Lasagna technology for in situ soil remediation. 2. Large field test. *Environmental Science & Technology*, **33**, 1092–1099.

[80] Reddy, K.R., Darko-Kagya, K. and Al-Hamdan, A.Z. (2011) Electrokinetic remediation of chlorinated aromatic and nitroaromatic organic contaminants in clay soil. *Environmental Engineering Science*, **28**, 405–413.

[81] Alshawabkeh, A.N., Bricka, R.M. and Gent, D.B. (2005) Pilot-scale electrokinetic cleanup of lead-contaminated soils. *Journal of Geotechnical and Geoenvironmental Engineering*, **131**, 283–291.

[82] Gomes, H.I., Dias-Ferreira, C. and Ribeiro, A.B. (2012) Electrokinetic remediation of organo-chlorines in soil: Enhancement techniques and integration with other remediation technologies. *Chemosphere*, **87**, 1077–1090.

[83] Yeung, A.T. and Gu, Y.Y. (2011) A review on techniques to enhance electrochemical remediation of contaminated soils. *Journal of Hazardous Materials*, **195**, 11–29.

[84] Paul, N.C. (1997) Modern explosives and nitration techniques, in *Explosives in the Service of Man* (eds J.E. Dolan and S.S. Langer), The Royal Society of Chemistry, Cambridge, pp. 79–91.

[85] Kim, K.W., Hyun, J.T., Lee, K.Y. *et al.* (2012) Recycling of acidic and alkaline solutions by electrodialysis in a treatment process for uranium oxide waste using a carbonate solution with hydrogen peroxide. *Industrial & Engineering Chemistry Research*, **51**, 6275–6282.

[86] Gain, E., Laborie, S., Viers, P. *et al.* (2002) Ammonium nitrate wastewater treatment by coupled membrane electrolysis and electrodialysis. *Journal of Applied Electrochemistry*, **32**, 969–975.

[87] Hapiot, P. and Lagrost, C. (2008) Electrochemical reactivity in room-temperature ionic liquids. *Chemical Reviews*, **108**, 2238–2264.

[88] Cordes, D.B., Smiglak, M., Hines, C.C. *et al.* (2009) Ionic liquid-based routes to conversion or reuse of recycled ammonium perchlorate. *Chemistry-A European Journal*, **15**, 13441–13448.

[89] Federal Facilities Restoration and Reuse Office, US Environmental Protection Agency (2013) Emerging contaminants: http://www.epa.gov/fedfac/documents/emerging_contaminants.htm (accessed 9 Sept 2013).

[90] Cruz, H., Gallardo, I. and Guirado, G. (2011) Electrochemically promoted nucleophilic aromatic substitution in room temperature ionic liquids-an environmentally benign way to functionalize nitroaromatic compounds. *Green Chemistry*, **13**, 2531–2542.

[91] Evans, R.G. and Compton, R.G. (2006) A kinetic study of the reaction between N, N-dimethyl-p-toluidine and its electrogenerated radical cation in a room temperature ionic liquid. *Chemphyschem*, **7**, 488–496.

[92] Tang, M.C.Y., Wong, K.Y. and Chan, T.H. (2005) Electrosynthesis of hydrogen peroxide in room temperature ionic liquids and in situ epoxidation of alkenes. *Chemical Communications*, 1345–1347.

[93] McCreery, R.L. (2008) Advanced carbon electrode materials for molecular electrochemistry. *Chemical Reviews*, **108**, 2646–2687.

[94] Luong, J.H.T., Male, K.B. and Glennon, J.D. (2009) Boron-doped diamond electrode: synthesis, characterization, functionalization and analytical applications. *Analyst*, **134**, 1965–1979.

[95] Sánchez-Carretero, A., Saez, C., Cañizares, P. and Rodrigo, M.A. (2011) Electrochemical production of perchlorates using conductive diamond electrolyses. *Chemical Engineering Journal*, **166**, 710–714.

[96] Tian, F., Hitchman, M.L. and Shamlian, S.H. (2012) Photocatalytic and photoelectrocatalytic degradation of the explosive RDX by TiO_2 thin films prepared by CVD and anodic oxidation of Ti. *Chemical Vapor Deposition*, **18**, 112–120.

内 容 简 介

本书的内容包括绿色含能材料的定义、理论设计、安全性能和绿色含能材料在烟火药、炸药和推进剂中的应用情况以及含能材料的环境友好生产技术等。既有合成与性能介绍，又有应用情况的描述；既介绍了已有的最新研究进展，又对发展趋势进行了展望；既有绿色含能材料本身的性能，又有环境友好的生产技术。本书的写作特点是内容全面和新颖，系统性强，是一本有关绿色含能材料的优秀学术著作。

本书可供从事含能材料的研究者和技术人员参考，也可以作为教材让研究生和大学生了解绿色含能材料的前沿，为其开展相关研究工作奠定坚实的基础，同时还可以为管理者决策提供参考。